国家职业技能鉴定培训教程

移动电话机维修员

侯海亭　林汉钟　王　平　编著

机械工业出版社

本书是依据《国家职业标准　用户通信终端（移动电话机）维修员》的知识要求和技能要求，按照岗位培训需要的原则编写的。本书的主要内容包括：移动电话机维修设备的使用、移动通信系统概论、移动电话机基本元器件、移动电话机专用器件、移动电话机的工作原理、移动电话机电路识图、移动电话机故障维修方法、智能手机电路分析与维修、智能手机系统与刷机等。每章末均配有复习思考题，方便读者自测自查。

本书既可作为各级职业技能鉴定机构、企业培训部门的培训教材，也可作为职业技术院校、技工院校的教学用书，还可供手机维修人员学习使用。

图书在版编目（CIP）数据

移动电话机维修员/侯海亭，林汉钟，王平编著．—北京：机械工业出版社，2015．3

国家职业技能鉴定培训教程

ISBN 978-7-111-49407-2

Ⅰ．①移…　Ⅱ．①侯…②林…③王…　Ⅲ．①移动通信–携带电话机–维修–职业技能–鉴定–教材　Ⅳ．①TN929．53

中国版本图书馆 CIP 数据核字（2015）第 034916 号

机械工业出版社（北京市百万庄大街 22 号　邮政编码 100037）

策划编辑：陈玉芝　责任编辑：陈玉芝　林运鑫

版式设计：常天培　责任校对：薛　娜

封面设计：张　静　责任印制：乔　宇

唐山丰电印务有限公司印刷

2015 年 3 月第 1 版第 1 次印刷

169mm×239mm · 22 印张 · 1 插页 · 484 千字

0001—　3000册

标准书号：ISBN 978-7-111-49407-2

定价：49.80 元

凡购本书，如有缺页、倒页、脱页，由本社发行部调换

电话服务
服务咨询热线：010-88361066
读者购书热线：010-68326294
　　　　　　　010-88379203

网络服务
机 工 官 网：www.cmpbook.com
机 工 官 博：weibo.com/cmp1952
金 书 网：www.golden-book.com
教育服务网：www.cmpedu.com

前　言

随着中国移动通信技术的不断发展，智能手机已经完全融入我们的生活，根据工业和信息化部的统计数据显示，截止到2014年5月底中国的手机保有量已达到12.56亿，比2013年同期增长了7.82%。在国内，手机已经覆盖了绝大部分人群，成为人们生活中不可或缺的产品。

中国手机维修从业人员估计在400万以上，大部分从业人员属于无证上岗。手机一直是家电行业中投诉率较高的产品，而经过维修的手机中有的也会因维修质量不佳而存在问题。为进一步规范从业人员持照经营、持证上岗，我们根据国家职业技能鉴定标准要求，编写了满足移动电话机维修员鉴定考核培训的培训用书。

本书以《国家职业标准　用户通信终端（移动电话机）维修员》的知识要求和技能要求为依据，按照岗位培训需要的原则编写。本书在编写时注重理论知识与操作技能的统一，应用思路与技巧的统一，并采用了大量的实际电路、操作实景图，读者不仅能取得相应证书，而且能学得真正的技术。

本书的主要内容包括：移动电话机维修设备的使用、移动通信系统概论、移动电话机基本元器件、移动电话机专用器件、移动电话机的工作原理、移动电话机电路识图、移动电话机故障维修方法、智能手机电路分析与维修、智能手机系统与刷机等。每章末均配有复习思考题，方便读者自测自查。另外，为与品牌手机原电路保持一致，本书中对其图形符号不做更改。

本书由侯海亭、林汉钟、王平编写。

本书的编写得到了山东电子学会、中国电子商会消费电子产品售后服务专业委员会、济南职业学院电子工程系、济南第六职业中专相关领导的大力支持，在此一并表示感谢。

由于受到专业水平、条件与时间的限制，书中难免出现不妥之处，敬请广大读者批评指正。

编　者

目 录

第一章　移动电话机维修设备的使用

☺知识目标

1. 掌握电烙铁和热风枪的基本使用方法和焊接工艺。
2. 熟练掌握直流稳压电源的使用方法。
3. 熟悉数字式万用表的使用和测量方法。
4. 掌握数字示波器面板按钮的作用，了解基本操作步骤。
5. 了解频谱分析仪和综合测试仪的工作原理和基本操作。

☺技能目标

1. 能够使用热风枪、电烙铁拆卸手机元器件。
2. 能够使用万用表判断手机基本元器件的好坏。
3. 能够使用直流稳压电源给不同型号手机加电开机。
4. 能够使用数字示波器测量手机常见信号。
5. 能够使用频谱分析仪测试手机发射信号频谱。
6. 能够使用综合测试仪测试手机性能参数，并读出正确数据。

第一节　焊接设备的使用

一、常用焊接设备简介

在手机维修中使用最多的焊接设备是电烙铁和热风枪，有些特殊的场合还使用红外线热风枪。

1. 防静电恒温电烙铁

防静电恒温电烙铁是手机维修、精密电子产品维修专用设备，这种电烙铁的特点是防静电、恒温，而且温度可调，一般温度能在200～480℃范围内可调。

图1-1是一款防静电恒温电烙铁，由烙铁支架、手柄、烙铁头、主机、清洁海绵等组成。烙铁头可更换、可拆卸，方便手机维修。

2. 热风枪

热风枪的工作原理：形象一点说，它的内部类似一个电热炉，用一台小风扇将电热丝产生的热量以风的形式送出。在风枪口有一个传感器，对吹出的热风温度进行取样，再将热能转换成电信号来实现热风的恒温控制和温度显示。热风枪具有大小不等的风枪口的喷头，可以根据使用的具体情况来选择不同大小的喷头。

热风枪面板结构如图1-2所示。

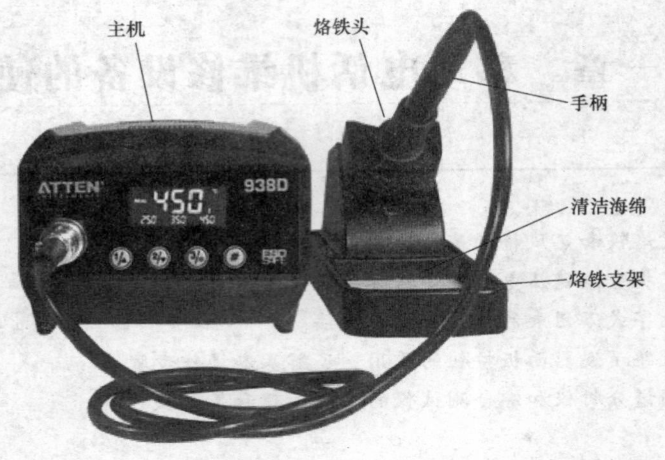

图 1-1 防静电恒温电烙铁

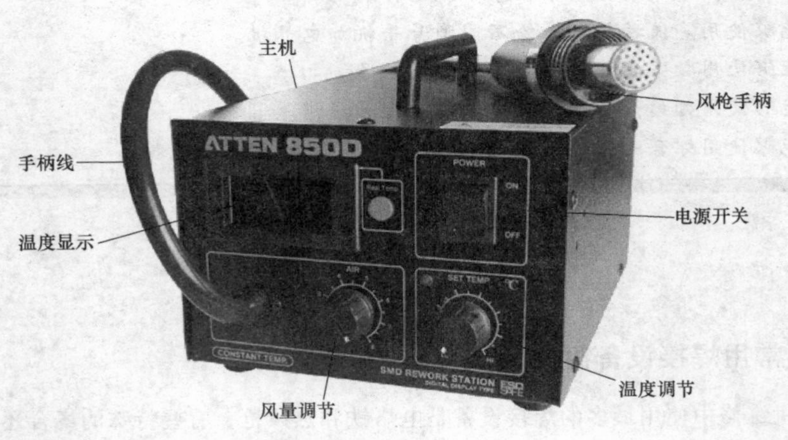

图 1-2 热风枪面板结构

面板下侧有一个风量调节钮，顺时针旋转可以使风枪口输出的风量变大，逆时针则减小。风量的调节范围共有 1 ~ 8 八个档，在同一温度（指显示温度）下，风量越小，风枪口送出的实际温度就越高，反之越低。

面板右侧下方是设定温度调节钮，可调范围为 100 ~ 480℃，顺时针旋动温度调节钮，可以提高热风枪的输出温度。面板右侧上方有一个显示屏，显示的是当前风枪口送出的实际温度，按下显示屏右侧的按钮后可显示设定的温度。

二、手机元件焊接工艺

1. 使用电烙铁拆装贴片元件

（1）贴片电阻拆除　选用尖嘴式的烙铁头，电烙铁温度调至（330 ± 30）℃，烙铁

头上锡，锡量以包裹住烙铁嘴为宜，使用烙铁头直接接触待拆元件两端。

待元件焊点熔化，利用锡的张力吸气并移除坏件，电烙铁在焊盘上停留的时间不要超过3s。拆装手机贴片元件时不要接触到旁边的元件。

（2）贴片电阻的安装　电烙铁的温度调至(330±30)℃，将元件放置在对应的位置上，左手用镊子夹持元件定位在焊盘上，右手用电烙铁将已上锡焊盘的锡熔化，并将元件定焊在焊盘上。

图1-3　焊接好的元件

用烙铁头加焊锡到焊盘，将两端分别进行固定焊接，焊接好的元件，如图1-3所示。

焊接时间不超过3s，焊接过程中不允许烙铁头直接接触元件。

2. 使用热风枪拆装元件

（1）贴片元件的拆卸　根据不同的电路基板材料选择合适的温度及风量，使喷嘴对准贴片元件的引脚，反复均匀加热，待达到一定温度后，用镊子稍加力量使其自然脱离电路板。

（2）贴片元件的安装　在已拆贴片元件的位置上涂上一层助焊剂，然后把焊盘整平，用热风把助焊剂吹匀，对准位置，放好贴片元件，用镊子进行固定。使喷嘴对准贴片元件的引脚，反复均匀加热，待达到一定温度，冷却几秒后移开镊子即可。

三、手机BGA芯片的拆卸和焊接

1. 技术指导

球栅阵列封装（Ball Grid Arrays，BGA）是目前常见的一种封装技术，现在手机中央处理器、射频处理器、基带处理器、电源管理芯片等均不同形式地采用了BGA封装。

要成功地更换一块BGA封装芯片，除具备熟练的焊接工艺之外，还必须掌握一定的技巧和正确的拆焊方法，掌握热风枪和电烙铁的使用操作方法是熟练更换BGA封装芯片的基础。

2. 焊接操作

（1）BGA芯片的定位　在拆卸BGA芯片之前，一定要搞清楚BGA芯片的具体位置，以方便焊接安装。在一些手机的电路板上，印有BGA芯片的定位框，这种芯片的焊接定位一般不成问题。下面主要介绍电路板上没有定位框的情况下芯片的定位方法。

1）画线定位法。拆下芯片之前用笔或针头在BGA芯片的周围画好线，记住方向，做好记号，为重焊做准备。这种方法的优点是准确、方便，缺点是用笔画的线容易被清洗掉，用针头画线如果力度掌握不好，容易伤及电路板。

2）贴纸定位法。拆下BGA芯片之前，先沿着芯片的四边用标签纸在电路板上贴好，标签纸的边缘与BGA芯片的边缘对齐，用镊子压实粘牢。这样，拆下芯片后，电路板上就留有标签纸贴好的定位框。

3）目测法。拆卸 BGA 芯片前，先将芯片竖起来，这时就可以同时看见芯片和电路板上的引脚，先横向比较一下焊接位置，再纵向比较一下焊接位置。记住芯片的边缘在纵横方向上与电路板上的哪条线路重合或与哪个元件平行，然后根据目测的结果按照参照物来定位芯片。

掌握好 BGA 芯片的原始位置是 BGA 芯片重新装配能否成功的关键因素，建议初学者必须掌握以上三种方法，虽不是“终南捷径”，但是能够快速掌握 BGA 芯片焊接技巧。

（2）BGA 芯片的拆卸

去掉热风枪前面的喷嘴，将温度调节钮一般调至 2～4 档（280～300℃，对于无铅芯片，风枪温度为 310～320℃），风量调节钮调至 2～3 档，在芯片上方约 2.5cm 处作螺旋状吹，直到芯片底下的锡珠完全熔化，用镊子轻轻托起整个芯片，如图 1-4 所示。

图 1-4　BGA 芯片的拆卸

需要说明两点：一是在拆卸 BGA 芯片时，要注意观察是否会影响到周边的元器件，否则，很容易将其吹坏；二是拆卸软封装的字库时，这些 BGA 芯片耐高温能力差，吹焊时温度不易过高（应控制在 280℃以下），否则，很容易将它们吹坏。

取下 BGA 芯片后，芯片的焊盘上和手机板上都有余锡，此时，在电路板上加上足量的助焊剂，用电烙铁将板上多余的焊锡去除，并且可适当上锡使电路板的每个焊脚都光滑圆润（不能用吸锡线将焊点吸平），然后再用天那水将芯片和手机主板上的助焊剂清洗干净。吸锡的时候应特别小心，否则会刮掉焊盘上面的绿漆和使焊盘脱落，如图1-5所示。

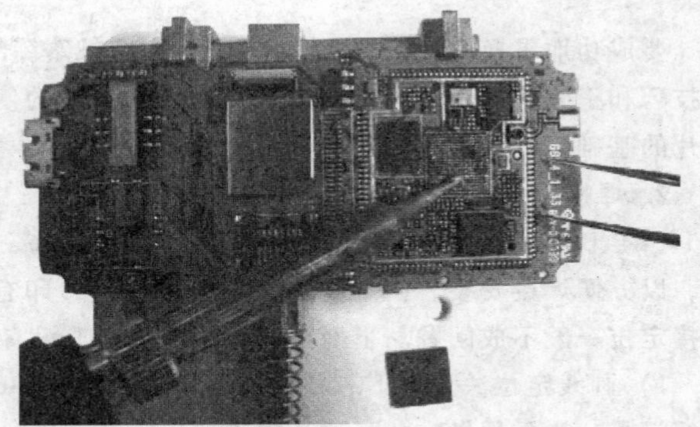

图 1-5　清理 BGA 焊盘

（3）植锡操作

1）做好准备工作。对于拆下的芯片，建议不要将芯片表面上的焊锡清除，只要不是过大，且不影响与植锡板配合即可。如果某处焊锡较大，可在 BGA 芯片表面加上适量的助焊剂，用电烙铁将芯片上的过大焊锡去除，然后用天那

水洗净。

最好不要使用吸锡线去吸 BGA 芯片焊盘，对于那些软封装的芯片，如果用吸锡线去吸，就会造成 BGA 芯片的焊盘缩进褐色的软皮里面，从而造成上锡困难。

2）BGA 芯片的固定。将芯片对准植锡板的孔后，用标签贴纸将芯片与植锡板贴牢，芯片对准后，把植锡板用手或镊子按牢不动，然后另一只手刮浆上锡。

如果使用的是那种一边孔大一边孔小的植锡板，大孔一边应该与芯片紧贴，这样植锡后，植锡板更容易取下来。

3）上锡浆。如果锡浆太稀，吹焊时就容易沸腾导致成球困难，因此锡浆越干越好，只要不是干得发硬成块即可。如果太稀，可用餐巾纸压一压吸干一点。平时可挑一些锡浆放在锡浆瓶的内盖上，让它自然晾干一点。用平口刀挑适量锡浆到植锡板上，用力往下刮，边刮边压，使锡浆均匀地填充于植锡板的小孔中。

注意，特别“关照”一下芯片四角的小孔。上锡浆时的关键在于要压紧植锡板，如果不压紧使植锡板与芯片之间存在空隙，空隙中的锡浆将会影响锡球的生成，如图 1-6 所示。

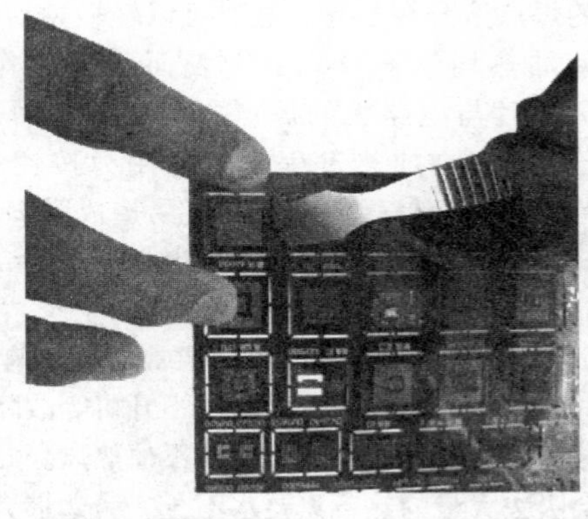

图 1-6 上锡浆

4）吹焊成球。将热风枪的风嘴去掉，将风量调至最小，将温度调至 280～300℃（对于无铅芯片，风枪温度为 310～320℃），也就是 2～4 档位。晃动风枪喷嘴对着植锡板缓缓均匀加热，使锡浆慢慢熔化。当看见植锡板的个别小孔中已有锡球生成时，说明温度已经到位，这时应当抬高热风枪的风嘴，避免温度继续上升。过高的温度会使锡浆剧烈沸腾，造成植锡失败，严重的还会使芯片过热损坏。

如果吹焊成球后，发现有些锡球大小不均匀，甚至有个别脚没植上锡，可先用裁纸刀沿着植锡板的表面将过大锡球的露出部分削平，再用刮刀将锡球过小和缺脚的小孔中上满锡浆，然后用热风枪再吹一次即可。如果锡球大小还不均匀，可重复上述操作直至理想状态。重植时，必须将置锡板清洗干净、擦干，如图 1-7 所示。

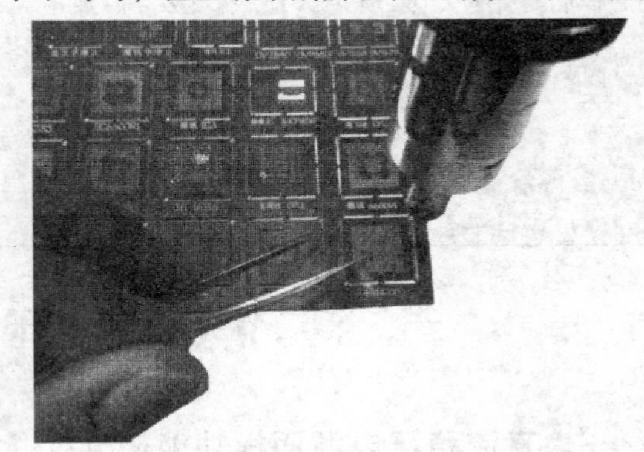

图 1-7 吹焊成球

（4）BGA 芯片的安装　先将 BGA 芯片有焊脚的那一面涂上适量助焊剂，用热风枪轻轻吹，使助焊剂均匀分布于芯片的表面，为焊接做准备。再将植好锡球的 BGA 芯片按拆卸前的定位位置放到电路板上，同时，用手或镊子将芯片前后左右移动并轻轻加压，这时可以感觉到两边焊脚的接触情况。因为两边的焊脚都是圆的，所以来回移动时如果对准了，芯片有一种“爬到了坡顶”的感觉，因为事先在芯片的脚上涂了一点助焊剂，有一定黏性，芯片不会移动。如果芯片对偏了，应重新定位。

BGA 芯片定好位后，就可以焊接了。和植锡球时一样，把热风枪的喷嘴去掉，调节至合适的风量和温度，让风枪口的中央对准芯片的中央位置，缓慢加热。当看到芯片往下一沉且四周有助焊膏溢出时，说明锡球已和电路板上的焊点熔合在一起。这时可以轻轻晃动热风枪使加热均匀充分，由于表面张力的作用，BGA 芯片与电路板的焊点之间会自动对准定位，注意，在加热过程中切勿用力按住 BGA 芯片，否则会使焊锡外溢，极易造成脱脚和短路。焊接完成后用天那水将电路板洗干净即可。安装后的芯片如图 1-8 所示。

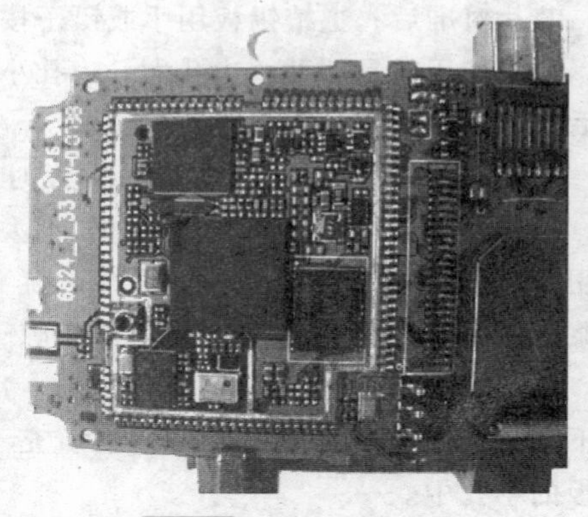

图 1-8　安装后的芯片

在吹焊 BGA 芯片时，高温常常会影响旁边一些封了胶的芯片，从而造成不开机等故障。用手机上拆下来的屏蔽盖盖住都不管用，因为屏蔽盖挡得住你的眼睛，却挡不住热风。此时，可在旁边的芯片上面滴上几滴水，水受热蒸发会吸去大量的热，只要水不干，旁边芯片的温度就是保持在 100℃ 左右的安全温度，这样就不会有问题了。当然，也可以用耐高温的胶带将周围的元器件或集成电路粘贴起来。

初学者在焊接前固定 BGA 芯片时，可能会因为手的抖动引起焊接失败，这时可以用双面胶采用十字架的粘贴方式固定在主板上，这样就可以将拿镊子的手解放了，焊接过程中等粘贴的双面胶纸糊了的时候，焊锡也差不多熔化了。

☆焊接设备使用安全注意事项

1）使用前，必须仔细阅读使用说明书。

2）使用前，必须接好地线，以备泄放静电。

3）热风枪在初次使用前一定要将底部固定气泵的螺钉拆掉，否则会损坏气泵。

4）禁止在热风枪前端网孔放入金属导体，会导致发热体损坏及人体触电。

5）热风枪主机顶部及风枪口喷嘴处不能放置任何物品，尤其是酒精等易燃物品。当温度超过 350℃ 时，开机起动时气流控制钮应尽量在 3～8 档。

6）电烙铁、热风枪使用完毕应及时关闭，避免长时间加热缩短风枪使用寿命。

第二节　直流稳压电源的使用

一、直流稳压电源面板功能简介

直流稳压电源面板功能如图 1-9 所示。

直流稳压电源各组成部的功能说明如下：

(1) 电流表　用于观察维修手机时电流值的大小，有经验的工程师通过观察电流表指针的摆动就可以判别故障。

(2) 电压表　用于观察输出电压值，由于稳压电源电压表准确度不高，而且使用时间久了，电压表会指示不准确，所以最好在使用前用万用表测试输出电压值，看电压表的指示误差有多大。否则，会产生因指示不准而造成输出电压过高或过低的现象。

(3) 手机信号测试　用于测试手机发射电路，当手机拨打“112”的时候，将手机靠近稳压电源，RF 指示就会显示信号强度，用于检测手机发射电路是否工作。

图 1-9　直流稳压电源面板功能

(4) 输出电压显示及电压调节　用于调节输出电压值的大小，一般手机供电电压为 3.7 ~4.2V，不能超过 5V。除了用指针电压表显示外，还可用数字电压表显示。

(5) 测量选择旋钮　测量选择旋钮主要用来选择通断及二极管测试、直流电压测试、输出电压显示等功能，方便不同功能的选择。

(6) 电流量程选择　电流量程选择按钮主要用来选择 2A/200mA 档位，按钮按下为 200mA 量程，按钮弹起为 2A 量程。

(7) 短路自动恢复　当按钮按下时，关闭短路自动恢复功能，主要用来维修大电流、短路故障的机器；当按钮弹起时，则开启短路自动恢复功能。

(8) 电压输出端子　电压输出端子用来输出直流电压，红色为正极，黑色为负极。

直流稳压电源各部分的功能如图 1-10 所示。

二、直流稳压电源操作方法

1. 接通电源

接通交流电源，将电源开关置于“ON”位置，电源面板电压表、电流表点亮。

2. 测量选择

将测量选择旋钮调节到对应的档位，如果要对手机进行供电，则要将旋钮调节到“OUT”档位。

3. 电压调节

在维修手机时，先要将稳压电源的输出电压调节到 3.7V。若维修大电流或短路的手机，则先要将电压调节到 0V，然后再慢慢调节。

输出电流量程转换1A/200mA

输出电压显示

手机信号测试

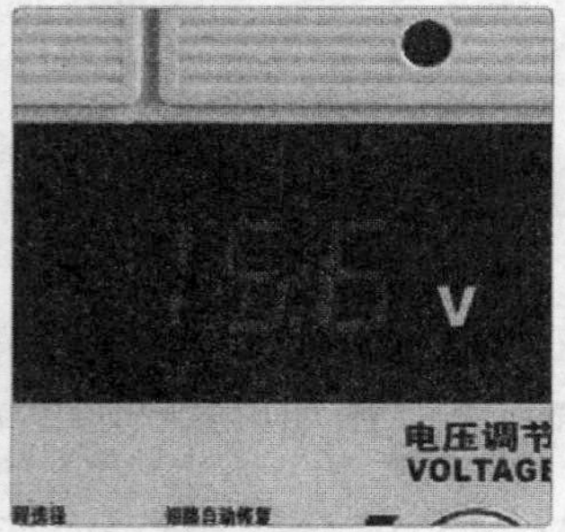

输出电压及测试功能显示可通过旋钮切换

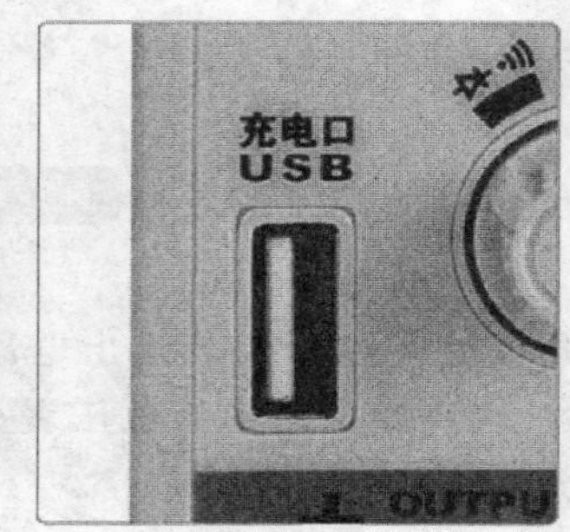

5V USB充电接口

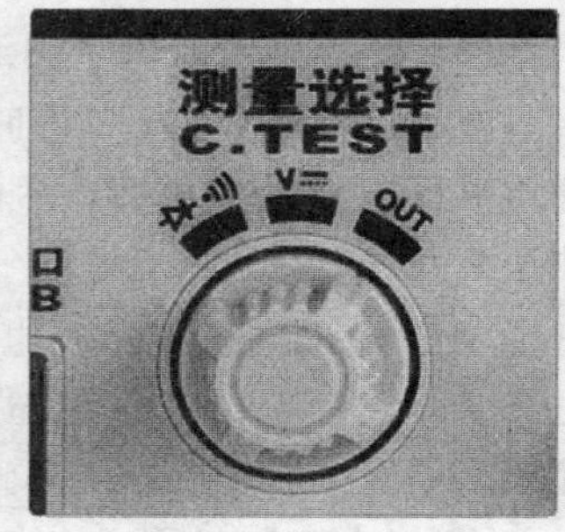

测试选择旋钮

通断及二极管测试

直流电压测试

输出电压显示

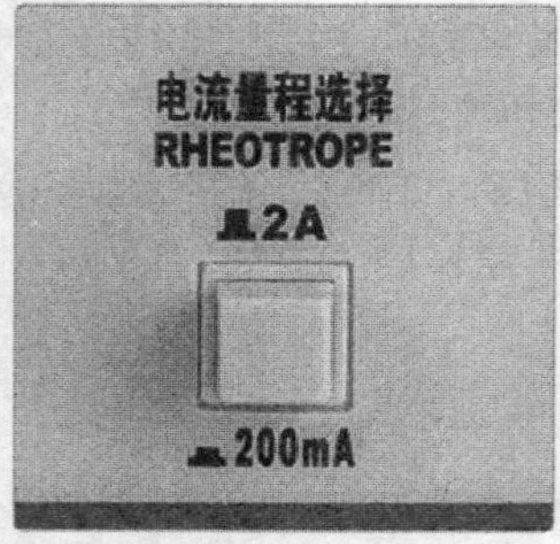

电流量程选择按键2A/200mA

短路保护自动恢复

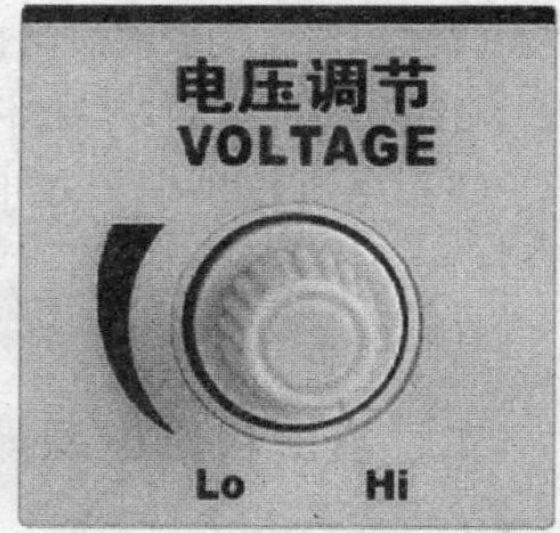

输出电压调节旋钮

图 1-10 直流稳压电源各部分的功能

4. 电流量程选择及短路自动恢复选择

在维修手机时，由于开机电流大于200mA，一般将电流量程选择到2A档位。短路自动恢复选择到“ON”位置，若负载出现故障或短路时，电源将会自动把电流限制在设置的恒流值内，此时输出电压将自动下降，直至为0V，以保持输出电流恒定。过载或短路排除后，输出电压自动恢复正常。

☆直流稳压电源使用安全注意事项

1）直流稳压电源通电前检查所接电源与本电源输入电压是否相符。

2）直流稳压电源使用时，机器周围应留有足够的空间，以利于散热。

3）若电源输入端2A熔丝烧断，本电源将停止工作，维修人员必须找出故障的原因并排除后，再用相同规格的熔丝替换。

4）直流稳压电源在使用前，一定要观察输出电压时，手机维修用输出电压不能超过5.0V，否则会烧坏手机内芯片。

5）稳压电源输出端子中，红色端子表示正极、黑色端子表示负极，不要接反极性。

在所有电子设备中，红色线表示是供电（正极），黑色线表示是接地（负极），在直流稳压电源使用操作时，不要将红色线接在稳压电源输出端的负极（黑色线接在稳压电源输出端的正极），一定要严格按照规范操作。

第三节　万用表的使用

一、万用表的选择

万用表有很多种，现在最流行的有指针式万用表和数字式万用表（见图1-11），它们各有优点。对于手机维修初学者，建议对指针式万用表和数字式万用表都要学习，因为它对我们熟悉一些电子知识原理很有帮助。下面分别了解一下指针式万用表和数字式万用表的工作原理。

指针式万用表与数字式万用表各有优缺点，指针式万用表是一种平均值式仪表，它具有直观、形象的读数指示（一般读数值与指针摆动角度密切相关，所以很直观）。数字式万用表是瞬时取样式仪表。它采用0.3s取一次样来显示测量结果，有时每次取样结果只是十分相近，并不完全相同，对于读取结果来说就不如指针式万用表方便。

指针式万用表一般内部没有放大器，所以内阻较小，例如，MF-10型万用表的直流电压灵敏度为100kΩ/V，MF-47型的直流电压灵敏度为20kΩ/V；数字式万用表由于内部采用了运放电路，内阻可以做得很大，往往在1MΩ或更大（即可以得到更高的灵敏度），这使得对被测电路的影响可以更小，测量精度较高。

指针式万用表由于内阻较小，且多采用分立元件构成分流分压电路，所以频率特性是不均匀的（相对数字式来说），而指针式万用表的频率特性相对好一点；指针式万用表内部结构简单，所以成本较低，功能较少，维护简单，过电流、过电压能力较强。

数字式万用表内部采用了多种振荡、放大、分频保护等电路，所以功能较多。比如可以测量温度、频率（在一个较低的范围）、电容、电感等。数字式万用表由于内部结构多用集成电路所以过载能力较差（不过现在有些已能自动换档、自动保护等功能，但使用较复杂），损坏后一般也不易修复。

深圳胜利VC890C+数字式万用表　　南京电表厂MF47指针式万用表

图 1-11　常用数字式万用表和指针式万用表

数字式万用表输出电压较低（通常不超过1V），对于一些电压特性特殊的元件的测试不便（如晶闸管、发光二极管等）。指针式万用表输出电压较高（有10.5V、12V等），电流也大（如MF-47型万用表的$R\times1\Omega$档最大有100mA左右），可以方便地测试晶闸管、发光二极管等。

建议，对指针式万用表和数字式万用表都要掌握其使用方法，这样会给手机维修工作带来更多便利。

二、数字式万用表面板功能简介

数字式万用表的面板功能如图1-12所示。

1）型号：数字式万用表的型号，这款万用表的型号为深圳胜利高电子科技有限公司生产的VC890Cf。

2）液晶显示器：显示仪表测量的数值。

3）发光二极管：通断检测时报警用。

4）旋钮：用来改变测量功能、量程以及控制

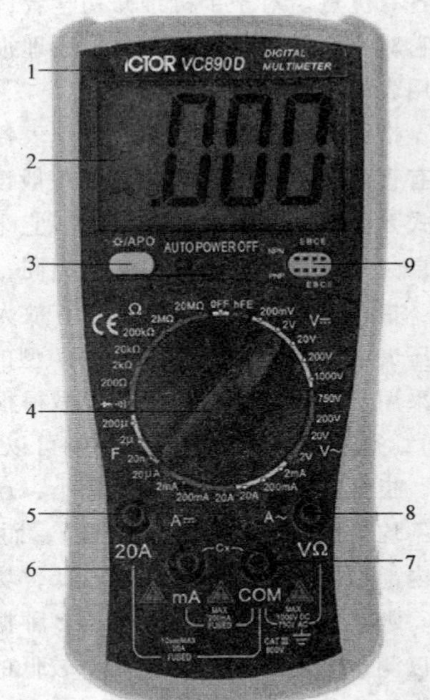

图 1-12　数字式万用表的面板功能

开关机。

5）20A 电流测试插座。

6）电容、温度、测试附件、“-”极以及小于 200mA 电流测试插座。

7）电容、温度、测试附件、“+”极插座以及公共地。

8）电压、电阻、二极管、“+”极插座。

9）晶体管测试插座：测试晶体管输入口。

三、数字式万用表操作方法

1. 直流电压测量

1）将黑表笔插入“COM”插座，红表笔插入“VΩ”插座。

2）将量程开关转至相应的 DCV 量程上，然后将测试表笔跨接在被测电路上，红表笔所接的该点电压与极性显示在屏幕上。其测量方法如图 1-13 所示。

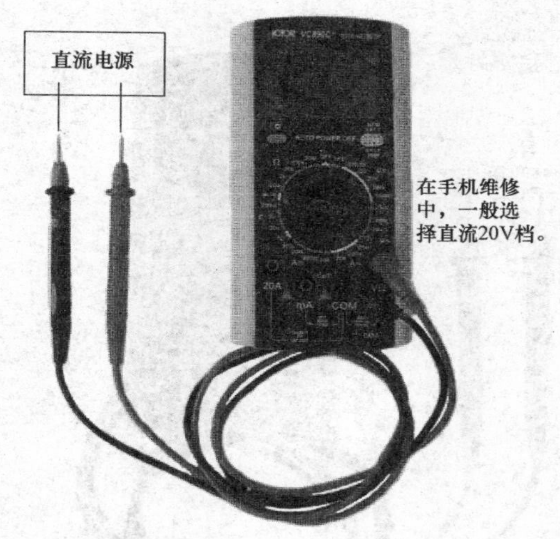

图 1-13 直流电压的测量方法

2. 交流电压测量

1）将黑表笔插入“COM”插座，红表笔插入“VΩ”插座。

2）将量程开关转至相应的 ACV 量程上，然后将测试表笔跨接在被测电路上。

3. 直流电流测量

1）将黑表笔插入“COM”插座，红表笔插入“mA”插座中（最大 200mA），或红表笔插入“20A”插座中（最大量程为 20A）。

2）将量程开关转至相应 DCA 档位上，然后将测试表笔串接入被测电路中，被测电流值及红色表笔点的电流极性将同时显示在屏幕上。

4. 交流电流测量

1）将黑表笔插入“COM”插座，红表笔插入“mA”插座中（最大 200mA），或红表笔插入“20A”插座中（最大量程为 20A）。

2）将量程开关转至相应 ACA 档位上，然后将测试表笔串接入被测电路中。

注意：在测量 20A 时要注意，该档位没有熔丝，连续测量大电流将会使电路发热，影响测量精度甚至会损坏仪表。

5. 电阻测量

1）将黑表笔插入“COM”插座，红表笔插入“VΩ”插座。

2）将量程开关转至相应的电阻量程上，然后将测试表笔跨接在被测电阻上其测量方法如图 1-14 所示。

注意：当测量电阻值超过 1MΩ 以上时，读数需几秒才能稳定，这在测量高电阻时是正常的；当输入端开路时，则显示过载；测量在线电阻时，要确认被测电路所有电源已关断及所有电容都已完全放电时，才可进行。

6. 电容测量

1）将红表笔插入“COM”插座，黑表笔插入“mA”插座。

2）将量程开关转至相应电容量程上，表笔对应极性（注意，红表笔极性为“+”极）接入被测电容。其测量方法如图 1-15 所示。

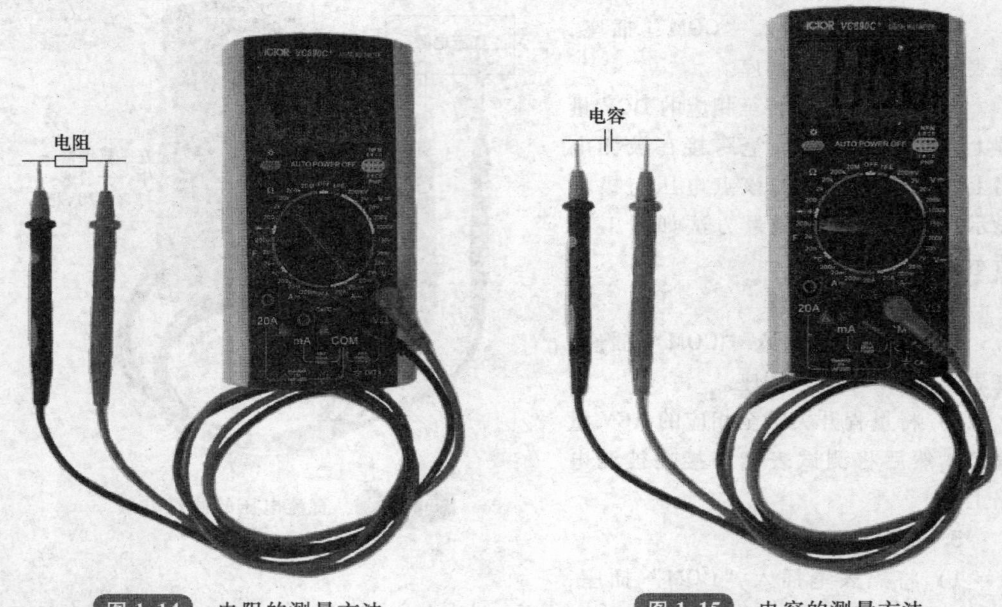

图 1-14 电阻的测量方法　　图 1-15 电容的测量方法

注意：在测试电容前，屏幕显示值可能尚未回到零，残留读数会逐渐减小，但可以不予理会，它不会影响测量的准确度；大电容档测量严重漏电或击穿电容时，将显示一些数值且不稳定；请在测试电容容量之前，必须对电容充分放电，以防止损坏仪表。

7. 二极管通断测试

1）将黑表笔插入“COM”插座，红表笔插入“VΩ”插座（注意，红表笔极性为“+”极）。

2）将量程开关转至“二极管”档，并将表笔连接到待测试二极管，读数为二极管正向压降的近似值。

3）将表笔连接到待测线路的两点，如果两点之间的电阻值低于 70Ω，则内置蜂鸣器发声。其测量方法如图 1-16 所示。

8. 晶体管类型的测量

1）将量程开关置于 hFE 档。

2）决定所测晶体管为NPN型还是PNP型，将发射极、基极、集电极分别插入测试附件上相应的插孔。

9. 自动断电

当仪表停止使用约20min后，仪表便自动断电进入休眠状态，若要重新启动电源，必须先将量程开关转至“OFF”档，然后再转至用户需要使用的档位上，就可以重新接通电源。

注意：如果事先对被测直流电压、交流电压范围没有概念，应将量程开关转到最高档位，然后根据显示值转至相应档位上；如果屏幕显示“1”，表明已超出量程范围，必须将量程开关转至较高档位上。

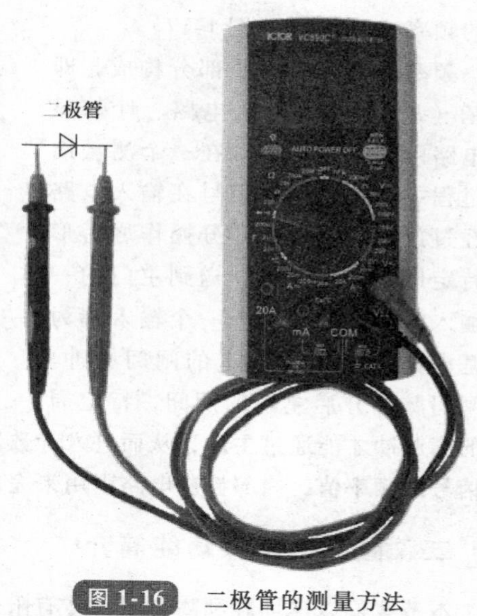

图1-16　二极管的测量方法

☆数字式万用表使用安全注意事项

1）如果无法预先估计被测电压或电流的大小，则应先拨至最高量程档测量一次，再视情况逐渐把量程减小到合适位置。测量完毕，应将量程开关拨到最高电压档，并关闭电源。

2）满量程时，仪表仅在最高档位显示数字“1”，其他档位均消失，这时应选择更大的量程。

3）测量电压时，应将数字式万用表与被测电路并联。测电流时应与被测电路串联，测直流量时不必考虑正、负极性。

4）当误用交流电压档去测量直流电压，或者误用直流电压档去测量交流电压时，显示屏将显示“000”，或低位上的数字出现跳动。

5）禁止在测量高电压（220V以上）或大电流（0.5A以上）时更换量程，以防止产生电弧，烧毁开关触点。

6）当显示“BATT”或“LOW BAT”时，表示电池电压低于工作电压。

第四节　频率计的使用

一、频率计的工作原理

频率计又称为频率计数器，是一种专门对信号的频率、周期进行测量的电子测量仪器。其基本工作原理为：当被测信号在特定时间段 T 内的周期个数为 N 时，则被测信

号的频率 $f = N/T$（见图 1-17）。

频率计主要由四个部分构成，即时基（T）电路、输入电路、计数显示电路以及控制电路。在一个测量周期过程中，被测周期信号在输入电路中经过放大、整形、微分操作之后形成特定周期的窄脉冲，送到主门的一个输入端。主门的另外一个输入端为时基电路产生电路产生的闸门脉冲。在闸门脉冲开启主门的期间，特定周期的窄脉冲才能通过主门，从而进入计数器进行计数，计数器的显示电路则用来显示被测信号的频率值，内部控制电路则用来完成各种测量功能之间的切换并实现测量设置。

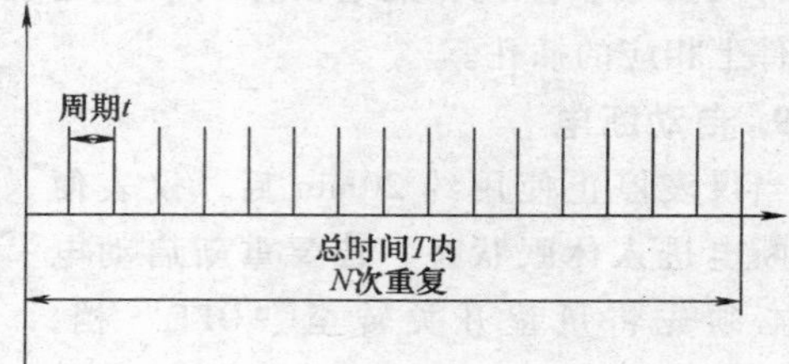

图 1-17　频率和周期、时间的关系

二、频率计面板功能简介

本节我们以深圳胜利高电子科技有限公司生产的 VC3165 智能频率计为例，介绍频率计的基本操作方法。VC3165 智能频率计是一种以微处理器为基础而设计的高分辨率、多功能数字式智能化仪器，具有频率测量、周期测量等功能，并有 3 档选择功能选择、工作状态指示、单位显示及 8 位 LED 高亮度显示。测量频率为 0.01Hz ~ 2.4GHz，闸门时间为 100ms ~ 10s 连续可调。

1. 前面板按键功能及作用

（1）前面板按键功能　VC3165 智能频率计前面板按键功能如图 1-18 所示。

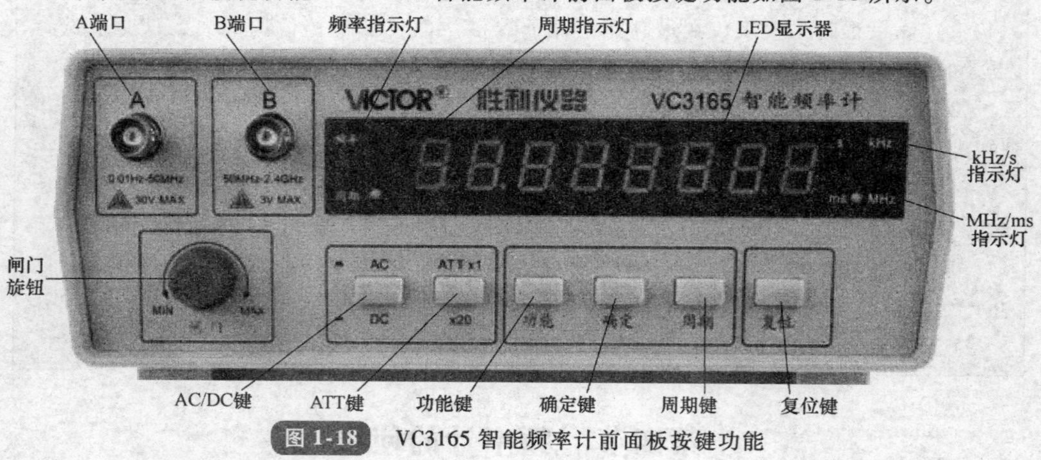

图 1-18　VC3165 智能频率计前面板按键功能

（2）前面板按键的作用

1）输入端口。A 通道和 B 通道端口在面板左边。

2）按键。

① 功能键：共设 3 个档位。

a. 档位 1：50MHz ~ 2.4GHz 量程，B 通道，测量单位显示“MHz/ms”（窗口后部显示）。

b. 档位 2：2～50MHz 量程，A 通道，测量单位显示“MHz/ms”（窗口后部显示）。

c. 档位 2：0.01Hz～2MHz 量程，A 通道，测量单位显示“kHz/ms”（窗口后部显示）。

以上三档为测量频率档位，“频率”指示灯亮（在窗口前端）。

② 周期键：当按下此按键时，仪器进入周期测量状态。

③ 确定键：当按下此按键时，仪器将按设定状态开始工作。

④ AC/DC 键：此按键为交/直流耦合转换开关，此按键按下时为直流测量，弹起时为交流测量。

⑤ 复位键：当仪器出现异常状态时，按一下复位键，则仪器可恢复到正常初始状态并开始工作。

⑥ ATT 键：此键为 A 通道衰减按键，即将通道 A 的输入信号幅度进行适当的衰减处理，然后再送往后级处理。

2. 后面板功能及作用

VC3165 智能频率计后面板的功能如图 1-19 所示。

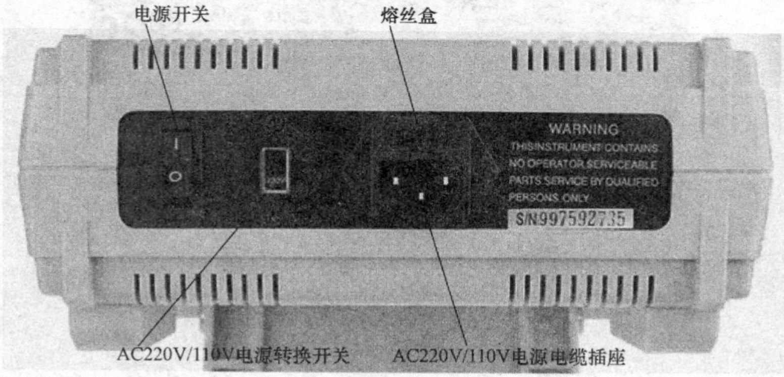

图 1-19　VC3165 智能频率计后面板的功能

三、频率计操作方法

首先将电源转换开关置于相应的位置（AC 220V/110V，50/60Hz），插好电源线，打开电源开关，预热 20min 后开始工作。

1. 频率测量

1）根据被测频率的范围选择 A 通道或 B 通道（频率测量范围如前所述），并将被测试信号源通过测试电缆与所选通道连接。

2）若被测信号频率小于 100Hz，需按下“AC/DC”键。

3）若 A 通道输入信号幅度过大则先按下“ATT”键，使仪器测量衰减后的信号。

4）设置档位。当按下功能键时，显示窗口最后一位显示值即为当前选中的档位，连续按功能键档位会在 1-2-3 循环显示。

5）以上操作完成后，按下“确认”键，仪器开始运行并根据设置进行测量，同时将测试结果显示在 8 位 LED 窗口上，同时还显示单位及测量状态。

6）闸门时间可根据需要任意调节。在测量小于100Hz的信号时，仪器自动进入等精度测量状态，此时闸门时间不可调。

2. 周期测量

在测量频率状态下再按下“周期”按键，仪器即进入周期测量状态，测试结果显示在8位LED窗口上，同时还显示工作状态及单位。

3. 手机系统时钟信号的测量实例

手机的系统时钟一般有13MHz、26MHz、19.5MHz、19.68MHz、38.5MHz等，手机系统时钟信号电路是手机的一个十分重要的电路，所产生的系统时钟，一方面为手机逻辑电路提供了系统时钟，另一方面为频率合成电路提供了基准信号。

手机系统时钟信号测试连接图如图1-20所示。

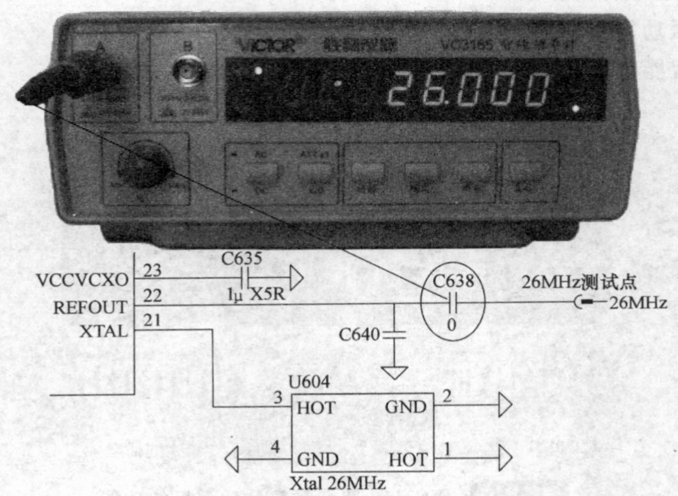

图1-20 手机系统时钟信号测试连接图

☆频率计使用安全注意事项

1）测量高电压、强辐射信号频率时，有线方式应串接大阻值电阻，无线方式应将频率计远离辐射信号源，测试衰减后的信号，以免损坏仪器。

2）当出现仪器显示不正常、死机等现象时，只要断电或按复位按键即可恢复正常。

3）仪器无信号输入时可能是非零显示，这是正常现象，不影响正常测量及准确度。

4）请勿将仪器置于高温、潮湿、多尘的环境，并应防止剧烈振动。

5）仪器在强干扰（如强电场或强磁场）下使用时，灵敏度会相应下降。

6）随着被测频率的升高（高于1.2GHz时），灵敏度会相应下降。

第五节　数字示波器的使用

一、数字示波器的工作原理

1. 数字示波器的组成框图

数字示波器是由取样存储、读出显示和系统控制三大部分组成的，它们之间通过数据总线、地址总线和控制总线相互联系和交换信息，以完成各种测量功能，其基本电路组成框图如图 1-21 所示。

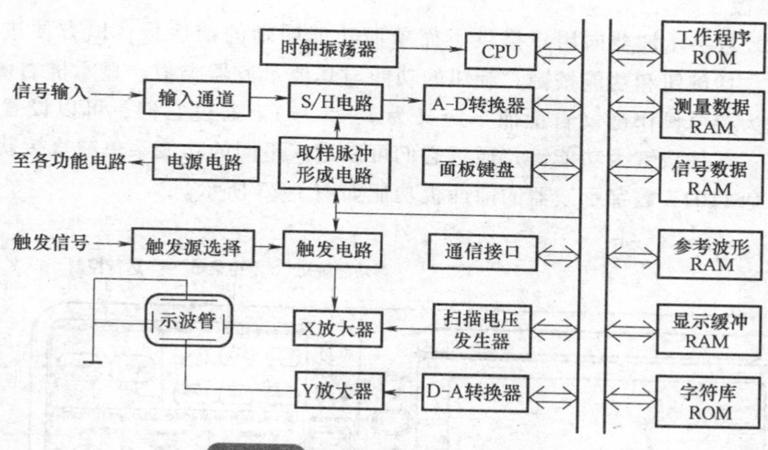

图 1-21　数字示波器的组成框图

2. 数字示波器的工作原理

（1）系统控制部分　系统控制部分由键盘、只读存储器（ROM）、CPU 及 I/O 接口等组成。在 ROM 内有仪器的管理程序，在管理程序的控制下，对键盘进行扫描产生扫描码，接受使用者的操作，以便设定输入灵敏度、扫描速度、读写速度等参数和各种测试功能。

（2）取样存储部分　取样存储部分主要由输入通道、取样保持电路、取样脉冲形成电路、A-D 转换器、信号数据存储器等组成。取样保持电路在取样脉冲的控制下，对被测信号进行取样，经 A-D 转换器变成数字信号，然后存入信号数据存储器中，取样脉冲的形成受触发信号的控制，同时也受 CPU 控制。其取样和存储过程如图 1-22 所示。

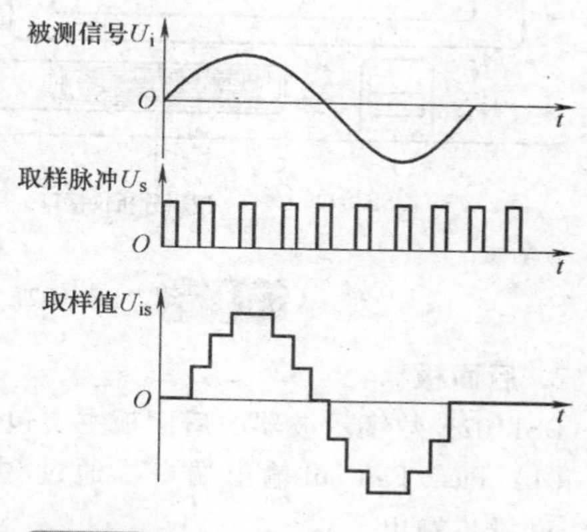

图 1-22　数字示波器取样和存储过程

（3）读出显示部分　读出显示部分由显示缓冲存储器、D-A 转换器、扫描发生器、X 放大器、Y 放大器和示波管电路组成。它在接到读命令后，先将存储在显示缓冲存储器中的数字信号送给 D-A 转换器，将其重新恢复成模拟信号，经放大后送示波管，同时扫描发生器产生的扫描阶梯波电压把被测信号在水平方向展开，从而将信号波形显示在屏幕上。

二、数字示波器面板功能简介

下面我们以北京普源精电（RIGOL）科技有限公司生产的 DS1102E 数字示波器为例，介绍数字示波器的基本操作方法。

1. 前面板

DS1102E 数字示波器向用户提供了简单而功能明晰的前面板，以方便进行基本操作。面板上包括旋钮和功能按键。旋钮的功能与其他示波器类似。显示屏右侧的一列 5 个灰色按键为菜单操作键（自上而下定义为 1～5 号）。通过它们，可以设置当前菜单的不同选项；其他按键为功能键，通过它们可以进入不同的功能菜单或直接获得特定的功能应用。DS1102E 数字示波器的前面板功能如图 1-23 所示。

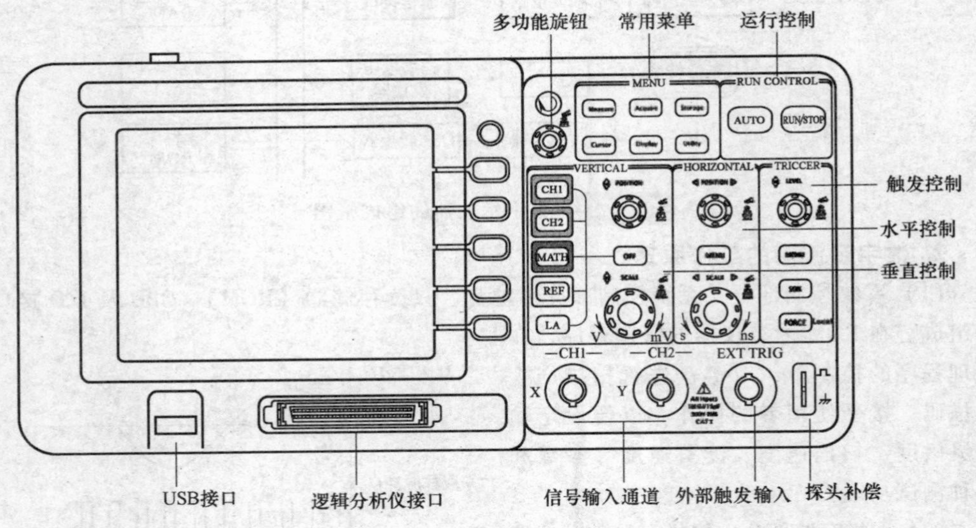

图 1-23　DS1102E 数字示波器的前面板功能

2. 后面板

DS1102E 数字示波器的后面板主要包括以下几部分：

（1）Pass/Fail out 输出端口　通过/失败测试的检测结果可通过光电隔离的 Pass/Fail out 端口输出。

（2）RS232 接口　为示波器与外部设备的连接提供串行接口。

（3）USB 接口　当示波器作为“从设备”与外部 USB 设备连接时，需要通过该接口传输数据。例如，连接 PictBridge 打印机与示波器时，使用此接口。

DS1102E 数字示波器的后面板功能如图 1-24 所示。

图 1-24 DS1102E 数字示波器的后面板功能

为了方便说明数字示波器的功能，本节采取以下方式对不同菜单功能进行标识。

1. 数字示波器的前面板功能键

1）MENU 功能键的标识用一个方框包围的文字所表示，如 Measure，代表前面板上的一个标注着 Measure 文字的透明功能键。

2）⟲标识为多功能旋钮，用⟲表示。

2. 数字示波器的存储菜单功能键

菜单操作键的标识用带阴影的文字表示，如波形存储，表示存储菜单中的存储波形选项。

3. 显示界面

数字示波器显示界面如图 1-25 和图 1-26 所示。

三、使用数字示波器测量简单信号

使用数字示波器观测电路中的一个未知信号，迅速显示和测量信号的频率和峰-峰值的方法介绍如下：

1. 迅速显示该信号的步骤

1）将探头菜单衰减系数设定为 10X，并将探头上的开关设定为 10X。

2）将通道 1 的探头连接到电路被测点。

3）按下 AUTO （自动设置）按键。

示波器将自动设置使波形显示达到最佳状态。在此基础上，进一步调节垂直、水平档位，直至波形的显示符合要求。

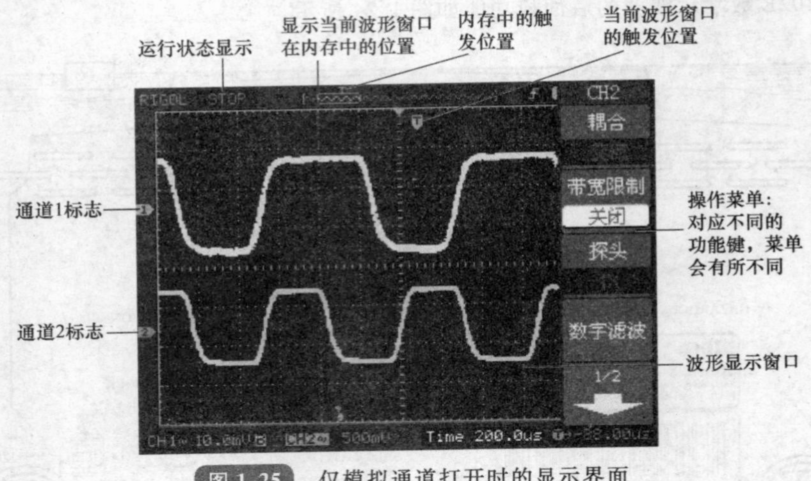

图 1-25　仅模拟通道打开时的显示界面

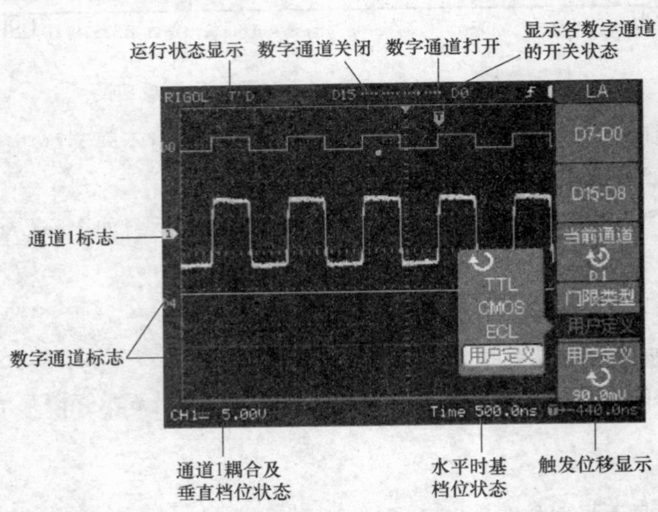

图 1-26　模拟和数字通道同时打开时的显示界面

2. 进行自动测量

示波器可对大多数显示信号进行自动测量。欲测量信号频率和峰-峰值，请按如下步骤操作。

（1）测量峰-峰值

① 按下 Measure 按键以显示自动测量菜单。

② 按下 1 号菜单操作键以选择信源：CH1。

③ 按下 2 号菜单操作键选择测量类型：电压测量。

④ 在电压测量弹出菜单中选择测量参数：峰-峰值。

此时，可以在屏幕左下角发现峰-峰值的显示。

（2）测量频率

① 按下3号菜单操作键选择测量类型：时间测量。

② 在时间测量弹出菜单中选择测量参数：频率。

此时，可以在屏幕下方发现频率的显示。

3. 实时时钟波形

数字示波器设置如下：将测试探头连接到CH1，探头衰减系数为1X；按下 AUTO 按键；转动垂直 SCALE 旋钮调节垂直幅度到100mV/格；转动水平 SCALE 旋钮调节水平时间到20μs/格。

实时时钟的波形是正弦波，频率为32.768kHz，如图1-27所示。

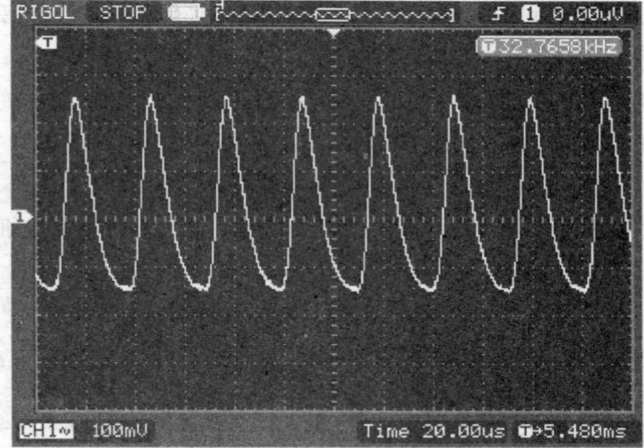

图1-27 实时时钟测试波形

☆**数字示波器使用安全注意事项**

1）使用前要认真阅读说明书，严格按照说明书中的要求进行操作。

2）正确使用探头，探头地线与地电动势相同，请勿将地线连接高电压。

3）保持适当的通风，不要在潮湿的环境下操作，不要在易燃易爆的环境下操作，以保持仪器表面的清洁和干燥。

4）不要将仪器放在长时间日光照射的地方。

5）为避免使用探头时被电击，请确认探头的绝缘导线完好，连接高压源时请不要接触探头的金属部分。

6）为避免电击，使用时通过电源线的接地导线接地。

第六节 频谱分析仪的使用

一、频谱分析仪的工作原理

频谱分析仪是研究电信号频谱结构的仪器，用于信号失真度、调制度、谱纯度、频率稳定度和交调失真等信号参数的测量，可用以测量放大器和滤波器等电路系统的某些参数，是一种多用途的电子测量仪器。

频谱分析仪是对无线电信号进行测量的必备手段，是从事电子产品研发、生产、检验的常用工具。因此，应用十分广泛，被称为工程师的射频万用表。

二、频谱分析仪面板功能简介

下面以北京普源精电（RIGOL）科技有限公司生产的 DSA1030 频谱分析仪为例进行介绍，DSA1030 频谱分析仪频率范围为 9kHz ~ 3GHz。

在手机维修中，维修人员可以通过对所测出信号的幅度、频率偏移、干扰程度等参数的分析，以判断出故障点，进行快速有效的维修。对于智能手机的维修，通过频谱分析仪可测量射频电路中大部分信号：手机参考基准时钟（13MHz、26MHz 等）、射频本振（RFVCO）的输出频率信号（视手机型号而异）、发射本振（TXVCO）的输出频率信号（GSM：890 ~ 915MHz；DCS；1710 ~ 1785MHz）、由天线至中频芯片间接收和发射通路的高频信号、接收中频和发射中频信号（视手机型号而异）。

1. 前面板

前面板如图 1-28 所示，前面板各部分功能说明见表 1-1，前面板功能键如图 1-29 所示，前面板连接器如图 1-30 所示。

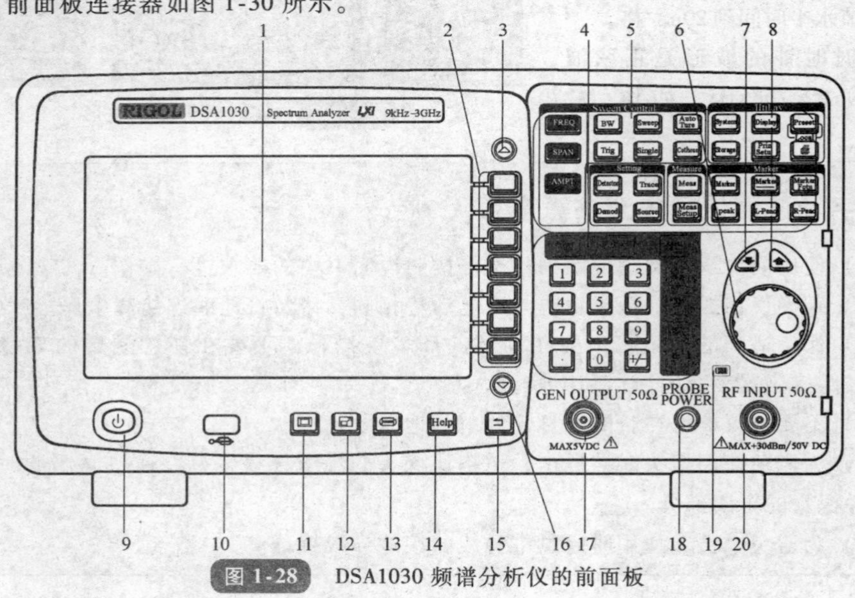

图 1-28 DSA1030 频谱分析仪的前面板

表 1-1 前面板功能说明

编号	说明	编号	说明
1	LCD	11	全屏显示
2	菜单键	12	窗口缩放
3	向上翻页菜单键	13	窗口切换
4	数字键盘	14	一键帮助
5	功能键区	15	返回上次操作的菜单项
6	旋钮	16	向上翻页菜单键
7	向下方向键	17	跟踪源输出*
8	向上方向键	18	射频探头电源输出
9	电源键	19	电池状态灯
10	USB 接口	20	射频输入

* 表示此功能为 DSA1030 的选件，不适用于 DSA1020。

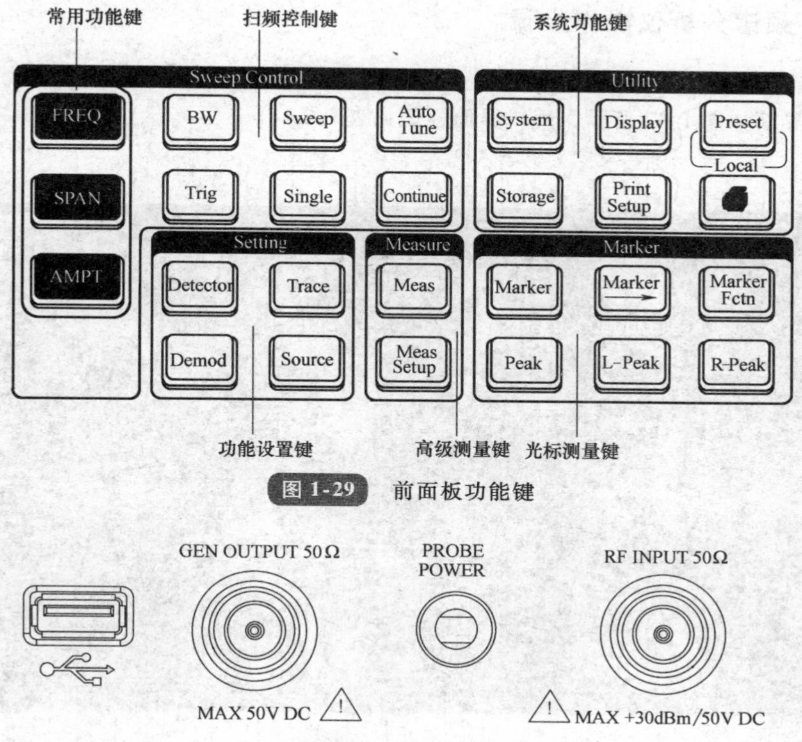

图 1-29　前面板功能键

图 1-30　前面板连接器

2. 后面板

后面板如图 1-31 所示。

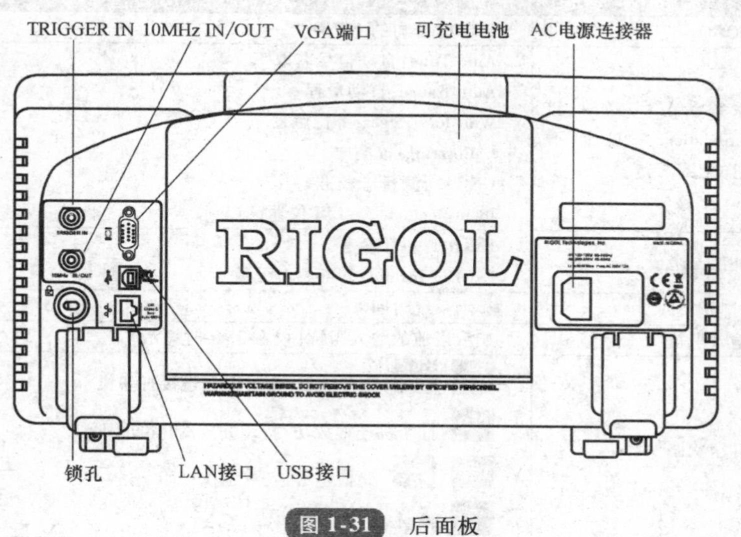

图 1-31　后面板

三、频谱分析仪操作步骤

1. 用户界面

用户界面如图 1-32 所示，用户界面标识见表 1-2。

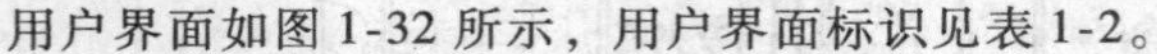

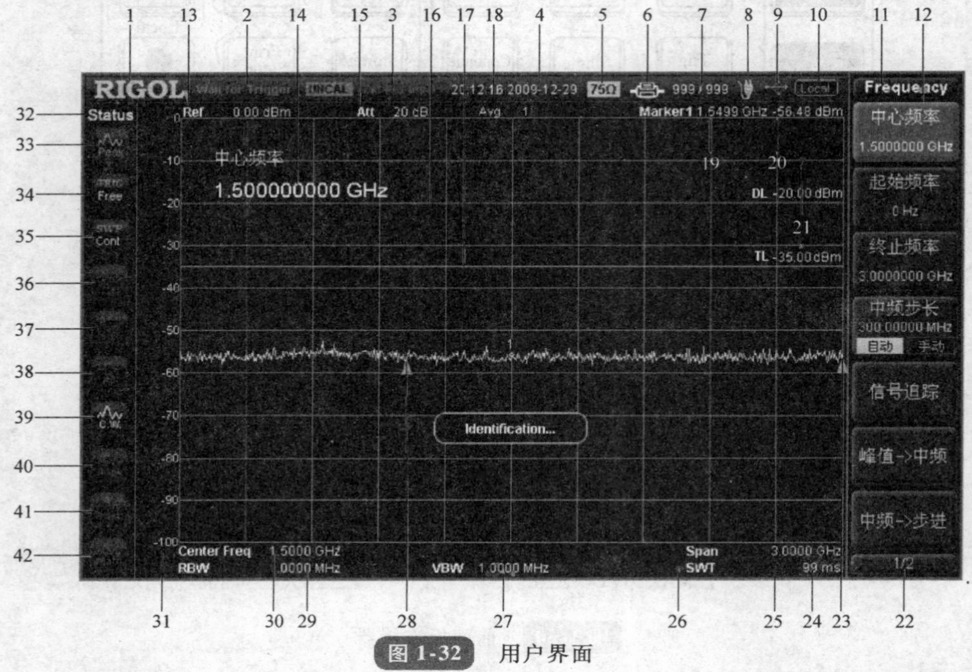

图 1-32 用户界面

表 1-2 用户界面标识

序号	名　称	说　明
1	LOGO	RIGOL 公司的 LOGO
2	系统状态（UNCAL 和 Identification... 位置不同，详见图示）	Auto Tune：自动信号获取 Auto Range：自动量程 Wait for Trigger：等待触发 Calibrating：校准中 UNCAL：测量未校准 Identification...：LXI 仪器已识别
3	外部参考	Ext Ref：外部参考 Ext Ref Invalid：外部参考无效
4	时间	显示系统时间
5	输入阻抗	显示当前的输入阻抗（仅在 75Ω 时显示）
6	打印状态	：交替显示，表示正在连接打印机 ：打印机连接成功/打印完成/打印机闲置 ：交替显示，表示正在打印 ：打印中止

（续）

序号	名　称	说　明
7	打印进度	显示当前打印份数和总打印份数
8	供电状态	交流供电：显示 电池供电：显示剩余电量
9	U 盘状态	显示 U 盘是否安装，如已安装显示
10	远程接口状态	显示 Local（本地）或 Rmt（远程）
11	菜单标题	当前菜单所属的功能
12	菜单项	当前功能的菜单项
13	参考电平	参考电平值
14	活动功能区	当前操作的参数及参数值
15	衰减器设置	衰减器设置
16	显示线	读数参考以及峰值显示的阈值条件
17	触发电平	用于视频触发时设置触发电平
18	平均次数	迹线平均次数
19	光标 X 值	当前光标的 X 值，不同测量功能下 X 表示不同的物理量
20	光标 Y 值	当前光标的 Y 值，不同测量功能下 Y 表示不同的物理量
21	数据无效标志	系统参数修改完成，但未完成一次完整的扫频，因此当前测量数据无效
22	菜单页号	显示菜单总页数以及当前显示页号
23	扫描位置	当前扫描位置
24	扫描时间	扫频的扫描时间
25	扫宽或终止频率	当前扫频通道的频率范围可以用中心频率和扫宽，或者起始频率和终止频率表示
26	手动设置标志	参数非自动耦合标志
27	VBW	视频分辨率带宽
28	谱线显示区域	谱线显示区域
29	RBW	频率分辨率带宽
30	中心频率或起始频率	当前扫频通道的频率范围可以用中心频率和扫宽，或者起始频率和终止频率表示
31	Y 轴刻度	Y 轴的刻度标注
32	参数状态标识	屏幕左侧一列图标为系统参数状态标识
33	检波类型	正峰值检波、负峰值检波、抽样检波、标准检波、RMS 平均检波、电压平均检波
34	触发类型	自由触发，视频触发和外部触发
35	扫频模式	连续扫频或者单次扫频（显示当前扫频次数）
36	校正开关	打开或关闭幅度校正功能
37	信号追踪	打开或关闭信号追踪功能
38	预放状态*	打开或关闭前置放大器
39	迹线 1 类型及状态	迹线类型：清除写入、查看、最大保持、最小保持、视频平均、功率平均 迹线状态：打开时用与迹线颜色相同的黄色标识，关闭则用灰色标识
40	迹线 2 类型及状态	迹线类型：清除写入、查看、最大保持、最小保持、视频平均、功率平均 迹线状态：打开时用与迹线颜色相同的紫色标识，关闭则用灰色标识
41	迹线 3 类型及状态	迹线类型：清除写入、查看、最大保持、最小保持、视频平均、功率平均 迹线状态：打开时用与迹线颜色相同的浅蓝色标识，关闭则用灰色标识
42	MATH 迹线类型及状态	迹线类型：A－B、A＋C、A－C 迹线状态：打开时用与迹线颜色相同的绿色标识，关闭则用灰色标识

*表示此功能为 DSA1030 的选件，不适用于 DSA1020。

2. 菜单操作

菜单类型按执行方式的不同可分为7种，下面将详细介绍每种类型及其操作方法。

(1) 参数输入型

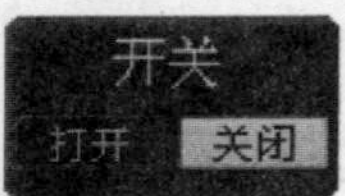

按相应的菜单，可直接从键盘输入数字改变参数值。

例如：选中中心频率，通过键盘输入数字后，按 Enter 键即可改变中心频率。

(2) 两种功能切换

按相应的菜单键，可切换菜单项的子选项。

例如：按信号追踪→开关，可打开/关闭信号追踪功能。

(3) 进入下一级菜单（带参数）

按相应的菜单键，进入当前菜单的下一级子菜单，改变子菜单的选中项，在返回时会改变父菜单所带参数的类型。例如：按Y轴单位进入下一级子菜单，选中dBmV后再返回上层菜单，即改变Y轴单位为dBmV。

(4) 进入下一级菜单（不带参数）

按相应的菜单键，进入当前菜单的下一级子菜单。

例如：按信号追踪，直接进入下一级菜单。

(5) 直接执行此功能

按相应的菜单键，执行一次对应的功能。

例如：按峰值－>中频，执行一次峰值搜索，并将当前峰值信号的频率设置为频谱仪的中心频率。

(6) 功能切换＋参数输入

按下相应的菜单键，执行功能切换；菜单选中后，可直接从键盘输入数字改变参数。

例如：按中频步长切换选择自动或手动，选择手动可直接输入数字改变中频步长。

(7) 选中状态

按下相应的菜单键，修改参数后返回上级菜单。

例如：按触发类型→自由触发选中自由触发，表明此时频谱仪处于自由触发状态。

3. 参数输入

参数输入可通过数字键盘、旋钮和方向键完成。

（1）数字键盘（见图 1-33）

（2）旋钮（见图 1-34）

图 1-33　数字键盘

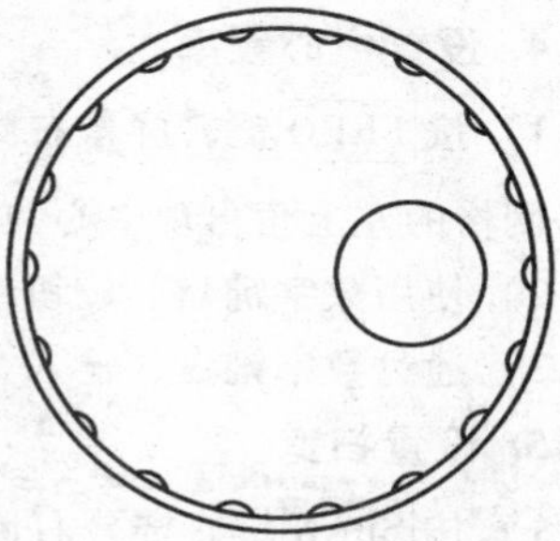

图 1-34　旋钮

旋钮功能包括：

1）在参数可编辑状态，旋转旋钮将以指定步进增大（顺时针）或减小（逆时针）参数。

2）在编辑文件名时，旋钮用于选中软键盘中不同的字符。

3）在 AMPT →“幅度校正”→“编辑”中，旋钮用于选中不同的参考点。

（3）方向键（见图 1-35）

方向键的功能包括：

1）在参数输入时，上、下键表示参数值按一定步进递增或递减。

2）在 Storage 功能中，上、下键用于在根目录中移动光标。

3）编写文件名时，上、下键用于选中软键盘中上下位置的字符。

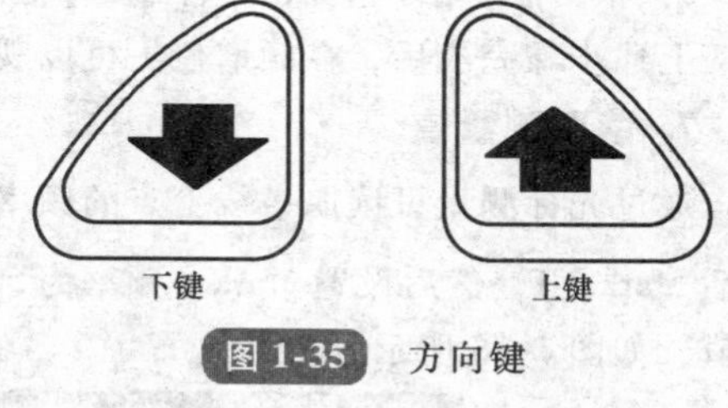

图 1-35　方向键

4）在 AMPT →“幅度校正”→“编辑”中，上、下键用于选中相邻的参考点。

四、频谱分析仪操作方法

下面通过对正弦信号进行测量，介绍频谱仪的基本测量方法。使用信号发生器做信号源，输出频率为 50 MHz，幅度为 0 dBm 的正弦信号。输入信号幅度不得超过 30 dBm（相当于 1 W），否则频谱仪会自动检测到超过 30 dBm 的电平时，立即切换输入到大功率电阻上，信号将无法进入频谱仪。

测量步骤说明如下：

1. 开机

2. 恢复出厂设置

按 System →复位→预置类型→出厂设置，然后按 Preset 键。此时仪器将所有参数恢复到出厂设置。

3. 连接设备

将信号发生器的信号输出端连接到频谱仪前面板的 RF INPUT 50Ω 射频输入端。

4. 设置中心频率

1）按FREQ键，屏幕右侧出现频率菜单，“中心频率”项处于高亮显示状态，在屏幕网格的左上角出现中心频率参数，表示中心频率功能被激活。

2）使用数字键盘、旋钮或方向键，均可以改变中心频率值。

3）通过数字键盘，输入 50，选择 MHz，则频谱仪的中心频率设定为 50 MHz。

5. 设置扫宽

1）按SPAN键，屏幕右侧出现扫宽菜单，“扫宽”项处于高亮显示状态，在屏幕网格的左上角出现扫宽参数，表示扫宽功能被激活。

2）使用数字键盘、旋钮或方向键，均可以改变扫宽值。

3）通过数字键盘，输入 20，选择 MHz，则频谱仪的扫宽设定为 20 MHz。

6. 设置幅度

1）按AMPT键，“参考电平”项处于高亮显示状态，在屏幕网格的左上角出现参考电平参数，表示参考电平功能被激活。

2）使用数字键盘、旋钮或方向键，均可以改变参考电平值。

3）根据信号显示情况，若有必要可通过旋钮改变参考电平，使信号峰值接近网格顶部。

上述步骤完成后，在频谱仪上可以观测到 50 MHz 的频谱曲线。

7. 读取测量值

通过光标测量可读取谱线上点的频率、幅度值。按Marker键→“选择光标”→ 1，激活 Marker 1，然后设置 Marker 频率为 50MHz，则在网格右上角显示光标处的频率和幅度值，如图 1-36 所示。

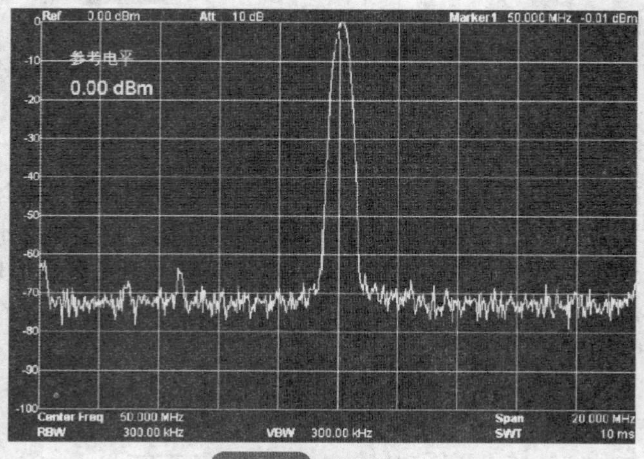

图 1-36 测量结果

☆频谱分析仪使用安全注意事项

（1）将产品接地　为避免电击，在连接本产品的任何输入或输出端子之前，请确保本产品电源电缆的接地端子与保护接地端可靠连接。

（2）查看所有终端额定值　为避免起火和过大电流的冲击，请查看产品上所有的额定值和标记说明，请在连接产品前查阅产品手册以了解额定值的详细信息。

（3）使用合适的过电压保护　确保没有过电压（如由雷电造成的电压）到达该产品，否则操作人员可能有遭受电击的危险。

（4）保持适当的通风　通风不良会引起仪器温度升高，进而引起仪器损坏。使用时应保持良好的通风，定期检查通风口和风扇。

（5）请勿在潮湿环境下操作　为避免仪器内部电路短路或发生电击的危险，请勿在潮湿环境下操作仪器。

（6）请勿在易燃易爆的环境下操作　为避免仪器损坏或人身伤害，请勿在易燃易爆的环境下操作仪器。

（7）请保持产品表面的清洁和干燥　为避免灰尘或空气中的水分影响仪器性能，请保持产品表面的清洁和干燥。

（8）防静电保护　静电会造成仪器损坏，应尽可能在防静电区进行测试。在连接电缆到仪器前，应将其内外导体短暂接地以释放静电。

（9）保护射频输入端口　不要弯曲或撞击接到频谱仪上的被测件（如滤波器、衰减器等），否则会增加对仪器端口的负重，造成仪器损坏。其次，不要混用50Ω和75Ω的连接器和电缆。

（10）请勿使输入端过载　为避免损坏仪器，输入到射频输入端的信号，直流电压分量不得超过DC 50V，交流（射频）信号分量最大连续功率不得超过30dBm（1 W）。

（11）适当使用功率计　对所测信号的性质不太了解时，请采用以下方法确保频谱仪的安全使用：若有RF功率计，先利用其测量信号电平；若没有，可在信号电缆与频谱仪输入端之间接入一个定值外部衰减器，此时，频谱仪应选择最大射频衰减，最大扫宽（SPAN）和可能的最大基准电平，以显示可能偏出屏幕的信号。

第七节　综合测试仪的使用

在本节中，以用途广泛的CMW500综合测试仪为例进行介绍，它是第四代平台设计，提供了真正的可扩充的多模功能。

一、综合测试仪简介

CMW500是无线设备空中接口测试的综合性测试仪，俗称“4G手机综测仪”，第四代移动通信技术的革新，让专业的综合性测试仪成为全世界手机生产商、通信行业公司等专业产品测试解决方案。

二、综合测试仪面板功能简介

1. CMW500 前面板功能简介

CMW500 的前面板主要由显示屏以及两旁的软键以及下面的热键和右面的各类硬按键以及各类接口组成。CMW500 的前视图如图 1-37 所示。

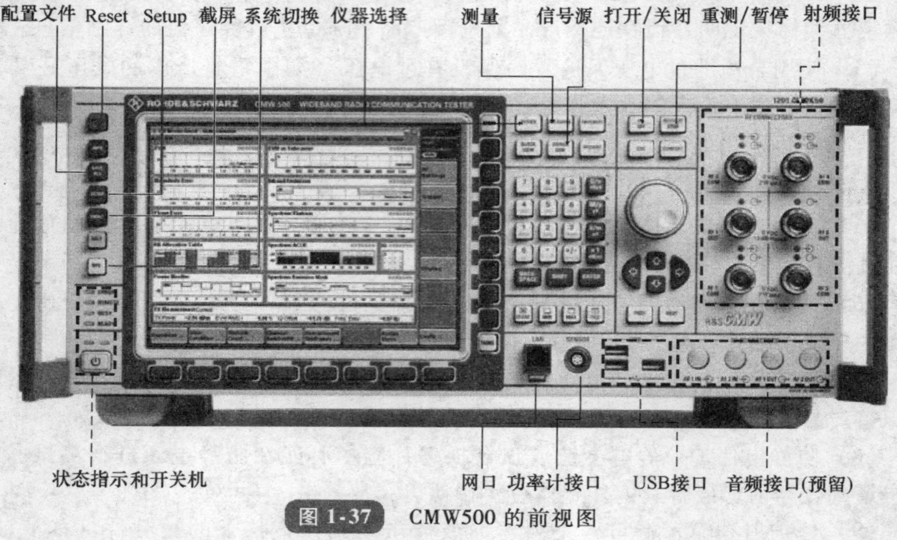

图 1-37 CMW500 的前视图

2. CMW500 后面板功能简介

CMW500 的后面板主要由信号、同步的输入输出口以及远程控制、外围设备的接口和电源及其开关组成。CMW500 的后视图如图 1-38 所示。

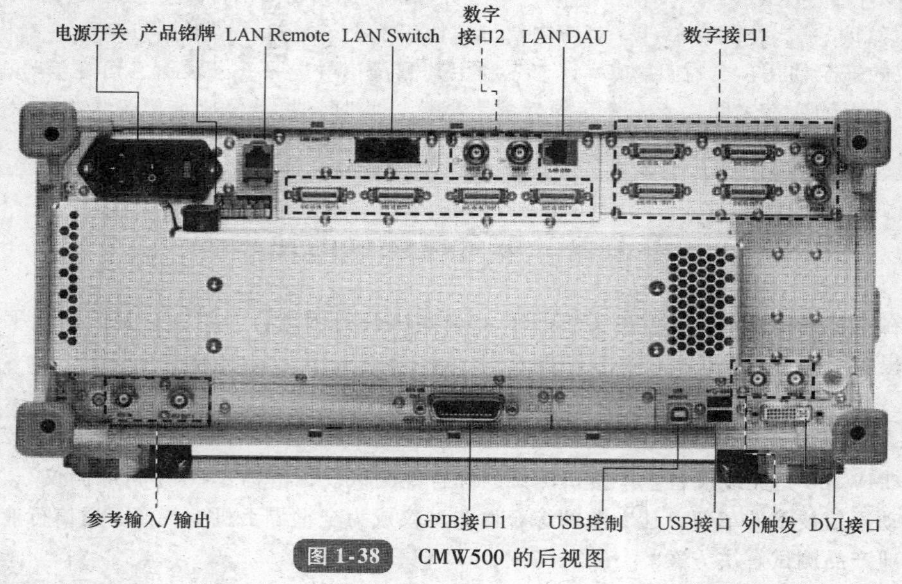

图 1-38 CMW500 的后视图

三、综合测试仪操作方法

以 WCDMA 系统为例介绍 CMW500 综合测试仪的使用操作方法。

1）首先复位仪器，按仪表左上角“Reset”键，如图 1-39 所示。

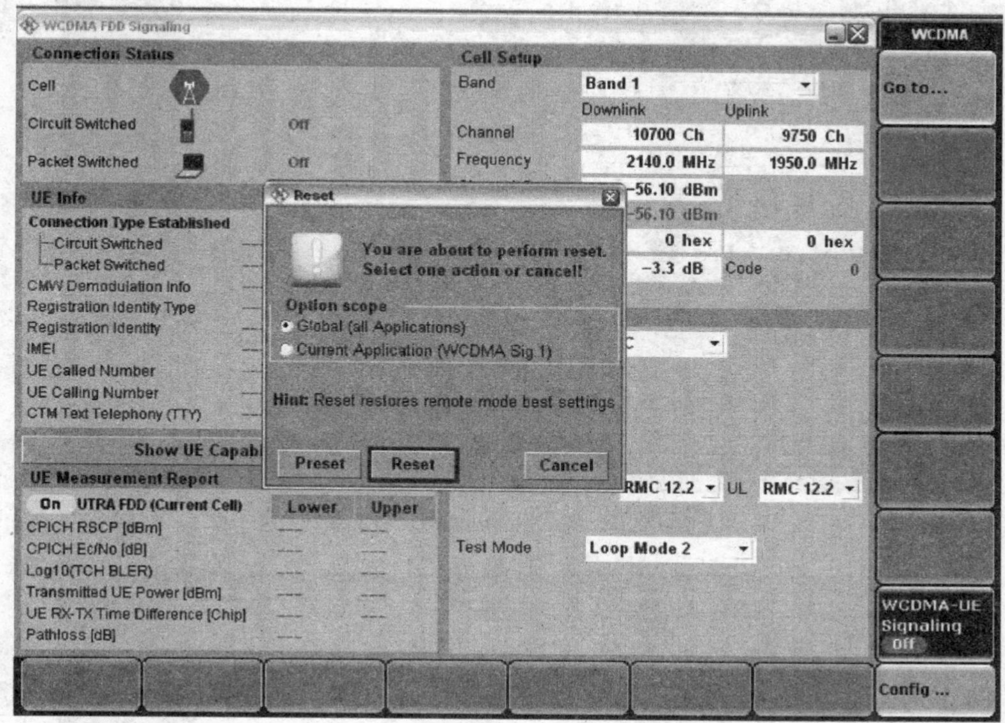

图 1-39 复位仪器

2）按软键“SIGNAL GEN”至如图 1-40 所示界面，选择 WCDMA FDD UE 的 Signaling 测试功能模块。

3）按“Measure”软键，选择 WCDMA 信令测试模块“Multi Evaluation”和“BER”测试功能，这时在菜单栏会出现我们选择的三个菜单，如图 1-41 所示。

4）选中“WCDMA Signaling”模块，将 WCDMA-UE Signaling 打开，发出下行信号，将“UE term. Connect”设置为 RMC 以开始测试。注意：设置好相应的频段，更详细的设置，如“Security”设置，请按右下角 Config 键，如图 1-42 所示。

5）这时打开手机等待手机注册到网络，注册之后可以读到手机的注册信息，如 IMSI 信息，如图 1-43 所示。

这时按“Show UE Capabilities”读取更详细手机汇报信息，如图 1-44 所示。

6）手机成功注册之后按 Connect RMC，这时可以看到寻呼、连接的过程，可以看到目前已处于连接状态，并且可以看到 UE 的汇报测量信息，如图 1-45 所示。

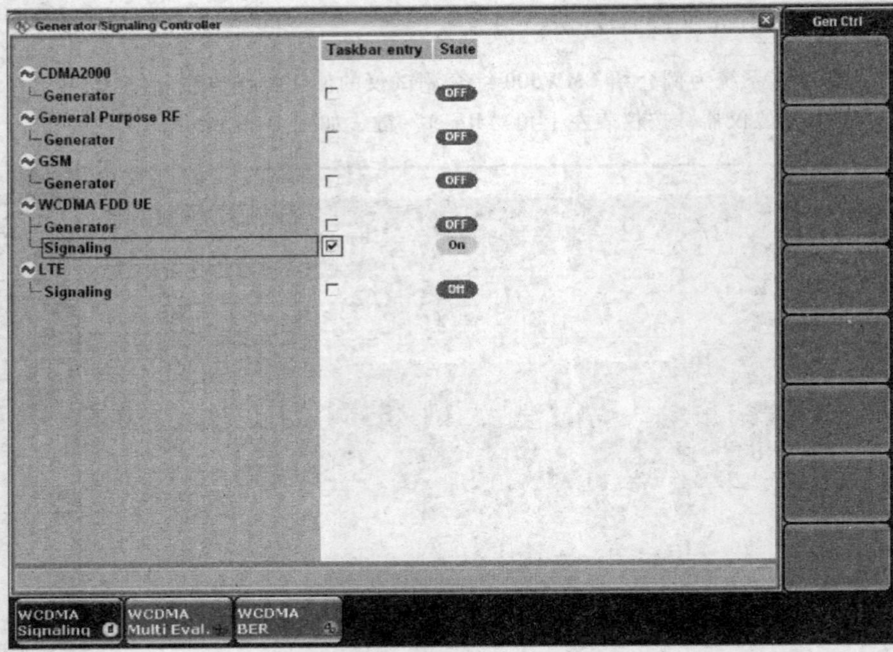

图 1-40　选择 Signaling 测试功能模块

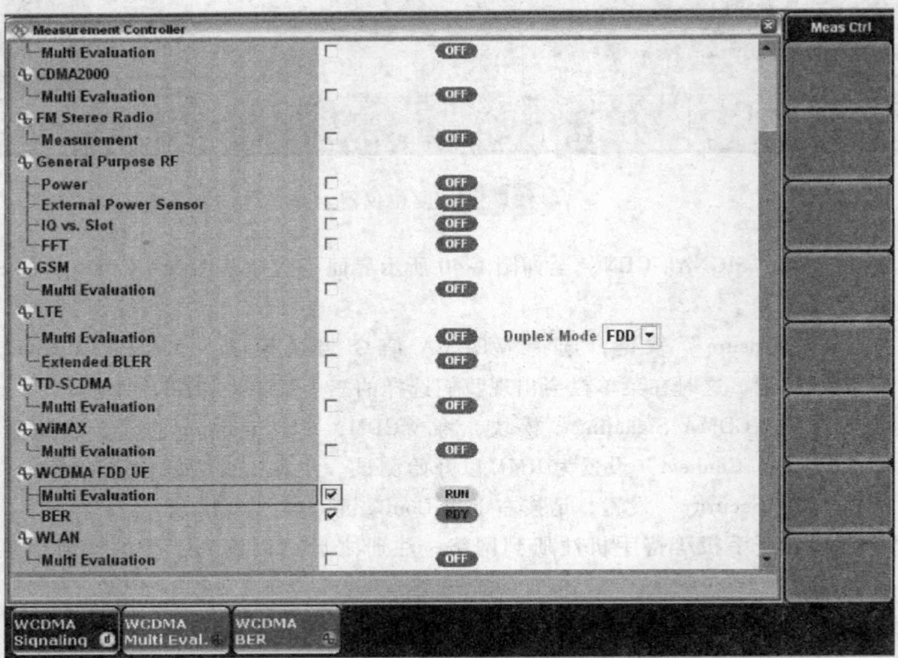

图 1-41　选择对应测试模块

图 1-42　开始测试

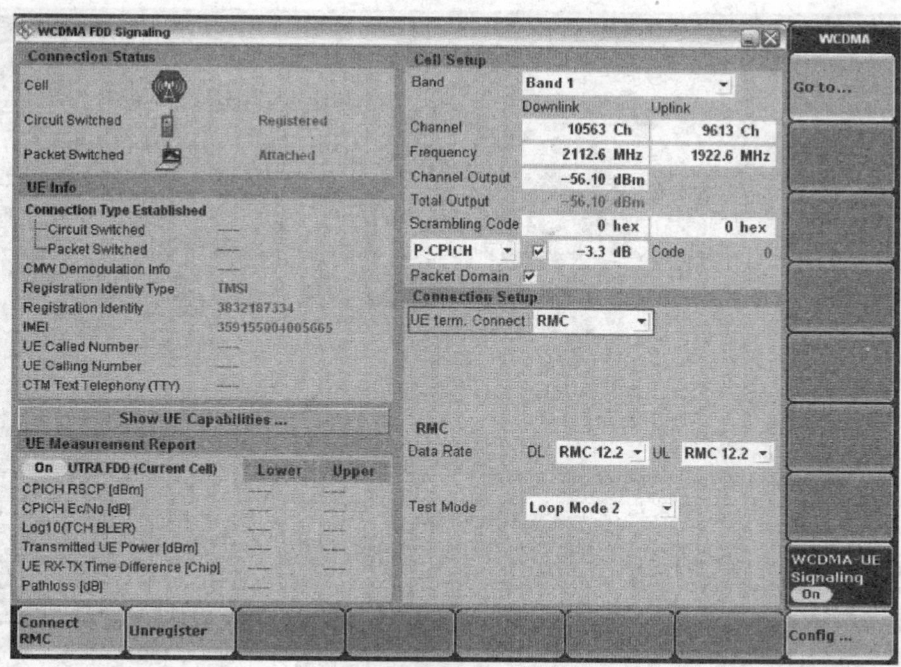

图 1-43　手机注册信息

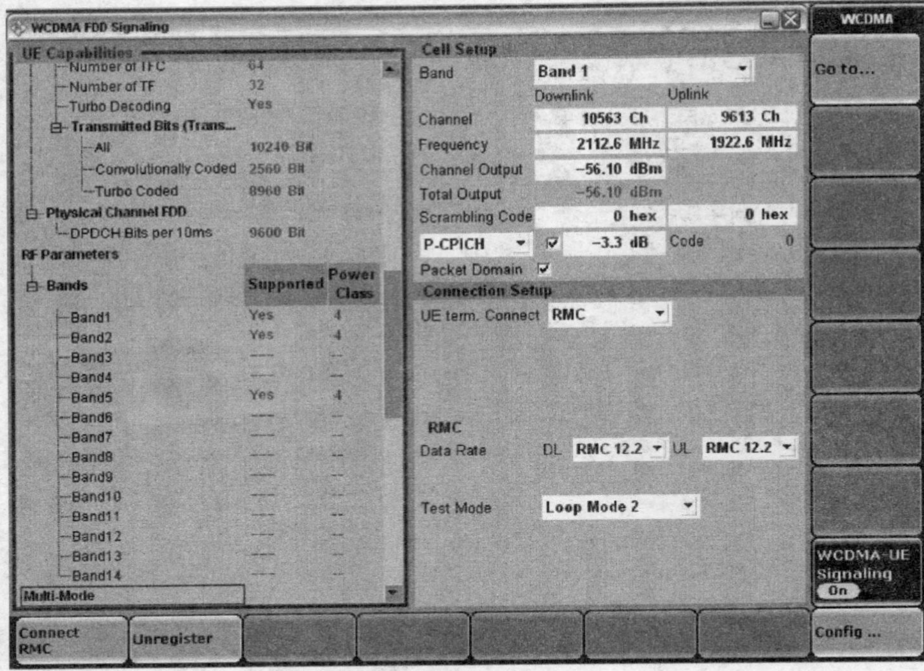

图 1-44 详细手机汇报信息

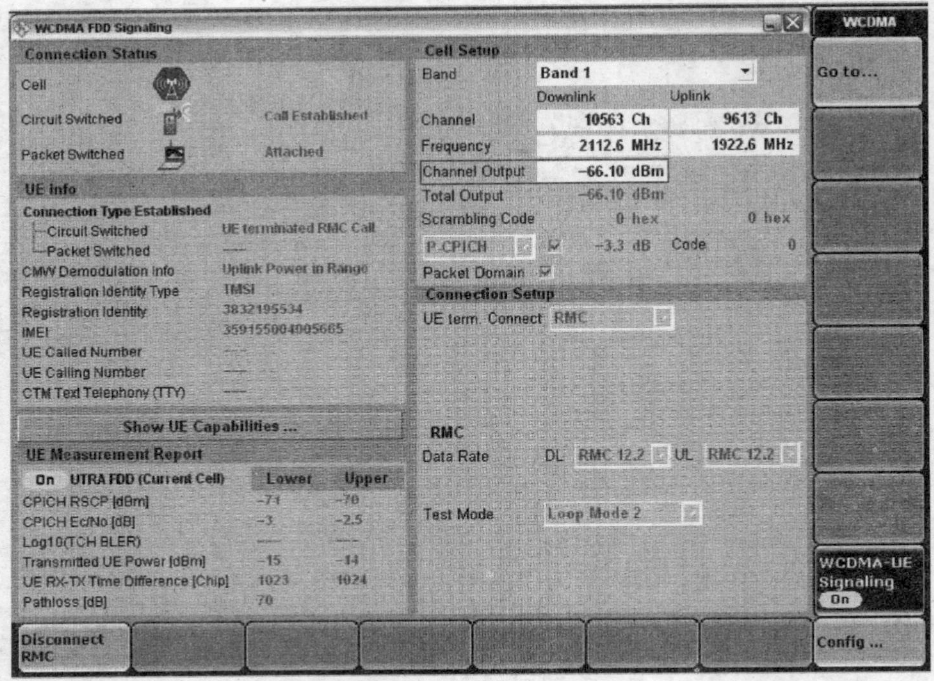

图 1-45 手机寻呼、连接过程

7）按 TASK 软键，选择“WCDMA Multi Eval”进入手机的发射机测试功能，按右下角的“Config”软键，将 Scenario 选择为“CombinedSignalPath”，这时所有响应的上行参数都已经按照下行参数进行配置，按“Assign Views”可以选择要测量的项目，将“Multi Evaluation”键打开以进行测量，如图 1-46 所示。

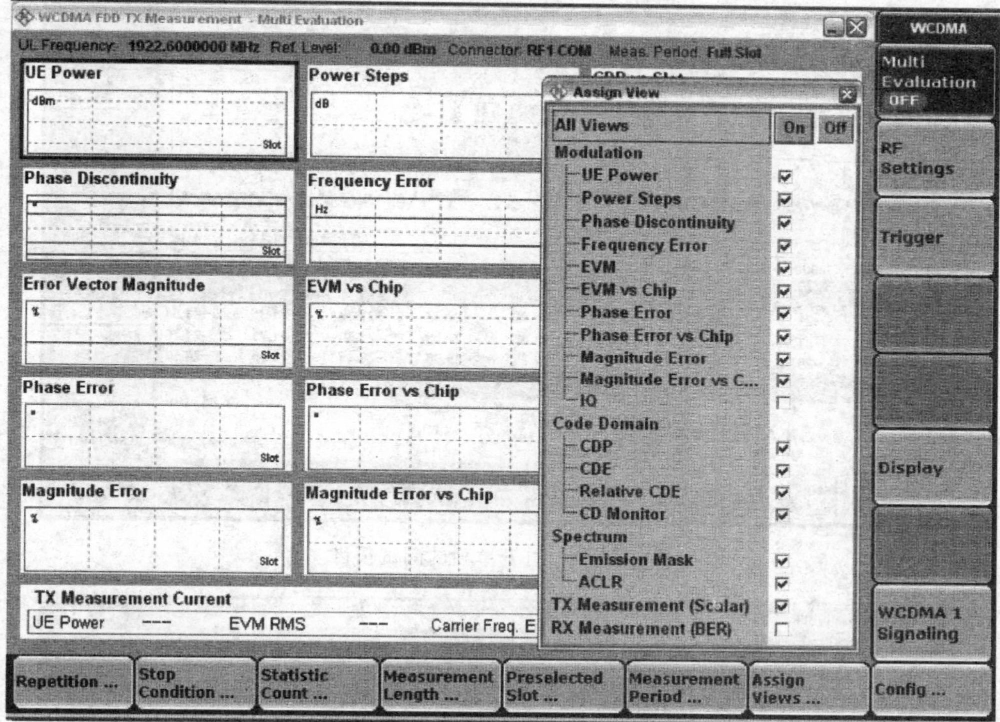

图 1-46　选择要测量的项目

如要观察某一具体测试项，可以打开单独的测试项目，如图 1-47 所示。

8）按屏幕右下角“Tasks”选择 BER 的测量功能，打开 BER 测试，并获得测试结果，如图 1-48 所示。

9）测试完成之后，可以选择断开连接，按 Disconnect RMC 即可。

☆综合测试仪使用安全注意事项

1）测试时手机掉网。可能的原因是综测仪上设置的测试电平过低，或空中的通道干扰过大。可适当提高测试电平，或在屏蔽室内进行测试。

2）在通话过程中，当各项测试正在进行时，如果未按正常的挂机操作退出通话，或测试线从测试手机上脱出，那么将导致测试可能无法正常进行。应采取以下操作：用测试线将测试手机与综测仪上重新连接好，并按 Preset（复位）键，然后手机重新开机入网，重新进入所需的测试接口。

3）如果在测试过程中综测试仪长时间无反应，无结果显示，或按功能键失灵，可按 Power 键重启综测仪，并操作手机重新开机入网，然后再进入所需的测试接口。

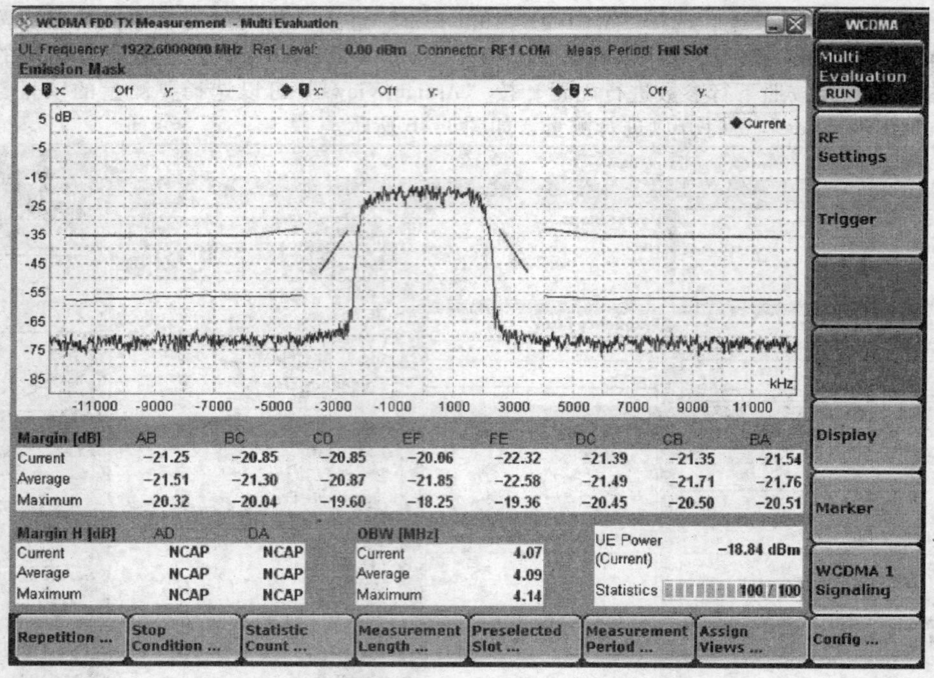

图 1-47 打开单独的测试项目

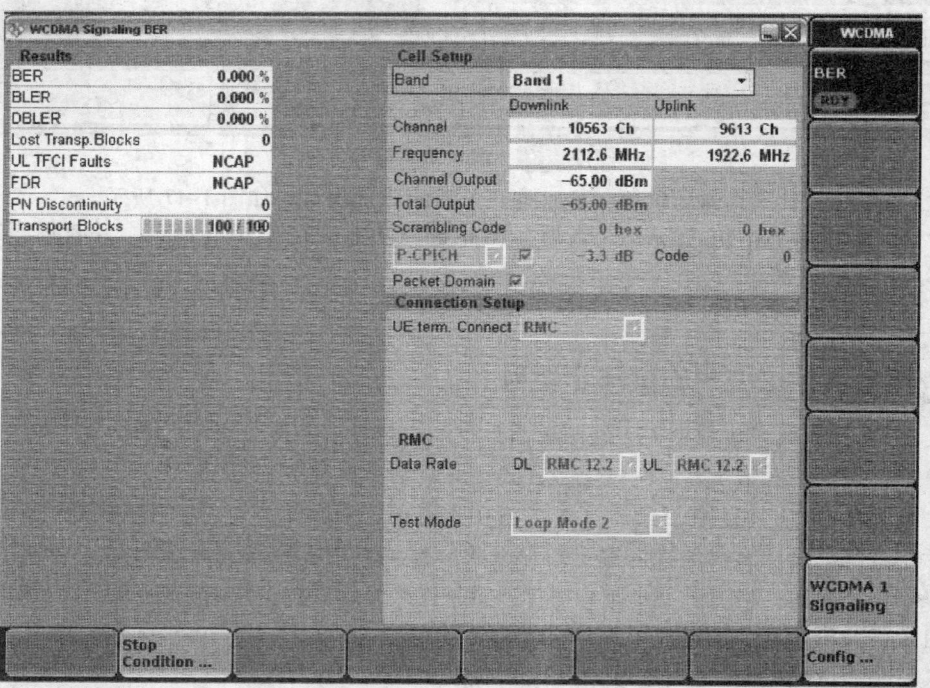

图 1-48 BER 测量功能

第八节　编程器的使用

一、编程器简介

编程器也叫作烧录器，编程器的名称取自英文 Programmer。编程器实际上是一个把可编程的集成电路写上数据的工具，编程器主要用于单片机/存储器之类的芯片的编程（或称为刷写），处理的芯片包括 EEPROM/EPROM、存储器（Memory）、单片机（CPU）、可编程逻辑电路（PLD）等可存储器件。

二、编程器面板功能及接口

本节以广州市景天电子有限公司生产的 UP-2008 编程器为例进行操作和演示。UP-2008 编程器面板功能如图 1-49 所示。

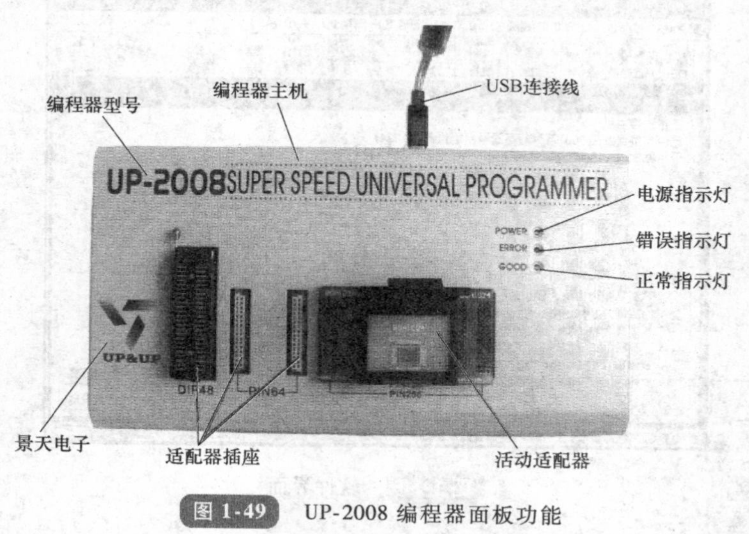

图 1-49　UP-2008 编程器面板功能

1. 编程器主机

UP-2008 编程器主机使用 USB 线供电，需要配套适配器、计算机、编程器软件才能工作。

2. USB 连接线

USB 连接线用来连接编程器和计算机，同时为编程器提供工作电源。

3. 指示灯

（1）电源指示灯　接通电源时电源指示灯亮，关闭电源时电源指示灯灭。

（2）错误指示灯　当程序出现错误时红色“ERROR”指示灯亮，同时提示“哔哔”两声。

（3）正常指示灯　当程序运行正确时绿色“GOOD”指示灯亮，同时提示“哔”一声提示音。

4. 适配器

根据编程器件的需要，需要不同的适配器，适配器是精密元件，使用时请严格按照要求操作。

5. 适配器插座

适配器安装在编程器主机的插座，根据编程器件不同，适配器需要安装在不同的插座上。

三、编程器软件界面简介

1. 软件界面

启动编程器软件后，整个界面如图 1-50 所示。

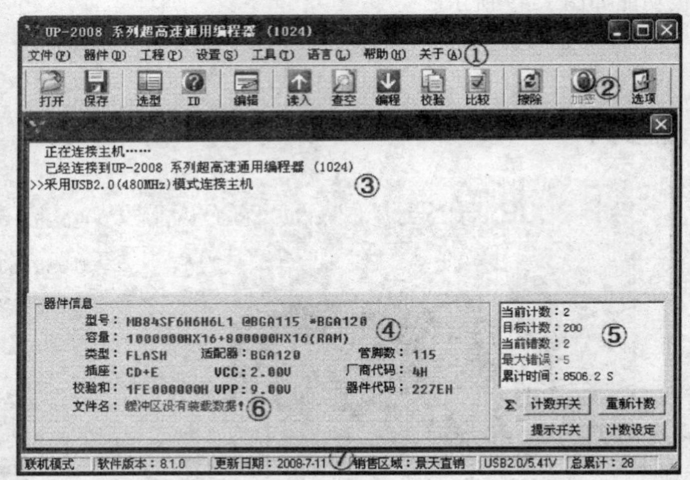

图 1-50　软件界面

2. 菜单功能

① 菜单：包括主菜单和下拉菜单，用来执行所有的操作。

② 工具栏：用来执行常用的操作，包括打开文件、保存文件、选型、检查器件 ID、编辑缓冲区、查空、读入、编程、校验、比较、擦除、加密和设置选项，菜单和工具栏的功能基本相同。

③ 提示窗口：提示操作过程和结果，提示信息以不同的颜色区分：一般操作以蓝色提示；用户终止以黄色提示；正确信息以绿色提示；错误信息以红色提示。提示窗口会自动往上滚动，前面带“>>”的表示最近一次的提示。

④ 器件信息：提示当前选择的器件的相关信息，包括型号、容量、适配器、器件代码等信息。对器件进行操作之前，查看清楚器件信息，以防出错。

• 型号：“@”符号前的信息是字库型号，“@”符号与“*”符号之间的信息是器件封装，“*”符号后面的信息是适配器型号。

• 容量：器件的容量大小，以十六进制表示。

• 类型：器件所属类型，如 FLASH、EEPRROM 等。

• 适配器：编程器件所需的适配器型号。

• 引脚数：器件的引脚数量。

• 插座：说明编程器件时适配器要应用主机上的插座的名称。如 BGA120 适配器，主机插座要用 CD + E，即 C、D 和 E 三个插座。

• VCC 和 VPP：器件的供电电压和编程电压。

• 厂商代码和器件代码：指器件的厂商代码和器件代码。

• 校验和：缓冲区所有数据按 16 进制累加的总和。

⑤ 统计窗口：显示批量编程模式的当前计数、目标计数、当前错误、最大错误以及每次操作的累计时间。除了累计时间之外，统计功能仅对批量模式有效。如果统计窗口旁边的“Σ”符号隐藏，表示统计功能无效。

• 计数开关：打开或关闭统计功能，如果统计功能打开，该按钮左边的“Σ”符号亮，否则隐藏。

• 提示开关：打开或关闭 UP-2008 编程器主机内部的声音提示功能。如果声音提示功能打开，该按钮左边会显示喇叭图案，否则隐藏。正确时提示“哔”一声，同时 UP-2008 主机上面的绿色“GOOD”指示灯亮；错误则提示“哔哔”两声，同时红色“ERROR”指示灯亮。

• 重新计数：把“当前计数”、“当前错误”以及“累计时间”清零。

• 计数设定：功能等效于工具栏的“选项”按钮，进入选项设定“目标计数”、“最大错误”等参数。

• Total：总计数，统计正确的编程操作次数，包括批量模式和直接单击工具栏的“编程”按钮。只有重新安装 UP-2008 编程器软件才能把 Total 数值清零。

⑥ 文件提示栏：在“打开”文件操作时提示当前缓冲区打开的文件名和路径，在“读入”操作时提示缓冲区资料的状态。

⑦ 状态栏：显示主机状态、软件版本、软件更新日期、产品销售区域、USB 接口模式（USB2.0/USB1.1）、USB 供电电压、累计计数器 Total 等信息。

四、编程器操作方法

1. 编程器件前的准备

在操作编程器前，请确定已正确安装了编程器软件和硬件，并且计算机与编程器通信成功。

2. 备份资料操作

备份器件资料相当容易，要确保器件是好的，只需四个步骤：

（1）选型　输入正确的器件型号。

(2) ID检测　确认选型正确，将器件在适配器上放好，然后适配器正确插入到插座，保证接触良好，单击“ ”进行ID码检测。

(3) 读入器件资料　用鼠标单击工具栏的读入按钮“ ”，即可完成读入操作。为了验证读入的资料正确，建议用鼠标单击比较按钮“  ”比较缓冲区与芯片的数据，只有比较成功才能保证资料正确。

“读入”的含义是将器件的资料读入缓冲区，是相对缓冲区来讲的，不要误认为“读入”是把计算机的资料读入到器件里面去。

(4) 保存资料　读入完成以后，用鼠标单击工具栏的保存按钮“ ”，弹出一个“保存文件”窗口，输入文件名和需要保存到的目录，然后单击“保存”按钮，马上出现另外一个“保存缓冲区资料到文件”窗口，一般来说直接单击“确定”按钮就可以。保存完成以后请记住刚才保存的文件名和目录所在，至此资料备份完成。

以后遇到相同类型的器件出现软件故障，就可以用自行备份的资料进行处理。

3. 写资料操作

写入器件资料相当容易，只需四个步骤：

(1) 选型　输入正确的器件型号。

(2) ID检测　确认选型正确，将器件在适配器上放好，然后适配器正确插入到插座，保证接触良好，单击“ ”进行ID码检测。

(3) 打开器件资料　用鼠标单击工具栏的打开按钮“ ”，弹出“打开文件”对话框，选择并打开文件后弹出“装载文件到缓冲区”对话框，一般情况下直接单击“确定”按钮就可以。

(4) 写入资料　单击工具栏的编程按钮“ ”，弹出一个编程对话框窗口，对编程操作，用户可选择自动功能一次完成。自动编程功能时须在“选项”设置中选中“查空”、“擦除”、“编程”、“检验”相应选项。

一般情况下，软件已设置好各选项，直接单击“确定”按钮就可以。各选项说明如下：

- 查空：检查器件是否空芯片。
- 擦除：对非空器件进行擦除。
- 编程：对器件进行编程，将缓冲区数据写入到器件里。
- 校验：将缓冲区数据和器件里的数据进行比较，如两者一致则提示校验正确，否则提示校验出错。

软件提示校验成功后，资料已成功被写入到器件内，写资料的过程已完成。

单击“编程”的时候，程序自动执行“查空”、“擦除”、“编程”、“校验”四个步骤，就不用手动操作了。

☆编程器主机及适配器使用安全注意事项

（1）编程器主机的使用安全注意事项

1）编程器主机应水平放置在干燥的地方，远离高温、高湿与灰尘，不能接触具挥发性和腐蚀性的气体、液体。

2）潮湿天气时请注意防潮，保证编程器每天开机一段时间，以驱除湿气。

3）编程器主机如果长时间不使用时，应断开电源并密封存放，以免灰尘杂质进入编程器主机内部。

4）不要频繁开关编程器的电源开关，应长期打开电源开关，以保持编程器主机的性能稳定。

5）编程器主机上的欧式插座和DIP48锁紧座应注意防尘，平时使用后应遮蔽起来。

6）定期检查USB连接线有否破损，接口是否有锈蚀。

7）不要使用强力清洁剂，如天那水、苯、丙酮或者稀释剂等清洁或擦拭编程器主机及适配器。

（2）适配器的保养及使用安全注意事项

1）适配器的翻盖与座体由铰链连接，具有一定夹角，请不要强行后翻，以免损坏。

2）编程芯片时请先确保芯片已清洗干净后再放入适配器，避免松香等杂质进入活动座内引起短路或接触不良等。

3）多次使用之后或者定期对适配器进行清洗，可用超声波清洗器和酒精一起清洗。

4）不用时请密封存放，以免灰尘杂质进入活动座内部。

复习思考题

1. 使用热风枪拆装手机芯片时，焊接温度和风量如何控制？使用热风枪有哪些注意事项？

2. 使用电烙铁焊接贴片电阻时，焊接温度如何调节？使用电烙铁有哪些注意事项？

3. 拆装BGA芯片时，有几种定位方法？

4. 以iPhone 5S手机为例，使用稳压电源给手机加电，观察稳压电源电流变化，如果电流超过800mA，说明哪一部分已经工作了？

5. 数字式万用表和指针式万用表有什么区别？

6. 使用数字式万用表测量二极管，如何调节数字万用表？注意事项有哪些？

7. 简要描述频率计是如何工作的。

8. 请简要描述VC3165智能频率计前面板功能，并说明如何使用频率计测量手机系统时钟信号。

9. 请简要描述DS1102E数字示波器前面板功能，并说明如何使用数字示波器测量手机系统时钟信号。

10. 如何使用频谱分析仪测试手机发射信号频谱？

11. 如何使用综合测试仪测试手机性能参数，使用综合测试仪有哪些注意事项？

第二章　移动通信系统概论

☺知识目标

1. 掌握和了解移动通信系统的发展。
2. 了解移动台的工作原理。
3. 掌握移动通信系统的相关基础知识，了解第四代移动通信系统的发展情况。

☺技能目标

1. 能够画出通信系统的结构框图。
2. 能够画出移动电话机系统的电路结构框图。
3. 能够判断手机的运营商及制式。

第一节　移动通信发展史

一、移动通信的定义

所谓移动通信，是指通信双方有一方或两方处于运动中的通信，包括陆、海、空移动通信。采用的频段遍及低频、中频、高频、甚高频和特高频。移动通信系统由移动台、基站（基地台）和移动交换局组成。

常见的移动通信设备有无线寻呼机、无绳电话、对讲机、集群系统、蜂窝移动电话（包括模拟移动电话、GSM 数字移动电话、CDMA 数字移动电话、3G 移动电话、4G 移动电话等）、卫星移动电话等，如图 2-1 所示。

无线寻呼机

无绳电话

对讲机

卫星移动电话

蜂窝移动手机

图 2-1　常见的移动通信系统

二、第一代移动通信系统的发展

移动通信的高速发展是建立在技术发展和市场需求的基础上，第一代模拟移动通信技术诞生在20世纪40年代，美国底特律警察使用车载无线电系统进行联络，主要采用大区制模拟技术。到了20世纪70年代中期，贝尔实验室提出了蜂窝通信的概念，移动通信开始广泛应用。第一代移动通信系统采用了模拟调制技术，主要提供语音业务。

在标准上主要有：

1. AMPS

AMPS是Advance Mobile Phone System的缩写，含义是先进的移动电话系统，使用800MHz频带，在北美、南美和部分环太平洋国家广泛使用。

2. NMTS

NMTS是Nordic Mobile Telephone System的缩写，含义是北欧移动电话系统，使用450MHz、900MHz，在欧洲广泛使用。

3. TACS

TACS是Total Access Communication System的缩写，含义是全接入通信系统，使用900MHz，分为ETACS（欧洲）和NTACS（日本）两种版本，英国、日本和部分亚洲国家广泛使用此标准。

1987年，中国第一个TACS制式模拟移动电话系统建成商用，中国移动通信集团公司于2001年6月30日前逐步停止模拟移动电话网客户的国际、国内漫游；2001年12月31日以后，关闭模拟移动电话网，停止经营模拟移动电话业务。到2001年年底为止，我国共有250.9万模拟移动电话客户。

世界上第一部商用的手机是MOTOROLA公司开发的DynaTAC8000X，重2lb，通话时间30min，销售价格为3995美元，是名副其实的最贵重的砖头，如图2-2所示。

虽然模拟蜂窝网络取得了很大的成功，但也逐渐暴露出不少问题，如安全保密性差，数据承载业务难以开展，特别是随着用户数增加，其容量已无法适应市场需求，因此模拟蜂窝系统已逐渐被数字蜂窝移动通信所取代。

图2-2　MOTOROLA DynaTAC8000X

三、第二代移动通信系统的发展

随着超大规模集成电路、低速话音编码以及近20年来计算机技术的发展，信号的数字化处理技术比模拟技术具有更大的优势，现代通信已经由模拟方式转向数字化处理方式。1992年第一个数字蜂窝移动通信系统全球移动通信系统（Global System for Mobile Communications，GSM）网络在欧洲铺设，由于其性能优越，所以在全球范围内得到迅猛发展。

美国在数字蜂窝移动通信的起步较欧洲要晚，但是美国在发展数字蜂窝移动通信时，却呈现出多元化的趋势，除了制定了与欧洲类似的基于 TDMA 的 IS-54 和 IS-136 标准的数字网络，1992 年，高通公司向美国无线通信和互联网协会（CTIA）提出了 CDMA 码分多址的数字蜂窝通信系统的建议和标准，该建议于 1993 年被 CTIA 和美国通信工业协会（TIA）批准为中期标准 IS-95。CDMA 技术因其固有的抗多径衰落的性能，并且具有软容量、软切换、系统容量大的特点而在移动通信系统中备受青睐。

1992 年，原邮电部批准建设浙江省嘉兴地区全数字移动电话（GSM）系统，同年 5 月 17 日，该系统完成第一阶段试验任务，包括网络调试、测验等，1993 年 9 月，正式向公众开放使用，这是我国第一个 GSM 系统。

第一部进入我国的 GSM 移动电话是由 MOTOROLA 公司生产的型号为 MOTOROLA 3200 手机，如图 2-3 所示。

20 世纪末，移动通信技术和 Internet 技术的发展极大地影响了人们的生活、学习和工作，两者结合是信息产业发展的必由之路。由于 GSM 系统采用传统的电路交换方式处理数据业务，这样极大地限制了数据传输的速率，随着技术的发展，人们把分组交换技术引入了传统的 GSM 网络，使数据传输速率在移动通信网络中得到了迅速的提升，因此出现了介于 2G 和 3G 之间的 2.5G，如 HSCSD、GPRS、EDGE、IS-95B 等技术都是 2.5G 技术。

四、第三代移动通信系统的发展

第三代（3G）移动通信系统是国际电信联盟 1985 年开展研究的移动通信系统，当时称为陆地移动系统（FPLMTS）。1996 年正式更名为 IMT-2000。

第三代移动通信系统在中国有三种制式，分别是 WCDA、CDMA2000、TD-SCDMA，分别被中国联通、中国电信、中国移动采用。如图 2-4 所示为一部可视频通话的 3G 手机。

图 2-3 MOTOROLA 3200 手机

图 2-4 可视频通话的 3G 手机

五、第四代移动通信系统的发展

到目前为止人们还无法对4G通信进行精确地定义，有人说4G通信的概念来自其他无线服务的技术，从无线应用协定、全球无线服务到4G；有人说4G通信是系统中的系统，可利用各种不同的无线技术；但不管人们对4G通信怎样进行定义，有一点我们能够肯定的是4G通信将是一个比3G通信更完美的新无线世界，它将可创造出许多消费者难以想象的应用。

4G最大的数据传输速率超过100Mbit/s，这个速率是目前移动电话数据传输速率的1万倍，也是3G移动电话速率的50倍。4G手机将可以提供高性能的汇流媒体内容，并通过ID应用程序成为个人身份鉴定设备。它也可以接受高分辨率的电影和电视节目，从而成为合并广播和通信的新基础设施中的一个纽带。此外，4G的无线即时连接等某些服务费用将比3G便宜。还有，4G有望集成不同模式的无线通信——从无线局域网和蓝牙等室内网络、蜂窝信号、广播电视到卫星通信，移动用户可以自由地从一个标准漫游到另一个标准。

4G通信技术并没有脱离以前的通信技术，而是以传统通信技术为基础，并利用了一些新的通信技术来不断提高无线通信的网络效率和功能的。如果说现在的3G能为我们提供一个高速传输的无线通信环境的话，那么4G通信将是一种超高速无线网络，一种不需要电缆的信息超级高速公路，这种新网络可使电话用户以无线及三维空间虚拟实境连线。

与传统的通信技术相比，4G通信技术最明显的优势在于通话质量及数据通信速度。然而，在通话品质方面，目前的移动电话消费者还是能接受的。随着技术的发展与应用，现有移动电话网中手机的通话质量还在进一步提高。另外，由于技术的先进性确保了成本投资的大大减少，未来的4G通信费用也要比目前的通信费用低。

苹果公司的iPhone 5S手机支持第四代移动通信制式，如图2-5所示。

图2-5 iPhone 5S手机

第二节　数字移动通信技术基础

一、数字化与语音编码技术

1. 数字化

数字化是当代通信技术发展的总趋势，在数字通信中，信息的传输是以数字信号的形式进行的。在移动通信系统中，最基本的业务是传递话音。对于话音的传递来说，在发送端必须将模拟话音信号变为数字话音信号，通过射频电路调制后发射出去；在接收端通过相应的解调电路将数字话音信号还原成模拟话音信号。数字通信与模拟通信相比有许多显著优点：

1）数字信号传输性能好，能提供高质量服务。

2）用户信息保密好。

3）能提供多种服务，包括话音与非话音服务。

信号的数字化处理过程如图 2-6 所示。

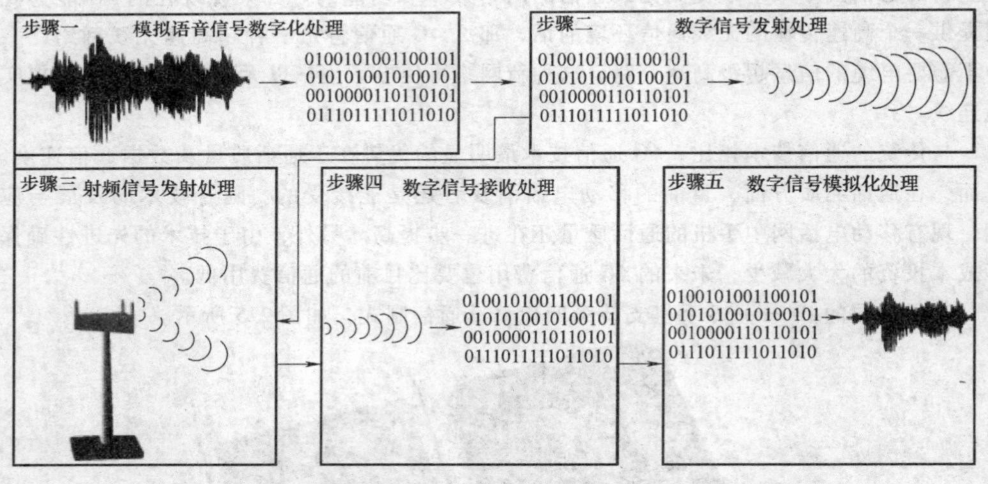

图 2-6　信号的数字化处理过程

2. 语音编码技术

模拟话音信号变为数字信号涉及语音编码技术，众所周知，在数字移动通信系统中，频率资源非常有限。对 GSM 系统来说，收信频段为 935～960MHz，若语音编码的数字信号速率太高，会占用过宽的频段，无疑会降低系统容量。但若语音编码的速率过低，又会使话音质量降低，所以采用一种高质量低速率的语音编码技术是是非常关键的。对欧洲的 GSM 系统来说，采用的是一种称为规则脉冲激励——长期预测的语音编码方案（RPE－LTP）。

语音编码技术有三种类型：波形编码、参量编码和混合编码。

① 波形编码：是在时域上对模拟话音的电压波形按一定的速率抽样，再将幅度量化，对每个量化点用代码表示。解码是相反过程，将接收的数字序列经解码和滤波后恢复成模拟信号。

波形编码能提供很好的话音质量，但编码信号的速率较高，一般应用在信号带宽要求不高的通信中。

脉冲编码调制（PCM）和增量调制（ΔM）常见的波形编码，其编码速率为16~64kbit/s。

② 参量编码：又称为声源编码，是以发音模型作基础，从模拟话音提取各个特征参量并进行量化编码，可实现低速率语音编码，达到2~4.8kbit/s，但话音质量只能达到中等。

③ 混合编码：是将波形编码和参量编码结合起来，既有波形编码的高质量优点又有参量编码的低速率优点。其压缩比达到4~16kbit/s。GSM系统的规则脉冲激励——长期预测编码（RPE-LTP）就是混合编码方案。

(1) 脉冲编码调制（PCM编码） 脉冲编码调制有如下三个步骤：

1）抽样。抽样定理：对一个时间上连续的信号，若频带限制在f_m内，要完全恢复原信号必须以大于或等于$2f_m$的频率进行抽样。

例如，一般话音的频率为300~3400Hz，如要完全不失真恢复话音信号，抽样频率至少为6800Hz，为保险起见，一般取8000Hz。

2）量化。模拟信号经抽样后在时间上是离散的，但其幅度的取值仍是连续的，为了使模拟信号变成数字信号，还必须将幅度离散化，即将幅度用有限个电平来表示，实现样值幅度离散化的过程称为量化。量化犹如数学上的四舍五入，即将样值幅度用规定的量化电平表示。

3）编码。将模拟信号抽样量化再编码成数字代码，称为脉冲编码调制（PCM）。64kbit/s的PCM是最成熟的数字语音系统，主要用于有线电话网，它的话音质量好，可与模拟语音相比，其抽样速率为8kHz，每个抽样脉冲用八位二进制代码表示，每一路标准话路的比特率为8000Hz×8bit=64kbit/s。

对于无线传输系统来说，由于频带的限制，所以必须采用低速高质的编码技术。

(2) 参量编码 前面所述的波形编码的话音质量较高，技术实现上也较简单，但其速率较高。这意味着信号所占频带较宽，严重影响系统的容量，不能应用于频率资源有限的无线通信系统。为提高系统容量，必须采用低速高质的语音编码方法。

人们对语音的研究发现，提取出语音信号的特征参量进行编码，而不是对语音信号的时域波形本身编码，可以大大降低编码信号的速率，这种语音编码方式称为参量编码。参量编码的基础是语音信号特征参量的提取与语音信号的恢复，这涉及语音产生的物理模型。

为提取特征参量作语音分析，利用了语音信号的平稳特征，即认为语音在10~20ms的时间内其特征参数不变。这样，可将实际语音信号划分为10~20ms的时间段，对每个段内分别进行参量提取。

参量编码可达到很低的速率，但其语音质量较差。

（3）混合编码　这是近年来发展的一类新的语音编码技术。在这种编码信号中，既含有语音特征参量信息，又含有部分波形编码信息，其编码速率达 8～16kbit/s，语音质量可达到商用话音标准。

GSM 数字蜂窝移动系统中的语音编码技术采用混合编码，称之为规则脉冲激励——长期预测（RPE－LTP）编码，其速率为 13kbit/s。

进行混合编码的器件称之为语音编码器。其输入信号是模拟信号的 PCM 信号，对移动台来讲，抽样速率为 8000Hz，采用 13bit 均匀量化，则速率为 8000Hz × 13bit = 104kbit/s。

在编码器中，编码处理是按帧进行的，每帧为 20ms，即对 104kbit/s 语音数据流取 20ms 一段，然后分析并编码，编码后形成 260bit 的净话音数据块，编码后的速率为 260bit/20ms = 13kbit/s。

二、信道编码

无线信道的环境是很恶劣的，如果语音编码之后的 13kbit/s 净话音数据流直接调制后送入无线信道，那么就会受到各种干扰而丢失许多有用的信息，因为这些净话音数据本身对干扰不具有纠错能力。而信道编码可以解决这一问题，信道编码是一项专门的技术，其作用在于改善传输质量，克服无线信道上的各种干扰因素对有用信号产生的不良影响。

具体来讲，对有用信号（原始数据）附加一些冗余信息，这些增加的数据位是通过从原始数据计算产生的，这个过程称为信道编码；而接收端利用这些冗余位检测出误码并尽可能予以纠正，这个过程称为信道解码。

信道编码的方式有以下三种：

1）块卷积码：主要用于纠错，具有十分有效的纠错能力。

2）纠错循环码：主要用于检测和纠正成组出现的误码，常与前一种方法混使使用。

3）奇偶码：最简单的、普遍使用的检测误码的方法。

下面我们来看一下 GSM 移动台的信道编码：

前面讲到的语音编码后的语音数据流为 13kbit/s，即每 20ms 为 260bit 的数据块，每个数据块的 260 位中，根据重要性不同可分成三类，其中：50 位称为Ⅰa 类话音数据，132 位称为Ⅰb 类话音数据，78 位称为Ⅱ类话音数据。

对Ⅰa 类数据采用循环冗余码（CRC）来保护，形成 53 位数据。这 53 位数据和 132 位Ⅰb 类数据一起采用 1/2 卷积码来保护，形成 378 位数据，而 78 位Ⅱ类数据不加保护，则经信道编码后的数据扩展到 378 + 78 = 456 位，亦即编码后的话音数据速率变为 456bit/20ms = 22.8kbit/s。

三、交织

在无线信道中，差错（干扰）出现的概率是突发性的，且带有一定的持续性，并不是随机的。而目前还没有一种有效的编码方法可以克服几个相邻位的连续误码，只有误码是随机出现时，才能执行较好的纠错功能。

解决方法是把连续的话音比特流交错排列形成新的比特流，在传输信道中，即使出现突发性待续差错，在接收端将受到干扰的比特流恢复排列后，这些突发差错会分散形成随机差错，从而得以纠正。

交织的处理过程如图 2-7 所示。

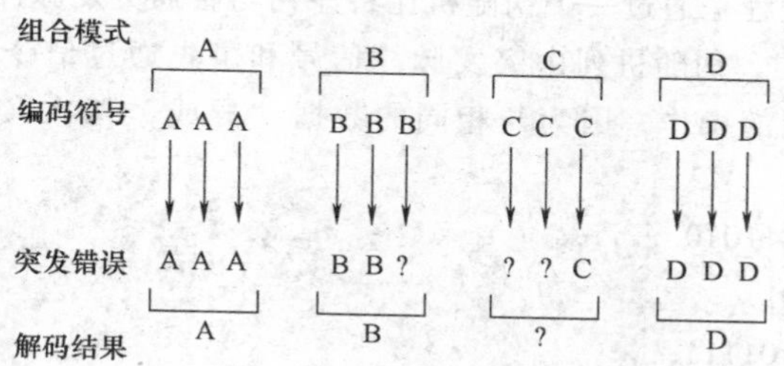

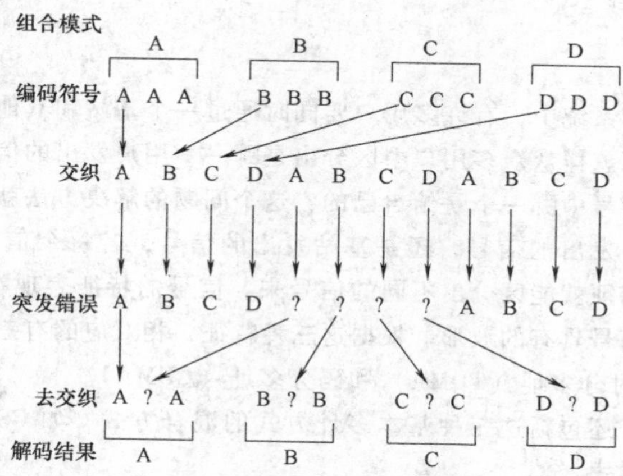

图 2-7 交织的处理过程

GSM 交织编码器的输入码是 20ms 的帧，每帧含 456 位，每两帧（40ms）共 912 位，按每行 8 位写入，共写入 114 行，输出时按列进行，每次读出 114 位。若在传输中受到突发性干扰，经去交织译码后，则将突发差错变成随机差错。

四、加密

GSM 的数据传输有一个很大的优点是对传输的数据加密，从而保护数据不被第三方窃听。加密的过程如图 2-8 所示。

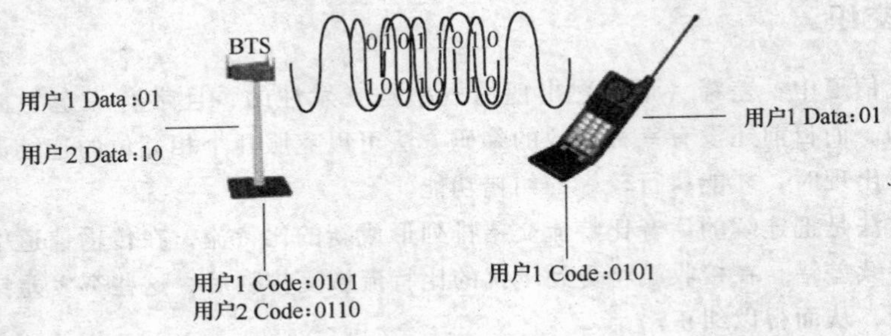

图 2-8 加密的过程

一个简单的加密过程是通过一个伪随机比特序列与普通突发脉冲的114个有用比特作“异或”操作实现的，伪随机列由突发脉冲信号和事先通过信令方式建立的会话密钥得到。解密通过相同的操作，因为与相同的数据“异或”两次又得到原始值。这里给出一个简单的例子：

原始数据：01001011010......

密钥：10010110101......

加密数据：11011101111......

解密数据：01001011010......

五、多址方式

在蜂窝移动通信系统中，有许多用户要同时通过一个基站和其他用户进行通信。因此存在这样的问题：怎样从众多用户中区分出是哪一个用户发出的信号，以及用户怎样识别出基站发出的信号中哪一个是给自己的？这个问题的解决方法就是多址技术。

设想不论是用户发出的信号，还是基站发出的信号，若每个信号都具有不同的特征，则根据不同的特征就能区分出不同的信号来。信号的特征表现在信号的工作频率、信号出现的时间和信号具有的波形。根据这三种特征，相对应的有三种多址方式，即频分多址（FDMA）、时分多址（TDMA）和码分多址（CDMA）。

在实际应用中，还包括这三种基本多址方式的混合方式，如GSM系统采用的就是FDMA/TDMA多址方式。

1. 频分多址

频分多址是指用信号的不同频率来区分信号。对一个通信系统，对给定的一个总的频段，划分成若干个等间隔的频道（又叫作信道），每个不同频道分配给不同的用户使用。频道的划分要注意：相邻频道之间无明显串扰，每个频道宽度能传输一路信息，收发信息之间要留一段保护频带，防止收发频率干扰。

一般情况下，将高频段作为移动台的接收频段，因为信号方向是从基站到移动台，接收信道又称为前向信道。将低频段作为移动台的发射频段，信号方向是从移动台到基站，所以发射信道又称为反向信道。FDMA的频道划分方法如图2-9所示。

2. 时分多址

时分多址是基于时间分割信道。即把时间分割成周期性的时间段（时帧），对一个时帧再分割成更小的时间段（时隙），然后根据一定的分配原则，使每个用户在每个时帧内只能按指定的时隙收发信号。以一个8个时隙的时分多址系统为例。

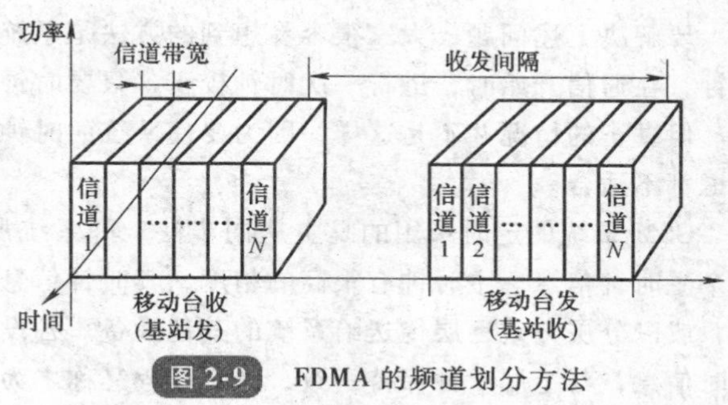

图 2-9 FDMA 的频道划分方法

比如，有8个用户都处于相同的工作频率，按频分多址系统来看，它们不能同时工作，只能是一个用户工作后，另一个用户才能工作，否则会造成同频干扰。但若按时分多址方式，把T0时隙分配给第一个用户，或者说第一个用户在时帧1～T0工作后隔T1～T7时隙，又在时帧2的T0时隙工作。以此类推，把T1时隙分配给第二个用户工作……把T7时隙分配给第八个用户。用这种“分时复用”的方式，可以使同频率的用户“同时”工作，有效地利用频率资源，提高了系统的容量。时分地址的频道划分方法如图2-10所示。

例如，一个系统的总频段划分成124个频道，若只能按FDMA方式，则只有124个信道。若在FDMA基础上，再采用时分多址，每个频道容纳8个时隙，则系统信道总的容量为124×8＝992个信道。

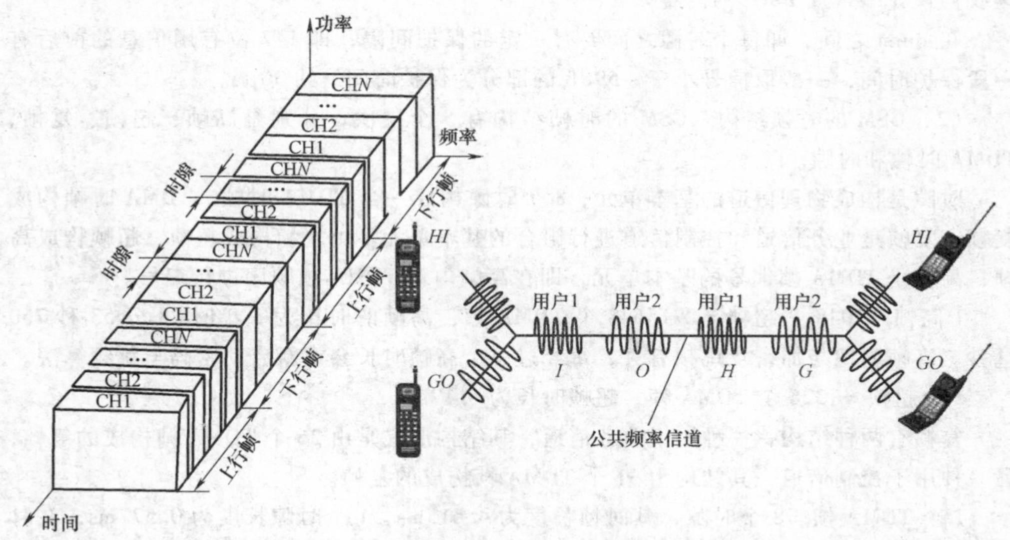

图 2-10 时分多址的频道划分方法

时分多址系统中有一个关键的问题是系统的“定时”问题。要保证整个时分多址系统有条不紊地工作，包括信号的传输、处理、交换等，必须要有一个统一的时间基准。

要解决上述问题，大家很容易想到的方法是系统中的各个设备内部设置一个高精度时钟，在通信开始时，进行一次时钟校正，只要时钟不发生明显漂移，系统都能准确定时。但真正的情况并不是这样，因为要使系统的时钟很精确，无论从技术还是价格方面考虑都不适合。

GSM 系统的定时采用的是主从同步法。即系统所有的时钟均直接或间接从属于某一个主时钟信息。主时钟有很高的精度，其时钟信息以广播的方式传送到系统的许多设备，或以分层方式逐层传送给系统的其他设备。各设备收到上层的时钟信号后，提取出定时信息，与上层时钟保持一致，这个过程又称之为时钟锁定。

（1）GSM 的信道　在 GSM 系统规范中，对总的频谱划分成 200kHz 为单位的一个个频段，称为频段，而对每一个频隙允许 8 个用户使用，即从时分多址方式来看，每个时帧有 8 个时隙，每个时隙的长度为 BP = 15/26ms = 0. 577ms，而每一个时帧长度为 15/26 × 8ms = 4. 615ms。

上面所讲的时隙长度是 GSM 规范定义的，而移动台在无线路径上的传输的实际情况又是怎样的呢？

前面讲到的经交织加密后的数据块为 114 位，这些位加上其他一些信息位共组成 156. 25 位，以脉冲串的形式调制到某一个频率上，并限定在一个时隙范围内进行传输，这些脉冲串称为突发（Brust）。

根据用途不同，Burst 有许多格式，如接入 Burst、Fburst、Sburst、常规 Burst 等。这里我们仅介绍常规 Burst 的内容。

在 Burst 之间，即每个时隙之间要有一定的保护间隔，即 147 位有用信息的前后有一段保护时间，一般取信号小于 -59dB 的部分为保护时间，约 30μs。

（2）GSM 的时帧结构　GSM 的时帧结构有 5 个层次，分别是高帧、超帧、复帧、TDMA 时帧和时隙。

时隙是构成物理信道的基本单元，8 个时隙构成一个 TDMA 时帧。TDMA 时帧构成复帧，复帧是业务信道和控制信道进行组合的基本单元。由复帧构成超帧，超帧构成高帧，高帧是 TDMA 帧编号的基本单元，即在高帧内对 TDMA 帧顺序进行编号。

1 高帧 =2048 个超帧 =2715648 个 TDMA 帧，高帧的时长为 3 小时 28 分 53 秒 760 毫秒。高帧周期与加密及跳频有关，每经过一个高帧时长会重新启动密码与跳频算法。

1 个超帧 =1326 个 TDMA 帧，超帧时长为 6. 12s。

复帧有两种结构，一种用于业务信道，其结构形式是由 26 个 TDMA 帧构成的复帧；另一种用于控制信道，其结构为 51 个 TDMA 帧构成的复帧。

1 个 TDMA 帧 =8 个时隙，其时帧长度为 4. 615ms，1 个时隙长度为 0. 577ms，在时隙内传送数据脉冲串，称为突发（Burst），一个突发包含 156. 25 位数据。

（3）数字调制技术　话音信息（控制信息也一样）是经模-数转换、语音编码、信道编码、交织、加密、时帧形成等过程形成的脉冲数据流。这些基带数据信号含有丰富的低频成分，不能在无线信道中传输，必须将数字基带信号的频谱变为适合信道转输的

频谱，才能进行传输，这一过程称为数字调制。

数字调制是用正弦高频信号为载波，用基带信号控制载波的三个基本参量（幅度、相位和频率），使载波的幅度、相位和频率随基带信号的变化而变化，从而携带基带信号的信息。相对应的三种调制方式是最基本的数字调制方式，称为幅度键控（ASK）、频率键控（FSK）、和相位键控（PSK）。

对相同频率的基带数据，采用不同的调制方式可以使调制后频谱的有效带宽不同，而无线系统的频谱资源非常有限（如 GSM 系统每个信道频谱宽度为 200kHz），所以采用何种调制技术使得调制后的频谱适合无线信道的有限带宽要求是非常重要的，在 GSM 系统规范中，采用的是 GMSK（最小高斯滤波频移键控）调制技术，这种调制方式使得调制后的频谱的主瓣宽度窄、旁瓣衰落快，对相邻信道的干扰小，其调制的速率为 270.833kbit/s。

3. 码分多址

码分多址（Code-Division Multiple Access，CDMA）通信系统中，不同用户传输信息所用的信号不是靠频率不同或时隙不同来区分，而是用各自不同的编码序列来区分，或者说，靠信号的不同波形来区分。如果从频域或时域来观察，多个 CDMA 信号是互相重叠的。接收机用相关器可以在多个 CDMA 信号中选出其中使用预定码型的信号。其他使用不同码型的信号因为和接收机本地产生的码型不同而不能被解调。它们的存在类似于在信道中引入了噪声和干扰，通常称之为多址干扰。

在 CDMA 蜂窝通信系统中，用户之间的信息传输是由基站进行转发和控制的。为了实现双工通信，正向传输和反向传输各使用一个频率，即通常所谓的频分双工。无论正向传输或反向传输，除去传输业务信息外，还必须传送相应的控制信息。为了传送不同的信息，需要设置相应的信道。但是，CDMA 通信系统既不分频道又不分时隙，无论传送何种信息的信道都靠采用不同的码型来区分。类似的信道属于逻辑信道，这些逻辑信道无论从频域或者时域来看都是相互重叠的，或者说它们均占用相同的频段和时间。

码分多址的频道划分方法如图 2-11 所示。

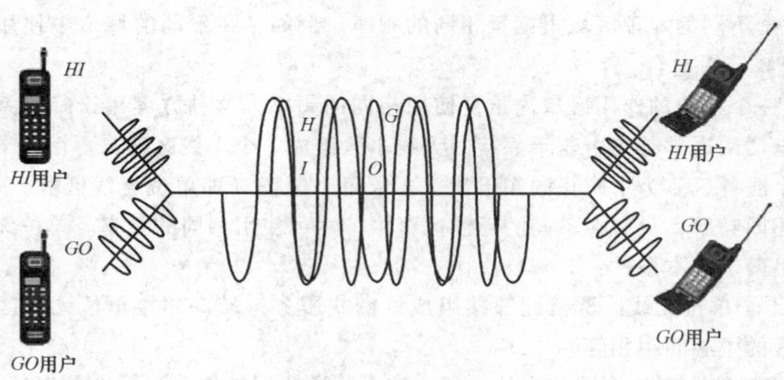

图 2-11 码分多址的频道划分方法

六、蜂窝技术

移动通信系统是采用基站来提供无线服务范围的。基站的覆盖范围有大有小，我们把基站的覆盖范围称之为蜂窝。采用大功率的基站主要是为了提供比较大的服务范围，但它的频率利用率较低，也就是说基站提供给用户的通信通道比较少，系统的容量也就大不起来，对于话务量不大的地方可以采用这种方式，称之为大区制。采用小功率的基站主要是为了提供大容量的服务范围，同时它采用频率复用技术来提高频率利用率，在相同的服务区域内增加了基站的数目，有限的频率得到多次使用，所以系统的容量比较大，这种方式称之为小区制或微小区制。下面我们简单介绍频率复用技术的原理。

1. 频率复用的概念

在全双工工作方式中，一个无线电信道包含一对信道频率，每个方向都用一个频率作发射。在覆盖半径为 R 的地理区域 C1 内呼叫一个小区使用无线电信道 f_1；也可以在另一个相距 D，覆盖半径也为 R 的小区内再次使用 f_1。频率复用公式为（D/R）2 = 3K（D 为频率复用距离，R 为小区半径，K 为频率复用模式），同频复用比例公式为 $Q = D/R$。

频率复用是蜂窝移动无线电系统的核心概念。在频率复用系统中，处在不同地理位置（不同的小区）上的用户可以同时使用相同频率的信道（见图 2-12），频率复用系统可以极大地提高频谱效率。但是，如果系统设计得不好，将产生严重的干扰，同频道干扰保护比 $Y = C/I$（载波/干扰）≥9dB，这种干扰称为同信道干扰，是由于相同信道公共使用造成的，是在频率复用概念中必须考虑的重要问题。

2. 频率复用的方案

可以在时域与空间域内使用频率复用的概念。在时域内的频率复用是指在不同的时隙里占用相同的工作频率，叫作时分多路（TDM）。在空间域上的频率复用可分为两大类。

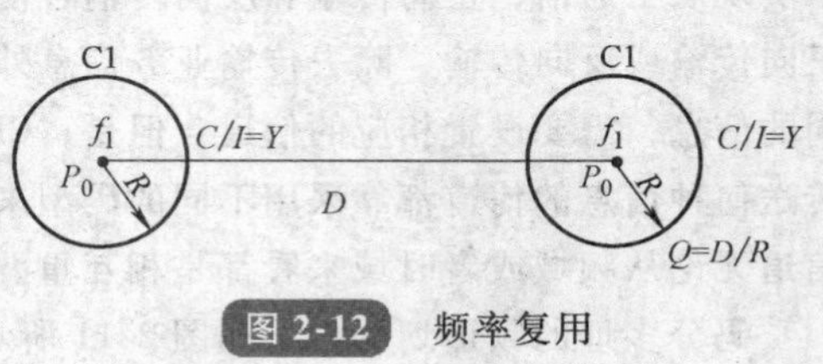

图 2-12 频率复用

1）两个不同的地理区域里配置相同的频率。例如，在不同的城市中使用相同频率的 AM 或 FM 广播电台。

2）在一个系统的作用区域内重复使用相同的频率，这种方案用于蜂窝系统中。蜂窝式移动电话网通常是先由若干邻接的无线小区组成一个无线区群，再由若干个无线区群构成整个服务区。为了防止同频干扰，要求每个区群（即单位无线区群）中的小区，不得使用相同频率，只有在不同的无线区群中，才可使用相同的频率。单位无线区群的构成应满足两个基本条件：

① 若干个单位无线区群彼此邻接组成蜂窝式服务区域。邻接单位无线区群中的同频无线小区的中心间距相等。

② 一个系统中有许多同信道的小区，整个频谱分配被划分为 K 个频率复用的模式，即单位无线区群中小区的个数，如图 2-13 所示，其中 K = 3、4、7。当然还有其他复用

方式，如 $K=9$、12 等。

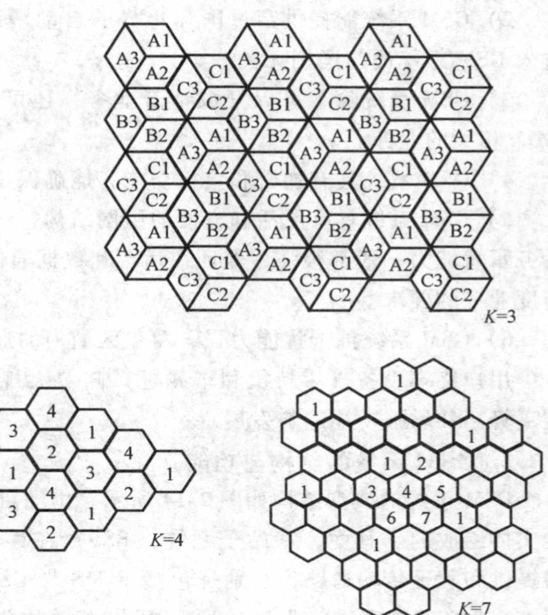

图 2-13 N 个小区复用模式

3. 频率复用距离

允许同频率重复使用的最小距离取决于许多因素，如中心小区附近的同信道小区数、地理地形类别、每个小区基站的天线高度及发射功率。频率复用距离 D 由下式确定：$D=\sqrt{3K}R$，其中，K 是图 2-13 中频率复用模式。则：$D=3.46R$，$K=4$；$D=4.6R$，$K=7$。如果所有小区基站发射相同的功率，则 K 增加，频率复用距离 D 也增加。增加了的频率复用距离将减小同信道干扰发生的可能。

从理论上来说，K 应该大些，然而，分配的信道总数是固定的。如果 K 太大，则 K 个小区中分配给每个小区的信道数将减少，如果随着 K 的增加而划分 K 个小区中的信道总数，则中继效率就会降低。同理，如果在同一地区将一组信道分配给两个不同的工作网络，系统频率效率也将降低。

因此，现在面临的问题是，在满足系统性能的条件下如何得到一个最小的 K 值。解决它必须估算同信道干扰，并选择最小的频率复用距离 D，以减小同信道干扰。在满足条件的情况下，构成单位无线区群的小区个数 $K=i^2+ij+j^2$（i、j 均为正整数，其中一个可为零，但不能两个同时为零），取 $i=j=1$，可得到最小的 K 值为 $K=3$（见图 2-13）。

第三节 GSM 系统原理

一、GSM 系统结构

1. 系统的基本特点

GSM 数字蜂窝移动通信系统（简称 GSM 系统）是完全依据欧洲通信标准化委员会（ETSI）制定的 GSM 技术规范研制而成的，任何一家厂商提供的 GSM 数字蜂窝移动通信系统都必须符合 GSM 技术规范。GSM 系统作为一种开放式结构和面向未来设计的系统具有下列主要特点：

1）GSM 系统是由几个子系统组成的，并且可与各种公用通信网（PSTN、ISDN、PDN 等）互连互通。各子系统之间或各子系统与各种公用通信网之间都明确和详细定义了标准化接口规范，保证任何厂商提供的 GSM 系统或子系统都能互连。

2）GSM系统能提供穿过国际边界的自动漫游功能，对于全部GSM移动用户都可进入GSM系统而与国别无关。

3）GSM系统除了可以开放话音业务，还可以开放各种承载业务、补充业务和与ISDN相关的业务。

4）GSM系统具有加密和鉴权功能，能确保用户保密和网络安全。

5）GSM系统具有灵活和方便的组网结构，频率重复利用率高，移动业务交换机的话务承载能力一般都很强，保证在话音和数据通信两个方面都能满足用户对大容量、高密度业务的要求。

6）GSM系统抗干扰能力强，覆盖区域内的通信质量高。

用户终端设备（手持机和车载机）随着大规模集成电路技术的进一步发展向更小型、轻巧和增强功能趋势发展。

2. GSM系统的结构与功能

GSM系统的典型结构如图2-14所示。由图可见，GSM系统是由若干个子系统或功能实体组成的。其中，基站子系统（BSS）在移动台（MS）和网络子系统（NSS）之间提供和管理传输通路，特别是包括了MS与GSM系统的功能实体之间的无线接口管理。NSS必须管理通信业务，保证MS与相关的公用通信网或与其他MS之间建立通信，也就是说NSS不直接与MS互通，BSS也不直接与公用通信网互通。MS、BSS和NSS组成GSM系统的实体部分。操作支持子系统（OSS）则提供运营部门一种手段来控制和维护这些实际运行部分。

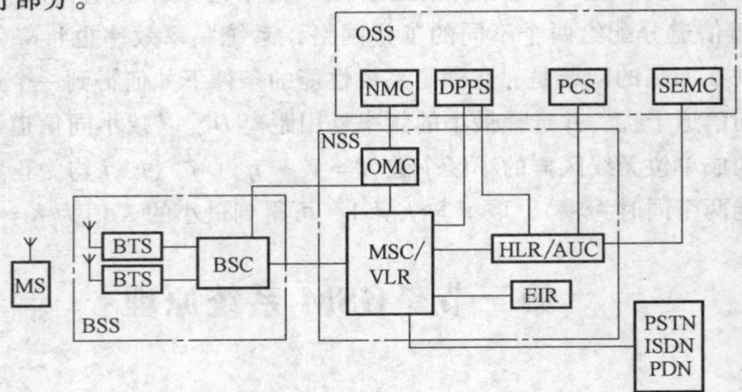

OSS：操作支持子系统
NMC：网路管理中心
DPPS：数据后处理系统
PCS：用户识别卡个人化中心
SEMC：安全性管理中心
MS：移动台

BSS：基站子系统
BTS：基站收发信台
BSC：基站控制器

NSS：网路子系统
OMC：操作维护中心
MSC：移动业务交换中心
VLR：来访用户位置寄存器
HLR：归属用户位置寄存器
AUC：鉴权中心
EIR：移动设备识别寄存器
PSTN：公用电话网
ISDN：综合业务数字网
PDN：公用数据网

图2-14　GSM系统的典型结构

（1）移动台（MS）　MS 是公用 GSM 移动通信网中用户使用的设备，也是用户能够直接接触的整个 GSM 系统中的唯一设备。移动台的类型不仅包括手持台，还包括车载台和便携式台。随着 GSM 标准的数字式手持台进一步小型、轻巧和增加功能的发展趋势，手持台的用户将占整个用户的极大部分。几种常见移动台的外形如图 2-15 所示。

除了通过无线接口接入 GSM 系统的通常无线和处理功能外，移动台必须提供与使用者之间的接口。比如完成通话呼叫所需要的话筒、扬声器、显示屏和按键，或者提供与其他一些终端设备之间的接口。比如，与个人计算机或传真机之间的接口，或同时提供这两种接口。因此，根据应用与服务情况，移动台可以是单独的移动终端（MT）、手持机、车载机或者是由移动终端（MT）直接与终端设备（TE）传真机相连接而构成，或者是由移动终端（MT）通过相关终端适配器（TA）与终端设备（TE）相连接而构成，这些都归类为移动台的重要组成部分之一——移动设备。

手持台

便携台

车载台

图 2-15　几种常见移动台的外形

移动台另外一个重要的组成部分是用户识别模块（SIM），基本上是一张符合 ISO 标准的“智慧”卡，包含所有与用户有关的和某些无线接口的信息，其中也包括鉴权和加密信息。

使用 GSM 标准的移动台都需要插入 SIM 卡，只有当处理异常的紧急呼叫时，可以在不用 SIM 卡的情况下操作移动台。SIM 卡的应用使移动台并非固定地缚于一个用户，因此，GSM 系统是通过 SIM 卡来识别移动电话用户的，这为将来发展个人通信打下了基础。手机 SIM 卡如图 2-16 所示。

（2）基站子系统（BSS）　BSS 是 GSM 系统中与无线蜂窝方面关系最直接的基本组成部分。它通过无线接口直接与移动台相接，负责无线发送接收和无线资源管理。另一方面，基站子系统与网路子系统（NSS）中的移动业务交换中心（MSC）相连、实现移动用户之间或移动用户与固定网路用户之间的通信连接、传送系统信号和用户信息等。当然，要对 BSS 部分进行操作维护管理，还要建立 BSS 与操作支持子系统（OSS）之间的通信连接。基站发射台如图 2-17 所示。

大卡

小卡

图 2-16　手机 SIM 卡

基站子系统是由基站收发信台（BTS）和基站控制器（BSC）这两部分的功能实体构成的。实际上，一个基站控制器根据话务量需要可以控制数十个 BTS。BTS 可以直接与 BSC 相连接，也可以通过基站接口设备（BIE）采用远端控制的连接方式与 BSC 相连接。需要说明的是，基站子系统还应包括码变换器（TC）和相应的子复用设备（SM）。码变换器在更多的实际情况下是置于 BSC 和 MSC 之间，在组网的灵活性和减少传输设备配置数量方面具有许多优点。因此，一种具有本地和远端配置 BTS 的典型 BSS 组成方式如图 2-18 所示。

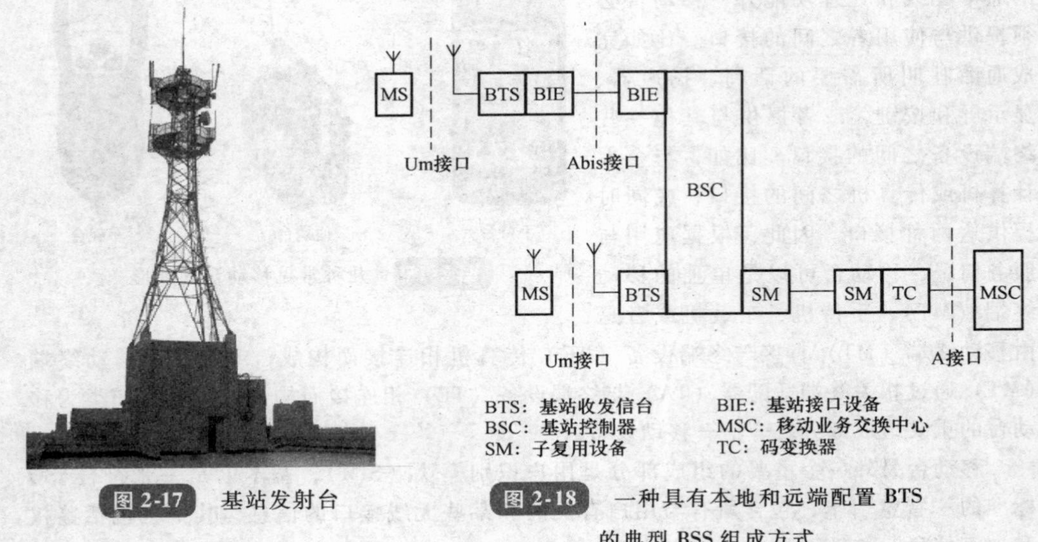

图 2-17 基站发射台

图 2-18 一种具有本地和远端配置 BTS 的典型 BSS 组成方式

1）基站收发信台（BTS）。BTS 属于基站子系统的无线部分，由基站控制器（BSC）控制，服务于某个小区的无线收发信设备，完成 BSC 与无线信道之间的转换，实现 BTS 与移动台（MS）之间通过空中接口的无线传输及相关的控制功能。BTS 主要分为基带单元、载频单元和控制单元三大部分。基带单元主要用于必要的话音和数据速率适配以及信道编码等。载频单元主要用于调制/解调与发射机/接收机之间的耦合等。控制单元则用于 BTS 的操作与维护。另外，在 BSC 与 BTS 不设在同一处需采用 Abis 接口时，传输单元是必须增加的，以实现 BSC 与 BTS 之间的远端连接方式。如果 BSC 与 BTS 并置在同一处，只需采用 BS 接口时，传输单元是不需要的。

2）基站控制器（BSC）。BSC 是基站子系统（BSS）的控制部分，起着 BSS 的变换设备的作用，即各种接口的管理，承担无线资源和无线参数的管理。BSC 主要由下列部分构成：

① 朝向与 MSC 相接的 A 接口或与码变换器相接的 Ater 接口的数字中继控制部分。

② 朝向与 BTS 相接的 Abis 接口或 BS 接口的 BTS 控制部分。

③ 公共处理部分，包括与操作维护中心相接的接口控制。

④ 交换部分。

（3）网路子系统（NSS） NSS 主要包含有 GSM 系统的交换功能和用于用户数据与移动性管理、安全性管理所需的数据库功能，它对 GSM 移动用户之间通信和 GSM 移动用户与其他通信网用户之间通信起着管理作用。NSS 由一系列功能实体构成，整个 GSM

系统内部，即 NSS 的各功能实体之间和 NSS 与 BSS 之间都通过符合 CCITT 信令系统 No.7 协议和 GSM 规范的 7 号信令网路互相通信。

1）移动业务交换中心（MSC）。MSC 是网路的核心，它提供了交换功能及面向系统其他功能的实体，即基站子系统（BSS）、归属用户位置寄存器（HLR）、鉴权中心（AUC）、移动设备识别寄存器（EIR）、操作维护中心（OMC）和面向固定网（公用电话网（PSTN）、综合业务数字网（ISDN）、分组交换公用数据网（PSPDN）、电路交换公用数据网（CSPDN））的接口功能，把移动用户与移动用户、移动用户与固定网用户互相连接起来。

移动业务交换中心（MSC）可从三种数据库，即归属用户位置寄存器（HLR）、访问用户位置寄存器（VLR）和鉴权中心（AUC）获取处理用户位置登记和呼叫请求所需的全部数据。反之，MSC 也根据其最新获取的信息请求更新数据库的部分数据。

MSC 可为移动用户提供一系列业务：

① 电信业务。例如，电话、紧急呼叫、传真和短消息服务等。

② 承载业务。例如，3.1kHz 电话，同步数据 0.3 ~ 2.4kbit/s 及分组组合和分解（PAD）等。

③ 补充业务。例如，呼叫前转、呼叫限制、呼叫等待、会议电话和计费通知等。

当然，作为网路的核心，MSC 还支持位置登记、越区切换和自动漫游等移动特征性能和其他网路功能。

对于容量比较大的移动通信网，一个网路子系统（NSS）可包括若干个 MSC、VLR 和 HLR，为了建立固定网用户与 GSM 移动用户之间的呼叫，无需知道移动用户所处的位置。此呼叫首先被接入到入口移动业务交换中心，称为 GMSC，入口交换机负责获取位置信息，且把呼叫转接到可向该移动用户提供即时服务的 MSC，称为被访 MSC（VMSC）。因此，GMSC 具有与固定网和其他 NSS 实体互通的接口。目前，GMSC 功能就是在 MSC 中实现的。根据网路的需要，GMSC 功能也可以在固定网交换机中综合实现。

2）访问用户位置寄存器（VLR）。VLR 是服务于其控制区域内移动用户的，存储着进入其控制区域内已登记的移动用户相关信息，为已登记的移动用户提供建立呼叫接续的必要条件。VLR 从该移动用户的归属用户位置寄存（HLR）处获取并存储必要的数据。一旦移动用户离开该 VLR 的控制区域，则重新在另一个 VLR 登记，原 VLR 将取消临时记录的该移动用户数据。因此，VLR 可看作为一个动态用户数据库。

VLR 功能总是在每个 MSC 中综合实现的。

3）归属用户位置寄存器（HLR）。HLR 是 GSM 系统的中央数据库，存储着该 HLR 控制的所有存在的移动用户的相关数据。一个 HLR 能够控制若干个移动交换区域以及整个移动通信网，所有移动用户重要的静态数据都存储在 HLR 中，包括移动用户识别号码、访问能力、用户类别和补充业务等数据。HLR 还存储且为 MSC 提供关于移动用户实际漫游所在的 MSC 区域相关动态信息数据。这样，任何入局呼叫可以即刻按选择路径送到被叫的用户。

4）鉴权中心（AUC）。GSM 系统采取了特别的安全措施，例如用户鉴权，对无线接口上的话音、数据和信号信息进行保密等。因此，AUC存储着鉴权信息和加密密钥，用来防止无权用户接入系统和保证通过无线接口的移动用户通信的安全。

AUC属于HLR的一个功能单元部分，专用于GSM系统的安全性管理。

5）移动设备识别寄存器（EIR）。EIR存储着移动设备的国际移动设备识别码（IMEI），通过检查白色清单、黑色清单或灰色清单这三种表格，在表格中分别列出了准许使用的、出现故障需监视的、失窃不准使用的移动设备的IMEI识别码，使得运营部门对于不管是失窃还是由于技术故障或误操作而危及网路正常运行的MS设备，都能采取及时的防范措施，以确保网路内所使用的移动设备的唯一性和安全性。

（4）操作支持子系统（OSS） OSS需完成许多任务，包括移动用户管理、移动设备管理以及网路操作和维护。

1）移动用户管理可包括用户数据管理和呼叫计费。用户数据管理一般由归属用户位置寄存器（HLR）来完成这方面的任务，HLR是NSS功能实体之一。用户识别卡SIM的管理也可认为是用户数据管理的一部分，但是，作为相对独立的用户识别卡SIM的管理，还必须根据运营部门对SIM的管理要求和模式采用专门的SIM个人化设备来完成。呼叫计费可以由移动用户所访问的各个移动业务交换中心MSC和GMSC分别处理，也可以采用通过HLR或独立的计费设备来集中处理计费数据的方式。

2）移动设备管理是由移动设备识别寄存器（EIR）来完成的，EIR与NSS的功能实体之间是通过SS7信令网路的接口互连的，为此，EIR也归入NSS的组成部分之一。

3）网路操作与维护是完成对GSM系统的BSS和NSS进行操作与维护管理任务的，完成网路操作与维护管理的设施称为操作与维护中心（OMC）。从电信管理网路（TMN）的发展角度考虑，OMC还应具备与高层次的TMN进行通信的接口功能，以保证GSM网路能与其他电信网路一起纳入先进、统一的电信管理网路中进行集中操作与维护管理。直接面向GSM系统BSS和NSS各个功能实体的操作与维护中心（OMC）归入NSS部分。

可以认为，操作支持子系统（OSS）已不包括与GSM系统的NSS和BSS部分密切相关的功能实体，而成为一个相对独立的管理和服务中心。它主要包括网路管理中心（NMC）、安全性管理中心（SEMC）、用于用户识别卡管理的个人化中心（PCS）、用于集中计费管理的数据后处理系统（DPPS）等功能实体。

二、GSM的频谱和信道

对移动台来讲，其发射频谱占用890～915MHz，接收频谱占用935～960MHz，收/发频谱之间有20MHz保护频带。把25MHz带宽划分124个TDMA载波，每个载波占用200kHz，一般不使用边缘载波，即1号和124号载波不用，因此可用的最大频道数目为122个。

对于我国的GSM系统来讲，由于890～905MHz、935～950MHz为ETACS系统占用，所以只有905～915MHz、950～960MHz频带可用于GSM系统。我国规定，移动系统使用较低频率4MHz（905～909MHz，950～954MHz），联通系统使用较高频率6MHz

(909～915MHz，954～960MHz)。

随着移动用户的迅猛增加，GSM系统的频率资源越来越受到限制，欧洲已开发出1800MHz数字系统，称为DCS1800系统，它仍属GSM系统范畴，仅改变了无线工作频率。2G网络有GSM850、GSM900、DCS1800和PCS1900四个工作频段，收发频率见表2-1。

表2-1 收发频率

网络	RX频段/MHz	TX频段/MHz
GSM(850MHz)	869～894	824～849
GSM(900MHz)	935～960	890～915
DCS(1800MHz)	1805～1880	1710～1785
PCS(1900MHz)	1930～1990	1850～1910

三、GSM业务功能

GSM系统能提供多种服务，允许多种业务类型，包括以下业务：

1. 话音服务

这是GSM系统提供的最主要的业务。这种服务允许GSM用户与其他GSM用户或其他固定用户双向通话。

电话业务延伸两种特殊业务：一是紧急呼叫，这种业务使移动用户通过拨打一个简单号码接入到就近的紧急业务中心（如警局或消防中心），一般约定以112这个号码作为紧急业务号码，且紧急业务不收费。另一个是语音信箱，这种业务能把话音存储起来，以备收方提取。在呼叫不能接通时，用户可以将声音信息存入GSM语音信箱，一旦收方接通就会得到通知，收方就可以从语音中提取存储的话音信息。语音信箱提高了网络效率，又为用户带来方便。

2. 数据业务

在开始制定GSM系统方案时就把数据业务作了全面的考虑。因为数字业务的应用越来越广泛，GSM系统的数字业务包括大部分为固定电话用户和ISDN用户提供的数字业务，由于移动信道的局限性，在信号速率和容量方面受到一定的限制。

3. 短信息服务

这是一种类似寻呼的业务。它不仅仅可以从系统中得到短信息，也能实现GSM用户之间的短信息传递，主要有以下两种：

(1) 点对点短信息业务　GSM用户可以发出或接收长度有限的数字或文字消息。移动台接收这种消息时与寻呼接收机类似，消息会显示在移动台显示屏上。但GSM网的短信息业务比寻呼网功能更强，主要原因是GSM网具有双向通信能力。GSM系统可以确认收方是否收到所发的短信息，即使用户关机或处于不服务区，GSM系统能将短信息存于系统内，当GSM用户重新接入系统后，能从系统中取出信息并给系统发出确认信息。这种方式可确保用户的短消息不被丢失，而寻呼网不能做到这一点。

(2) 短消息小区广播　GSM系统可在特定的地区向移动台发送广播信息，在GSM

技术规范中对这些信息不设地址也不加密，任何移动台只要有这一业务功能就能接收信息并对信息进行解码。

第四节　移动台的工作原理

目前市面上的手机均为数字移动台设备，模拟移动台设备已经无法在中国入网使用了，所以下面的介绍均为数字移动台设备。

一、移动台的构成

移动台包括两部分，即 MS = ME + SIM 卡。移动台结构框图如图 2-19 所示。

1. ME

ME 是移动台设备，通常由键盘显示操作单元、数字处理逻辑控制单元、射频收发单元、天线及电源组成。手持式移动台的操作单元、控制单元、收发单元放在一起，称为主机。电源为可充电电池，天线直接安装在主机上。

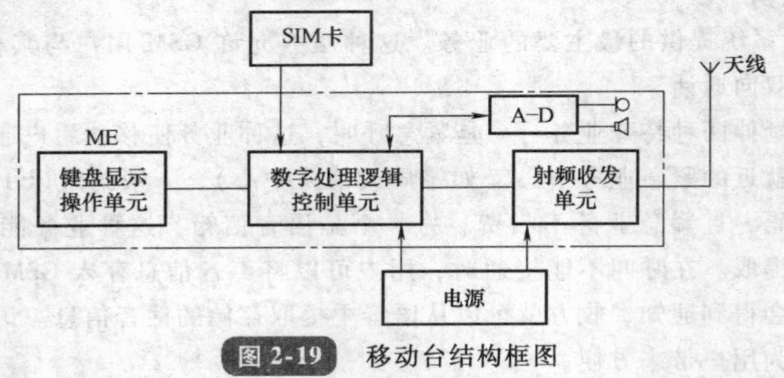

图 2-19　移动台结构框图

(1) 键盘显示操作单元　该单元由一个输入电话号码的按键式键盘、液晶显示器、状态指示器、键盘印制板和微处理器组成。

(2) 数字处理逻辑控制单元　该单元也是由微处理器组成，包含多块大规模集成电路，其主要作用是对收发单元进行逻辑控制。

(3) 射频收发单元　该单元将基站发出的射频信号接收下来，通过接收电路变为音频信号，反之把音频信号通过发射电路变为射频信号，发送给基站。

2. SIM 卡

SIM 卡（Subscriber Identity Module 的缩写）也称为智能卡、用户身份识别卡，GSM 数字移动电话机必须装上此卡才能使用。它在计算机芯片上存储了数字移动电话客户的信息、加密的密钥以及用户的电话簿等内容，可供 GSM 网络客户身份进行鉴别，并对客户通话时的语音信息进行加密。

SIM 卡是带有微处理器的芯片，内有 5 个模块，每个模块对应一个功能，即 CPU (8 位/16 位/32 位)、程序存储器 ROM、工作存储器 RAM、数据存储器 EEPROM 和串行通信单元，这 5 个模块集成在一块集成电路中。

SIM 卡在与手机连接时，最少需要 5 个连接线，即电源（Vcc）、时钟（Clk）、数据 I/O 口（Data）、复位（RST）和接地端（GND）。

二、移动台框图和工作原理

在移动台工作原理部分，以最常见的 GSM 移动台为例进行介绍。

1. 移动台框图

GSM 移动台具体可以分为两部分，一部分是高频无线部分，主要负责信号的接收、发射和调制；另一部分是逻辑数字处理部分，主要负责语音处理、控制和信令处理。GSM 移动台框图如图 2-20 所示。

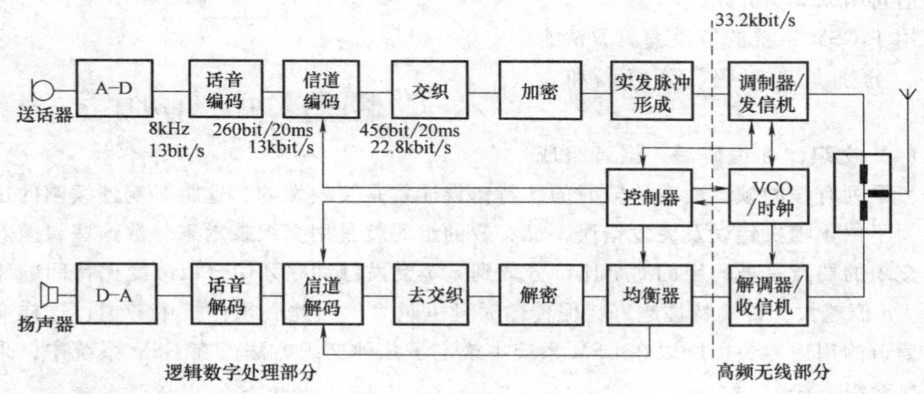

图 2-20 GSM 移动台框图

2. 移动台各部分工作原理

（1）A-D 转换器　话音信号在无线接口路径的处理过程如图 2-21 所示。

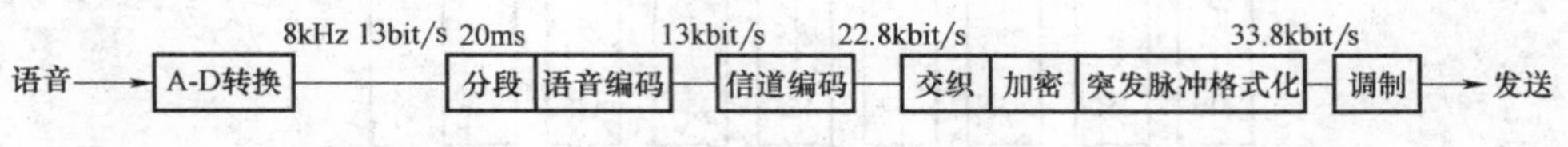

图 2-21 语音信号在无线接口路径的处理过程

首先，语音通过一个模-数转换器（A-D），实际上是经过 8kHz 抽样、量化后变为每 125μs 含有 13bit 的码流；每 20ms 为一段，再经语音编码后降低传码率为 13kbit/s；经信道编码变为 22.8kbit/s；再经码字交织、加密和突发脉冲格式化后变为 33.8kbit/s 的码流，经调制后发送出去。接收端的处理过程相反。

（2）语音编码　此编码方式称为规则脉冲激励——长期预测编码（RPE-LTP），其处理过程是先进行 8kHz 抽样，调整每 20ms 为一帧，每帧长为 4 个子帧，每个子帧长 5ms，纯比特率为 13kbit/s。

现代数字通信系统往往采用话音压缩编码技术，GSM 也不例外。它利用语音编码器为人体喉咙所发出的音调和噪声，以及人的口和舌的声学滤波效应建立模型，这些模型参数将通过传输话音和数据、业务信道（Traffic Channel，TCH）信道进行传送。

（3）信道编码　为了检测和纠正传输期间引入的差错，在数据流中引入冗余——通过加入从信源数据计算得到的信息来提高其速率，信道编码的结果是一个码字流；对话音来说，这些码字长为 456 bit。

由语音编码器中输出的码流为 13kbit/s，被分为 20ms 的连续段，每段中含有 260 bit，其中特细分为 50 个非常重要的比特、132 个重要比特和 78 个一般比特。

对它们分别进行不同的冗余处理，如图 2-22 所示。其中，块编码器引入 3 位冗余码，激励编码器增加 4 个尾比特后再引入 2 倍冗余。

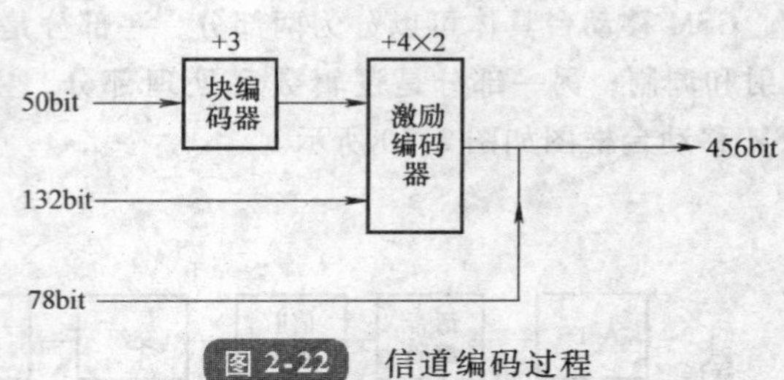

图 2-22　信道编码过程

用于 GSM 系统的信道编码方法有三种，分别是卷积码、分组码和奇偶码。

（4）交织　在编码后，语音组成的是一系列有序的帧。而在传输时的比特错误通常是突发性的，这将影响连续帧的正确性。为了纠正随机错误及突发错误，最有效的组码就是用交织技术来分散这些误差。

交织的要点是把码字的 b 个比特分散到 n 个突发脉冲序列中，以改变比特间的邻近关系。n 值越大，传输特性越好，但传输时延也越大，因此必须作折中考虑，这样交织就与信道的用途有关，所以在 GSM 系统中规定了几种交织方法。在 GSM 系统中，采用了二次交织方法。

由信道编码后提取出的 456bit 被分为 8 组，进行第一次交织，如图 2-23 所示。

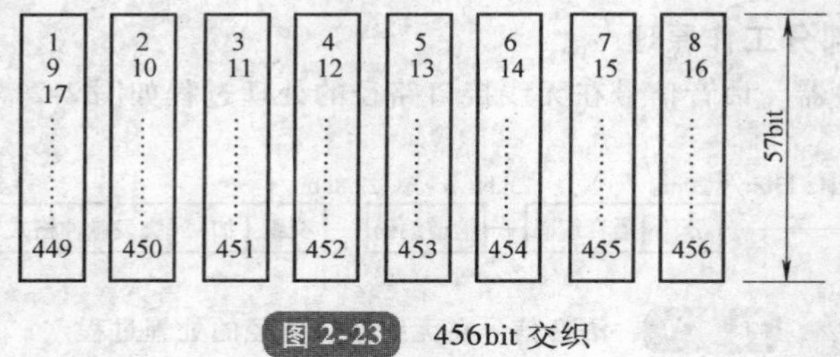

图 2-23　456bit 交织

由它们组成语音帧的一帧，现假设有三个语音帧，如图 2-24 所示。而在一个突发脉冲中包括一个语音帧中的两组，如图 2-25 所示。

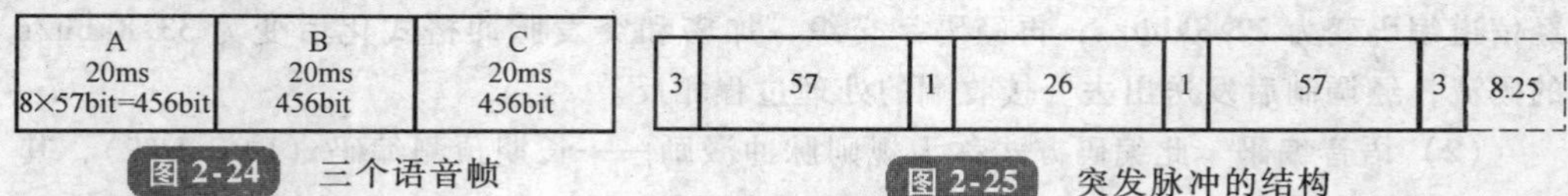

A 20ms 8×57bit=456bit	B 20ms 456bit	C 20ms 456bit

图 2-24　三个语音帧

3	57	1	26	1	57	3	8.25

图 2-25　突发脉冲的结构

其中，前后 3 个尾比特用于消息定界，26 个训练比特，训练比特的左右各 1bit 作为“挪用标志”。而一个突发脉冲携带有两段 57bit 的声音信息。在发送时，进行第二次交织，见表 2-2。

表 2-2 语音码的二次交织

A	
A	
A	
A	
B	A
B	A
B	A
B	A
C	B
C	B
C	B
C	B
	C
	C
	C
	C

（5）加密　加密的目的就是在于保护信令与用户数据，防止窃听。加密算法实际上是一个“异或”算法，在接收部分，我们用相同的方法解密，以期待出现清晰的数据。加密与解密过程举例如下：

加密法则

未加密序列	01110010100011100110 1……
加密序列	00011010101000110111 0……
XORed	
加密后数据	01101000001011010001 1……
加密序列	00011010101000110111 0……
XORed	
恢复后的数据	01110010100011100110 1……

（6）突发脉冲的形成　逻辑信道有两种，即业务信道和控制信道。因此，要把逻辑信道映射成物理信道，一个物理信道是由 TDMA 帧中的 8 个时隙中的一个来表示，一个时隙按一定的信令格式编码，称为突发脉冲，如图 2-26 所示。

每个时隙长为 0.577ms，相当于 156.25bit，因此速率从 22.8kbit/s提高到 33.8kbit/s。时隙脉冲的数字信息还需要转换成基带信号，再送到发射部分的正交调制器中。

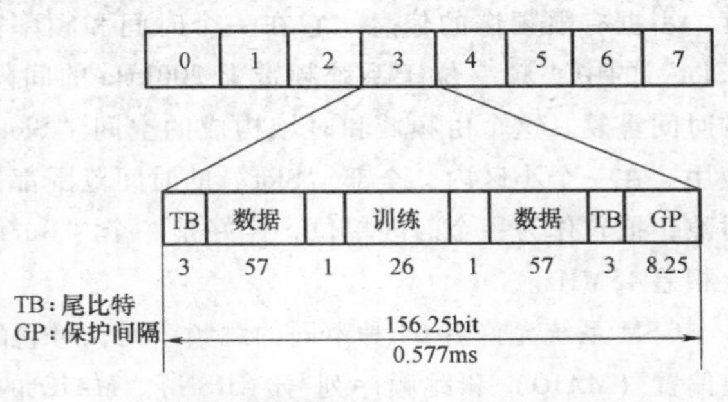

图 2-26　突发脉冲串

（7）调制技术　GSM 的调制方

式是 0.3GMSK，0.3 表示了高斯滤波器的带宽和比特率之间的关系。GMSK 是一种特殊的数字调频方式，它通过在载波频率上增加或者减少 67.708kHz，来表示 0 或 1，利用两个不同的频率来表示 0 和 1 的调制方法称为 FSK。在 GSM 中，数据的比特率被选择为正好是频偏的 4 倍，这可以减小频谱的扩散，增加信道的有效性。比特率为频偏 4 倍的 FSK，称为 MSK，即最小频移键控。通过高斯预调制滤波器可以进一步压缩调制频谱。高斯滤波器降低了频率变化的速度，防止信号能量扩散到邻近信道频谱。

（8）跳频　在语音信号经处理调制后发射时，还会采用跳频技术，即在不同时隙发射载频在不断地改变（当然，同时要符合频率规划原则）。

GSM 系统的无线接口采用了慢速跳频（SFH）技术。慢速跳频与快速跳频（FFH）之间的区别在于，后者的频率变化快于调制频率。GSM 系统的慢速跳频技术要点是按固定间隔改变一个信道使用的频率。系统使用慢速跳频（SFH），每秒跳频 217 次，传输频率在一个突发脉冲传输期间保持一定。

如图 2-27 所示，在一给定时间内，频率依次从 f_0、f_2、f_1、f_4 跳变，但在一个突发脉冲期间，频率保持不变。

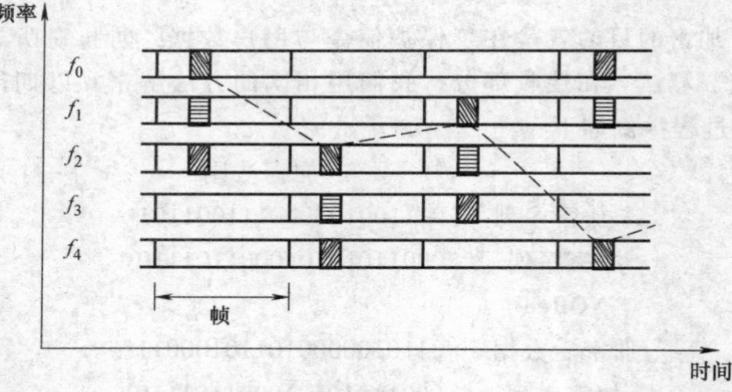

图 2-27　GSM 系统调频示意图

在上、下行线两个方向上，突发序列号在时间上相差 3BP（3BP 延时在 GSM 系统中是一个常数，也就是上行时隙号是其对应下行时隙号的 3BP 的偏移。GSM 无线路径上的传输单位是由大约 100 个调制比特组成的脉冲串，称“Burst”。“Burst”是有限长度，占据有限频谱的信息，它在一个时间和频率窗口上发送，这个窗口称为“Slot”。“Slot”的中心频率位于系统频带上 200kHz 的间隔上，并且以 15/26ms（约 0.577ms）的时间重复。这个由频域和时域构成的空间“Slot”就是 FDMA 和 TDMA 在 GSM 中的应用。在一个小区内，全部“Slot”的时间范围都是一样的，这个相同的时间间隔称为时隙，把它作为一个时间单位，恰好是一个“Burst”周期，记作 BP，跳频序列在频率上相差 45MHz。

GSM 系统允许有 64 种不同的跳频序列，对它的描述主要有两个参数：移动分配指数偏置（MAIO）和跳频序列号（HSN）。MAIO 的取值可以与一组频率的频率数一样多。HSN 可以取 64 个不同值。跳频序列选用伪随机序列。

（9）时序调整　由于 GSM 采用 TDMA，且它的小区半径可以达到 35km，因此需要进行时序调整。因为从手机出来的信号需要经过一定时间才能到达基地站，所以我们必须采取一定的措施，来保证信号在恰当的时候到达基地站。

如果没有时序调整，那么从小区边缘发射过来的信号，就将因为传输的时延和从基站附近发射的信号相冲突（除非两者之间存在一个大于信号传输时延的保护时间）。通过时序调整，手机发出的信号就可以在正确的时间到达基站。当 MS 接近小区中心时，BTS 就会通知它减少发射前置的时间；而当它远离小区中心时，就会要求它加大发射前置时间。

当手机处于空闲模式时，它可以接收和解调基地站来的 BCH 信号。在 BCH 信号中有一个 SCH 的同步信号，可以用来调整手机内部的时序，当手机接收到一个 SCH 信号后，并不知道它离基站有多远。如果手机和基站相距 30km，那么手机的时序将比基站慢 100μs。当手机发出它的第一个 RACH 信号时，就已经晚了 100μs，再经过 100μs 的传播时延，到达基站时就有了 200μs 的总时延，很可能和基站附近的相邻时隙的脉冲发生冲突。因此，RACH 和其他的一些信道接入脉冲将比其他脉冲短。只有在收到基站的时序调整信号后，手机才能发送正常长度的脉冲。在这个例子中，手机就需要提前 200μs 发送信号。

三、移动台基本通信过程

手机是如何开机的？开机后又是如何与基站进行联系的？如何进行待机的？呼叫的时候手机是如何工作的？关机时手机又是如何与基站断开联络的？这些问题对初学者来看，都是迷茫的。在本部分以 GSM 手机为例，简要介绍手机的基本通信过程，了解手机在每个环节中的信号控制方式。

GSM 手机所有的工作过程都是在中央处理器（CPU）的控制下进行的，具体包括开机、上网、待机、呼叫和关机五个过程，这些流程都是以软件数据的形式存储于手机的 EEPROM 和 FLASH 中。

1. 开机过程

当按下手机的电源开关键后，开机触发信号送到电源电路启动电源，输出供电到各部分电路，当时钟电路得到供电电压后产生振荡信号，送入逻辑电路，CPU 在得到电压和时钟信号后会执行开机程序，首先从 ROM 中读出引导码，执行逻辑系统的自检，并且使所有的复位信号置高，如果自检通过，则 CPU 发送开机维持信号给各模块，然后电源模块在开机维持信号的作用下保持各路电源的输出，维持手机开机状态。

手机在开机后，手机的发射机会工作一次，向基站发送一个请求，这时候手机的电流会上升到 300～400mA，然后很快回落到 10～20mA，进入守候状态。

GSM 手机开机工作流程如图 2-28 所示。

2. 上网过程

手机开机后，内部的锁相环（PLL）开始工作，从频率低端到高端扫描信道，即搜索广播控制信道（BCCH）的载频。因为系统随时都向在小区中的各用户发送出用户广播控制信息。手机收集搜索到最强的 BCCH 的载频对应的载频频率后，读取频率校正信道（FCCH），使手机（MS）的频率与之同步。所以每一个用户的手机在不同上网位置（即不同的小区）的载频是固定的，它是由 GSM 网络运营商组网时确定的，而不是由用户的 GSM 手机来决定的。手机内锁相环（PLL）在工作时，手机的电流会有小范围的波形，如果观察电流表，发现电流有轻微的规律性波动，说明手机的 PLL 电路工作正常。

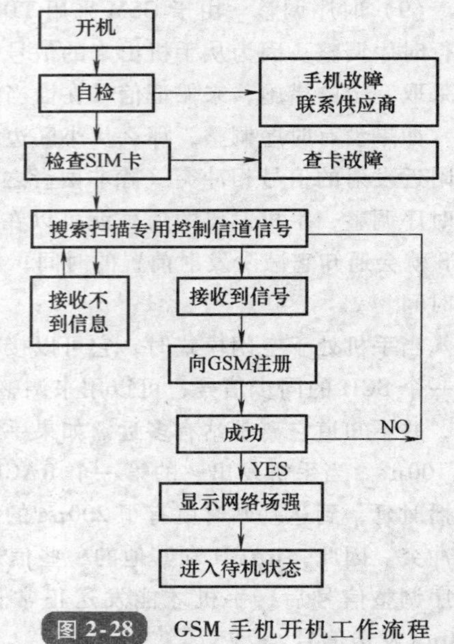

图 2-28　GSM 手机开机工作流程

手机读取同步信道（SCH）的信息后，找出基地站（BTS）的识别码，并同步到超高帧 TDMA 的帧号上。手机在处理呼叫前读取系统的信息。比如，邻近小区的情况、现在所处小区的使用频率及小区是否可以使用移动系统的国家号码和网络号码等，这些信息都可以在 BCCH 上得到，手机在请求接入信道（RACH）上发出接入请求信息，向系统发送 SIM 卡账号等信息。

系统在鉴权合格后，对手机的 SIM 卡做出身份证实，是否欠费、是否合法用户。然后登录入网，手机屏幕会显示“中国移动”或“中国联通”，这个过程也称为登记。这时，手机的相关信息，如移动台识别 MIIN、串号 ESN（IMEI）便存入基站的访问位置寄存器 VLR 中，以备用户寻呼它。通过允许接入信道（AGCH）使 GSM 手机接入信道上并分配到一个独立专用控制信道（SDCCH），手机在 SDCCH 上完成登记。在慢速随路控制信道（SACCH）上发出控制指令，然后手机返回空闲状态，并监听 BCCH 和公共控制信道（CCCH）来控制信道上的信息。此时手机已经做好了寻呼的准备工作。

3. 待机过程

用户监测 BCCH 时，必须与相近的基站取得同步。通过接收 FCCH、SCH、BCCH 信息，用户将被锁定到系统及适应的 BCCH 上。

4. 呼叫过程

（1）手机作主叫　GSM 系统中由手机发出呼叫的情况，首先，用户在监测 BCCH 时，必须与相近的基站取得同步。通过接收 FCCH、SCH、BCCH 信息，用户将被锁定到系统及适当的 BCCH 上。

为了发出呼叫，用户首先要拨号，并按下 GSM 手机的发射键。手机用锁定它的基站系统的 ARFCN 来发射 RACH 数据突发序列。然后基站以 CCCH 上的 AGCH 信息来响应，CCCH 为手机指定一个新的信道进行 SDSSH 连接。正在监测 BCCH 中 T 的用户，将从 AGCH 接收到它的 ARFCN 和 TS 安排，并立即转到新的 ARFCN 和 TS 上，这一新的 ARFCN 和 TS 分配就是 SDCH（不是 TCH）。一旦转接到 SDCCH，用户首先会等待传给它的 SCCH（等待最多持续 26ms 或 120ms）。

这个信息告知手机要求的定时提前量和发射功率。基站根据手机以前的 RACH 传输数据能够决定出适合的定时提前量和功率级，并且通过 SACCH 发送适当的数据供手机处理。在接收和处理完 SACCH 中的定时提前量信息后，用户能够发送正常的、话音业务所要求的突发序列消息。当 PSTN 从拨号端连接到 MSC，且 MSC 将话音路径接入服务基站时，SDCCH 检查用户的合法及有效性，随后在手机和基站之间发送信息。几秒钟后，基站经由 SDSSH 告知手机重新转向一个为 TCH 安排的 ARFCN 和 TS。一旦再次接到 TCH，语音信号就在前向链路上传送，呼叫成功建立，SDCCH 被腾空。

（2）手机作被叫　当从 PSTN 发出呼叫时，其过程与上述过程类似。基站在 BCCH 适应内的 TSO 期间，广播一个 PCH 消息。锁定于相同 ARFCN 上的手机检测对它的寻呼，并回复一个 RACH 消息，以确认接收到寻呼。当网络和服务器基站连接后，基站采用 CCCH 上的 AGCH 将手机分配到一个新的物理信道，以便连接 SDCCH 和 SACCH。一旦用户在 SDCCH 上建立了定时提前量并获准确认后，基站就在 SDCCH 上面重新分配物理信道，同时也确立了 TCH 的分配。

5. 越区切换

移动中的手机，无论是处于待机状态还是通话状态，从当前小区进入另一个小区，使当前小区的无线信道切换到新小区的无线信道上，称为越区切换。越区切换分为以下两种情况。

（1）待机状态下的越区切换　处于待机状态下的手机，除收听本小区的 BCH 外，还监听周围六个小区的无线环境（场强、频率和网标）。根据测量结果，将六个基站的基本信息列表，并报送本基站。基站将此信息报送移动交换中心 MSC，MSC 进行分析，决定是否要切换、何时切换、切换到哪个基站。当分析结果确认新小区的无线环境比当前小区好时，就向当前小区发出分离请求，向新小区发接入请求。接续到新小区的过程与前述开机入网的过程相同。

（2）通话状态下的越区切换　通话期间，无论主呼叫还是被呼叫，手机里用语音复帧中的空闲帧测量周边小区的无线环境，并对测量结果进行分析。在慢速随路控制信道 SACCH 上与基站交换信息。当需要越区切换时，手机转到快速随路控制信道 FACCH 上，这时不传语音，只传信令，语音信道 TCH 暂被 FACCH 代替。手机在 FACCH 上向基站发越区切换的请求，基站将此请求上报移动交换中心 MSC。MSC 根据手机的请求信息，查找最佳的替补信道进行转接，在短时间内完成小区的频率锁定、时隙同步，并很快地接续到新小区的 TCH 上。如无最佳替补频道，则转换次佳的信道，如果新小区的信道已经占满，越区切换失败，电话中断，就会出现平时我们见到的“掉线”问题。

6. 漫游过程

移动手机申请入网登记和结算的移动交换局称为归属局，又称为家区。当手机移动到另一个移动交换局通信时，称为客区，该用户也称为漫游用户。如果家区有两个重叠覆盖的移动通信网，从本网到协议网也是漫游用户。下面看一下自动漫游的过程。

设家区用户 A 携机到客区 B，若 B 区是 A 地的联网协议区，家区用户开机后就产生前面所述的搜台、入网过程，并向客区基站报告自身的电话号码及个人识别码。客区基站收悉后将此信息转到本区的 MSC，MSC 对此用户进行身份鉴别：是否有漫游登记手续，从而确定接收还是拒绝服务。当客区 MSC 证实漫游用户有效，即将其号码存入本区数据库，并分配给漫游用户一个漫游号码。相当于发给该用户一个“临时户口”，并通过网络链路将此信息通知家区的 MSC。这样，家区的 MSC 便知道了漫游手机的新地址。

如果家区用户呼叫该漫游用户，经家区的 MSC 转到客区的 MSC，建立通信；如果客区的用户呼叫漫游用户，尽管两部手机都在客区，但呼叫信号仍然要先到家区的 MSC，经网络转到客区的 MSC，取得联系，然后两个用户就可以通过客区的 MSC 区域内进行通信。

7. 关机过程

GSM 手机关机时，它将向系统发最后一次信息，包括分离请求，因此测量关机电流，会发现从 20mA（守候电流）上跳到 200mA（发射电流），然后再回到 0mA（关机电流）。

具体过程是：按下关机键，手机在随机接入信道 RACH 上发网络分离请求，基站接收到分离请求信息，就在该用户对应的 IMSI 上作网络分离标记（IMSI 为国际移动用户号码），系统中的访问位置寄存器会注销手机的相关信息。同时检测电路会向数字逻辑部分发出一个关机请求信号，逻辑电路会启动执行关机程序，一切准备妥当后，会有一个关机信号送入电源模块电路停止各部分的电源输出，手机各部分电路随即停止工作，从而完成关机。如果在开机状态下强制关机（取下电池）也有可能会造成手机内部软件运行错误或数据丢失，造成故障。

另外，手机还包含其他软件的工作过程，如充电过程、电池监测、键盘扫描、测试过程等。

四、GSM 手机的主要技术指标

1. 手机的技术性能

（1）工作频率　发射频率为 880 ~ 915MHz，接收频率为 935 ~ 960MHz，收发间隔为 45MHz。

（2）载波间隔　200kHz。

（3）调制方式　高斯滤波最小频移键控（GMSK），BT = 0.3，调制速率为 270.833kbit/s。

（4）信道编码　循环冗余编码、1/2 卷积码以及交积编码。

2. 手机的功率控制级

对于 GSM900MHz 系统的移动台，规定了五个功率等级，分别用于手持机、便携台和车载台。对手持机，使用第四功率等级（见表 2-3）。

3. 发射载频包络

发射载频包络是指发射载频功率相对于时间的关系。发射载频包络在一个时隙间要严格满足 GSM 规定的 TDMA 时隙幅度上升沿、下降沿及幅度平坦度要求。

表 2-3　手机的功率控制级

功率控制级	峰值功率/dBm	正常测试条件下容限/±dB
5	33	2.0
6	31	2.0
7	29	2.0
8	27	2.0
9	25	2.0
10	23	2.0
11	21	2.0
12	19	2.0
13	17	2.0
14	15	2.0
15	13	2.0

常规突发的功率包括应该限定在框罩之内，特别是对在 147bit 的幅度平坦度要求在±1dB 之内。

4. 发射机的输出射频频谱

在 TDMA 体制的数字蜂窝系统中，发射机射频功率输出采用突发（Burst）形式。一个突发对应于无线信道的一个时隙，手机只有在所分配的时隙才输出射频功率。因此突发的频谱形成受两种因素影响，即调制和射频功率电平切换。

5. 频率误差和相位误差

在任何条件下，移动台载频的绝对误差应小于 0.1ppm，或相对于从基站接收的信号的频率误差小于 0.1ppm。相位误差有效值（RMS）对每个突发小于 5°。每个突发的最大峰值相位误差应不超过 20°。

6. 接收机的技术指标

作为数字无线系统，接收机的主要性能指标有灵敏度、环帧指示、同频干扰抑制、邻道干扰抑制、互调干扰抑制、接收机杂散辐射等。

我们来了解一下灵敏度的要求。接收机灵敏度是指收信机在满足一定的误码率性能条件下收信机输入端输入的最小信号电平。测量接收机灵敏度是为了检验收信机模拟射频电路、中频电路、解调及解码电路的性能。

衡量接收机误码性能主要有三个参数：

（1）帧删除率（FER）　当接收机中的误码检测功能指示一个帧中有错位时，该帧就被定义为删除。帧删除率定义为被删除的帧数占接收帧总数之比。

（2）残余误比特率（RBER）　定义为“好”帧中错误比特的数目与“好”帧中传输的总比特数目之比。

（3）误比特率（BER）　定义为接收到的错误比特的数目与所有发送的数据比特数目之比。

对于全速率话音信道（TCH/FS），接收机输入电平为 -102dBm 时，帧删除率

（FER）小于0.1%，Ⅰb类数据的RBER小于0.4%，Ⅱ类数据的RBER小于2%。

第五节　第三代移动通信系统

一、TD-SCDMA移动通信系统

1. TD-SCDMA系统简介

TD-SCDMA是英文Time Division-Synchronous Code Division Multiple Access（时分同步码分多址）的简称，是一种第三代无线通信的技术标准，也是ITU批准的三个3G标准中的一个，相对于另两个3G标准（CDMA 2000或WCDMA）其起步较晚。

TD-SCDMA作为中国提出的第三代移动通信标准（简称3G），自1998年正式向国际电联（ITU）提交以来，已经历10多年的时间，完成了标准的专家组评估、ITU认可并发布、与3GPP（第三代伙伴项目）体系的融合、新技术特性的引入等一系列的国际标准化工作，从而使TD-SCDMA标准成为第一个由中国提出，以我国知识产权为主的、被国际上广泛接受和认可的无线通信国际标准。这是我国电信发展史上重要的里程碑。目前中国移动采用此标准。

中国移动的TD-SDMA品牌LOGO，如图2-29所示。

2. TD-SCDMA系统的多址方式

TD-SCDMA（Time Division Duplex-Synchronous Code Division Multiple Access）是FDMA、TDMA和CDMA三种基本传输模式的灵活结合。其基本特性之一是在TDD模式下，采用在周期性重复的时间帧里传输基本的TDMA突发脉冲的工作模式，通过周期性的转换传输方向，在同一个载波上交替地进行上下行链路传输。TD-SCDMA的多址方式如图2-30所示。

图2-29　中国移动的TD-SCDMA品牌LOGO

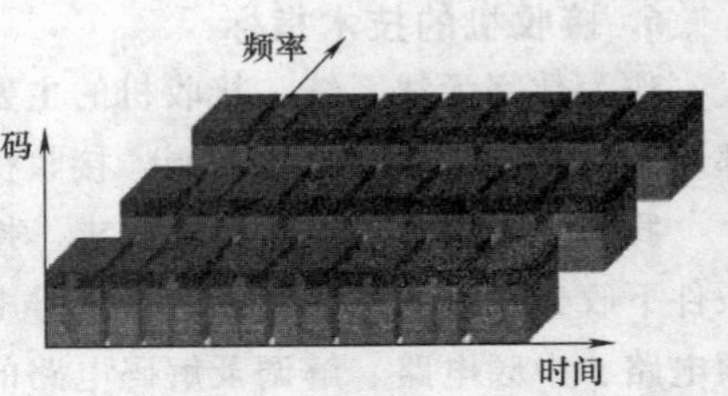

图2-30　TD-SCDMA的多址方式

3. TD-SCDMA系统的关键技术

（1）智能天线　智能天线技术的核心是自适应天线波束赋形技术。自适应天线波束赋形技术在20世纪60年代开始发展，其研究对象是雷达天线阵，为提高雷达的性能和电子对抗的能力。20世纪90年代中期，各国开始考虑将智能天线技术应用于无线通信系统。美国Array Comm公司在时分多址的PHS系统中实现了智能天线；1997年，由我国信息产业部电信科学技术研究院控股的北京信威通信技术公司成功开发了使用智能天线技术的 SCDMA 无线用户环路系统。另外，在国内外也开始有众多大学和研究机构广泛地开展对智能天线的波束赋形算法和实现方案的研究。1998 年我国向国际电联提交的 TD-SCDMA RTT 建议是第一次提出以智能天线为核心技术的 CDMA 通信系统。

使用智能天线的基站，能量仅指向小区处于激活状态的移动终端，正在通信的移动终端在整个小区内处于受跟踪状态。不使用智能天线的基站，能量分布在整个小区内，所有小区内的移动终端均相互干扰，此干扰是 CDMA 容量限制的主要原因，如图 2-31 所示。

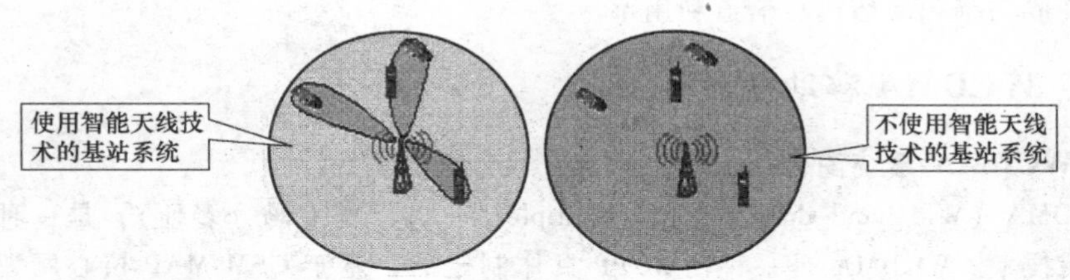

图 2-31 使用智能天线技术与不使用智能天线技术之比较

(2) 联合检测 联合检测技术是多用户检测技术的一种。CDMA 系统中多个用户的信号在时域和频域上是混叠的，接收时需要在数字域上用一定的信号分离方法把各个用户的信号分离开来。信号分离的方法大致可以分为单用户检测技术和多用户检测技术两种。

(3) 接力切换 接力切换适用于同步 CDMA 移动通信系统，是 TD-SCDMA 移动通信系统的核心技术之一。当用户终端从一个小区或扇区移动到另一个小区或扇区时，利用智能天线和上行同步等技术对 UE 的距离和方位进行定位，根据 UE 方位和距离信息作为切换的辅助信息，如果 UE 进入切换区，则 RNC 通知另一基站做好切换的准备，从而达到快速、可靠和高效切换的目的。这个过程就像是田径比赛中的接力赛跑传递接力棒一样，因而我们形象地称之为接力切换。

该技术的优点是，将软切换的高成功率和硬切换的高信道利用率综合到接力切换中，使用该方法可以在使用不同载频的 SCDMA 基站之间，甚至在 SCDMA 系统与其他移动通信系统（如 GSM、IS95）的基站之间实现不中断通信、不丢失信息的越区切换。

(4) 动态信道分配 在 TD-SCDMA 系统中的信道是频率、时隙和信道化码三者的组合。动态信道分配就是在终端接入和链路持续期间，对信道进行动态地分配和调整，把资源合理、高效地分配到各个小区、各个用户，使系统资源利用率最大化和提高链路质量。动态信道分配技术主要研究的是频率、时隙、扩频码的分配方法，对 TD 系统而言还可以利用空间位置和角度信息协助进行资源的优化配置。

动态信道分配技术可以提高接入率，降低掉话率，且降低干扰，提高系统容量。

(5) 接力切换 接力切换是 TD-SCDMA 移动通信系统的核心技术之一，是介于硬切换和软切换之间的一种新的切换方法。接力切换使用上行预同步技术，在切换测量期间，提前获取切换后的上行信道发送时间、功率信息，从而达到减少切换时间，提高切换成功率、降低切换掉话率的目的。在切换过程中，UE 从源小区接收下行数据，向目标小区发送上行数据，即上下行通信链路先后转移到目标小区。

接力切换是 TD-SCDMA 系统中的主要技术特点之一，它充分利用了同步网络优势，在切换操作前使用预同步技术，使移动台在与原小区通信保持不变的情况下与目标小区建立同步关系，使得在切换过程中大大减少因失步造成的丢包，这样在不损失容量的前提下，极大地提升了通信质量。

相对于以往移动通信系统中硬切换或者软切换，它拥有前两种切换的优点，具有软切换的高成功率和硬切换高信道利用率。

二、WCDMA 移动通信系统

1. WCDMA 系统简介

WCDMA（Wideband Code Division Multiple Access，宽带码分多址），是一种第三代无线通信技术。WCDMA 是一种由 3GPP 具体制定的，基于 GSM MAP 核心网，UTRAN（UMTS 陆地无线接入网）为无线接口的第三代移动通信系统。目前 WCDMA 有 Release 99、Release 4、Release 5、Release 6 等版本。

目前中国联通采用此种 3G 通信标准。中国联通的品牌 LOGO 如图 2-32 所示。

图 2-32　中国联通的 WCDMA 品牌 LOGO

WCDMA（宽带码分多址）是一个 ITU（国际电信联盟）标准，它是从码分多址（CDMA）演变来的，从官方看被认为是 IMT-2000 的直接扩展，与现在市场上通常提供的技术相比，它能够为移动和手提无线设备提供更高的数据速率。WCDMA 采用直接序列扩频码分多址（DS-CDMA）、频分双工（FDD）方式，码片速率为 3.84Mbit/s，载波带宽为 5MHz。基于 Release 99/ Release 4 版本，可在 5MHz 的带宽内提供最高 384kbit/s 的用户数据传输速率。WCDMA 能够支持移动/手提设备之间的语音、图像、数据以及视频通信，速率可达 2Mbit/s（对于局域网而言）或者 384kbit/s（对于宽带网而言）。输入信号先被数字化，然后在一个较宽的频谱范围内以编码的扩频模式进行传输。窄带 CDMA 使用的是 200kHz 宽度的载频，而 WCDMA 使用的则是一个 5MHz 宽度的载频。

2. WCDMA 系统的关键技术

WCDMA 是一个宽带直扩码分多址（DS-CDMA）系统，即将用户数据同由 CDMA 扩频得来的伪随机比特（称为码片）相乘从而把用户信息比特扩展到很宽的带宽上去。

WCDMA 支持两种基本的运行模式，即频分双工（FDD）和时分双工（TDD）。在 FDD 模式下，上行链路和下行链路分别使用两个独立的 5MHz 的载波，在 TDD 模式下只使用一个 5MHz 载波，这个载波在上下行链路之间分时共享。TDD 模式在很大程度上是基于 FDD 模式的概念和思想的，加入它是为了弥补 WCDMA 系统的不足，也是为了能够使用 ITU 为 IMT-2000 分配的那些不成对频谱。

（1）RAKE 接收机 在 CDMA 扩频系统中，信道带宽远远大于信道的平坦衰落带宽。不同于传统的调制技术需要用均衡算法来消除相邻符号间的码间干扰，CDMA 扩频码在选择时就要求它有很好的自相关特性。这样，在无线信道中出现的时延扩展，就可以被看作只是被传信号的再次传送。如果这些多径信号相互间的延时超过了一个码片的长度，那么它们将被 CDMA 接收机看作是非相关的噪声，而不再需要均衡了。

由于在多径信号中含有可以利用的信息，所以 CDMA 接收机可以通过合并多径信号来改善接收信号的信噪比。其实 RAKE 接收机所做的就是：通过多个相关检测器接收多径信号中的各路信号，并把它们合并在一起。

（2）分集接收原理 无线信道是随机时变信道，其中的衰落特性会降低通信系统的性能。为了对抗衰落，可以采用多种措施，比如信道编解码技术、抗衰落接收技术或者扩频技术。分集接收技术被认为是明显有效而且经济的抗衰落技术，我们知道，无线信道中接收的信号是到达接收机的多径分量的合成，如果在接收端同时获得几个不同路径的信号，将这些信号适当合并成总的接收信号，就能够大大减少衰落的影响，这就是分集的基本思路。分集的字面含义就是分散得到几个合成信号并集中（合并）这些信号，只要几个信号之间是统计独立的，那么经适当合并后就能使系统性能大大改善。

（3）信道编码 信道编码的编码对象是信源编码器输出的数字序列（信息序列）。信道编码按一定的规则给数字序列 M 增加一些多余的码元，使不具有规律性的信息序列 M 变换为具有某种规律性的数字序列 Y（码序列）。也就是说，码序列中信息序列的诸码元与多余码元之间是相关的。在接收端，信道译码器利用这种预知的编码规则来译码，或者说检验接收到的数字序列 R 是否符合既定的规则从而发现 R 中是否有错，进而纠正其中的差错。根据相关性来检测（发现）和纠正传输过程中产生的差错就是信道编码的基本思想。

（4）功率控制 强、快速功率控制是 WCDMA 最重要的方面之一，尤其是在上行链路中。如果没有它，一个功率过强的移动台就可能阻塞整个小区。WCDMA 中功率控制的解决方案是快速闭环功率控制。

（5）多用户检测技术 多用户检测技术（MUD）是通过去除小区内干扰来改进系统性能，增加系统容量。多用户检测技术还能有效缓解直扩 CDMA 系统中的远/近效应。由于信道的非正交性和不同用户的扩频码字的非正交性，导致用户间存在相互干扰，多用户检测的作用就是去除多用户之间的相互干扰。一般而言，对于上行的多用户检测，只能去除小区内各用户之间的干扰，而小区间的干扰由于缺乏必要的信息（比如相邻小区的用户情况）是难以消除的。对于下行的多用户检测，只能去除公共信道（比如导频、广播信道等）的干扰。

三、CDMA2000 移动通信系统

1. CDMA 2000 系统简介

CDMA 2000（Code Division Multiple Access 2000 的英文缩写）是一个 3G 移动通信

标准，国际电信联盟ITU的IMT-2000标准认可的无线电接口，也是2G CDMA One标准的延伸。根本的信令标准是IS-2000。CDMA2000与另一个3G标准WCDMA不兼容。

2. CDMA 2000标准的发展历程

CDMA2000标准的发展分两个阶段：CDMA2000 1X EV-DO（Data Only，采用话音分离的信道传输数据）和CDMA2000 1X EV-DV（Data and Voice），即数据信道与话音信道合一。CDMA2000也称为CDMA Multi-Carrier，由美国高通北美公司为主导提出，摩托罗拉、Lucent和后来加入的韩国三星都有参与，韩国现在成为该标准的主导者。

这套系统是从窄频CDMA One数字标准衍生出来的，可以从原有的CDMA One结构直接升级到3G，建设成本低廉。但目前使用CDMA的地区只有日、韩和北美，所以CDMA2000的支持者不如WCDMA多。不过CDMA2000的研发技术却是目前各标准中进度最快的，许多3G手机已经率先面世。

目前中国电信使用此标准。中国电信的品牌LOGO如图2-33所示。

3. CDMA2000 1X EV-DO

EVDO（EV-DO）实际上是三个单词的缩写，即Evolution（演进）、Data和Only。电信3G其全称为CDMA2000 1X EV-DO，是CDMA2000 1X演进（3G）的一条路径的一个阶段。这一路径有两个发展阶段，第一阶段叫1X EV-DO，它可以使运营商利用一个与IS-95或CDMA2000相同频宽的CDMA载频就可实现高达2.4Mbit/s的前向数据传输速率，目前已被国际电联ITU接纳为国际3G标准，并已具备商用化条件；第二阶段叫1X EV-DV，它可以在一个CDMA载频上同时支持话音和数据。2001年10月3GPP2决定以朗讯、高通等公司为主提出的L3NQS标准为框架，同时吸收摩托罗拉、诺基亚等提出的1XTREME标准的部分特点，来制定1XEV-DV标准。2002年6月，该标准最终确定下来，其可提供6Mbit/s甚至更高的数据传输速率。

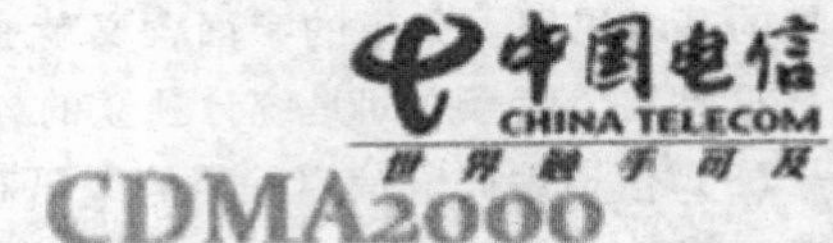

图2-33 中国电信的CDMA2000的品牌LOGO

1X EV-DO是一种针对分组数据业务进行优化的、高频谱利用率的CDMA无线通信技术，可在1.25MHz带宽内提供峰值速率达2.4Mbit/s的高速数据传输服务。这一速率甚至高于WCDMA 5MHz带宽内所能提供的数据速率。

第六节　第四代移动通信系统

一、4G技术标准

4G网络是3G网络的演进，但却并非是基于3G网络简单升级而形成的。从技术角度来说，4G网络的核心与3G网络的核心是两种完全不同的技术。3G网络主要以CDMA（Code Division Multiple Access，码分多址）为核心技术，而4G网络则是以正交频分调制（OFDM）和多入多出（MIMO）技术为核心。按照国际电信联盟的定义，静态传输速率达到 1Gbit/s，用户在高速移动状态下可以达到 100Mbit/s，就可以作为 4G 的技术之一。

目前 4G 的标准只有两个，分别为 LTE Advanced 与 WiMAX-Advanced。其中，LTE-Advanced 就是 LTE 技术的升级版，在特性方面，LTE-Advanced 向后完全兼容 LTE，其原理类似 HSPA 升级至 WCDMA 这样的关系。

而全球互通微波存取升级版（WiMAX-Advanced），即 IEEE 802.16m，是 WiMAX 的升级版，由美国 Intel 主导，接收下行与上行最高速率可达到 300Mbit/s，在静止定点接收可高达 1Gbit/s，也是电信联盟承认的 4G 标准。

4G 标准的演进过程如图 2-34 所示。

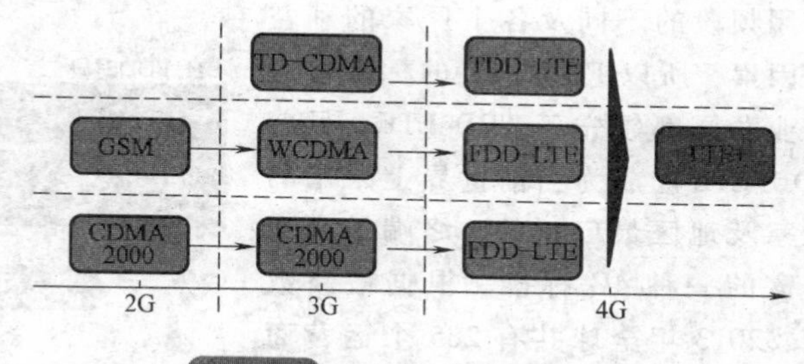

图 2-34 4G 标准的演进过程

实际上，我们目前接触的 LTE 并非真正的 4G 网络，虽然上百兆的速度远超 3G 网络，但与 ITU 提出的 1Gbit/s 的 4G 技术要求还有很大距离，因此，目前的 LTE 也经常被称为 3.9G。

LTE 根据其具体的实现细节、采用的技术手段和研发组织的差别形成了许多分支，其中主要的两大分支是 TDD-LTE 与 FDD-LTE 版本。中国移动采用的 TD-LTE 就是 TDD-LTE 版本，同时也是由中国主导研制推广的版本，而 FDD-LTE 则是由美国主导研制推广的版本。

二、4G 的双工模式

目前 4G 有两种双工模式，分别是 TDD-LTE 和 FDD-LTE。

1. TDD-LTE 工作原理

TDD-LTE（Time Division Long Term Evolution，分时长期演进，简称 TD-LTE）是由阿尔卡特-朗讯、诺基亚、西门子通信、大唐电信、华为技术、中兴通讯、中国移动等共同开发的第四代（4G）移动通信技术与标准，如图 2-35 所示。

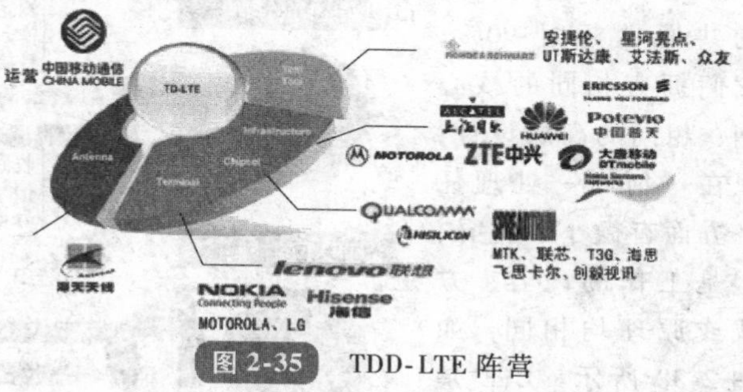

图 2-35 TDD-LTE 阵营

TDD-LTE 与 TD-SCDMA 实际上没有关系，TD-SCDMA 是 CDMA（码分多址）技术，TDD-LTE 是 OFDM（正交频分复用）技术。两者从编解码、帧格式、空口、信令，到网络架构，都不一样。

FDD 是在分离的两个对称频率信道上进行接收和发送，用保护频段来分离接收和发送信道。因此，FDD 必须采用成对的频率，依靠频率来区分上下行链路，其单方向的资源在时间上是连续的。在优势方面，FDD 在支持对称业务时，可以充分利用上下行的频谱，但在支持非对称业务时，频谱利用率将大大降低。

FDD 使用不同频谱，上下行数据同时传输，TDD 使用“信号灯”控制，上下行数据在不同时段内单向传输。FDD 及 TDD 双工方式如图 2-36 所示。

2. FDD-LTE 工作原理

FDD-LTE 中的 FDD 是频分双工的意思，是该技术支持的两种双工模式之一，应用 FDD 式的 LTE 即 FDD-LTE。由于无线技术的差异、使用频段的不同及各个厂家的利益等因素，所以 FDD-LTE 的标准化与产业发展都领先于 TDD-LTE。目前 FDD-LTE 已成为当前世界上采用的国家及地区最广泛的，终端种类最丰富的一种 4G 标准。根据最新数据，2013 年全球共有 285 个运营商在超过 93 个国家部署 FDD 4G 网络。

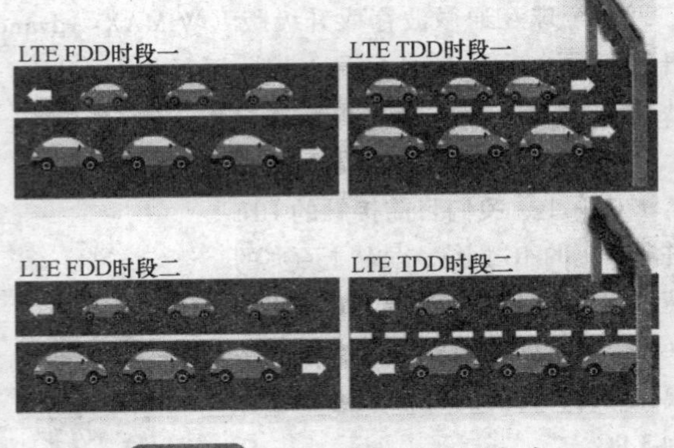

图 2-36　FDD 及 TDD 双工方式

FDD 模式的特点是在分离（上下行频率间隔 190MHz）的两个对称频率信道上，系统进行接收和传送，用保证频段来分离接收和传送信道。同时，FDD 还采用了分组交换等技术，实现高速数据业务，并可提高频谱利用率，增加系统容量。

在 TDD 方式的移动通信系统中，接收和发送使用同一频率载波的不同时隙作为信道的承载，其单方向的资源在时间上是不连续的，时间资源在两个方向上进行了分配。某个时间段由基站发送信号给移动台，另外的时间由移动台发送信号给基站，基站和移动台之间必须协同一致才能顺利工作。

TDD 及 FDD 的控制如图 2-37 所示。

3. FDD 和 TDD 的共用性

LTE FDD 和 TDD 的共通性超过 90%，它们拥有相同的核心网，相同的高层设计，只在“何时”处理任务方面有微小的差异，但是工作的内容、方式或原理均相同，如图 2-38 所示。LTE 是全球统一的标准，因此无线行业能够充分

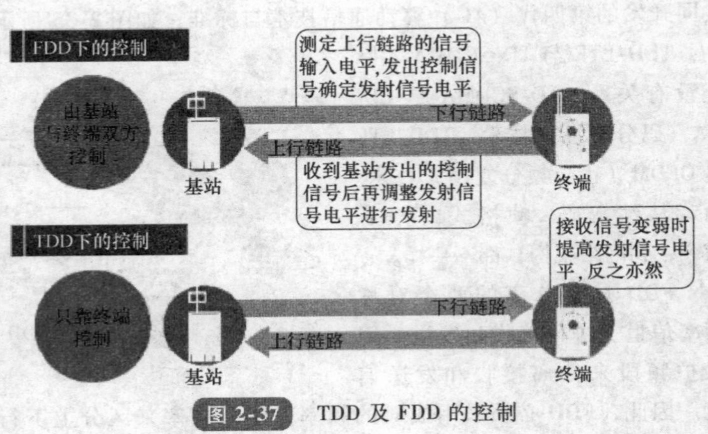

图 2-37　TDD 及 FDD 的控制

利用全球统一的庞大的 LTE 生态系统实现规模化效应，从而更低成本和高效率地打造相通的 FDD/TDD 基础设施产品和终端。

作为一种通用标准，LTE FDD 的功能和演进与 LTE TDD 相同，这种共同性使得厂商能够开发通用的 FDD/TDD 产品，并充分利用庞大且不断扩张的统一 LTE 生态系统。最初，选择 FDD 还是 TDD 纯粹取决于频谱是否可用，但可以预见的是，大多数运营商将同时部署这两种网络，以利用所有可用的频谱资源。

下行
上行
时间
FDD
FDD(下行和上行频谱不同)
下行 上行 下行 上行
时间
TDD
TDD(下行和上行频谱相同)

图 2-38　TDD 和 FDD 的微小差异

庞大的 LTE 生态系统如图 2-39 所示。

技术标准中高度共通性也使 LTE FDD 和 TDD 能共享大部分软件和硬件组件。例如，在对产业规模发展至关重要的终端芯片领域，Qualcomm 提供支持 LTE FDD 和 TDD 的多模芯片。随着 LTE FDD 和 TDD 融合网络的部署和发展，LTE 的全球市场规模将不断扩大。LTE FDD 和 TDD 设备通用性如图 2-40 所示。

图 2-39　庞大的 LTE 生态系统

LTE FDD 和 TDD 内在的紧密互通使运营商能够利用其他拥有的全部频谱资源，无论是成对频谱还是非成对频谱，通过相同的基础建设实施融合的 FDD/TDD 网络，提供两种网络覆盖和容量，如图 2-41 所示。

三、中国的 4G

目前中国有中国移动、中国联通和中国电信三大运营商，在 2013 年底，工业和信息化部分别给三家运营商颁发了 4G 牌照，下面对中国的 4G 网络制式和频谱分配进行详细的介绍。

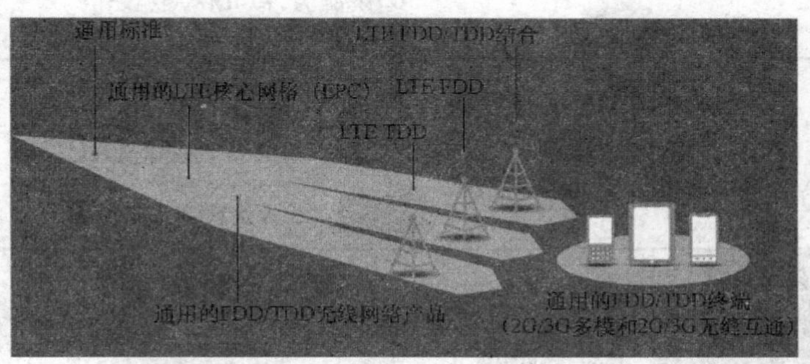

图 2-40　LTE FDD 和 TDD 设备通用性

1. 三大运营商网络制式

2013 年 12 月 4 日下午，工业和信息化部正式发放 4G 牌照，宣告我国通信行业进入 4G 时代。中国移动、中国联通和中国电信分别获得一张 TDD-LTE 牌照。与此同时，中国联通与中国电信还分别获得一张 FDD-LTE 牌照。

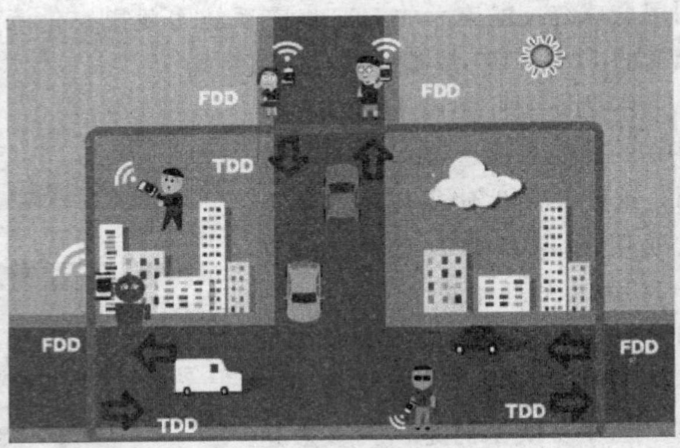

图 2-41 LTE FDD 和 TDD 基站的融合性

在三大运营商中，中国移动作为 TDD-LTE 标准的主导运营商只运营 TDD-LTE 网络，而中国联通和中国电信则采用 TDD-LTE 与 FDD-LTE 混合组网的模式。

作为国际主流 4G 标准之一，TDD-LTE 具有网速快、频谱利用率高、灵活性强的特点。TD-LTE 制式具有灵活的带宽配比，非常适合 4G 时代用户的上网浏览等非对称业务带来的数据井喷，更能充分提高频谱的利用效率。

通信业界对 4G 牌照的发放期盼已久。业界认为，4G 牌照的正式发放会对芯片、终端、设备厂商、行业应用等整个产业链产生巨大影响，改变通信运营商的运营方式，将推动宽带中国的建设，进一步促进信息消费增长。

三大运营商网络制式见表 2-4。

表 2-4 三大运营商网络制式

运营商	牌照情况	4G 品牌
中国移动通信 CHINA MOBILE	中国移动 3G 标准为 TD－SCDMA，获发 TDD 牌照	and 和
中国电信 CHINA TELECOM	3G 标准为 CDMA-2000，获发 FDD＋TDD 牌照	天翼4G
China unicom 中国联通	3G 标准为 WCDMA，获发 FDD＋TDD 牌照	沃 WO 精彩在沃

2. 三大运营商频谱分配

中国移动、中国联通和中国电信三大运营商频谱分配见表 2-5。

表 2-5 三大运营商频谱分配

运营商	中国移动通信 CHINA MOBILE	中国电信 CHINA TELECOM	China unicom 中国联通
频谱	1880-1900MHz 2320-2370MHz 2575-2635MHz	2370-2390MHz 2635-2655MHz	2635-2655MHz 2555-2575MHz

3. 4G 速率与其他网络制式对比

4G 速率与其他网络制式对比见表 2-6。

表 2-6 4G 速率与其他网络制式对比

无线蜂窝制式	GSM (EDGE)	CDMA 2000(lx)	CDMA 2000 (EVDO RA)	TDSCDMA (HSPA)	WCDMA (HSPA)	TD-LTE	FDD-LTE
下行速率	384kbps	153kbps	3.1Mbps	2.8Mbps	14.4Mbps	100Mbps	150Mbps
上行速率	118kbps	153kbps	1.8Mbps	2.2Mbps	5.76Mbps	50Mbps	40Mbps

复习思考题

1. 常见的移动通信设备有哪些?
2. 中国第一代模拟系统采用什么制式?
3. 在移动通信系统中，采用数字化的优点是什么?
4. 在数字移动通信系统中，语音编码技术有几种?
5. 在蜂窝移动通信系统中，多址方式有几种?
6. GSM 移动通信系统的基本特点是什么?
7. 请画出 GSM 系统的结构。
8. GSM 系统中，GSM850、GSM900、DCS1800 和 PCS1900 四个工作频段的收发频率范围各是多少?
9. 在 GSM 移动台中，开机、上网、待机、呼叫和关机五个过程是如何工作的。
10. WCDMA 移动通信系统的关键技术是什么?
11. 目前 4G 标准有几种?
12. 简要描述 TDD-LTE 和 FDD-LTE 的工作原理与区别。
13. 我国三大运营商的 4G 系统各采用了什么标准?
14. 画出移动电话机系统的电路结构框图，并了解其工作原理。

第三章　移动电话机基本元器件

☺知识目标

1. 熟练掌握电阻、电容、电感、二极管、晶体管和场效应晶体管的工作原理、特性、电路符号和测量方法等。

2. 掌握手机中集成电路的特点、封装和工作原理。

3. 熟练地把元器件、电路符号和实训测量结合起来，在实际维修工作中既能认识元器件，又能掌握电路基础，还能提高测量技能。

☺技能目标

1. 能够使用万用表测量电阻、电容、电感的好坏并判断其相应的标称参数。

2. 能够使用万用表测量二极管、晶体管、场效应晶体管等器件的好坏。

第一节　电工基础

一、电学的基本物理量

1. 电量

物体所带电荷数量的多少用电量来表示。电量是一个物理量，它的单位是库仑，用字母 C 表示。1C 的电量相当于物体失去或得到 6.25×10^{18} 个电子所带的电量。

2. 电流

电荷的定向移动形成电流。电流有大小，有方向。

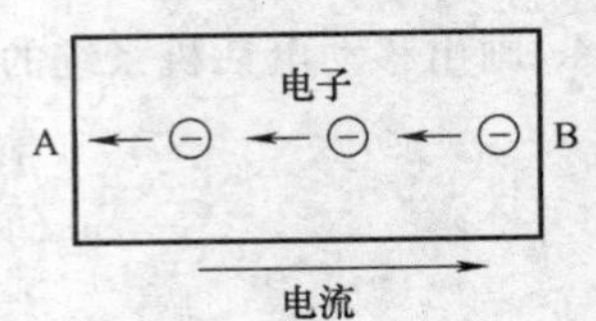

图 3-1　金属导体中的电流方向

(1) 电流的方向　人们规定正电荷定向移动的方向为电流的方向。金属导体中，电流是电子在导体内电场的作用下定向移动的结果，电子流的方向是负电荷的移动方向，与正电荷的移动方向相反，所以金属导体中电流的方向与电子流的方向相反，如图 3-1 所示。

(2) 电流的大小　电学中用电流强度来衡量电流的大小。电流强度就是 t 秒钟通过导体截面的电量。电流强度用字母 I 表示，计算公式为

$$I = \frac{Q}{t}$$

式中　I——电流强度，单位为安培（A）；

Q——在 t 秒时间内，通过导体截面的电量数，单位为库仑（C）；

t——时间，单位为秒（s）。

实际使用时，人们把电流强度简称为电流。电流的单位是安培，简称安，用字母 A 表示。如果 1 秒内通过导体截面的电量为 1 库仑，则该电流的电流强度为 1 安培，习惯简称电流为 1 安。实际应用中，除单位安培外，还有千安（kA）、毫安（mA）和微安（μA）。它们之间的关系为

$1\text{kA}=10^3\text{A}$，$1\text{A}=10^3\text{mA}$，$1\text{mA}=10^3\mu\text{A}$。

3. 电压

电压用字母 U 表示，单位为伏特，电场力将 1 库仑电荷从 a 点移到 b 点所做的功为 1 焦耳，则 ab 间的电压值就是 1 伏特。伏特简称伏，用字母 V 表示。常用的电压单位还有千伏（kV）、毫伏（mV）等。它们之间的关系为 $1\text{ kV}=10^3\text{V}$，$1\text{V}=10^3\text{mV}$。

电压与电流相似，不但有大小，而且有方向。对于负载来说，电流流入端为正端，电流流出端为负端。电压的方向是由正端指向负端，也就是说负载中电压实际方向与电流方向一致。在电路图中，用带箭头的细实线表示电压的方向。

4. 电阻

一般来说，导体对电流的阻碍作用称为电阻，用字母 R 表示。电阻的单位为欧姆，简称欧，用字母 Ω 表示。如果导体两端的电压为 1 伏，通过的电流为 1 安，则该导体的电阻就是 1 欧。常用的电阻单位还有千欧（kΩ）、兆欧（MΩ）。它们之间的关系为 $1\text{k}\Omega=10^3\Omega$，$1\text{M}\Omega=10^3\text{k}\Omega$。

二、电路

1. 电路的组成和作用

电流所流过的路径称为电路，它是由电源、负载、开关和连接导线 4 个基本部分组成的，如图 3-2 所示。电源是把非电能转换成电能并向外提供电能的装置。常见的电源有干电池、蓄电池和发电机等。负载是电路中用电器的总称，它将电能转换成其他形式的能。如电灯把电能转换成光能；电烙铁把电能转换成热能；电动机把电能转换成机械能。开关属于控制电器，用于控制电路的接通或断开。连接导线将电源和负载连接起来，担负着电能的传输和分配的任务。电路电流方向是由电源正极经负载流到电源负极，在电源内部，电流由负极流向正极，形成一个闭合通路。

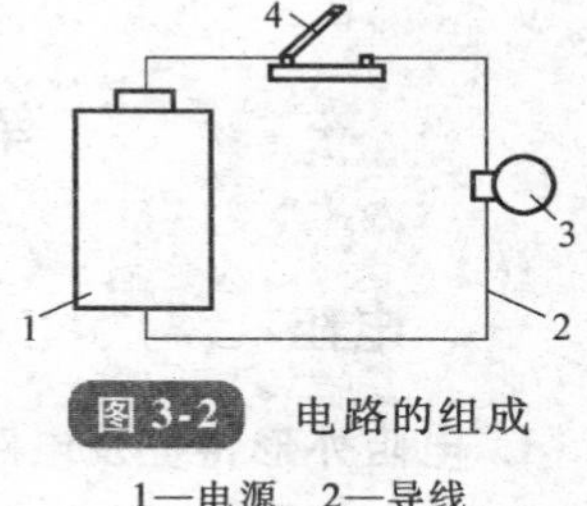

图 3-2　电路的组成

1—电源　2—导线

3—白炽灯　4—开关

2. 电路图

在设计、安装或维修各种实际电路时，经常要画出表示电路连接情况的图。如果是画如图 3-2 所示的实物连接图，虽然直观，但很麻烦。所以很少画实物图，而是画电路图。所谓电路图就是用国家统一规定的符号来表示电路连接情况的图。图 3-3 是图 3-2 的电路图。表 3-1 是几种常用的电工符号。

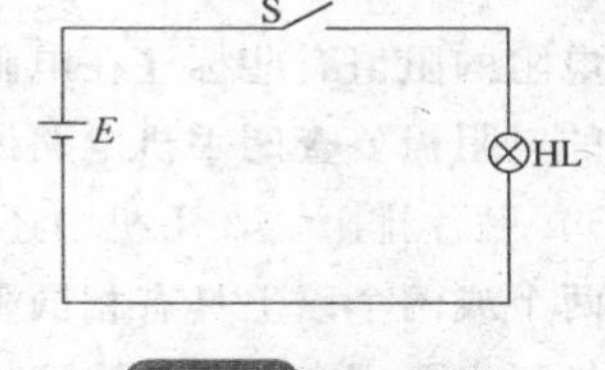

图 3-3　电路图

表 3-1 几种常用的电工符号

名称	符号	名称	符号
电池	—┤├—	电流表	—Ⓐ—
导线	——	电压表	—Ⓥ—
开关	—╱—	熔断器	—▭—
电阻	—▭—	电容	—┤├—
照明灯	—⊗—	接地	⏚

3. 电路的三种状态

电路有三种状态，即通路、开路和短路。

通路是指电路处处接通。通路也称为闭合电路，简称闭路。只有在通路的情况下，电路才有正常的工作电流；开路是电路中某处断开，没有形成通路的电路。开路也称为断路，此时电路中没有电流；短路是指电源或负载两端被导线连接在一起，分别称为电源短路或负载短路。电源短路时电源提供的电流要比通路时提供的电流大很多倍，通常是有害的，也是非常危险的，所以一般不允许电源短路。

第二节　手机的基本元件

一、电阻

1. 电阻外形特征及电路符号

手机中的贴片电阻与直插电阻的是有明显区别的，由于直插电阻不在手机中使用，所以这里我们只介绍贴片电阻的外形特征。

（1）电阻的外形特征

1）手机中的电阻。电阻是手机中应用最广的元件之一，在手机中几乎所有的电路中都有电阻的存在，如图 3-4 所示。

2）贴片电阻。贴片电阻的外形特征如图 3-5 所示。

图 3-4　手机中的电阻

电阻的阻值有些标注在电阻的表面，有些不标注，尤其是体积太小的电阻；未标注阻值的电阻需要查阅手机电路原理图或通过测量才能获得其具体阻值，如图 3-6 所示。

3）贴片排阻。在手机中还有一种电阻的组合形式叫排阻，如图 3-7 所示。排阻就是把两个或两个以上具有相同阻值的电阻组合在一起的复合电阻。

排阻主要用在数字电路的接口电路中，在 NOKIA 手机中应用最多，MTK 芯片组手

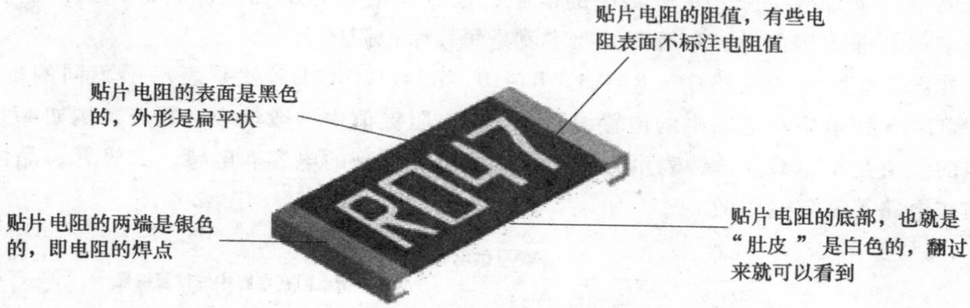

贴片电阻的阻值，有些电阻表面不标注电阻值
贴片电阻的表面是黑色的，外形是扁平状
R047
贴片电阻的两端是银色的，即电阻的焊点
贴片电阻的底部，也就是“肚皮”是白色的，翻过来就可以看到

图 3-5 贴片电阻的外形特征

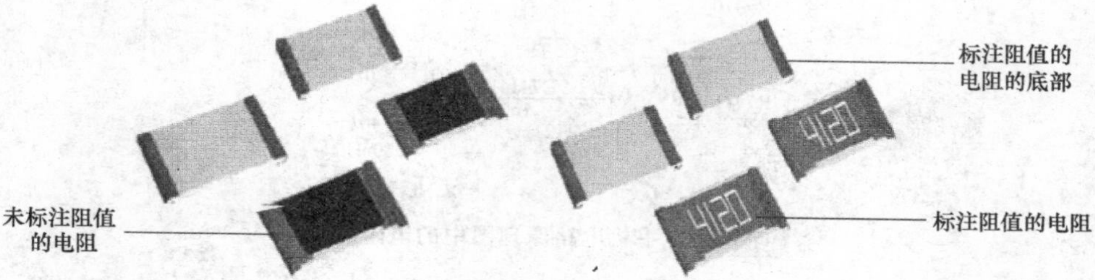

标注阻值的电阻的底部
4120
未标注阻值的电阻
4120
标注阻值的电阻

图 3-6 手机电阻的特征

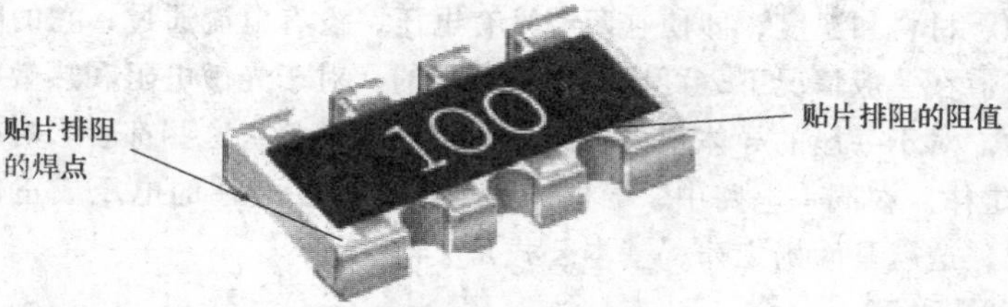

100
贴片排阻的阻值
贴片排阻的焊点

图 3-7 贴片排阻

机的电池电量检测电路中也有应用。

(2) 电阻电路符号 在手机电路图中，各种电子元件都有它们特定的表达方式，即元器件的电路符号。

1) 电阻的图形符号。电阻的图形符号通常如图 3-8 所示。图 3-8a 是国外手机电路原理图中的电阻图形符号，图3-8b是国内手机电路原理图中的电阻图形符号。注意，图 3-8a 的电阻图形符号不要与电感的图形符号相混淆。

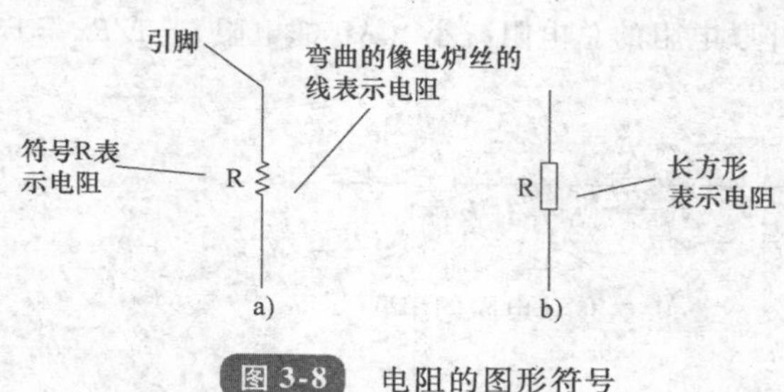

2) 手机电路原理图中的电阻符号。电阻在电路中一般用字母 R 表示，但电路中会有许多电阻，单用字母 R 不能准确地描述每一个电阻。为此，通常在

引脚
弯曲的像电炉丝的线表示电阻
符号R表示电阻
R
a)
R
长方形表示电阻
b)

图 3-8 电阻的图形符号

字母的 R 后面加数字来表示电路中的电阻，以方便对电路的描述。就好像人的名字一样，字母 R 是电阻的姓，R 后面的数字就是每一个电阻的名。

在图 3-9 所示的电路中，R7413、R7410、R7411、R7412 就是表示了不同的电阻。其中 R7413 指电阻在电路中的位置编号；R 在电阻数值中一般代表小数点，例如 47R 指电阻的阻值是 47.0Ω。这种表示方式对于后面将要讲到的电容、电感、二极管、晶体管和集成电路等都是适用的。

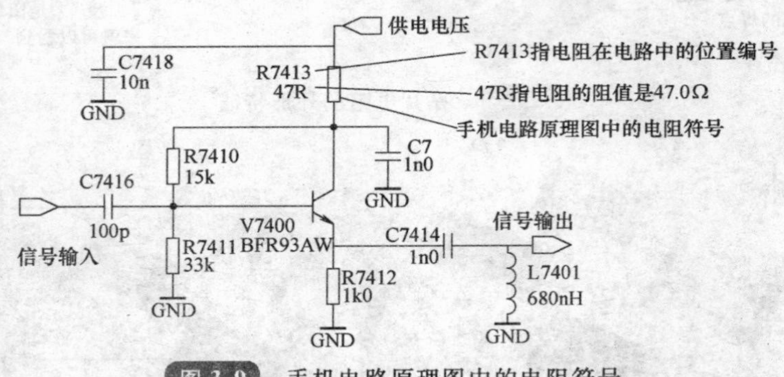

图 3-9 手机电路原理图中的电阻符号

2. 电阻的工作原理及特性

(1) 电阻的工作原理　导体的电阻是它本身的一种性质，其大小取决于导体的长度、横截面积、材料和温度，即使它两端没有电压，没有电流通过，它的阻值也是一个定值。这个定值在一般情况下，可以看作是不变的，对于光敏电阻和热敏电阻来说，电阻值是不定的。对于一般的导体来讲，还存在超导的现象，这些都会影响电阻的阻值。

1) 欧姆定律。在同一电路中，导体中的电流跟导体两端的电压成正比，跟导体的电阻值成反比，这就是欧姆定律，基本公式是 $I=U/R$。

2) 电阻的串并联。

① 电阻的串联。两个电阻首尾相接就是电阻的串联。在串联电阻电路中，经过每个电阻的电流一样，但每个电阻两端的电压不同。如图 3-10 所示，电阻串联后的总电阻增大（AB 间的电阻），即 $R_总=R_1+R_2$。

在串联电路中，流经 R_1 的电流 I_1 等于流经 R_2 的电流 I_2，等于总电流 $I_总$。

② 电阻的并联。若两个或几个电阻的连接方式是首首相连、尾尾相连，则为电阻的并联。在并联电阻电路中，每个电阻两端的电压一样，但流过每个电阻的电流一般不同。并联电阻的总电阻减小（AB 的电阻），$1/R_总=1/R_1+1/R_2$。

图 3-10 电阻的串联

图 3-11 电阻的并联

在并联电路中，流经 R_1 的电流 I_1 和流经 R_2 的电流 I_2 之和等于总电流 $I_总$，如图3-11所示。

③ 电阻的混联。在实际电路中，电阻的并联与串联有时是同时存在的，如图 3-12 所示，电阻的串并联关系是：R_2 和 R_3 并联，并联后再与 R_1、R_4 串联。

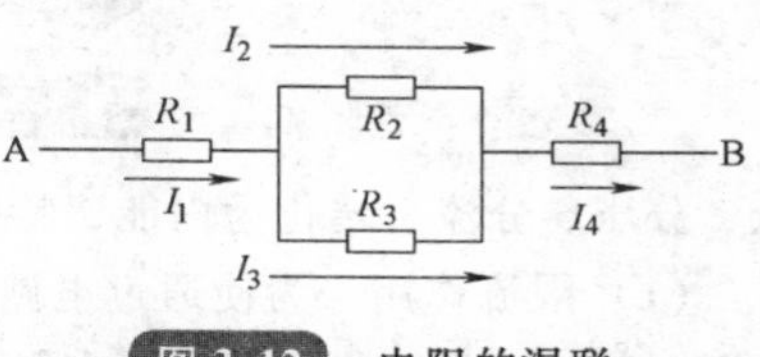

图 3-12 电阻的混联

流经 R_1 的电流 I_1 等于流经 R_4 的电流 I_4，也等于流经 R_2 的电流 I_2 与流经 R_3 的电流 I_3 之和。

(2) 电阻的特性　电阻的主要物理特性是将电能转变为热能，是一个耗能元件，电流经过它就会产生热能。当流经它的电流过大时，它会发热直至烧坏。

对信号来说，交流与直流信号都可以通过电阻，但会有一定的衰减。换句话说，电阻对交流信号和直流信号的阻碍作用是一样的。这样也方便了我们分析交直流电路中电阻的作用。

3. 电阻的单位及标注方法

(1) 电阻的单位　电阻都有一定的阻值，它代表了这个电阻对电流流动“阻力”的大小，电阻的单位是欧姆。用符号 Ω 表示，常用的还有千欧（kΩ）、兆欧（MΩ）。其换算关系是 1MΩ = 1000kΩ，1kΩ = 1000Ω。

手机电路原理图中电阻的单位标注方法如图 3-13 所示。

(2) 电阻阻值的标注方法　贴片电阻的阻值和一般电阻一样，在电阻体上标明。电阻共有三种阻值标称法，但标称方法与一般电阻器不完全一样。

在手机中一般采用数字索位标称法。

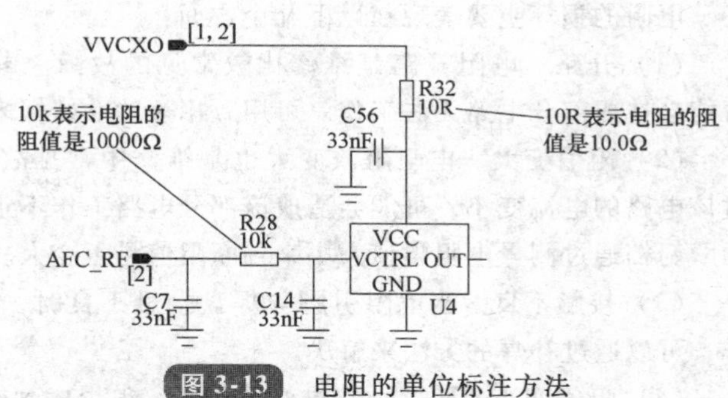

图 3-13 电阻的单位标注方法

数字索位标称法就是在电阻体上用三位数字来标明其阻值。它的第一位和第二位为有效数字，第三位表示在有效数字后面所加“0”的个数，这一位不会出现字母。

例如：“472” 表示 “4700Ω”；“151” 表示 “150Ω”。

如果是小数，则用 “R” 表示 “小数点”；用 “m” 代表单位为毫欧（mΩ）的电阻。

例如：“2R4” 表示 “2.4Ω”； “R15” 表示 “0.15Ω”； “1R00” 表示 1.00Ω；“R200” 表示 0.200Ω；“R005” 表示 5.00mΩ；“6m80” 表示 6.80mΩ。

电阻的数字索位标称法如图 3-14 所示。

4. 电阻在电路中的作用

电阻是表示导体对电流阻碍作用的大小，其在电路中的作用一般有四种，包括限

图 3-14　电阻的数字索位标称法

流、分压、分流、转化为内能，特殊的0Ω电阻还具有其独特的功能。

（1）限流作用　为使通过电路的电流不超过额定值或实际工作需要的规定值，以保证电路的正常工作，通常可在电路中串联一个小阻值的电阻。我们把这种可以限制电流大小的电阻叫作限流电阻。

（2）分压作用　一般手机电路都有额定电压值，若电源比额定电压高，则不可把电路直接接在电源上。在这种情况下，可在电路中串联一个合适阻值的电阻，让它分担一部分电压，电路便能在额定电压下工作。我们称这样的电阻为分压电阻。

（3）分流作用　当在电路的干路上需同时接入几个工作电流不同的电路时，可以在额定电流较小的电路两端并联接入一个电阻，这个电阻的作用是“分流”。

（4）将电能转化为内能的作用　电流通过电阻时，会把电能全部（或部分）转化为内能。用来把电能转化为内能的用电器叫作电热器，如电烙铁、电炉、电饭煲、取暖器等。

5. 电阻损坏故障现象

电阻的损坏主要表现在以下几个方面：

（1）开路　电阻开路是维修比较常见的故障。电阻开路后，没有电流流过电阻，可能会造成部分电路无法工作。可用万用表的欧姆档来判断电阻是否开路。

（2）阻值变大　电阻阻值变大也是维修中常见故障之一。当电阻阻值变大后，流过该电路的电流变小，可能会造成该部分电路工作不正常或者不工作，可以使用万用表的欧姆档通过测量电阻阻值大小来判断阻值是否变大。

（3）接触不良　当电阻引脚与焊盘接触不良时，会造成电路有时工作，有时不工作，可以通过补焊的方法来解决。

（4）阻值变小或短路　在维修工作中，很少碰到有电阻出现阻值变小或短路现象，阻值变小或短路的原因可能是手机进水后，有污物附着在电阻表面引起的。电阻本身几乎不可能出现阻值变小或短路现象。

6. 使用万用表测量电阻

在本部分中，如果没有特殊说明，一般以深圳胜利高电子科技有限公司生产的VC890C+数字式万用表为例进行说明。

1）将黑表笔插入“COM”插座，红表笔插入“VΩ”插座。

2）将量程开关转至相应的电阻量程上，然后将测试表笔跨接在被测电阻上。

测量方法如图3-15所示。

当所测量电阻值超过1MΩ以上时，读数需几秒才能稳定，这在测量高电阻时是正常的；当输入端开路时，则显示过载情形；测量在线电阻时，要确认被测电路所有电源已关断及所有电容都已完全放电时，才可进行。

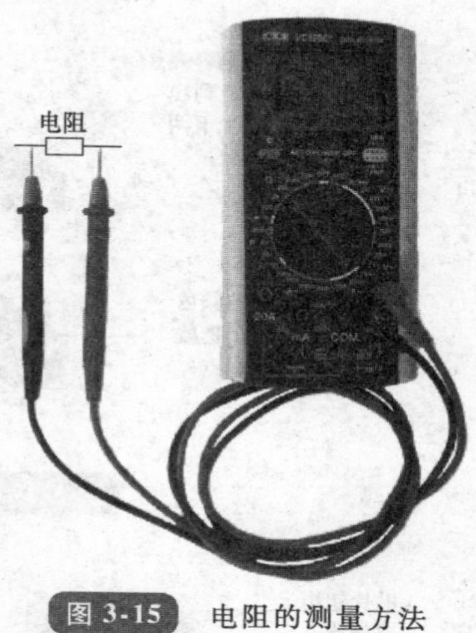

图 3-15 电阻的测量方法

二、电容

手机中的电容一般为贴片多层陶瓷电容器、贴片钽电解电容、贴片铝电解电容等。电容是电容器的简称。电容器是一种储能元件，是电子电路中不可缺少的重要元件。电容器是由两个相互靠近的金属电极板，中间夹绝缘介质构成的。在电容器的两个电极上加电压时，电容器就能存储电能。电容器广泛用于高低频电路和电源电路中，起耦合、滤波、旁路、谐振、升压、定时等作用。

1. 电容的外形特征及电路符号

手机、智能穿戴设备等便携设备中的贴片电容个头比较小，与一般便携设备中带引线的电容外形有明显的区别。

（1）电容的外形特征

1）手机中的电容。在手机中，电容的数量仅次于电阻，如图 3-16 所示。

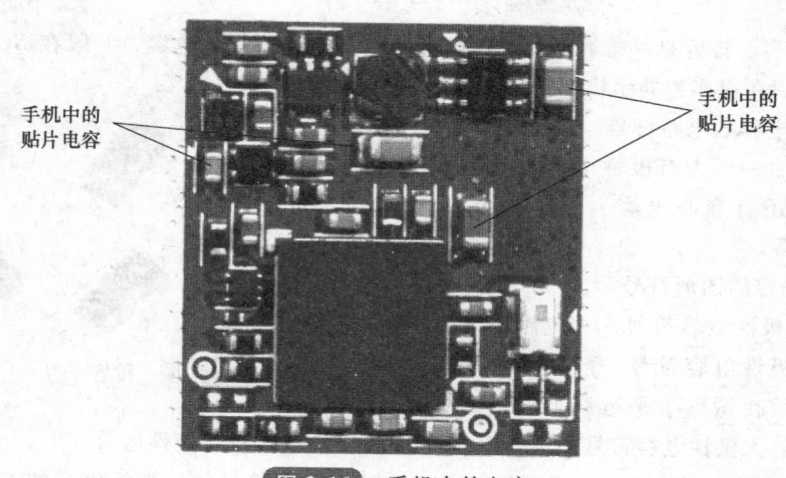

图 3-16 手机中的电容

2）电容的外形特征。

① 贴片多层陶瓷电容。贴片多层陶瓷电容是无极性电容，是手机中最常见的一种电容，是手机中使用量最多的一种，如图 3-17 所示。

② 贴片钽电解电容。贴片钽电解电容是有极性电容，其表面颜色一般为黑色或黄色，也有其他颜色的，但是不多见，贴片钽电容的表面标注了电容容量和电容耐压值，如图 3-18 所示。

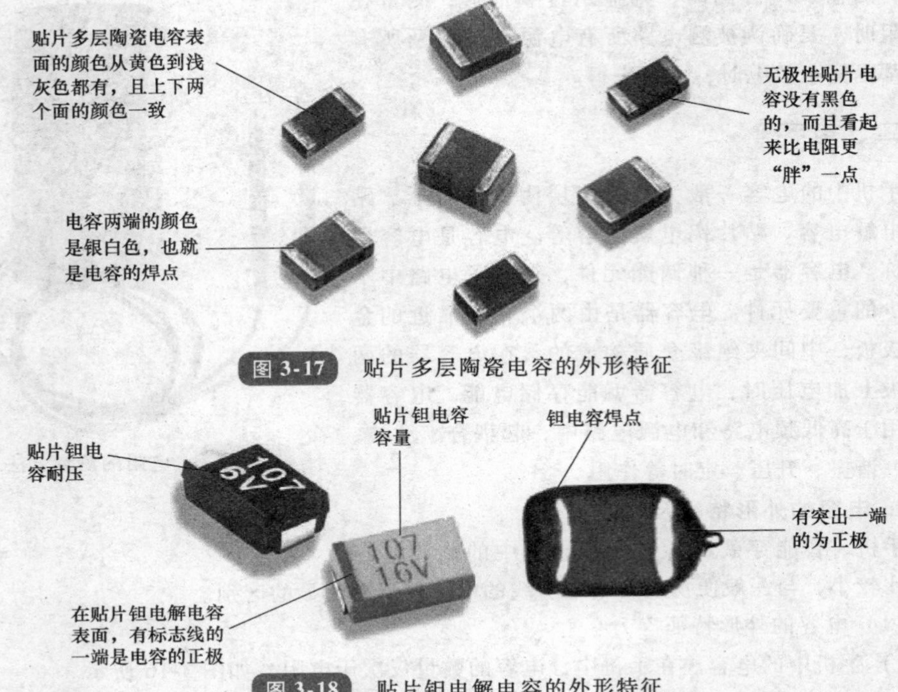

图 3-17 贴片多层陶瓷电容的外形特征

图 3-18 贴片钽电解电容的外形特征

③ 排容。排容是一排容量相同的电容制作在一起的复合电容，一般在 NOKIA 手机中多见，现在很多智能手机都常用，如图 3-19 所示。

排容焊点

图 3-19 排容

(2) 电容的电路符号　在手机中，应用较多的一般为有极性电容和无极性电容，还有穿心电容、可变电容、微调电容等。

1) 电容的图形符号。

① 无极性电容符号。在电路原理图中，无极性电容符号一般是两个平行线，然后在这两个平行线上引出两条引线来。无极性电容符号如图 3-20 所示，无极性电容没有极性区分。

② 有极性电容符号。有极性的电容中，有“+”符号的一端为电容的正极，如图 3-21 所示，在旧电容符号中，电容正极用条形框标识。

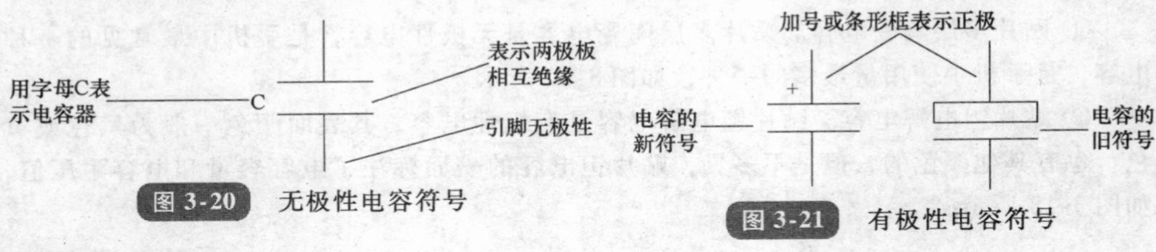

图 3-20 无极性电容符号

图 3-21 有极性电容符号

2）手机电路原理图中的电容符号。电容在电路中一般用字母“C”表示，在手机电路原理图中通常会在“C”后面加上数字表示其准确的位置，以方便对电路进行描述。

在图3-22所示的电路中，其中C621是指电容在电路中的位置编号，22p是指电容的容量是22pF，平行线两端带引线的符号是指手机电路原理图中电容的符号。

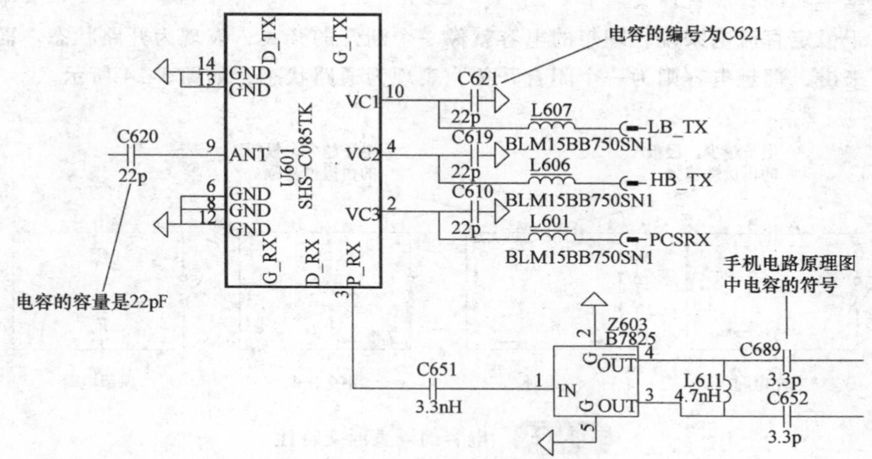

图3-22　手机电路原理图中电容的符号

2. 电容的工作原理及特性

（1）电容的工作原理　电容器是一种能存储电荷的容器，它是由两片靠得较近的金属片，中间再隔以绝缘物质而组成。

我们可以将电容理解为一个蓄水池，蓄水池越大，蓄水越多，其水位决定其压力，水源流入时大时小（波动），不会影响用水的稳定性。如果用水量大于水源，蓄水池没有水了，其流量和水源流入一样（波动）。所以电解电容起到“蓄水”作用。电容可以看成一个“大水塘”，其标称电压就相当于蓄水的水位对底部的压强。电容器容量的大小，就相当于蓄水的容积。

（2）电容的串并联　在电路中，电容也有串联与并联，两个电容首尾相接就是串联，两个电容首首连接、尾尾连接则是并联，如图3-23所示。

但电容的串/并联与电阻的串/并联不同：电容的串联使电容的总电容减少，并联使总电容增大。

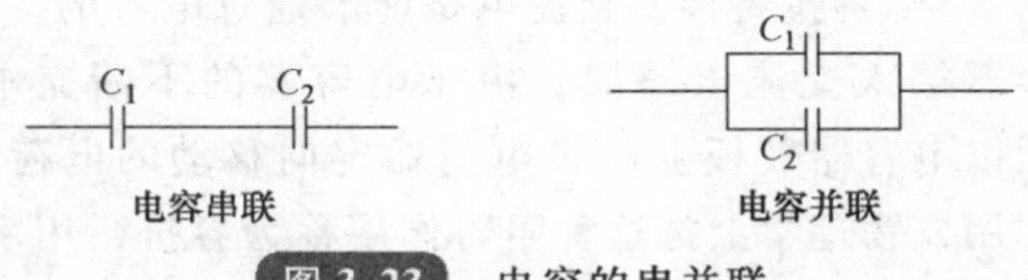

图3-23　电容的串并联

电容器并联时，相当于电极的面积加大，电容量也就加大了。并联时的总容量为各电容量之和，即 $C_{并} = C_1 + C_2 + C_3 + \cdots\cdots$ 电容并联时，耐压值取决于耐压最小的电容，这个有点类似于木桶原理。一个木桶能盛多少水，不取决于最长的那块木板，而是由最短的木板决定。

电容串联时，相当于电容极板距离变长，电容容量减少，串联时电容总容量为各电容倒数之和，即 $C_{串} = 1/C_1 + 1/C_2 + 1/C_3$……电容串联时，耐压值相当于所有电容耐压值之和。

(3) 电容的特性

1) 隔直通交特性。电容的电路符号很形象，是两块相互绝缘的平行板，这也表明了它的基本功能：隔直通交。

对于恒定直流电来说，理想的电容就像一个断开的开关，表现为开路状态。而对于交流电来讲，理想电容则为一个闭合开关，表现为通路状态，如图 3-24 所示。

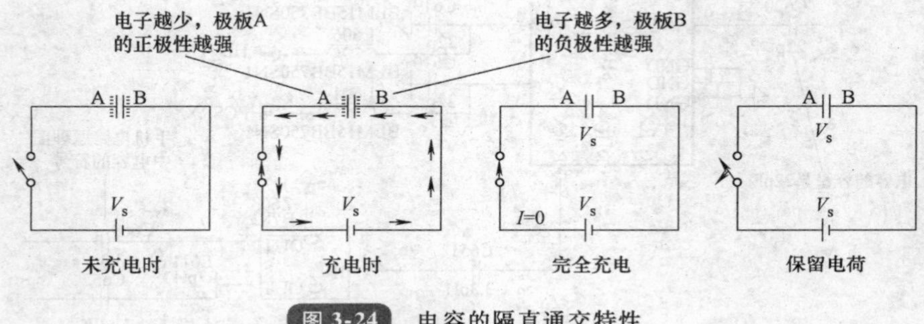

图 3-24 电容的隔直通交特性

在图 3-24 中，详细描述了直流电受电容阻挡的原因。事实上，电容并非立刻将直流电阻隔，当电路刚接通时，电路中会产生一个极大的电流值，然后随着电容不断充电，极板电压逐渐增强，电路中的电流不断减小，最终电容电压和电源电压相等且反向，从而达到和电源平衡的状态。

这里有很关键的一点需要明确，无论是直流还是交流环境，理想的电容内部是不会有任何电荷（电流）通过的。只是两极板电荷量对比发生了变化，才产生电场。

2) 储能特性。把电容器的两个电极分别接在电源的正、负极上，之后即使把电源断开，两个引脚间仍然会有残留电压（可以用万用表观察），此时电容器存储了电荷。电容器极板间建立电压，积蓄电能，这个过程称为电容器的充电。充好电的电容器两端有一定的电压。电容器存储的电荷向电路释放的过程，称为电容器的放电。电容的储能特性如图 3-25 所示。

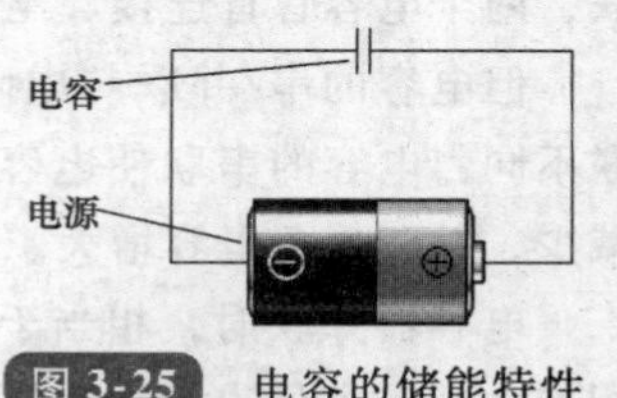

图 3-25 电容的储能特性

3) 容抗特性。交流电是能够通过电容的，但是将电容器接入交流电路时，由于电容器的不断充电、放电，所以电容器极板上所带电荷对定向移动的电荷具有阻碍作用，物理学上把这种阻碍作用称为容抗，用字母 X_C 表示。电容对交流电的阻碍作用叫作容抗。

电容量大，交流电容易通过电容，说明电容量大，电容的阻碍作用小，信号通过电容后，其幅度会发生变化，即电容输出端的信号幅度比输入端的小。

交流电的频率高，交流电也容易通过电容，说明频率高，电容的阻碍作用也小。电容的容抗随信号频率的升高而减小，随信号频率的降低而增大，对于交流信号，频率高的信号比频率低的信号更容易通过电容到其他电路中去。

3. 电容的单位及容量标注方法

（1）电容的单位　电容的符号是 C，在国际单位制里，电容的单位是法拉，简称法，符号是 F，常用的电容单位有毫法（mF）、微法（μF）、纳法（nF）和皮法（pF）（皮法曾称为微微法）等。

换算关系是：1 法拉（F）= 1000 毫法（mF）= 1000000 微法（μF），1 微法（μF）= 1000 纳法（nF）= 1000000 皮法（pF）。

（2）电容容量标注方法

1）直标法。用数字和单位符号直接标出。如 10μF 表示 10 微法，有些电容用“R”表示小数点，如 R47 表示 0.47 微法。在图 3-26 所示贴片铝电解电容上，22 表示 22μF。

2）文字符号法。用数字和文字符号有规律的组合来表示容量。如 p10 表示 0.1pF，1p0 表示 1pF，6p8 表示 6.8pF，2μ2 表示 2.2μF。

3）数学计数法。如图 3-27 所示贴片钽电容，标值 107，容量为 10 × 10000000pF = 100μF；如果标值 473，即 47 × 1000pF = 0.047μF（后面的 7 和 3，都表示 10 的多少次方）；又如：标值 332，即 33 × 100pF = 3300pF。

图 3-26　直标法

107
6V
表示10×10000000pF，
107=100μF

图 3-27　数学计数法

4. 电容在电路中的作用

电容在手机电路中具有隔直通交、通高频阻低频的特性，广泛应用在耦合、隔直、旁路、滤波、调谐、能量转换和自动控制等。

（1）滤波电容　它接在直流电压的正负极之间，以滤除直流电源中不需要的交流成分，使直流电平滑，通常采用大容量的电解电容，也可以在电路中同时并联其他类型的小容量电容以滤除高频交流电。在智能手机中，滤波电容主要应用于电源管理电路、供电电路等。

（2）退耦电容　所谓退耦，即防止前后电路电流大小变化时，在供电电路中所形成的电流冲动对电路的正常工作产生影响。换言之，退耦电路能够有效地消除电路之间的寄生耦合。

退耦电容并联于放大电路的电源正负极之间，防止由电源内阻形成的正反馈而引起的寄生振荡。退耦电容的取值通常为 47 ~ 200μF，退耦压差越大，电容的取值应越大。所谓退耦压差是指前后电路网络工作电压之差。

在手机的功放电路中，供电引脚都接有大容量的退耦滤波电容，这个电容的作用是用来稳定功放的供电电压，可以大大减小负载等的波动对电源的影响。退耦电容多采用贴片钽电容和贴片铝电解电容。

（3）旁路电容　旁路是指给信号中的某些有害部分提供一条低阻抗的通路。在交直流信号的电路中，将电容并联在电阻两端或由电路的某点跨接到公共电位上，为交流信号或脉冲信号设置一条通路，避免交流信号成分因通过电阻产生压降衰减。

电源中高频干扰是典型的无用成分，需要将其在进入下一级电路之前滤除掉，一般我们采用电容达到该目的。用于该目的的电容就是旁路电容，它利用了电容的频率阻抗特性（理想电容的频率特性随频率的升高，阻抗降低），可以看出旁路电容主要针对高频干扰（高是相对的，一般认为20MHz以上为高频干扰，20MHz以下为低频纹波）。

（4）耦合电容　在交流信号处理电路中，用于连接信号源和信号处理电路或者作为两放大器的级间连接，用于隔断直流，让交流信号或脉冲信号通过，使前后级放大电路的直流工作点互不影响。

在智能手机中，以上四种用途是最常见的，除此之外，电容在电路中还有调谐、补偿、中和、稳频、反馈等作用。

5. 电容损坏故障分析

在手机中，电容的使用数量仅次于电阻，电容的损坏根据使用电路的不同而表现出不同的故障。电容损坏的特征主要表现在以下几个方面。

（1）击穿　电容击穿后会造成电路无法工作，这种情况主要表现在贴片多层陶瓷电容中；如果是滤波电容击穿还会造成电路短路，引起整机大电流，这种情况主要表现在贴片铝电解电容和贴片钽电解电容中。

（2）漏电　电容漏电会引起电路工作不正常，造成电路工作电流增大。贴片铝电解电容的漏电情况较多，如果漏电太大就是故障了，贴片铝电解电容漏电后，电容仍能起一些作用；贴片钽电解电容漏电会影响电路的正常工作，严重时会烧坏电路的其他元件；而贴片多层陶瓷电容则很少出现漏电问题。

（3）容量减小　不同电路的电容容量减小后引起的问题不同，滤波电容容量减小后会造成电路交流波纹增大，耦合电容容量减小后会造成信号在传输过程中衰减。

（4）开路　电容开路后，则已经不起到作用了。如果是滤波电容开路，会造成电路交流波纹增大很多，耦合电容开路后会造成信号无法传送到下一级电路中。

在使用烙铁焊接贴片多层陶瓷电容的时候，尽量不要用电烙铁去接触贴片电容的中间部分，只接触两端有焊锡的部分，虽然贴片电容能耐高温，但瞬间高温有时会造成贴片电容断裂。

6. 使用万用表测量电容

1）将红表笔插入“COM”插座，黑表笔插入“mA”插座。注意，这时候黑表笔不能继续插在“VΩ”插座上。

2）将量程开关转至相应电容量程上，表笔对应极性（注意红表笔极性为“+”极）接入被测电容。测量方法如图3-28所示。

在测试电容前，屏幕显示值可能尚未回到零，残留读数会逐渐减小，但可以不予理会，它不会影响测量的准确度；用大电容档测量严重漏电或击穿电容时，将显示一些数值且不稳定；请在测试电容容量之前，必须对电容充分放电，以防止损坏仪表。

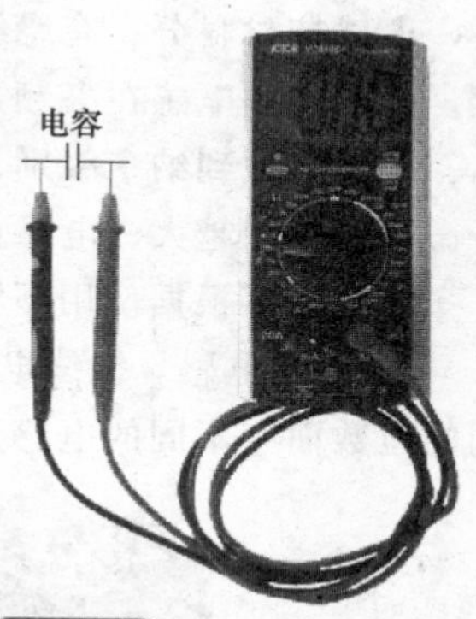

图 3-28 电容的测量方法

三、电感

当线圈通过电流后，在线圈中形成磁场感应，感应磁场又会产生感应电流来抵制通过线圈中的电流。把这种电流与线圈的相互作用关系称为电的感抗，也就是电感，单位是亨利（H）。利用此性质制成的电感元件叫作电感器，简称电感。

手机中的电感主要应用在电源电路和升压电路中，在射频电路、音频电路也有应用。手机中的电感主要为贴片电感，也称为片式电感器。

1. 电感的外形特征及电路符号

电感是用绝缘导线（例如漆包线、纱包线等）绕制而成的电磁感应元件，也是智能手机中常用的元件之一。

（1）电感的外形特征

1）手机中的电感。在智能手机中，电感的应用也比较广泛，如图 3-29 所示。

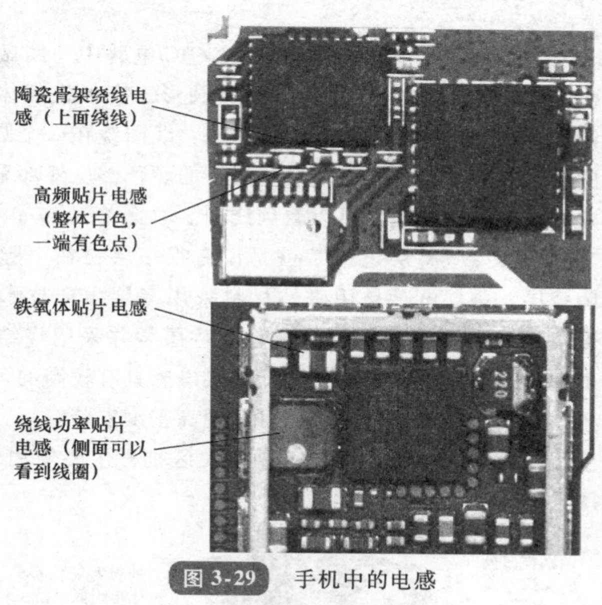

图 3-29 手机中的电感

2）电感的外形特征。在手机中，电感的外形特征不同，差别也较大，手机中的电感一般有两个引脚，贴片电感没有正负极性之分，可以互换使用。

电感按材料分，有绕线电感、叠层电感（又分为铁氧体和陶瓷体两种）和薄膜电感。叠层陶瓷电感在高频应用中有最好的高频特性。但陶瓷体电感的电感量做不到很高，一般只做到纳亨级别，与贴片积层式铁氧体电感形成互补，积层铁氧体可以做到几千微亨，体积越大，电感量越大。

绕线电感根据使用环境可分为小功率贴片电感和大功率贴片电感。

① 绕线电感。绕线电感是用漆包线绕在骨架上做成的，根据不同的骨架材料、不同的匝数而有不同的电感量及 Q 值。它有三种外形，如图 3-30 所示。

塑封绕线电感

陶瓷（铁氧体）骨架绕线电感

功率电感

图 3-30　绕线电感的外形

a. 塑封绕线电感的内部有骨架绕线，外部有磁性材料屏蔽，是经塑料模压封装的电感。主要应用在手机的低频电路中。主要特征是：外部有塑封的黑色材料，内部用线圈绕制而成，两端有引线。

b. 陶瓷（铁氧体）骨架绕线电感是用长方形骨架绕线而成（骨架有陶瓷骨架或铁氧体骨架）的电感，两端头供焊接用。主要特征是：外部或侧面能看到绕制的线圈，两端无引线。

c. 功率电感都是绕线型的，主要用于电源、DC/DC 电路中，用做储能器件或大电流 LC 滤波器件（降低噪声电压输出）。它由方形或圆形工字形铁氧体为骨架，采用不同直径的漆包线绕制成。功率电感的主要外形特征是：线圈绕在一个圆形的或方形的磁心上，屏蔽式电感的颜色一般为黑色，是铁氧体磁心的颜色，从外部看不到线圈。有些大功率贴片电感是非屏蔽式的，从侧面可以看到线圈。

② 叠层电感。顾名思义，“叠层电感”就是说有很多层叠在一起，这些“层”一般是铁氧体层或者陶瓷层。叠层电感是用磁性材料采用多层生产技术制成的无绕线电感。它采用铁氧体膏浆（或陶瓷层）及导电膏浆交替层叠并采用烧结工艺形成整体单片结构，有封闭的磁回路，所以有磁屏蔽作用。叠层电感具有较高的可靠性，由于有良好的磁屏蔽，无电感器之间的交叉耦合，所以可实现高密度安装。

铁氧体叠层电感和陶瓷叠层电感在外形上无太大区别，主要使用于电源管理电路。常见的叠层电感如图 3-31 所示。

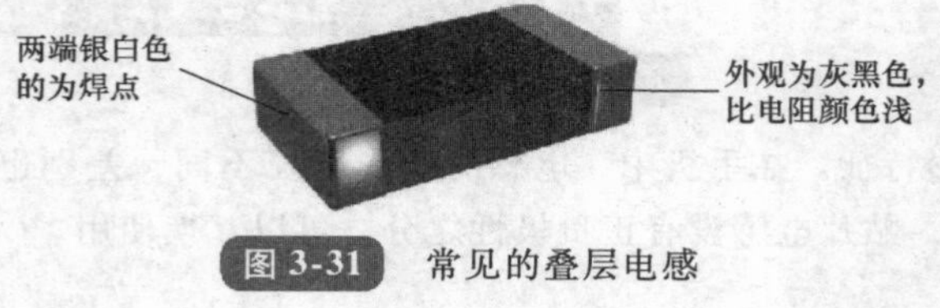

图 3-31　常见的叠层电感

③ 薄膜电感。薄膜电感是在陶瓷基片上采用精密薄膜多层工艺技术制成的，具有高精度且寄生电容极小等特点，如图 3-32 所示。

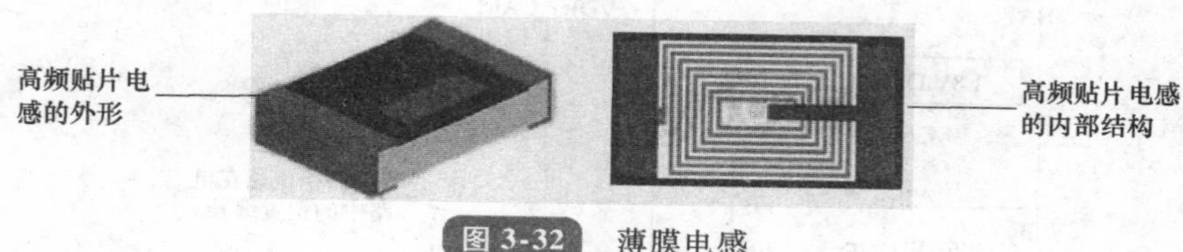

图 3-32 薄膜电感

薄膜电感主要应用在手机射频电路中，贴片电感的主要外形特征：两端银白色是焊点，中间白色，有一端有一个色点，有的中间部分是绿色，有的中间部分是蓝色，它们的外形类似电阻和电容，但仔细观察还是有明显的区别。

3）印制电感（微带线）。智能手机中的印制电感（微带线）不是一个独立的元件，是在制作电路板时，利用高频信号的特性，在弯曲导线（铜箔）之间的距离形成一个电感或互感耦合器，起到滤波、耦合的作用。

印制电感（微带线）一般有两个方面的作用：一是它把高频信号能进行较有效的传输；二是与其他固体器件如电感、电容等构成一个匹配网络，使信号输出端与负载很好地匹配。印制电感如图 3-33 所示。

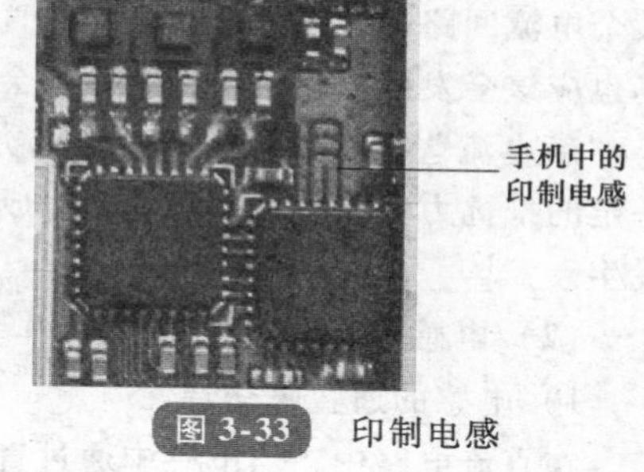

图 3-33 印制电感

（2）电感的电路符号　在智能手机中，电感的电路符号有多种画法，下面具体针对不同情况进行说明。

1）电感的图形符号。在电路原理图中，电感符号是一个用导线绕制成的线圈，注意与电阻符号的区别。图 3-34 是手机电路图中常见电感的图形符号。

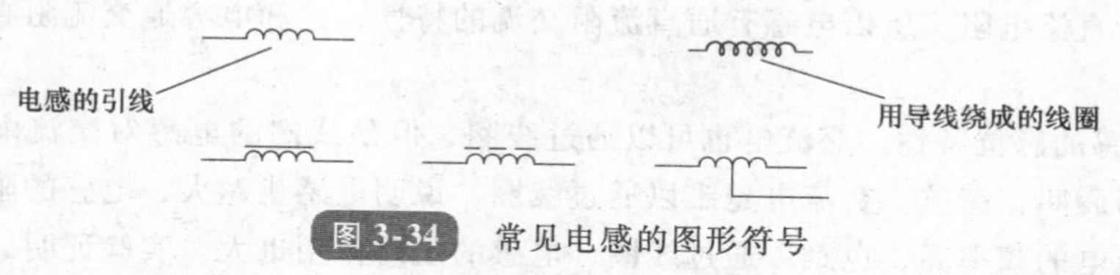

图 3-34 常见电感的图形符号

2）手机电路原理图中的电感符号。电感在电路中一般用字母“L”表示，但电路中会有许多电感，单用字母“L”不能准确地描述每一个电感。为此，通常在字母的“L”后面加数字来表示电路中的电感，以方便对电路进行描述。

在图 3-35 所示的电路中，其中 L3303 是指电感在电路中的位置编号，2μ2H 是指电感的感值为 2.2μH，绕成线圈的符号是指手机电路原理图中电感的符号。

2. 电感的工作原理及特性

（1）电感的工作原理　我们知道，电生磁、磁生电，两者相辅相成。当一根导线

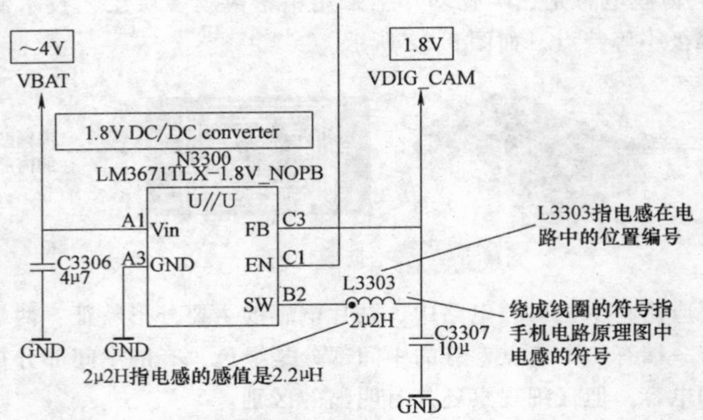

图 3-35　手机电路原理图中电感的符号

中拥有恒定电流流过时，总会在导线四周激起恒定的磁场。当把这根导线都弯曲成为螺旋线圈时，应用电磁感应定律，就能断定螺旋线圈中发生了磁场，将这个螺旋线圈放在某个电流回路中，当这个回路中的直流电变化时（如从小到大或许相反），电感中的磁场也应该会发生变化，变化的磁场会带来变化的“新电流”，由电磁感应定律可知，这个“新电流”一定和原来的直流电方向相反，从而在短时刻内关于直流电的变化构成一定的抵抗力。只是，一旦变化完成，电流稳定，磁场也不再变化，则不再有任何障碍发生。

（2）电感的特性

1）电感的通直隔交特性

在直流电路中，当电感中通过直流电时，由于电感本身电阻很小，几乎可以忽略不计，所以电感对直流电相当于短路。

在交流电路中，由于电压、电流随时间变化，所以电感元件中的磁场不断变化，引起感应电动势，电感对交流电起着阻碍的作用，阻碍交流电的是电感的感抗，感抗远大于电感器的直流电阻，所以电感有通直流阻交流的特性，这和电容通交流阻直流的特性正好相反。

2）电感的感抗特性。交流电也可以通过线圈，但是线圈的电感对交流电有阻碍作用，这个阻碍叫作感抗。交流电越难以通过线圈，说明电感量越大，电感的阻碍作用就越大；交流电的频率高，也难以通过线圈，电感的阻碍作用也大。实验证明，感抗和电感成正比，和频率也成正比。

当交流电通过电感线圈的电路时，电路中产生自感电动势，阻碍电流的改变，形成了感抗。自感系数越大则自感电动势也越大，感抗也就越大。如果交流电频率大则电流的变化率也大，那么自感电动势也必然增大，所以感抗也随交流电的频率增大而增大。交流电中的感抗和交流电的频率、电感线圈的自感系数成正比。在实际应用中，电感起着“阻交，通直”的作用，因而在交流电路中常应用感抗的特性来通低频及直流电，阻止高频交流电。

3. 电感的单位及容量标注方法

（1）电感的单位　电感量也称为自感系数，是表示电感器产生自感应能力的一个物理量。

电感器电感量的大小，主要取决于线圈的圈数（匝数）、绕制方式、有无磁心及磁心的材料等。通常，线圈圈数越多，绕制的线圈越密集，电感量就越大。有磁心的线圈比无磁心的线圈电感量大；磁心磁导率越大的线圈，电感量也越大。

电感量的基本单位是亨利（简称亨），用字母“H”表示。常用的单位还有毫亨（mH）和微亨（μH），由于H太大，通常用毫亨（mH）和微亨（μH）表示。

电感的换算关系是：1亨（H）=1000毫亨（mH），1毫亨（mH）=1000微亨（μH），1微亨（μH）=1000纳亨（nH），1纳亨（nH）=1000皮亨（pH）。

（2）电感量的标注方法　贴片电感采用以下两种标注方法：

1）部分纳亨（nH）级的电感一般直接注明，用N或R表示小数点，如10N、47N分别表示10nH、47nH，4N7或4R7均表示4.7nH。

三位数字与一位字母。前两位数字代表电感量的有效数字，第三位数字代表零的个数，单位是nH，不足10nH的用N或R表示小数点，第四位字母代表误差。

2）有些功率电感上直接标注数字，例如220，表示220μH。

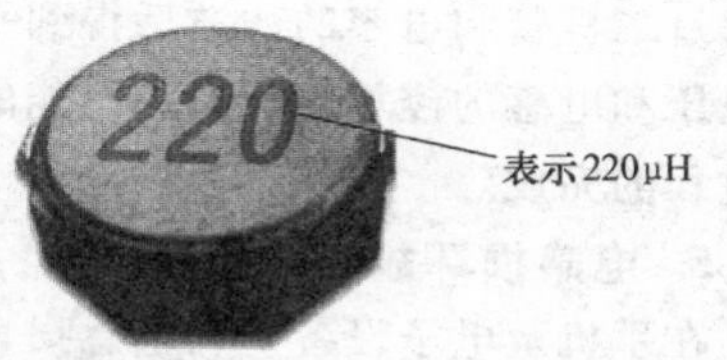

图3-36　贴片电感的标注方法

贴片电感的标注方法实例如图3-36所示。

4. 电感在电路中的作用

电感在手机电路中主要有滤波、振荡、抗干扰、升压等作用，一般要和其他元件配合使用。

（1）滤波电感　电感在电路中最常见的作用就是与电容一起组成LC滤波电路。我们已经知道，电容具有“阻直流，通交流”的功能，而电感则有“通直流，阻交流”的功能。如果将伴有许多干扰信号的直流电通过LC滤波电路，那么交流干扰信号将被电容变成热能消耗掉；变得比较纯净的直流电流通过电感时，其中的交流干扰信号也被变成磁感和热能，频率较高的最容易被电感阻抗，这就可以抑制较高频率的干扰信号。

（2）振荡电感　整流是把交流电变成直流电的过程，那么振荡就是把直流电变成交流电的过程，我们把完成这一过程的电路叫作振荡电路。

振荡电感主要用于高频电路，与电容及晶体管或集成电路组成一个谐振回路，即电路的固有振荡频率f_0与非交流信号的频率f相等，起到一个选频的作用。谐振时电路的感抗与容抗等值且反向，回路总电流的感抗最小，电流量最大（即$f=f_0$的交流信号），LC（电感、电容）谐振电路具有选择频率的作用，能将某一频率f的交流信号选择出来或直接电路振荡，将一个低频信号与振荡信号互相调制，然后通过高频放大器将调制的信号发射出去。

(3) 抗干扰电感　抗干扰电感主要抑制电磁波干扰，典型应用于电源电路及信号处理，如磁环电感、共模电感等。

在声音信号输出电路输入处接入共模电感或磁环电感后再接受话器或扬声器。磁环在不同的频率下有不同的阻抗特性。在低频时阻抗很小，当信号频率升高后磁环的阻抗急剧变大。信号频率越高，越容易辐射出去，有的信号线是没有屏蔽层的，这些信号线就成了很好的天线，接收周围环境中各种杂乱的高频信号，而这些信号叠加在传输的信号上，就会改变传输的有用信号，严重干扰手机的正常工作。在磁环作用下，即使正常有用的信号能顺利地通过，又能很好地抑制高频干扰信号，而且成本低廉。

(4) 升压电感　升压电感主要应用在使用电感的 DC/DC（就是指直流转直流电源）升压电路中，在升压电路中，升压电感是将电能和磁场能相互转换的能量转换器件。当绝缘栅型场效应晶体管（MOS）闭合后，电感将电能转换为磁场能存储起来，当 MOS 断开后电感将存储的磁场能转换为电场能，且这个能量在和输入电源电压叠加后通过二极管和电容的滤波后得到平滑的直流电压提供给负载，由于这个电压是输入电源电压和电感的磁场能转换为电能的叠加后形成的，所以输出电压高于输入电压，即升压过程的完成。

5. 电感损坏故障分析

在手机及电子设备中，电感损坏后表现出来的情况各不相同，下面具体描述电感出现问题后的表现。

(1) 开路　在直流电路中，当电感开路后，电路的直流通路就会中断，负载因无供电将停止工作。在 LC 振荡电路中，电感开路将会破坏谐振电路的工作，从而造成无振荡信号输出而出现故障。

(2) 电感量不正常　当电感出现电感量不正常时，对电源电路的影响不是很大，但是对 LC 谐振回路的影响较大。在谐振回路中，电感量决定了振荡频率的高低，如果电感量不正常将会影响谐振回路的信号输出。

(3) 短路、漏电　电感虽然出现短路、漏电的情况较少，但是一旦出现后则很难检修，短路、电感漏电主要表现在匝间短路。当匝间短路后就会出现漏感增加，电感量减少，有时会引起电感发热现象。

6. 用万用表测量电感

在手机电路中，电感若是损坏，则通常是电感开路，在手机中电感器主要用在射频电路中，LCD 背光升压电路和电源供电电路中也有应用。

用数字式万用表测量电感的方法：将万用表档位调节到“二极管｜蜂鸣器”档位上，用万用表表笔接被测电感，如果蜂鸣器发出声音，说明电感没有开路，如图 3-37 所示。

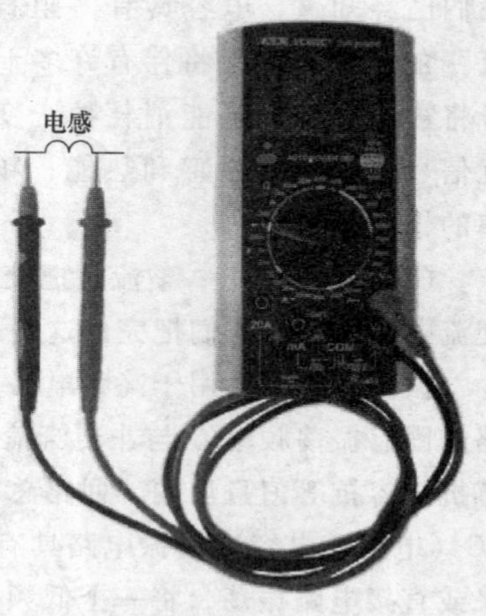

图 3-37　电感的测量

第三节 半导体器件

手机中的半导体器件，主要包括二极管、晶体管、场效应晶体管、LDO器件等。

随着手机集成化程度的提高，在手机中，会很少看到二极管、晶体管。在集成电路的外围部分，只有少数的二极管、晶体管和场效应晶体管。

一、二极管

1. 二极管的外形特征及电路符号

(1) 二极管的外形特征 在手机中，二极管的应用较多，而且外形也有较大的差异。

1) 手机中的二极管。手机中常见二极管外形如图3-38所示。

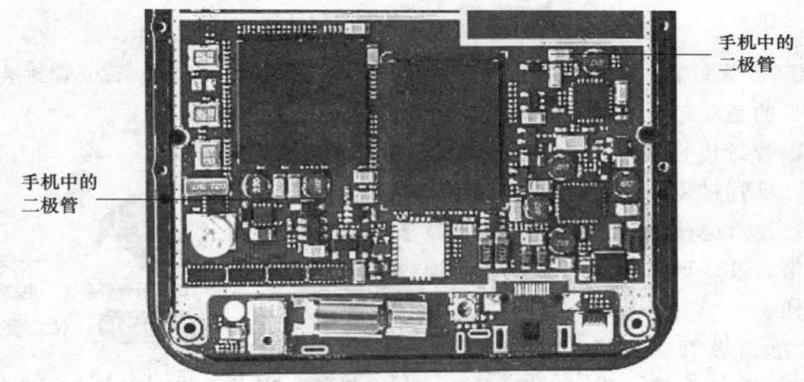

图3-38 手机中常见二极管外形

2) 二极管的外形特征。在手机中，二极管有多种外形，按照制造材料划分可分为塑封二极管、玻封二极管、金属封装二极管。由于玻封二极管、金属封装二极管体积大，在手机及便携设备中很少使用了，目前在手机中使用最多的就是塑封二极管。

① 二极管的极性。二极管是有极性的，分为正极和负极，如图3-39所示。

图3-39 手机中二极管的极性

通过图3-39可以看出，在这三个二极管上，都有一个明显的特征，就是一端有一个明显的特征，有的是一个竖线，有的是一个圆环，还有的是一个色点。一般来说，有标识的一端就是二极管的负极。

② 二极管的引脚。在手机中，贴片二极管分为有引脚封装和无引脚封装两种。

有引脚封装的贴片二极管有三种结构，即引脚向外延伸、引脚向下凹在底部和轴向型引脚。内凹形引脚的贴片二极管一定要与贴片钽电容的外形区分开，它们的外形和颜色非常接近。

无引脚封装的贴片二极管两端无引脚，外形类似贴片电阻，一端有一个明显的色点。

二极管引脚外形如图 3-40 所示。

图 3-40 二极管引脚外形

③ 双二极管封装。在智能手机中，为了缩小主板面积，将多个二极管封装在一起，一般最常见的是双二极管封装。

双二极管封装的芯片，一般会引出 3 个引脚，如图 3-41 所示。

除双二极管封装外，还有 3 个、4 个、5 个二极管封装在一起的。注意这种封装形式与晶体管及场效应晶体管的区别，如果通过外形无法进行区分，可通过测量或查阅手机原理图样。

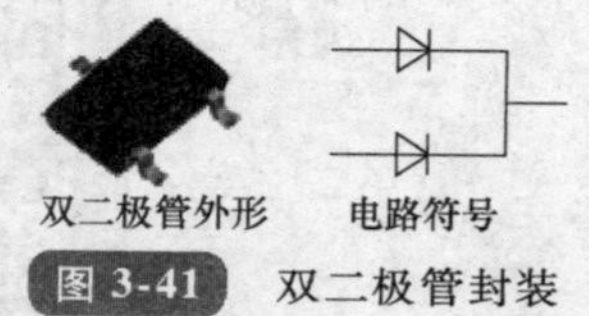

图 3-41 双二极管封装

④ 发光二极管。发光二极管简称为 LED，是由镓（Ga）与砷（As）和磷（P）的化合物制成的二极管。当电子与空穴复合时能辐射出可见光，因而可以用来制成发光二极管。

在发光二极管中，贴片发光二极管在手机中使用的非常多，手机的信号灯、键盘灯、LCD 背光灯、闪光灯等都使用了发光二极管。发光的颜色有黄色、蓝色、红色、白色等。

图 3-42 所示是几种常见的发光二极管。

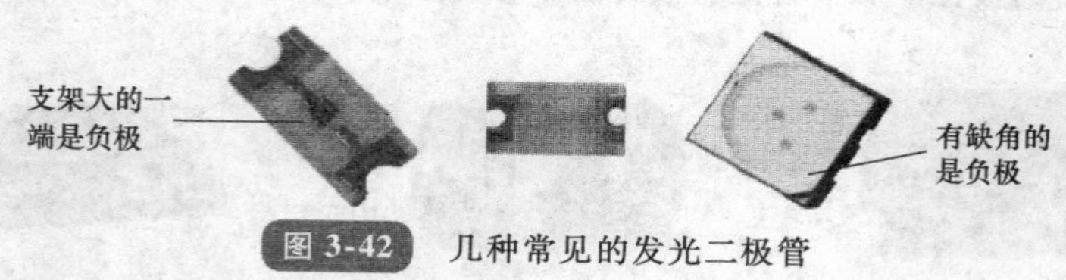

图 3-42 几种常见的发光二极管

在发光二极管中，负极一般会有明显的标识，一般为支架大的一端为负极，因为负极承着发光二极管的芯片。在发光二极管中，芯片就是右边方形的二极管，有缺角的是负极。

（2）二极管电路符号　在手机电路中，不同用途的二极管用不同的符号来表示，

下面分别进行讲述。

1）二极管的电路符号。在手机及便携电子产品的原理图中，二极管的图形符号如图 3-43 所示，二极管的两个电极分别是正极和负极。二极管符号中间的三角箭头表示只能单向导通，中间的竖线表示二极管反向是截止的。

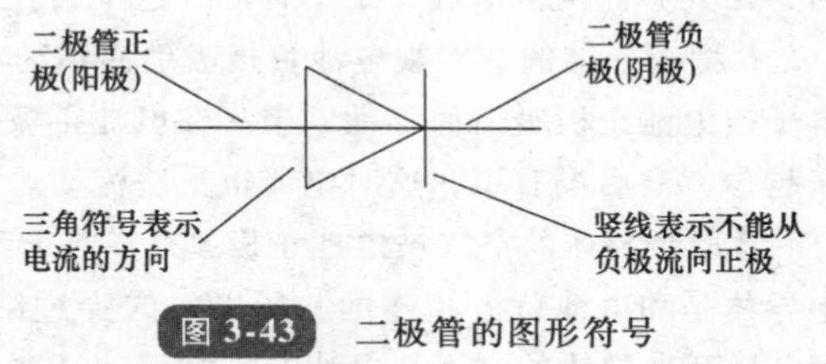

图 3-43 二极管的图形符号

二极管按照功能划分又分为普通二极管、稳压二极管、发光二极管、光敏二极管、变容二极管等。图 3-44 所示是常见二极管的符号。

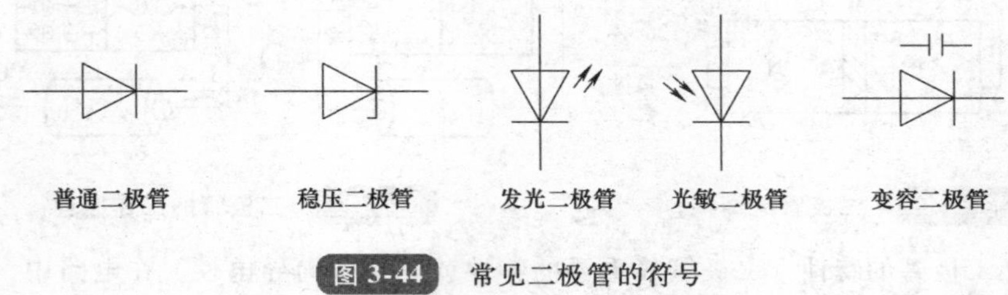

图 3-44 常见二极管的符号

2）手机电路原理图中二极管符号。二极管在手机电路中用 VD、D、V 等符号表示，在国标中二极管的文字符号为 VD。图 3-45 所示是某手机的 LCD 背光驱动电路，其中，V1471 表示二极管的位置号，PMEG3002AEL 表示二极管的型号。V7502 是稳压二极管，V1470 是双二极管。

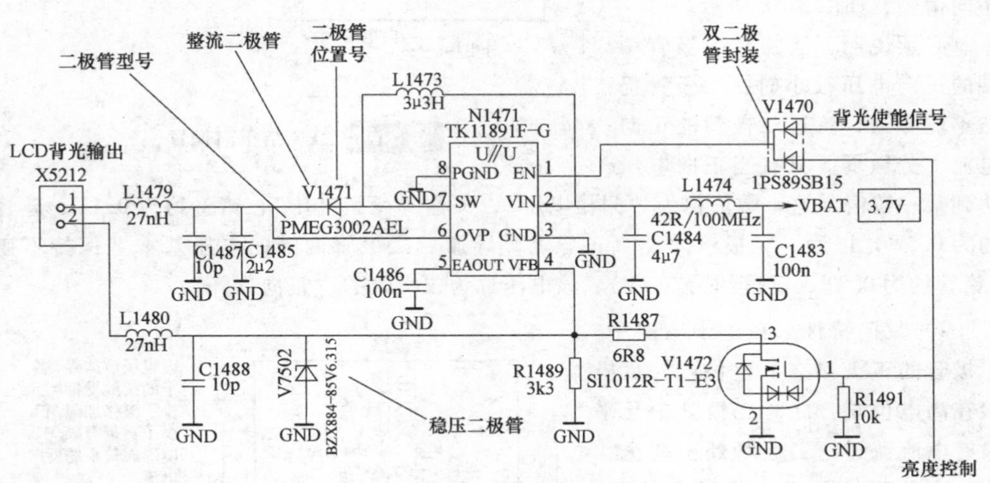

图 3-45 某手机的 LCD 背光驱动电路

2. 二极管的工作原理及特性

（1）二极管的工作原理 二极管是把一个 N 型半导体和一个 P 型半导体接合而成

的，在其界面两侧形成一个结合区，这个结合区叫作PN结，如图3-46所示。

P型半导体的空穴被电池负极吸引而移动，聚集在电池负极的附近；N型半导体的电子被电池正极吸引而移动，聚集在电池正极的附近。结果，中间导电的电子和空穴越来越少，最后没有了，这时电流也无法流动。

P型半导体的空穴被电池正极排斥，往P型与N型半导体的结合处移动，因为N型半导体是和电池负极相连的，所以空穴穿过结合面继续往电池的负极移动；同样的道理，N型半导体的电子往电池的正极移动，这样就形成了电流，如图3-47所示。

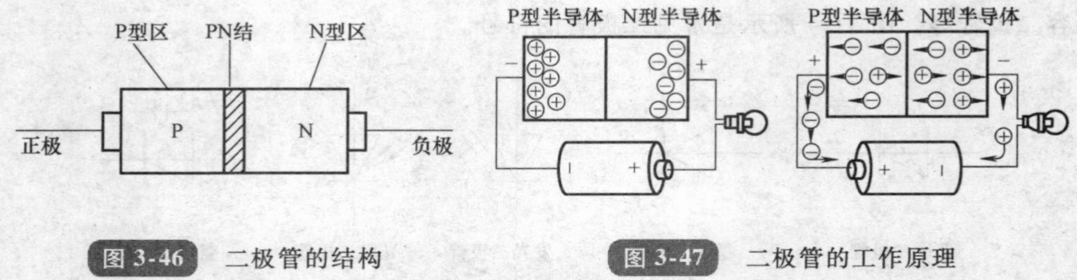

图3-46 二极管的结构　　图3-47 二极管的工作原理

（2）二极管的特性　二极管最重要的特性就是单方向导电性。在电路中，电流只能从二极管的正极流入，负极流出。

1）正向特性。在电子电路中，将二极管的正极接在高电位端，负极接在低电位端，二极管就会导通，将这种连接方式称为正向偏置，如图3-48所示。

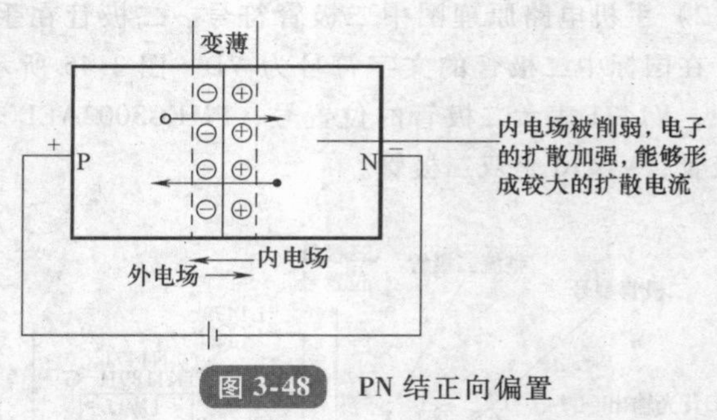

图3-48 PN结正向偏置

必须说明，当加在二极管两端的正向电压很小时，二极管仍然不能导通，流过二极管的正向电流十分微弱。只有当正向电压达到某一数值（这一数值称为“门槛电压”，又称“死区电压”，锗管约为0.1V，硅管约为0.5V）以后，二极管才能真正导通。导通后二极管两端的电压基本上保持不变（锗管约为0.3V，硅管约为0.7V），该电压称为二极管的“正向压降”。

2）反向特性。在电子电路中，二极管的正极接在低电位端，负极接在高电位端，此时二极管中几乎没有电流流过，二极管处于截止状态，这种连接方式称为反向偏置，如图3-49所示。

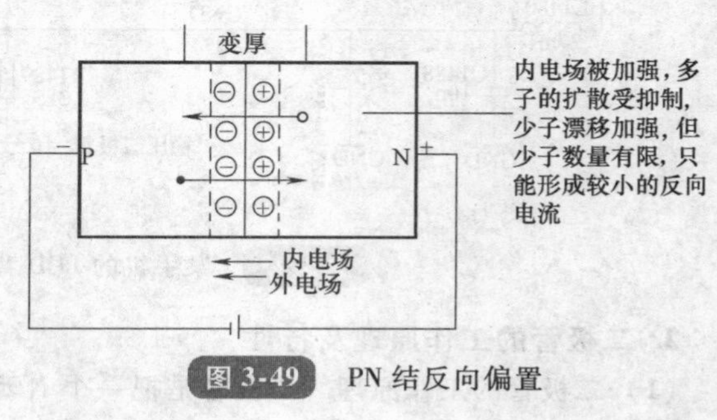

图3-49 PN结反向偏置

二极管处于反向偏置时，仍然会有微弱的反向电流流过二极管，称为漏电流。当二极管两端的反向电压增大到某一数值时，反向电流会急剧增大，二极管将失去单方向导电特性，这种状态称为二极管的击穿。

3. 二极管的极性判别及测量方法

（1）极性判别

1）观察法。小功率二极管的N极（负极），在二极管外表面大多采用一种色圈标出来，有些二极管也用二极管专用符号来表示P极（正极）或N极（负极），也有采用符号标志“P”、“N”来确定二极管极性的。

2）测量法。用数字式万用表测量二极管时，首先将万用表档位调到二极管档，红表笔和黑表笔分别接二极管的两个电极，就会显示一个很大和较小的数值，其中的数值大的那一次，红表笔接的是二极管的正极。

（2）测量方法　首先将数字式万用表档位调到二极管档，红表笔和黑表笔分别接二极管的两个电极，测量出结果后，再交换表笔测量一次，如果两次数值都无穷大，说明二极管开路；如果两次数值都接近零，说明二极管击穿；如果一次数值很大，一次读数为600～700，说明二极管是正常的。

4. 二极管在电路中的作用

（1）整流二极管　整流二极管是利用PN结的单向导电特性把交流电变成脉动直流电的。整流二极管漏电流较大，多数采用面接触性封装的二极管。

整流二极管主要应用在手机的充电电路中。在智能手机中使用的整流二极管主要是肖特基二极管，肖特基二极管是贵金属（金、银、铝、铂等）为正极，以N型半导体为负极，利用二者接触面上形成的势垒具有整流特性而制成的金属-半导体器件。

（2）稳压二极管　稳压二极管是一种硅材料制成的面接触型晶体二极管。此二极管是一种直到临界反向击穿电压之前都具有很高电阻的半导体器件。稳压二极管在反向击穿时，在一定的电流范围内（或者说在一定功率损耗范围内），两端电压几乎不变，表现出稳压特性。在智能手机中，稳压二极管主要应用在稳压及保护电路中。

（3）变容二极管　变容二极管又称为“可变电抗二极管”，是一种利用PN结电容（又叫作势垒电容，势垒区电荷的变化有点类似于电容的充放电，所以叫作势垒电容）与其反向偏置电压的依赖关系及原理制成的二极管。所用材料多为硅或砷化镓单晶。

变容二极管工作在反向偏置状态，反偏电压越大，则结电容越小。由于其结电容随反向电压变化，所以可取代可变电容，用于调谐回路、振荡电路、锁相环路，如电视机高频头的频道转换和调谐电路、手机的VCO电路等。

从上面的内容来看，变容二极管更像是二极管和电容的组合，通过控制二极管两端的变化来控制电容容量的变化。

（4）发光二极管　发光二极管（LED）是半导体二极管中的一种，是一种将电能转换为光能的半导体器件。

发光二极管在智能手机及仪器中用作指示灯、组成文字或数字显示。磷砷化镓二极管发红光，磷化镓二极管发绿光，碳化硅二极管发黄光。

红色发光二极管、绿色发光二极管导通电压为2V左右，白色发光二极管或蓝色发光二极管导通电压为3.3V左右。

5. 二极管损坏故障分析

（1）开路　二极管开路后，用万用表测量其正反向电阻均无穷大，二极管失去其功能。如果二极管串联在电路中，例如整流二极管负极将无输出，发光二极管不发光；如果二极管并联在电路中，例如稳压二极管开路将无法稳压或起不到保护作用。

（2）击穿　二极管被击穿后，正反向电阻均较小且非常接近，其正反向电阻并不一定是0Ω，可能会有一些阻值。串联在电路中的二极管击穿后会导致二极管负极输出信号不正常，并联在电路中的二极管击穿后可能会引起电路电流增加。

（3）正向电阻变大、性能变劣　当二极管正向电阻变大后，造成信号在二极管上的压降过大，会引起二极管发热，严重影响负极信号的输出。当二极管性能变劣后，可能没有明显地表现出击穿或开路，但是用在电路中时间过长后，就会造成电路的工作不稳定。

二、晶体管

晶体管是一种具有三个有效电极，能起放大、振荡或开关等作用的半导体器件，是在手机和电子产品中应用非常广泛的半导体器件之一。

晶体管的工作原理是以后学习电路部分的基础和桥梁，所以也是本章的重点部分。

1. 晶体管的外形特征及电路符号

晶体管在半导体锗或硅的单晶上制作两个能相互影响的PN结，组成一个PNP（或NPN）结构。中间的N区（或P区）叫作基区，两边的区域叫作发射区和集电区，这三部分各有一条电极引线，分别叫作基极B、发射极E和集电极C。

（1）晶体管的外形特征

在手机及电子设备中，分布着许多贴片晶体管，在贴片晶体管中，一般以塑封的比较多，很少有金属封装的晶体管。

手机中的晶体管外形如图3-50所示。

1）普通晶体管

普通晶体管的一般特征是：晶体管外观是黑色的，很少有其他颜色的晶体管出现。贴片晶体管的封装形式一般为小外形晶体管（Small Out-Line Transistor，SOT）。

晶体管一般有3个引脚，分别为基极（B）、集电极（C）和发射极（E）。

将晶体管平放在桌面上，焊盘向下，单独引脚的一边在上方，如图3-51所示，上边只

图3-50　手机中的晶体管外形

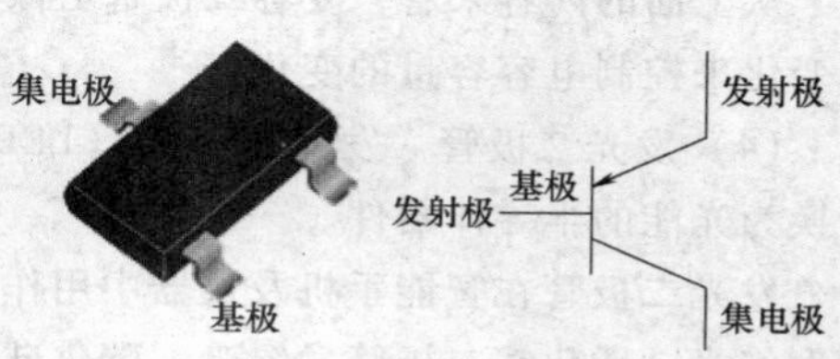

图3-51　晶体管的外形及电路符号

有一个引脚的是集电极（C），下边左侧的引脚是基极（B），右侧的引脚是发射极（E）。

晶体管的外形一定要与双二极管的外形区分开，如在印制电路板上难以区分，可借助原理图样进行识别，或使用万用表测量进行区分。

2）数字晶体管。数字晶体管是将一个或两个电阻与晶体管连接后封装在一起构成的，其作用是作为反相器或倒相器，广泛应用于智能手机、MP3、GPS、电视机及显示器等电子产品中。

数字晶体管通常应用在数字电路中，其外形特征与普通晶体管一样，区别是在内部增加了两个电阻。有时候也称为带阻晶体管，如图 3-52 所示。数字晶体管常作开关使用，例如厂家手册中标注 4.7kΩ + 10kΩ，表示 R_1 是 4.7kΩ，R_2 是 10kΩ，如果只含一个电阻，要标出 R_1 还是 R_2。

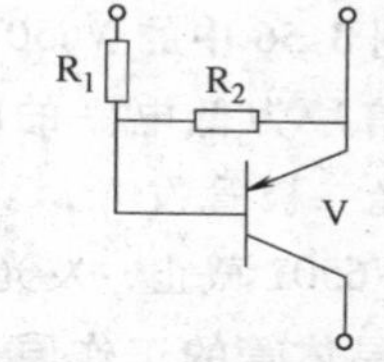

图 3-52 数字晶体管内部结构

3）复合晶体管。在手机中，为了缩小主板面积，经常采用贴片复合晶体管。在这些复合晶体管中，有 6 个引脚的，也有 5 个引脚的，封装在一起的晶体管有些是单纯地封装在一起，有些是两个晶体管之间有一定的逻辑关系，如构成电子开关等，如图 3-53 所示。

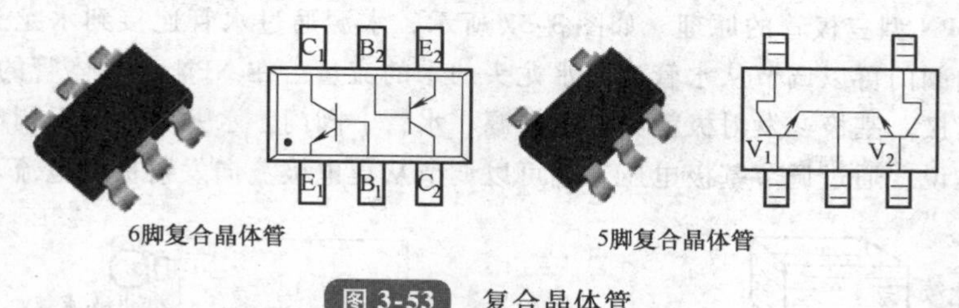

图 3-53 复合晶体管

4）贴片功率晶体管。贴片功率晶体管一般有 4 个引脚，如图 3-54 所示，上面最宽的那一个引脚是集电极，下面引脚从左到右依次是基极（B）、集电极（C）和发射极（E）。两个集电极是连接在一起的，上面的集电极其实是散热片。

（2）晶体管的电路符号

1）晶体管的图形符号。在手机电路原理图中，晶体管的符号用 V 表示。在晶体管的符号中，位于竖线垂直方向的是基极（B），有箭头的是发射极（E），在发射极对面没有箭头的是集电极（C）。如图 3-55 所示是晶体管的图形符号。

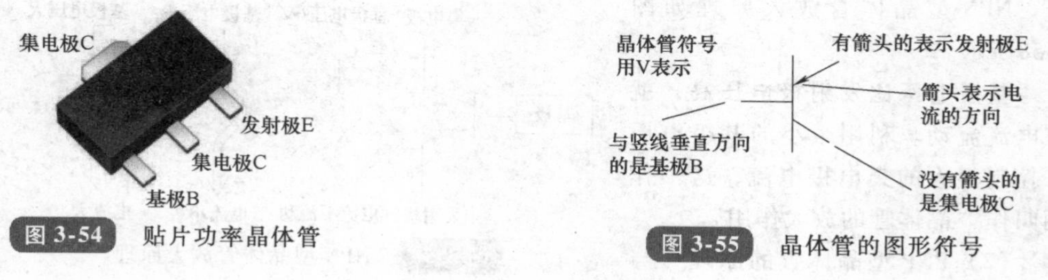

图 3-54 贴片功率晶体管

图 3-55 晶体管的图形符号

2）手机电路原理图中的晶体管符号。在国标中，晶体管的符号用 V 表示，图 3-56 所示是手机电路原理图中的晶体管符号，但是国外的图样标法和晶体管的画法有些区别，有些图样用 T、Q、VT 等符号表示晶体管；有些晶体管的画法是在国标画法的基础上增加了一个圆圈。

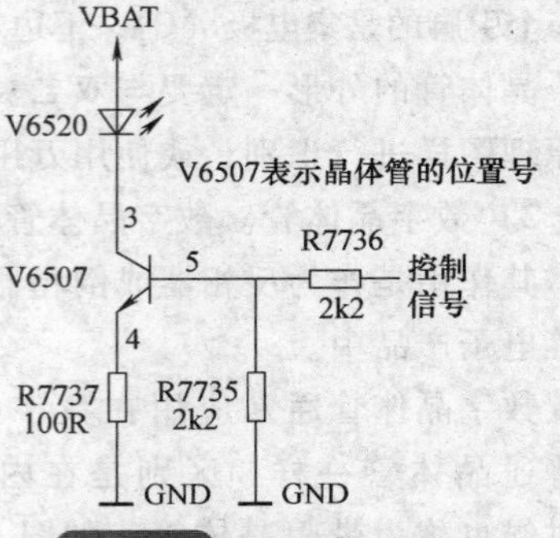

在图 3-56 中的 V6507 表示晶体管的位置号，当驱动信号为低电平的时候，晶体管 V6507 导通，发光二极管发光，当驱动信号为高电平时，晶体管 V6507 截止，发光二极管停止工作。

图 3-56 手机电路原理图中的晶体管符号

2. 晶体管的工作原理

晶体管按材料分有两种：锗管和硅管，而每一种又有 NPN 型和 PNP 型两种结构形式，NPN 型晶体管是像三明治一样把 P 型半导体夹在两块 N 型半导体中间组成的；而 PNP 型则是把 N 型半导体夹在两块 P 型半导体中间组成的。但使用最多的是硅 NPN 型和 PNP 型两种晶体管，两者除了电源极性不同外，其工作原理是相同的。

（1）NPN 型三极管的原理　如图 3-57 所示，水源通过水管连接到水龙头，通过旋转水龙头的阀门可以调节从水管流向水龙头的水的流量。在 NPN 型晶体管的电路图中，电源、集电极、基极、发射极就类似于水源、水管、阀门、水龙头，用于调节电流的流量。也就是说，通过调节基极电压，就可以调节从集电极流向发射极的电流。

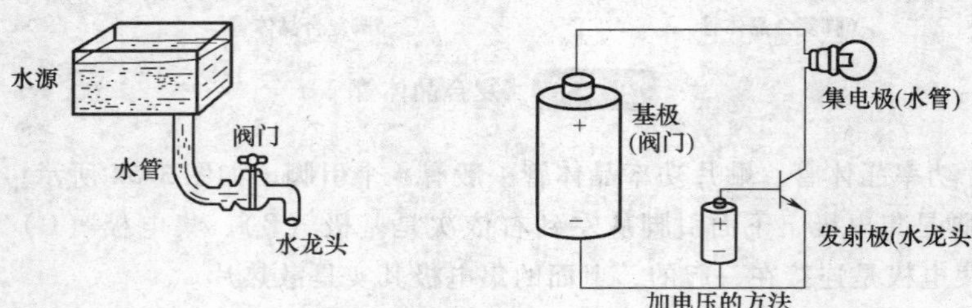

图 3-57　NPN 型晶体管的原理

加电压的方法：如果水管里的水比水龙头低，水就流不出来。同样，如果集电极电压比发射极电压低，就不可能有电流流动。而且，基极电压也必须比发射极电压要高。

NPN 型晶体管放大原理如图 3-58所示。

基极电压比发射极电压高，就有电流流动。利用很小的基极电压来控制很大的集电极电流，这个作用叫作“晶体管的放大作用”。

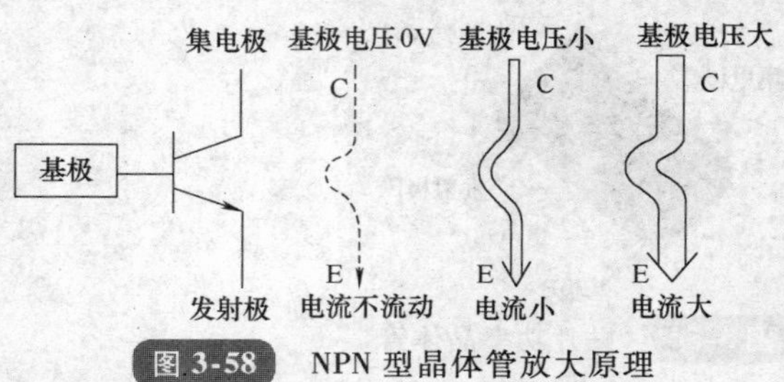

图 3-58　NPN 型晶体管放大原理

（2）PNP 型晶体管的原理　与

NPN 型晶体管电路相同，PNP 型晶体管的电路中，也是通过对基极电压的调节来调节电流的流量。但是，集电极和发射极的作用刚好与 NPN 型晶体管相反。电流不是从集电极流向发射极，而是从发射极流向集电极，如图 3-59 所示。

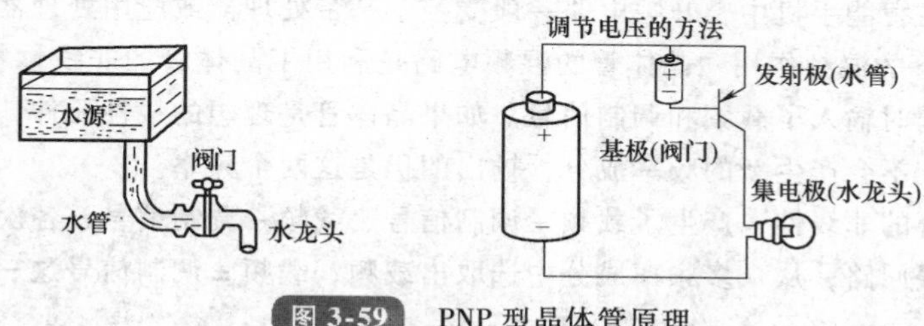

图 3-59 PNP 型晶体管原理

加电压的方法：对于 PNP 型晶体管，发射极电压应该比集电极的电压高，而且基极电压比发射极电压低。

PNP 型晶体管放大原理如图 3-60 所示。基极电压比发射极电压低，电流就从发射极流向集电极。

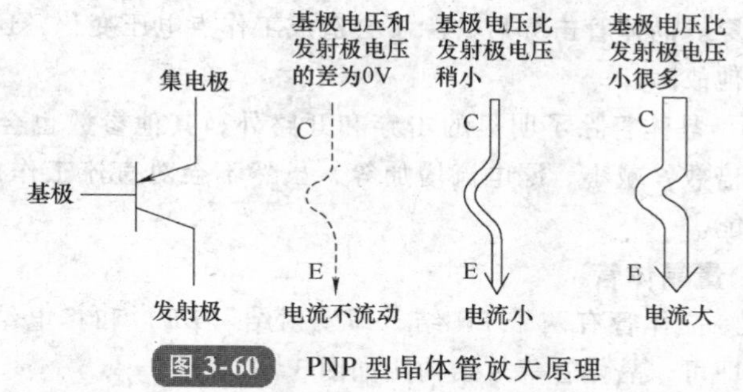

图 3-60 PNP 型晶体管放大原理

晶体管是一种电流放大器件，但在实际使用中常常利用晶体管的电流放大作用，通过电阻转变为电压放大作用。使用晶体管作放大用途时，必须在它的各个电极上加上适当极性的电压，称为“偏置电压”，简称“偏压”，对应电流称为偏流，其组成电路叫作偏置电路。

3. 晶体管在电路中的作用

（1）晶体管的放大作用 当晶体管被用作放大器使用时，其中两个电极用作信号（待放大信号）的输入端子、两个电极作为信号（放大后的信号）的输出端子。那么，晶体管的三个电极中，必须有一个电极既是信号的输入端子，又同时是信号的输出端子，这个电极称为输入信号和输出信号的公共电极。

按晶体管公共电极的不同选择，晶体管放大电路有三种，即共基极电路、共射极电路和共集电极电路。

（2）晶体管的开关作用 当晶体管用在开关电路时，它工作于截止区和饱和区，相当于电路的断路和导通。由于它具有完成断路和接通的作用，被广泛应用于各种开关电路中，如常用的开关电源电路、驱动电路、高频振荡电路、模-数转换电路、脉冲电路及输出电路等。

在开关电路中，晶体管的作用相当于手动的开关。当晶体管饱和时，相当于开关闭合，负载开始工作或输出信号；当晶体管截止时，相当于开关断开，负载停止工作或不再输出信号。在智能手机中，开关电路一般受控于基带处理器或应用处理器电路。

（3）晶体管的混频作用　晶体管的混频电路是利用了晶体管的非线性特性的电路，晶体管的基极同时输入了载频和调制信号。如果晶体管是理想的线性元件，那就不能起到混频的作用，不会产生新的频率成分，输出的仍是这两个频率。

由于晶体管的非线性，产生了载频+调制信号、载频-调制信号、各次谐波频率经过集电极的谐振回路，从众多频率成分中选取出载频、载频±调制信号这三个频率，就组成了调幅波。

4. 晶体管损坏故障分析

（1）开路　晶体管开路的原因，可能是基极和发射极开路、基极和集电极开路、可能是集电极和发射极开路。晶体管开路后最主要的表现是三个电极的工作点电压改变，晶体管丧失其在电路中的作用。

（2）击穿　晶体管击穿的原因，可能是基极和发射极击穿、基极和集电极击穿、集电极和发射极击穿。晶体管击穿后，除了会造成工作点电压变化，还会造成整机电流增加，引起电路其他故障。

（3）性能变差　晶体管除了明显的击穿和开路外，其他参数也会影响晶体管的正常工作，例如放大倍数β减小、漏电流增加等，虽然不会对直流工作点产生大的影响，但会影响电路的性能。

5. 用万用表测量晶体管

（1）判断基极　晶体管有两个 PN 结，即发射结（BE）和集电结（BC），按测量二极管的方法测量即可，晶体管等效结构图如图 3-61 所示。

在实际测量时，每两个引脚间都要测量正反向压降，共要测量 6 次，其中有 4 次显示开路，只有两次显示压降值，否则晶体管是坏的或是特殊晶体管（如带阻晶体管、达林顿晶体管等，可通过型号与普通晶体管区分开来）。在两次有数值的测量中，如果黑表笔或红表笔接同一极，则该极是基极。

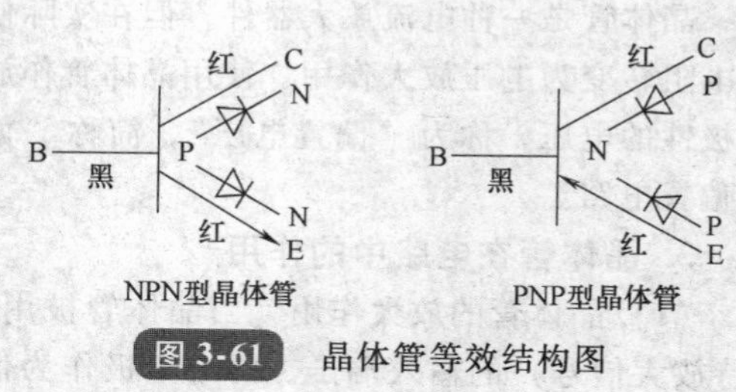

图 3-61　晶体管等效结构图

（2）判断集电极和发射极　在上述 6 次测量中，只有两次显示压降值，在两次有数值的测量中，如果黑表笔或红表笔接同一极，则该极是基极。测量值较小的是集电结，较大的是发射结，因为已判断出基极，对应可以判断出集电极和发射极。

（3）判断 PNP 型或 NPN 型晶体管　通过上述测量同时可以判断：如果黑表笔接同一极，则晶体管是 PNP 型，如果红表笔接同一极，则晶体管是 NPN 型；压降为 0.6V 左右的是硅管，压降为 0.2V 左右的是锗管。

（4）判断晶体管好坏　使用数字式万用表测量基极和集电极、发射极之间的正反向电阻，如果其中一个阻值接近0Ω或无穷大，说明晶体管已经损坏。

三、场效应晶体管

场效应晶体管（Field Effect Transistor，FET）是利用电场效应来控制半导体中电流的一种半导体器件，故因此而得名。它属于电压控制型半导体器件。具有输入电阻高（10^8～10^9Ω）、噪声小、功耗低、动态范围大、易于集成、没有二次击穿现象、安全工作区域宽等优点，在手机中，已经逐步替代晶体管。

1. 场效应晶体管的外形特征及电路符号

（1）场效应晶体管的外形特征　场效应晶体管和晶体管一样也有三个电极，分别叫作栅极（G）、漏极（D）和源极（S），相当于晶体管的基极（B）、集电极（C）和发射极（E）。

在手机主板上，场效应晶体管的外形及原理图如图3-62所示，一般颜色为黑色，一般有3个引脚，有些场效应晶体管有3～71个引脚。

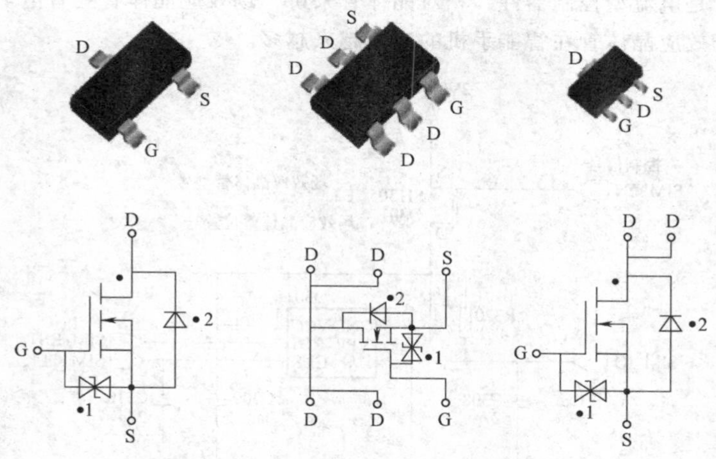

图3-62　场效应晶体管的外形及原理图

场效应晶体管的外形与晶体管的外形基本一致，很难从外形上进行区分，又加上智能手机贴片元件上很少标注型号，所以给初学者带来很大困难。初学者可以通过测量或者对比原理图符号进行区分。

（2）场效应晶体管的电路符号

1）场效应晶体管的图形符号。场效应晶体管分为绝缘栅型场效应晶体管（MOS管）和结型场效应晶体管，按照沟道材料又分为N沟道和P沟道，结型场效应晶体管均为耗尽型，绝缘栅型场效应晶体管既有耗尽型的，也有增强型的。而绝缘栅型场效应晶体管又分为N沟耗尽型和增强型、P沟耗尽型和增强型四大类。

如图3-63所示是每一种场效应晶体管的分类和图形符号。

2）手机电路原理图中的场效应晶体管符号。在智能手机电路原理图中，场效应晶体管的图形符号标注方法与晶体管类似。如图 3-64 所示是手机的 SIM 卡电路，在电路中，Q301 表示场效应晶体管的位置号，SI1305-E3 表示场效应晶体管的型号，通过图形符号来看，这个场效应晶体管是 P 沟道增强型绝缘栅型场效应晶体管。

结型晶体场效应晶体管	N沟道 漏极 D 栅极 G S 源极	P沟道 漏极 D 栅极 G S 源极
绝缘栅型场效应晶体管	N沟道耗尽型 漏极 D 栅极 G 衬底 S 源极	P沟道耗尽型 漏极 D 栅极 G 衬底 S 源极
	N沟道增强型 漏极 D 栅极 G 衬底 S 源极	P沟道增强型 漏极 D 栅极 G 衬底 S 源极

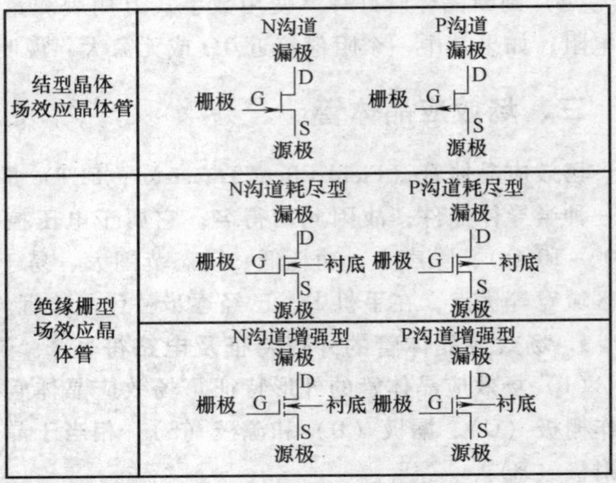

图 3-63 场效应晶体管的分类和图形符号

2. 场效应晶体管的工作原理及特性

场效应晶体管是电压型控制器件，晶体管是电流型控制器件，相对晶体管来讲，场效应晶体管更省电。随着制造工艺的发展，场效应晶体管在智能手机的应用越来越多。

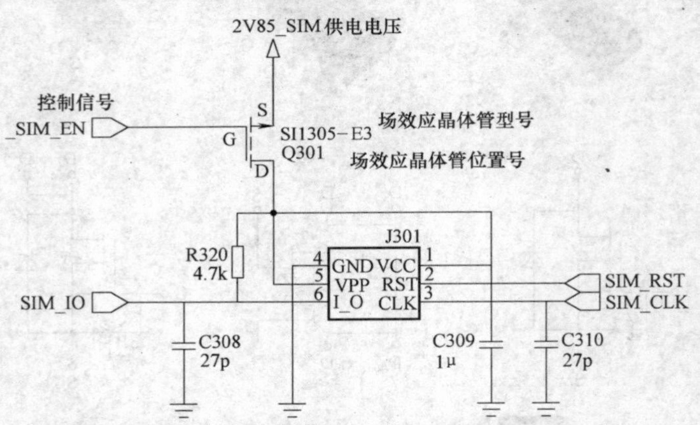

图 3-64 手机 SIM 卡电路原理图中的场效应晶体管

（1）结型场效应晶体管的工作原理　以 N 型沟道结型场效应晶体管为例，它的结构及符号见图 3-65。在 N 型硅棒两端引出漏极 D 和源极 S 两个电极，又在硅棒的两侧各做一个 P 区，形成两个 PN 结。在 P 区引出电极并连接起来，称为栅极 G。这样就构成了 N 型沟道的场效应晶体管。

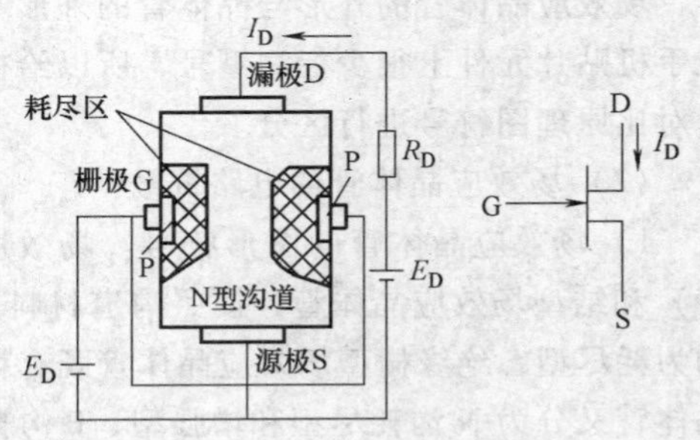

图 3-65 结型场效应晶体管的结构及符号

由于 PN 结中的载流子已经耗尽，故 PN 结基本上是不导电的，形成了所谓耗尽区，从图 3-66 中可见，当漏极电源电压 E_D 一定时，如果栅极电压越负，PN 结交界面所形成的耗尽区就越厚，则漏极、源极之间导电的沟道越窄，漏极电流 I_D 就越小；反之，栅极电压没有那么负，则沟道变宽，I_D 变大，所以用栅极电压 E_G 可以控制漏极电流 I_D 的变化，也就是说，场效应晶体管是电压控制器件。

（2）绝缘栅型场效应晶体管的工作原理　以 N 沟道耗尽型绝缘栅场效应晶体管为例，绝缘栅场效应晶体管是由金属、氧化物和半导体所组成的，所以又称为金属-氧化物-半导体场效应晶体管，简称 MOS 场效应晶体管。它的结构及符号如图 3-66 所示，以一块 P 型薄硅片作为衬底，在它上面扩散两个高渗杂质的 N 型区，作为源极 S 和漏极 D。在硅片表面覆盖一层绝缘物，然后再用金属铝引出一个电极 G（栅极）由于栅极与其他电极绝缘，所以称为绝缘栅场效应晶体管。

在制造管子时，通过工艺使绝缘层中出现大量正离子，故在交界面的另一侧能感应出较多的负电荷，这些负电荷把高渗杂质的 N 区接通，形成了导电沟道，即使在 $V_{GS}=0$ 时也有较大的漏极电流 I_D。当栅极电压改变时，沟道内被感应的电荷量也改变，导电沟道的宽窄也随之而变，因而漏极电流 I_D 随着栅极电压的变化而变化。

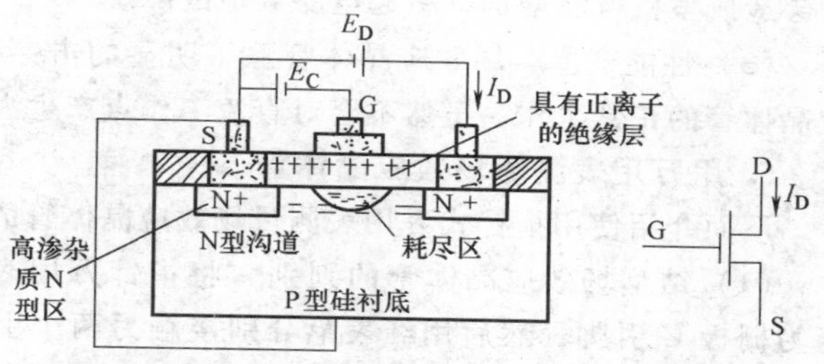

图 3-66　绝缘栅场效应晶体管的结构及符号

场效应晶体管的工作方式有两种：当栅极电压为零时有较大漏极电流的称为耗尽型；当栅极电压为零，漏极电流也为零，必须再加一定的栅极电压之后才有漏极电流的称为增强型。

在智能手机中，场效应晶体管主要应用在控制电路中，一般控制负载的工作或信号的输出，由于是电压控制型器件，所有要比晶体管省电。

3. 场效应晶体管在电路中的作用

场效应晶体管由于其省电、节能等不可代替的优越性，在手机及便携电子产品中的使用越来越多。

（1）场效应晶体管的放大作用　场效应晶体管可应用于放大电路，由于场效应晶体管放大器的输入阻抗很高，所以耦合电容的容量可以较小，不必使用电解电容器；场效应晶体管很高的输入阻抗非常适合作阻抗变换，常用于多级放大器的输入级作阻抗变换。

例如驻极体送话器中，由于实际电容器的电容量很小，输出的电信号极为微弱，输出阻抗极高，可达数百兆欧以上。因此，它不能直接与放大电路相连接，必须连接阻抗变换器，通常用一个场效应晶体管作为阻抗变换和放大作用，如图 3-67 所示。

（2）场效应晶体管的开关作用　在手机中，利用场效应晶体管做电子开关，比使用晶体管更省电，在充电控制电路、振动电动机控制电路、供电控制电路中都有使用。

4. 场效应晶体管损坏故障分析

场效应晶体管在使用过程中一定要注意静电屏蔽，静电屏蔽不良或者维修过程中操作不当非常容易造成场效应晶体管的损坏。场效应晶体管损坏后主要表现如下。

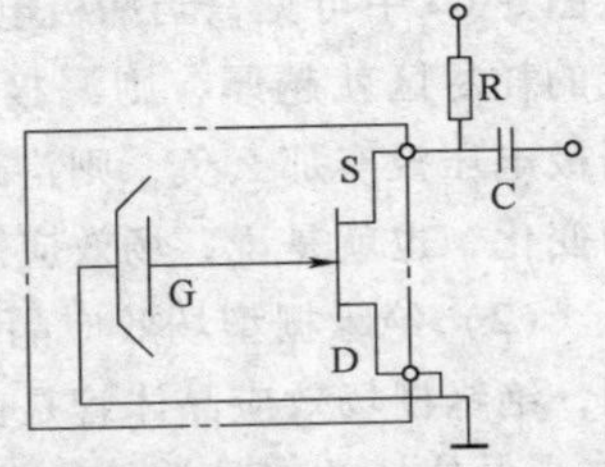

图 3-67 驻极体送话器电路

(1) 开路　场效应晶体管开路的原因，可能是栅极和源极开路、栅极和漏极开路、漏极和源极开路或任意一极开路。场效应晶体管开路后最主要的表现是丧失其在电路中的作用。

(2) 击穿　场效应晶体管击穿的原因，可能是栅极和源极击穿、栅极和漏极击穿、漏极和源极击穿或任意一极击穿。场效应晶体管击穿后，除了会造成工作点电压变化，还会造成整机电流增加，引起电路其他故障。

(3) 性能变差　场效应晶体管除了明显的击穿和开路外，其他参数也会影响场效应晶体管的正常工作，虽然不会对直流工作点产生大的影响，但会影响电路的性能。

5. 用万用表测量场效应晶体管

下面介绍使用指针式万用表测量场效应晶体管的方法。

(1) 结型场效应晶体管的判别　将指针万用表置于 R×1k 档，用黑表笔接触假定为栅极 G 引脚，然后用红表笔分别接触另两个引脚。若阻值均比较小（5～10Ω），再将红、黑表笔交换测量一次。如阻值均很大，属于 N 沟道管，且黑表接触的引脚为栅极 G，说明原先的假定是正确的。同样也可以判别出 P 沟道的结型场效应晶体管。

(2) 金属氧化物场效应晶体管的判别

1）栅极 G 的判定。用万用表 R×100 档，测量功率场效应晶体管任意两引脚之间的正、反向电阻值，其中一次测量中两引脚电阻值为数百欧，这时两表笔所接的引脚是 D 极与 S 极，则另一引脚未接表笔为 G 极。

2）漏极 D、源极 S 及类型的判定。用万用表 R×10k 档测量 D 极与 S 极之间正、反向电阻值，正向电阻值约为 0.2×10kΩ，反向电阻值在 5×10kΩ～∞。在测量反向电阻时，红表笔所接引脚不变，黑表笔脱离所接引脚后，与 G 极触碰一下，然后黑表笔接原引脚，此时会出现以下两种可能：

① 若万用表读数由原来较大阻值变为零，则此时红表笔所接为 S 极，黑表笔所接为 D 极。用黑表笔触发 G 极有效（使功率场效应晶体管的 D 极与 S 极之间正、反向电阻值均为 0Ω），则该场效应晶体管为 N 沟道型。

② 若万用表读数仍为较大值，则黑表笔接回原引脚不变，改用红表笔去触碰 G 极，然后红表笔接回原引脚，此时万用表读数由原来阻值较大变为 0，则此时黑表笔所接为 S 极，红表笔所接为 D 极。用红表笔触发 G 极有效，该场效应晶体管为 P 沟道型。

3）金属氧化物场效应晶体管的好坏判别。用万用表 R×1k 档测量场效应晶体管任意两引脚之间的正、反向电阻值。如果出现两次及两次以上电阻值较小（几乎为 0kΩ），则该场效应晶体管损坏；如果仅出现一次电阻值较小（一般为数百欧），其余各

次测量电阻值均为无穷大，还需作进一步判断。用万用表 R×1k 档测量 D 极与 S 极之间的正、反电阻值。对于 N 沟道管，红表笔接 S 极，黑表笔先触碰 G 极后，然后测量 D 极与 S 极之间的正、反向电阻值。若测得正、反向电阻值均为 0Ω，该管为好的，对于 P 沟道管，黑表笔接 S 极，红表笔先触碰 G 极后，然后测量 D 极与 S 极之间的正、反向电阻值，若测得正、反向电阻值均为 0Ω，则该管是好的。否则表明已损坏。

四、LDO 器件

在手机中，不同的电路使用的供电电压不同，需要的供电电流也不同，为了满足这些电路的需求，只能配置 LDO。

LDO（Low Dropout Regulator，低压差线性稳压器）在手机中使用较多，俗称稳压块。有些 LDO 是单独的芯片，例如射频电路使用的 5 脚或 6 脚 LDO。有些 LDO 集成在芯片内部，例如电源管理芯片内就集成了多个 LDO 稳压器。

1. LDO 的外形特征及电路符号

（1）LDO 的外形特征　手机中的 LDO 有三种结构，一种是功率型 LDO，主要使用于大电流的供电电路中；一种是带有控制功能的 LDO，主要使用于智能手机的非连续供电电路中，例如射频处理器、音频放大器电路；还有一种贴片 LDO，内部有 1 路或多路供电输出，一般带有控制功能。常见的 LDO 如图 3-68 所示。

图 3-68　常见的 LDO

（2）LDO 电路符号　手机中的 LDO，一般为 5 脚和 6 脚，其电路符号如图 3-69 所示。

LDO 的输入端一般输入的是电池电压，用符号 VIN 表示，输出端一般输出 1.2～3.3V 供电电压，具体根据负载决定，用符号 VOUT 表示。除此之外还有控制端，一般控制端的信号来自于 CPU，控制端加低电平（或高电平）使 LDO 关闭（或工作），在关闭状态下，LDO 耗电很小，约 1μA，控制端用符号 EN 或 ON 表示。在图 3-69 中，EN 直接接到供电电压输入端，只要有供电输入时，LDO 会立即

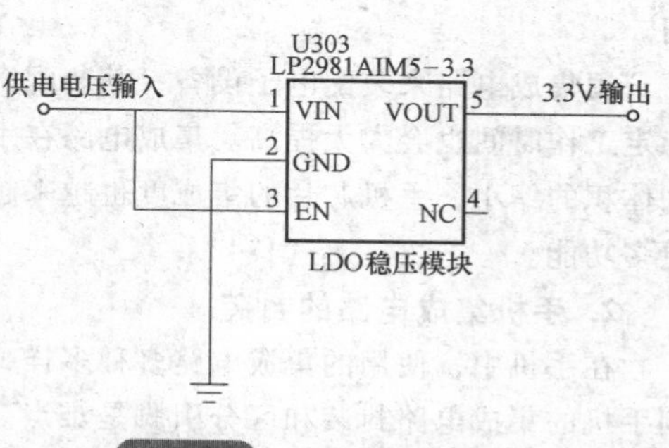

图 3-69　LDO 的电路符号

工作，不再受 CPU 控制。

除此之外，LDO 还有接地端，用 GND 表示，图 3-69 中的 4 脚为空脚，一般用 NC 表示。

2. LDO 的工作原理

LDO 从结构上来看，就是一个微缩的串联稳压电源电路，它由电压电流调整的功率 MOSFET、肖特基二极管、取样电阻、分压电阻、过电流保护、过热保护、精密基准源、放大器和 PG（Power Good）等功能电路在一个芯片上集成而成。如图 3-70 所示为 LDO 内部结构。

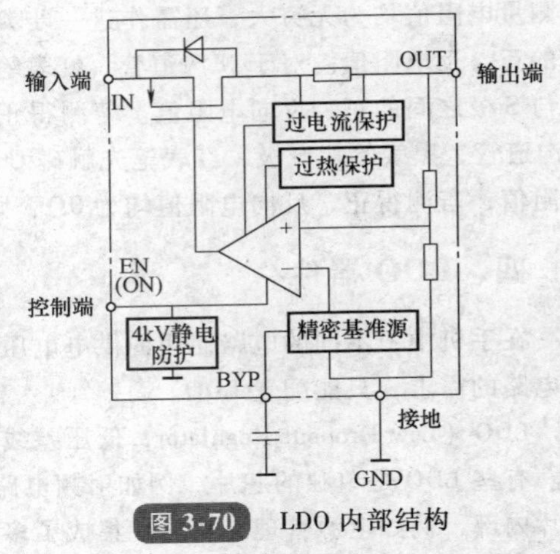

图 3-70　LDO 内部结构

第四节　手机的集成电路

集成电路是一种微型电子器件或部件。集成电路是把一个电路中所需的晶体管、二极管、电阻、电容和电感等元器件及布线互连一起，制作在一小块或几小块半导体晶片或介质基片上，然后封装在一个管壳内，成为具有所需电路功能的微型结构。

一、集成电路及其封装

1. 集成电路简介

集成电路就是把电路集成在一起，这样既缩小了体积，也方便电路和产品的设计。集成电路在智能电路中一般用字母 IC、N、U 等表示。

集成电路并不能把所有的电子元器件都集成在里面，对于大于 1000pF 的电容、阻值较大的电阻、电感，不容易进行集成，所以集成电路的外部会接有很多的元器件。

集成电路具有体积小、重量轻、引出线和焊接点少、使用寿命长、可靠性高、性能好等优点，同时成本低，便于大规模生产。它不仅在工、民用电子设备如收录机、电视机、计算机等方面得到广泛的应用，同时在军事、通信、遥控等方面也得到广泛的应用。

用集成电路来装配电子设备，其装配密度比晶体管可提高几十倍至几千倍，设备的稳定工作时间也会大大提高。集成电路在手机中的应用更是广泛，随着手机功能的增加和体积的缩小，手机芯片的集成度也越来越高。超大规模集成电路的应用为手机增添了更多功能。

2. 手机集成电路的封装

在手机中，使用的集成电路多种多样，其外形和封装也有多种样式，快速有效地识别手机的集成电路封装和区分引脚是难点。

（1）SOP　SOP（Small Outline Package，小外形封装）是一种比较常见的封装形式，

其引脚均分布在两边，其引脚数目多在28个以下。如早期手机用的电子开关、电源电路、功放电路等都采用这种封装。常见的SOP集成电路如图3-71所示。

SOP集成电路引脚的区分方法是，在集成电路的表面都会有一个圆点，靠近圆点最近的引脚就是1脚，然后按照逆时针循环依次是2脚、3脚、4脚等。

图3-71　常见的SOP集成电路

（2）QFP　QFP（Quad Flat Pockage，方形扁平封装）为四侧引脚扁平封装，是表面贴装型封装之一，引脚从四个侧面引出。基材有陶瓷、金属和塑料三种。从数量上看，塑料QFP是最普及的多引脚大规模集成电路封装。

QFP的集成电路四周都有引脚，而且引脚数目较多；手机中的中频电路、DSP电路、音频电路、电源电路等都采用QFP。常见的QFP集成电路如图3-72所示。

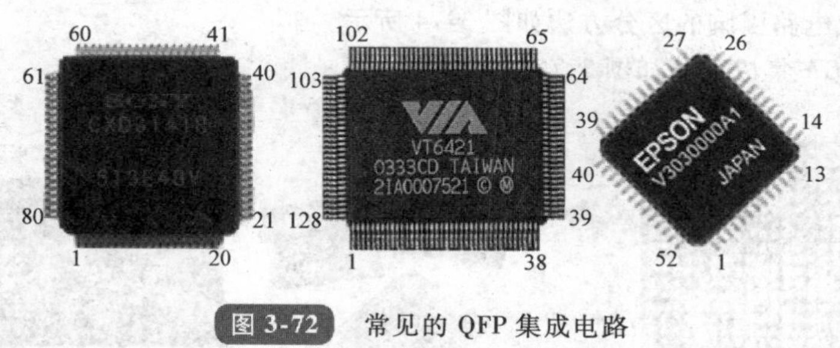

图3-72　常见的QFP集成电路

QFP集成电路引脚的区分方法是，在集成电路的表面都会有一个圆点，如果在四个角上都有圆点，就以最小的一个为准（或者将集成电路摆正，一般左下角的为1脚）。靠近圆点最近的引脚就是1脚，然后按照逆时针循环依次是2脚、3脚、4脚等。

（3）QFN　QFN（Quad Flat No-lead Package，方形扁平无引脚封装）是一种焊盘尺寸小、体积小、以塑料作为密封材料的新兴的表面贴装芯片封装技术，现在多称为LCC。由于无引脚，贴装占有面积比QFP小，高度比QFP低。但是，当印刷基板与封装之间产生应力时，在电极接触处就不能得到缓解。因此电极触点难以做到QFP的引脚那样多，一般引脚数为14~100。

QFN封装材料有陶瓷和塑料两种。当有LCC标记时，基本上都是陶瓷QFN。电极触点中心距1.27mm。塑料QFN是以玻璃环氧树脂印刷基板基材的一种低成本封装，电极触点中心距除1.27mm外，还有0.65mm和0.5mm两种，这种封装也称为塑料LCC、PCLC、PLCC等。

手机中的电源管理芯片和射频芯片多采用QFN封装，如图3-73所示是常见的QFN集成电路。

QFN 集成电路引脚的区分方法是，在集成电路的表面都会有一个圆点，如果在四个角上都有圆点，就以最小的一个为准（或者将集成电路摆正，一般左下角的为 1 脚）。靠近圆点最近的引脚就是 1 脚，然后按照逆时针循环依次是 2 脚、3 脚、4 脚等。

图 3-73　常见的 QFN 集成电路

（4）BGA　BGA（Ball Grid Array Package，球栅阵列封装）。应用在手机中的 CPU、存储器、DSP 电路、音频电路等的集成电路中。

手机中 BGA 集成电路引脚的区分方法是：

1）将 BGA 芯片平放在桌面上，先找出 BGA 芯片的定位点，在 BGA 芯片的一角一般会有一个圆点，或者在 BGA 内侧焊点面会有一个角与其他三个角不同，这个就是 BGA 的定位点。

2）以定位点为基准点，从左到右的引脚按数字 1、2、3……排列，从上到下按 A、B、C、D……排行，例如 A1 引脚指以定位点从左到右第 A 行，从上到下第一列的交叉点；B6 引脚指从上往下第 B 行，从左到右第 6 列的交叉点。

BGA 集成电路引脚的区分方法如图 3-74 所示。

常见的 BGA 集成电路如图 3-75 所示。

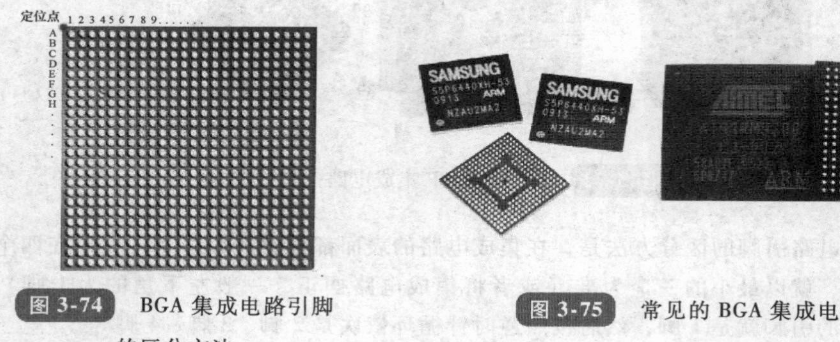

图 3-74　BGA 集成电路引脚的区分方法

图 3-75　常见的 BGA 集成电路

（5）CSP　CSP（Chip Scale Package，芯片级封装）是目前世界上最先进的封装形式。

对于 CSP 有多种定义，虽然有些差别，但都指出了 CSP 产品的主要特点为封装体尺寸小。常见的 CSP 集成电路如图 3-76 所示。

CSP 技术和引脚的方式没有直接关系，在定义中主要指内核芯片面积和封装面积的比例。由 CSP 延伸出来的还有 UCSP 和 WLCSP，在智能手机中应用较多。

（6）LGA　LGA（Land Grid Array，栅格阵

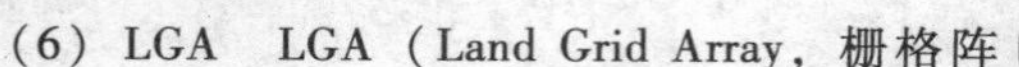

图 3-76　图 3-76　常见的 CSP 集成电路

列封装）主要在于它用金属触点式封装，LGA 的芯片与主板的连接是通过弹性触点接触，而不是像 BGA 一样通过锡珠进行连接，BGA 中的“B (Ball)”——锡珠，芯片与主板电路间就是靠锡珠接触的，这就是 BGA 和 LGA 的区别。

在计算机中的 CPU 中，不少是采用 LGA 的芯片。其实在手机中，LGA 的芯片仍然通过锡珠和主板进行连接。常见的 LGA 集成电路如图 3-77 所示。

图 3-77　常见的 LGA 集成电路

二、手机中的集成电路

在手机中，集成电路发展的主要方向：一是向高度集成化方向发展，随着智能手机的轻薄、多功能，集成电路外围的元件也越来越少；二是向 4G 方向发展，目前国内已经开通 LTE 制式的 4G 网络，将来几乎所有的智能手机都支持 4G 功能；三是主频越来越高，目前手机运行主频达到 1.5GHz 以上，使用双核、四核甚至八核的处理器。

1. 射频处理器

（1）射频处理器简介　在手机中，射频处理器主要完成了除射频前端以外的所有信号的处理，包括射频接收信号的解调、射频发射信号的调制、VCO 电路等，外围除了少数的阻容元件外，很少有其他元件。

（2）射频处理器外形及电路结构

1）射频处理器外形。手机的射频处理器的封装，主要还是以 BGA 居多。在手机中，英飞凌、TI、Skyworks、高通、ADI、展讯公司的射频处理器占主流。

以英飞凌公司的射频处理器为例，如图 3-78 所示。

2）射频处理器电路结构。在手机中，射频处理器的接收部分完成了射频信号滤波、信号放大、混频，然后输出接收基带信号，射频处理器的发射部分完成了射频信号的发射转化、振荡调制输出射频发射信号。

手机的射频处理器大部分采用零中频接收技术。零中频接收技术，即 RF 信号不需要变换到中频，而是一次直接变换到模拟基带 I/Q 信号，然后再解调。

零中频接收技术是目前比较流行的技术，在大部分智能手机的射频信号处理中都采用，如图 3-79 所示。

图 3-78　英飞凌公司的射频处理器

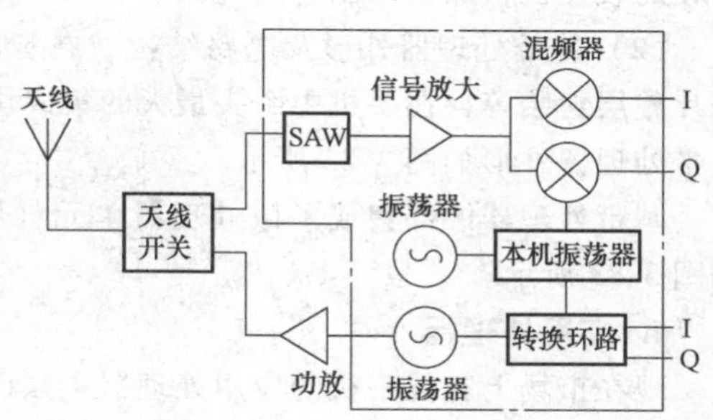

图 3-79　射频处理器电路结构

2. 功率放大器

（1）功率放大器简介　手机中的功率放大器都是高频宽带功率放大器，主要用于放大高频信号并获得足够大的输出功率。功率放大器是手机中耗电量最大的器件。

一个完整的功率放大器主要包括驱动放大、功率放大、功率检测及控制、电源电路等部分。在手机中，一般使用功率放大器组件，把这些部分全部集成在一起。

（2）功率放大器外形及电路结构　在手机中，功率放大器的封装很少有BGA，多采用QFN和LGA的封装方式，这两种封装有利于功率放大器工作时的散热。

功率放大器的外形既有长方形，也有正方形的，一般以长方形居多。外形类似字库，但又有区别。

功率放大器的外形如图3-80所示。

功率放大器内部集成了滤波器、放大器、匹配电路、功率检测、偏压控制等电路，大部分智能手机的功率放大器都是四频甚至多频段功放，很少有单频功放，如图3-81所示。

图3-80　功率放大器的外形

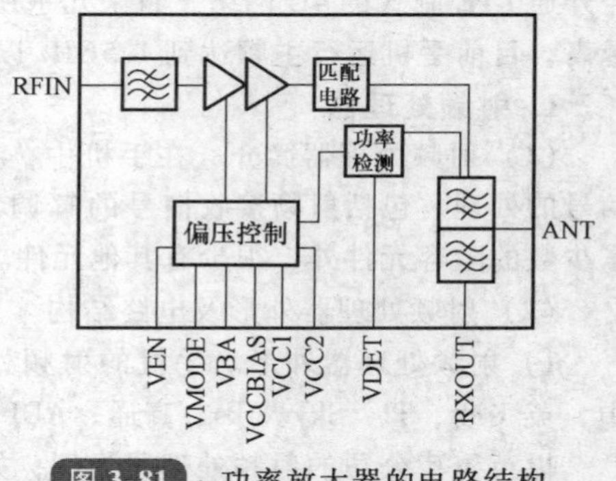

图3-81　功率放大器的电路结构

3. 基带处理器

（1）基带处理器简介　手机里一般分两个系统，一个是应用处理器，处理操作系统和应用，应用处理器通常会使用功能比较强大的CPU；另一个是调制解调器（MODEM），一般会是中央处理器（CPU）和数字信号处理器（DSP），CPU处理协议栈和控制逻辑，DSP进行数字信号处理，这个数字信号处理应该包括编解码、交织/解交织、扩频/解扩等。而调制解调通常要和无线发射机联系起来考虑，如果是直接变频或者零中频的收发机，那么调制解调应该是MODEM、CPU、DSP和无线收发机共同完成的。

（2）基带处理器外形及电路结构　在智能手机中，基带处理器主要采用BGA、双芯片叠层封装等，在手机中个头最大的集成块就是基带处理器或应用处理器了。常见的基带处理器外形如图3-82所示。

基带处理器内部集成了微处理器单元（MCU）和DSP功能，基带处理器电路结构如图3-83所示。

4. 应用处理器

现在市场上智能手机的应用处理器主频已经达到了1.5GHz以上，然而人们对智能手机应用功能翻新速度的要求要远远快于手机应用处理器的发展速度，这就势必引起智

图 3-82　常见的基带处理器外形

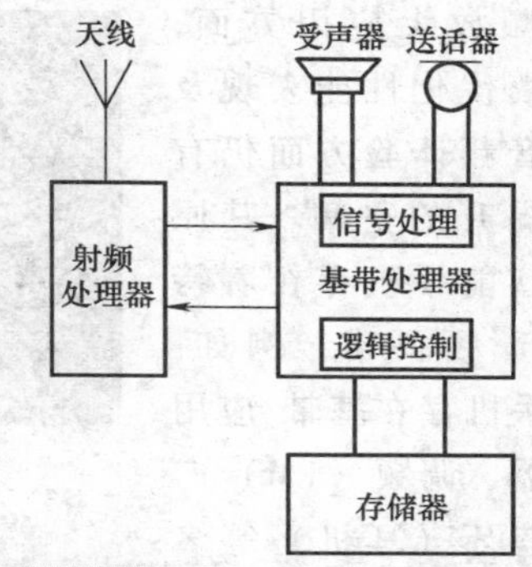

图 3-83　基带处理器电路结构

能手机处理器架构的革新，传统的架构已经渐渐地失去它的优势。

（1）应用处理器简介　在智能手机中，应用处理器完成了除信号处理部分之外的所有的功能处理，它是伴随智能手机应运而生的，应用处理器是在低功耗 CPU 的基础上扩展音视频功能和专用接口的超大规模集成电路。

应用处理器是智能手机的灵魂和核心。

（2）应用处理器外形及电路结构　在智能手机中，主流的应用处理器有高通、英特尔、Motorola、TI、AMD 等公司生产，应用处理器外形如图 3-84 所示。

5. 存储器

（1）存储器简介　智能手机属于移动手持通信的前沿产品，对于要处理多种复杂功能的手机来说，处理能力、灵活性、速度、存储器密度和带宽都很重要。所以在智能手机中采用的都是低功耗、高品质、高可靠性的存储器。

图 3-84　应用处理器外形

功能丰富的智能手机对存储器需求很大，因为它们提供了更高级的功能，包括互联网浏览、收发更先进的文本消息、玩游戏、下载和播放音乐以及用相对较低的成本实现数字摄像应用。高端功能手机除了支持游戏、多媒体消息、MP3 下载、收发静态图像和 VGA 彩色显示等功能外，额外增加了视频和音频流，特别是网络站点浏览和移动商务。这些种类各异的功能对存储器的要求更严格。

（2）存储器外形及电路结构　在智能手机中，存储器主要采用 BGA、双芯片叠层封装等，智能手机的存储器主要是长方形，基带处理器和应用处理器旁边都有存储器。存储器外形如图 3-85 所示。

存储器电路结构如图 3-86 所示，存储器内主要存储智能手机的系统程序、用户程序、用户数据等，主要通过地址线、数据线、控制线与 CPU 进行通信。

6. 音频处理集成电路

（1）音频处理集成电路简介　近年来，智能手机集成的功能越来越多，但在基本的音频放大应用方面，在继续优化性能表现及用户音频体验方面仍有继续提升的空间。其原因是智能手机存在着特殊的音频要求，例如：智能手机存在基带/应用处理器、调频（FM）广播、蓝牙（耳机）等多种音频输入源；编解码器（CODEC）可以集成在模拟基带中，也可独立存在；多数情况下最少是扬声器放大器保持单独存在（不集成），从而提供足够的输出功率；耳机放大器外置，配合高保真（Hi-Fi）音乐播放。

图 3-85 存储器外形

（2）音频处理集成电路外形及电路结构　在智能手机中，音频处理电路有单个集成电路或多个集成电路完成，常见音频处理集成电路外形如图 3-87 所示。

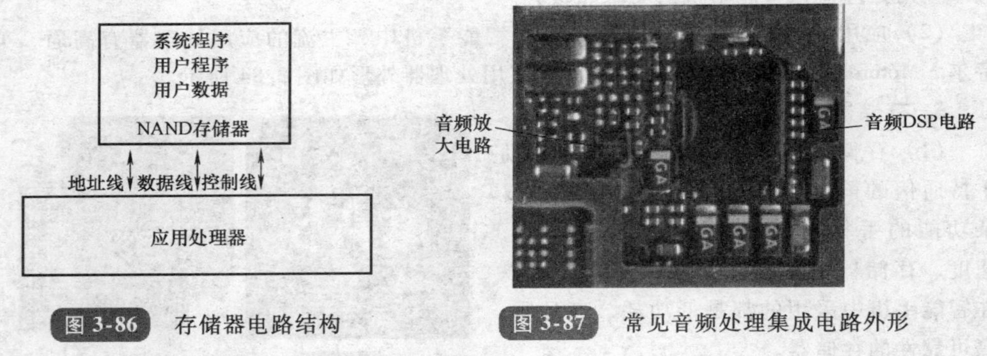

图 3-86 存储器电路结构　　图 3-87 常见音频处理集成电路外形

常见智能手机电路结构如图 3-88 所示。

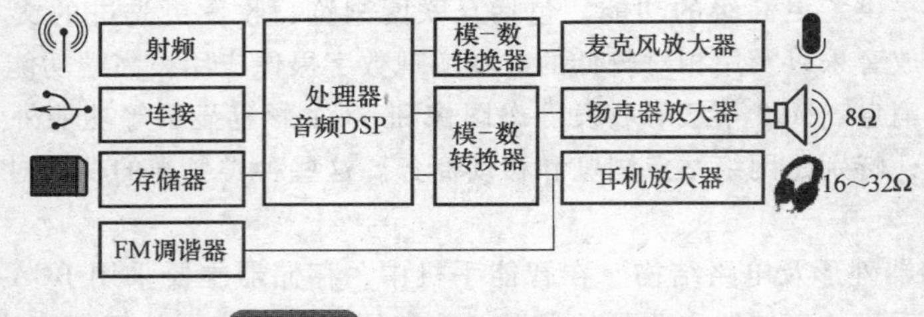

图 3-88 常见智能手机电路结构

复习思考题

1. 请简要描述电路的组成与作用，电路的三种状态分别是什么？

2. 请简要描述电阻、电容、电感的外形特征及电路符号、工作原理，并说明如何使用万用表测量电阻、电容和电感。

3. 什么是半导体？并简要描述 N 型半导体和 P 型半导体的特点。

4. 请简要描述二极管、晶体管、场效应晶体管的外形特征、工作原理，请画出常见的二极管、晶体管、场效应晶体管的电路符号。

5. 如何使用万用表测量二极管、晶体管、场效应晶体管？并简要描述二极管、晶体管、场效应晶体管损坏后的故障表现。

6. 什么是 LDO 器件？并简要描述 LDO 的工作原理。

7. 常见的集成电路的封装形式有哪些？并说明如何区分手机中 BGA 封装集成电路引脚。

8. 请简要描述手机中常见集成电路。

第四章　移动电话机专用器件

☺**知识目标**

1. 掌握送话器、扬声器、振动器、开关、连接器、显示屏和触摸屏的工作原理、外观特征、电路符号、测量方法、故障表现等。

2. 了解智能手机中传感器工作原理。

3. 了解ESD和EMI防护器件工作原理与特性。

4. 结合实际情况能够进行拆装和焊接有关器件，熟练掌握焊接工艺。

5. 掌握手机元器件在主板上的位置。

☺**技能目标**

1. 能够识别手机中的送话器、受话器和扬声器等器件，并画出其电路符号。

2. 能够识别手机中的显示屏、触摸屏等器件，并画出其电路符号和电路结构框图。

3. 能够识别手机中的传感器等器件，并画出其电路符号和电路结构框图。

4. 能够识别手机中的接口器件、EMI、ESD等器件，并画出其电路符号和电路结构框图。

5. 能够在电路原理图中找到对应元器件的位置。

第一节　送话器、受话器和扬声器、振动器

一、送话器

送话器是将声音转换为电信号的一种声电转换器件，它将话音信号转化为模拟的话音电信号。送话器又称为麦克风、咪头、微音器、拾音器等。

在手机电路中用得较多的是驻极体送话器，它实际上是利用一个驻有永久电荷的薄膜（驻极体）和一个金属片构成的一个电容器。当薄膜感受到声音而振动时，这个电容器的容量会随着声音的振动而改变。部分智能手机使用数字送话器。

1. 驻极体送话器

一些磁性材料像铁镍钴等合金在外磁场的作用下，会被磁化，这时即使外磁场消失，材料仍带有磁性。同样，某些电介质当受了很高的外电场作用之后，即使除去了外电场，但电介质表面仍保持正和负的表面电荷。人们把这种特性称为电介质的驻极体现象，而把这种电介质称为驻极体。

驻极体送话器的内部结构如图4-1所示。

由于实际电容器的电容量很小，输出的电信号极为微弱，输出阻抗极高，可达数百兆欧以上。因此，它不能直接与放大电路相连接，必须连接阻抗变换器。通常用一个专用的场效应晶体管和一个二极管复合组成阻抗变换器。

驻极体送话器的内部原理图如图 4-2 所示。

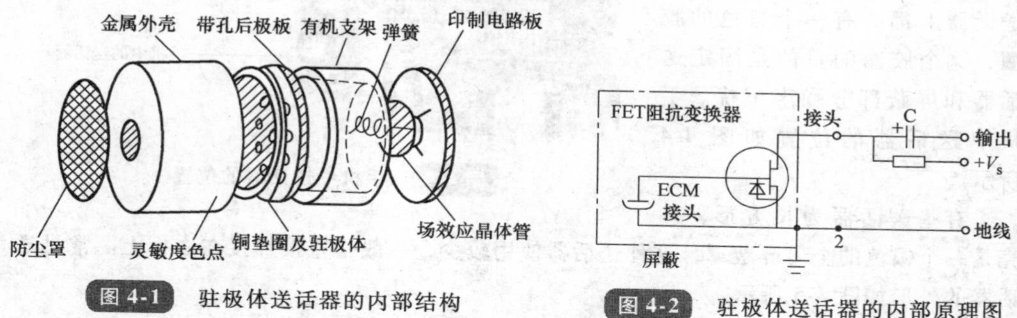

图 4-1 驻极体送话器的内部结构

图 4-2 驻极体送话器的内部原理图

电容器的两个电极接在栅源极之间，电容两端电压即栅源极偏置电压 U_{GS}，U_{GS} 变化时，引起场效应晶体管的源漏极之间 I_{dc} 的电流变化，实现了阻抗变换。一般送话器经变换后输出电阻小于 2kΩ。

2. 数字送话器

有些智能手机中采用了数字送话器，传统的驻极体电容式送话器输出的是模拟电信号，极易受到空间中电磁波的干扰。而数字送话器是在传统驻极体电容式送话器的基础上，将模数转换放入送话器内部，从而输出数字电信号，大大提高了抗电磁波干扰的能力。

驻极体材料是可以永久性存储电荷的绝缘材料。附有驻极体材料的极板，与振膜、垫片一起构成一个平行板电容器。当输入声信号时，声波推动膜片振动，导致平行板电容器两极有效距离发生变化，电容器的容值变化，在驻极体材料存储电荷量不变的前提下，电容器的输出电压变化，形成模拟电信号，从而完成声信号到模拟电信号的转变。

平行板电容器输出的模拟电信号进入数字放大器中，先将模拟信号放大，然后进行模数转换后，最终输出数字信号。也就是说，数字驻极体电容式送话器的输出信号为数字电信号。

数字送话器的工作原理如图 4-3 所示。

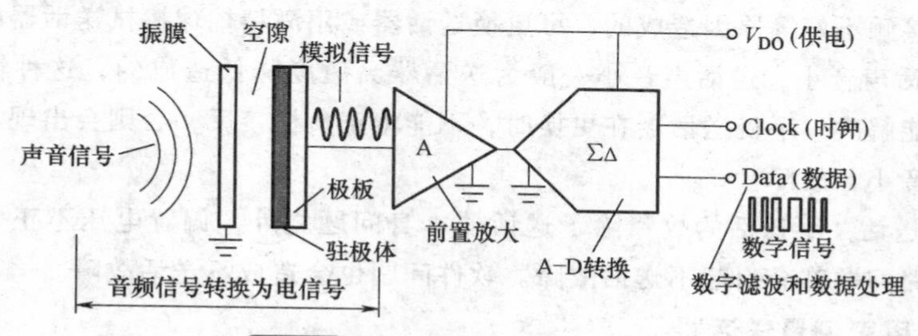

图 4-3 数字送话器的工作原理

3. 送话器外形

手机中的送话器比较容易找，一般为圆形，在手机主板的底部，外观为黄色或银白色，送话器上都会有一个黑色的胶圈，这个胶圈的目的是固定送话器和屏蔽部分噪声干扰。手机中送话器的位置如图 4-4 所示。

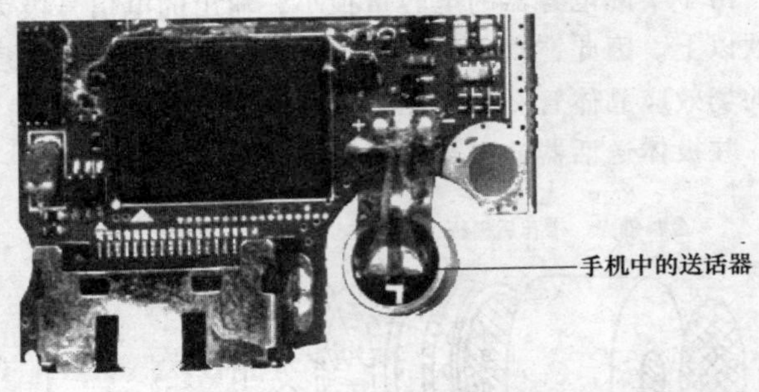

图 4-4 手机中送话器的位置

有些送话器为长方形，外壳是一个银色的金属屏蔽罩，这种送话器使用较少，一般是直接焊接在主板上。常见送话器的外形如图 4-5 所示。

图 4-5 常见送话器的外形

送话器在电路中用字母 MIC 或 Microphone 表示。送话器电路符号如图 4-6 所示。

4. 送话器的故障分析

手机送话电路故障主要是对方听不到机主的声音。引起该故障的原因很多，如送话器损坏或接触不良、送话器无工作偏压、音频编码电路或 CPU 不正常。另外，软件故障也会造成送话不良。

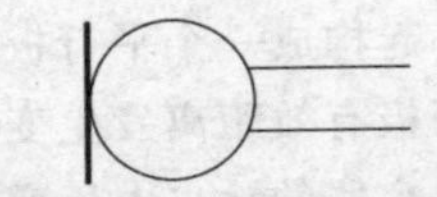

图 4-6 送话器电路符号

送话器本身引起的故障主要表现在以下几个方面。

（1）噪声大　这个故障主要表现为对方听机主的声音有很大噪声，一般为送话器性能不良、接触不好等原因造成的，可更换送话器或用酒精棉球擦拭送话器触点。

（2）送话声音小　送话声音小一般为送话器灵敏度降低造成的，这种情况需要更换送话器才能解决。手机送话器在更换时，不能将正负极接反，否则会出现不能输出信号或送话声音小等故障。

（3）不送话　不送话的故障除了送话器本身问题之外，偏置电压不正常、CPU 问题、音频电路问题都会引起不送话故障。软件问题也会造成不送话故障。

5. 用万用表测量送话器

判断送话器是否损坏的技巧：将数字式万用表的红表笔接在送话器的正极，黑表笔

放在送话器的负极（如用指针式万用表则相反），对着送话器说话，应可以看到万用表的读数发生变化。测量方法如图 4-7 所示。

二、受话器和扬声器

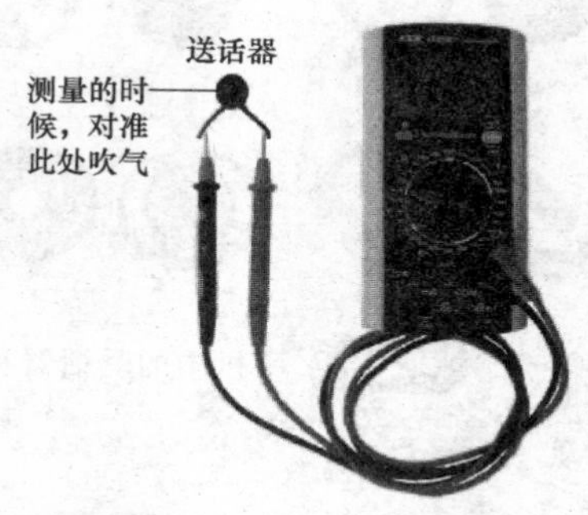

图 4-7 送话器的测量方法

手机中的受话器和扬声器是用来将模拟的电信号转化成为声音信号，受话器和扬声器是一个电声转换器件，受话器又称为听筒，扬声器又称为喇叭等。

1. 受话器和扬声器的区别和工作原理

（1）受话器和扬声器的区别　受话器是把电能转换为声能并与人耳直接耦合的电声换能器，又称为通信用的耳机，受话器主要用于语言通信，频带窄（300～3400Hz），强调语言的清晰度与可懂度。主要指的是应用于电话系统和军、民用无线电通信机中的送话器、受话器及头戴送话器、受话器组合部件。

扬声器是把电能变换为声能，并将声能辐射到室内或开阔空间的电声换能器。扬声器的特点是频率范围宽（20Hz～20kHz）、动态范围大、高音质、高保真、失真小等。主要指的是用于广播、电影、电视、剧院等方面声重放和录音的各种扬声器系统、耳机、传声器、拾音器（唱头）。

在手机维修中，不少人搞不清受话器和扬声器的区别，虽然工作原理一样，但是它们的用途和频率范围还是有明显的区别。

（2）受话器和扬声器的工作原理　受话器和扬声器不是将电能直接变换成声能，而是利用载流导体（由音频电流馈电的音圈）在永久磁体的磁场之间的相互作用，使音圈振动而带动振膜振动。其能量变换方式是电能→机械能→声能。

受话器和扬声器的发声原理基于其力效应（安培定律）和电效应（电磁感应定律），随着电流大小和方向的变化，音圈就在磁隙中来回振动，其振动周期等于输入电流的周期，而振动的幅度，则正比于各瞬间作用电流的强弱。受话器的振膜与音圈粘连在一起，故音圈带动振膜往返振动，从而向周围媒质（空气）辐射声波，实现电能→机械能→声能的转换。

2. 受话器和扬声器的外形及符号

（1）受话器和扬声器的外形　手机中的受话器和扬声器从外形来看可分为三种，圆形、椭圆形和矩形；从连接方式来看可分为引线式、弹片式和触点式。手机中的受话器和扬声器的外形如图 4-8 所示。

（2）受话器和扬声器的图形符号　受话器一般用 Receiver 或 Ear 或 Earphone 表示，扬声器通常用字母 SPK 或 SPEAKER 表示。受话器和扬声器的电路符号如图 4-9 所示。

手机电路原理图中受话器的电路符号如图 4-10 所示。

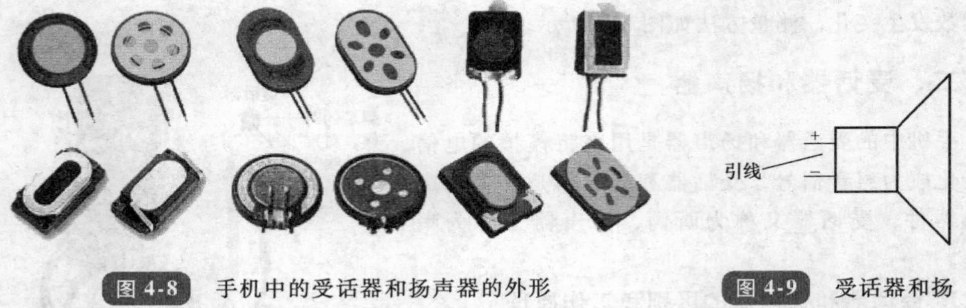

图 4-8 手机中的受话器和扬声器的外形

图 4-9 受话器和扬声器的电路符号

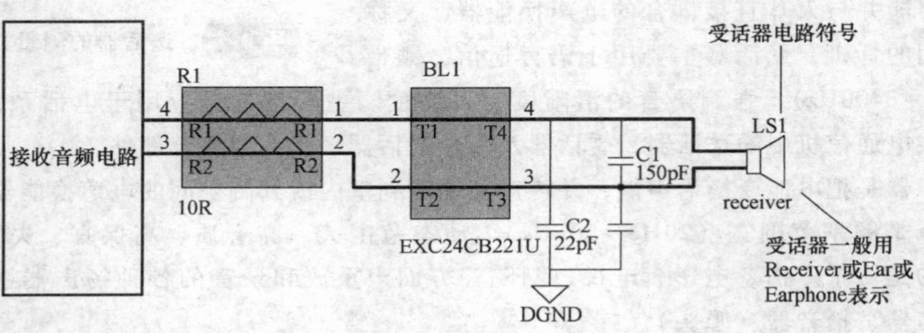

图 4-10 手机电路原理图中受话器的电路符号

3. 受话器和扬声器的故障分析

受话器和扬声器出现问题后主要的故障表现如下。

（1）扬声器或受话器无声　手机扬声器或受话器无声的故障表现为：当来电话时，扬声器没有来电提示音乐；接通电话时，受话器内听不到对方讲话的声音。

这种故障主要是由扬声器或受话器开路、接触不良，或者音频电路的驱动信号不正常造成的。针对这种故障，首先代换扬声器或受话器，其次检查音频电路。

（2）扬声器或受话器声音小、嘶哑、失真　这种故障主要是由于扬声器或受话器音圈变形、错位造成的，如果扬声器或受话器出现这种情况只能更换。

4. 用万用表测量受话器和扬声器

用指针式万用表的 R×1 档（数字式万用表的蜂鸣器档），任一表笔接受话器或扬声器一端，另一表笔点触另一端，正常时会发出清脆响亮的“哒”声。如果不响，则是线圈断了，如果响声小而尖，则是有擦圈问题，也不能用，如图 4-11 所示。

受话器的直流电阻为 32Ω，扬声器的直流电阻为 8Ω，可以使用万用表测量其电阻判断是受话器还是扬声器。

三、振动器

手机中的振动器俗称马达、振子、振动器等，主要用于手机来电振动提示。手机振

动器是由一个微型的普通电动机加上一个凸轮（也叫作偏心轮、离心轮、振动端子、平衡轮）组成的，大部分电动机外部还包有橡胶套，主要起到减振和辅助固定作用，减少其在工作时对手机内部硬件的干扰。

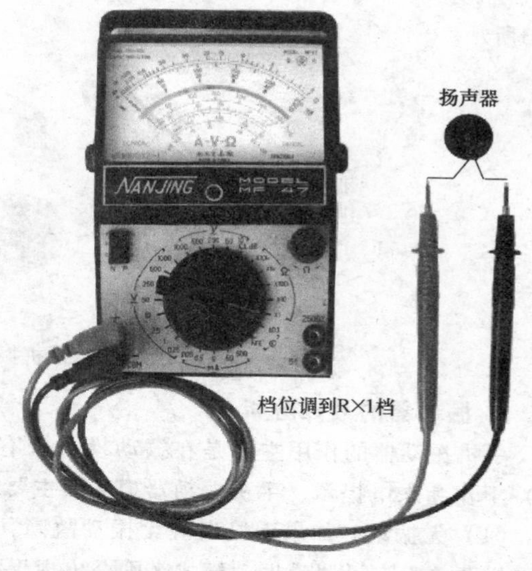

图 4-11　扬声器或受话器的测量

1. 振动器的工作原理

手机振动器的偏心电动机就是普通电动机，上面装了一个凸轮，而凸轮的重心并不在电动机的转轴上，在转动时，凸轮做圆周运动，产生离心力。由于离心力的方向随凸轮的转动而不断变化，连续的转动就使手机产生了左右方向的较大幅度的摆动，实际上是上下方向的振动，但是由于阻力过大使这个方向的振动不是很明显，于是手机产生振动了。

偏心轮的电动机跟手机的电路结合起来，当有信息收到并需要以振动方式提醒时，手机的控制电路就会发出信号，从而会有适当大小的电流输入电动机，电动机转子转动带动凸轮转动，于是产生了振动。

2. 振动器的外观

手机中的振动器从外观来看主要分为两类：柱形的振动器和扁平型的振动器。振动器在手机中的位置如图 4-12 所示。

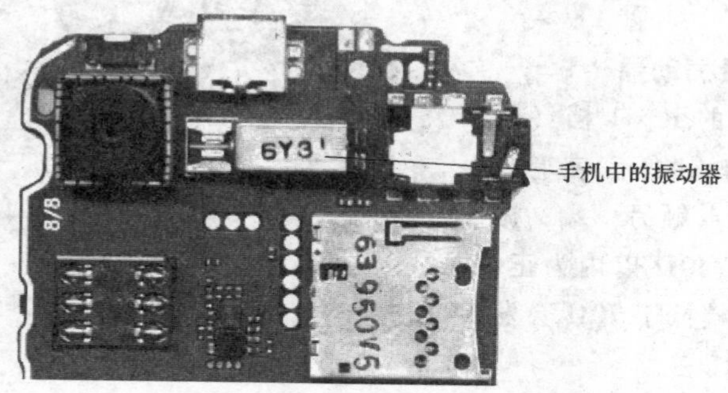

图 4-12　振动器在手机中的位置

柱形振动器在手机中比较容易认出来，一般是装在手机的后壳上较多，这样是为了减小振动器振动时对主板元件的影响。

扁平型振动器看起来有点像手机的扬声器，但是它两面都是密封的，扁平型振动器一般装在翻盖部分或直板手机的顶部，离扬声器较近。

手机振动器与主板的连接一般采用引线式和弹片式两种。手机振动器的外观如图4-13所示。

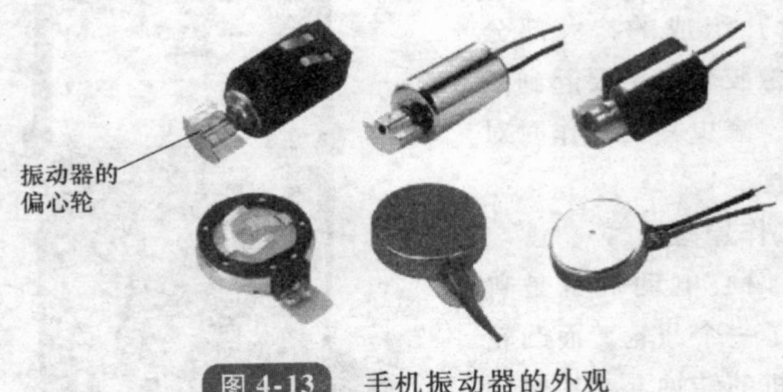

图 4-13 手机振动器的外观

3. 振动器的故障分析

手机振动器的作用主要是在振动模式（有的手机是静默模式、会议模式或户外模式）下作为来电提示，手机振动器损坏后主要表现为：

（1）无振动　如果手机出现无振动故障，首先检查是否为手机菜单设置问题，如果手机菜单没有设置为振动模式，则会出现无振动现象。

检查菜单设置没有问题后，出现无振动故障一般是由振动器损坏、振动器驱动管损坏、驱动信号不正常、供电不正常等原因造成的。

（2）开机振动　开机振动的故障表现为：手机装上电池就振动，只有取下手机电池后才停止振动，这种情况一般为振动器驱动管击穿引起的，更换驱动管就可以排除故障。

4. 用万用表测量振动器

用指针式万用表的 R×1 档（数字式万用表的蜂鸣器档），任一表笔接振动器一端，另一表笔点触另一端，振动器直流电阻值在 30～40Ω 以内为正常。数字式万用表的蜂鸣档低于 70Ω 会发出声音，如图 4-14 所示。

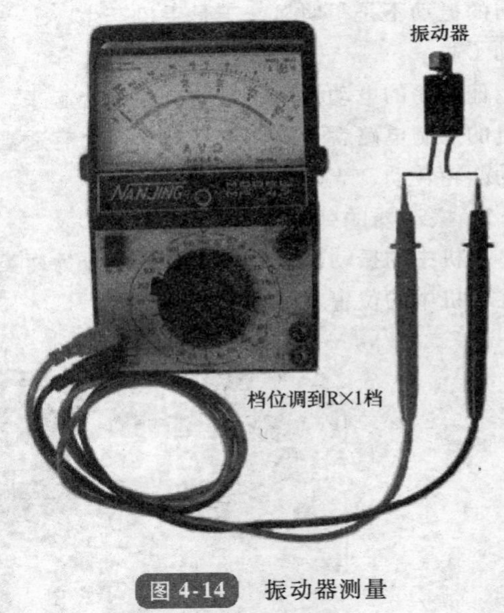

图 4-14 振动器测量

第二节　按键开关和连接器

一、按键开关

手机中的按键开关可以分为两类，一类是单独的单个按键的微动开关，例如手机的

侧面按键；一类是将多个按键做在一起的薄膜开关，例如功能手机的键盘按键。随着手机技术的发展及触摸屏在手机中的使用，薄膜开关在手机的使用越来越少了。

1. 微动开关

微动开关是一种常开触点的电子开关，使用时轻轻点按开关按钮就可使开关接通，当松开手时开关即断开，其内部结构是靠金属弹片受力弹动来实现通断的。微动开关由于体积小、重量轻在智能手机中得到广泛的应用，如手机音量按键等。但微动开关也有它不足的地方，频繁地按动会使金属弹片疲劳，失去弹性而失效。

手机中微动开关的外形如图 4-15 所示。

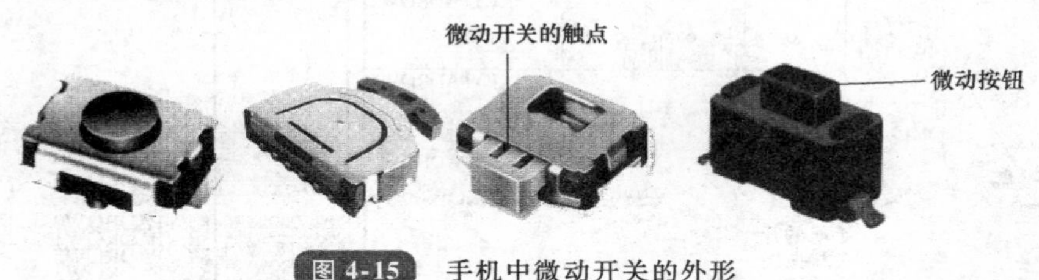

图 4-15　手机中微动开关的外形

2. 薄膜开关

薄膜开关在手机中应用已经比较少了，主要在功能手机的数字按键、菜单按键、翻盖手机的挂断按键等中使用。薄膜开关分为柔性薄膜开关和硬性薄膜开关。

3. 开关的电路符号

在手机电路中，开关通常用字母 SW 表示，电源开关又经常使用 ON/OFF、PWRON、KEYON 等字母来表示。

手机开关的电路符号如图 4-16 所示。

4. 按键开关的故障分析

在手机中，由于按键开关多次反复按动，加上使用环境恶劣，按键开关出现问题的概率非常大，主要表现在以下几个方面。

(1) 按键开关失灵　按键开关失灵是手机中较常见的故障，主要表现为：当按下按键开关后，不能执行相应的程序，例如，按下数字按键“6”以后，手机屏幕上无法显示数字“6”。

按键开关失灵故障主要是由于开关长期使用后内部出现灰尘或严重氧化现象，处理方式是对失灵的按键开关使用酒精进行清洗就可以了。

(2) 按键开关短路　这种故障在进水、摔坏的手机中出现比较多，出现按键开关短路的手机故障表现为：开机后手机屏幕上会不断地跳出数字，处理方式是对短路按键开关进行更换或者调整即可。

二、连接器

手机连接器是手机中重要的电子元器件，它们的好坏直接关系到手机的质量和其使用的可靠性。手机绝大部分的售后质量问题也大多与连接器相关。

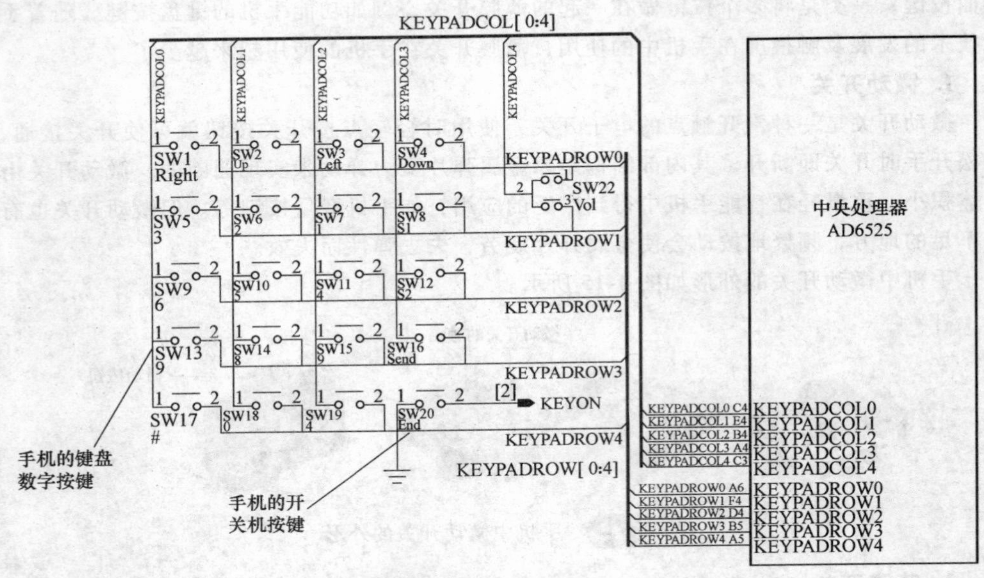

图 4-16　手机开关的电路符号

手机所使用的连接器种类根据其产品的不同而略有差异，平均使用数量为 5 ~ 9 个，产品种类可以分为内部的 FPC 连接器及板对板连接器、外部连接的 I/O 连接器，以及电池、SIM 卡连接器和照相机插座（Camera Socket）等。

1. 电池连接器

（1）电池连接器的外形和特征　电池连接器分为弹片式、闸刀式和顶针式。电池连接器的技术趋势主要为小型化、低接触阻抗和高连接可靠性。手机中的电池连接器如图 4-17 所示。

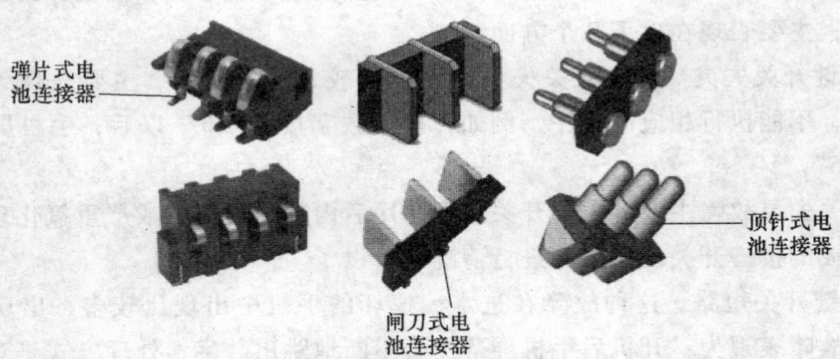

图 4-17　手机中的电池连接器

（2）电池连接器的电路符号　电池连接器的电路符号如图 4-18 所示。在电路中，J6 是电池触点，有 6 个连接点，其中 1 脚、2 脚是接电路的正极，4 脚、5 脚接电路的负极，3 脚是电池类型检测，接电源管理 IC。

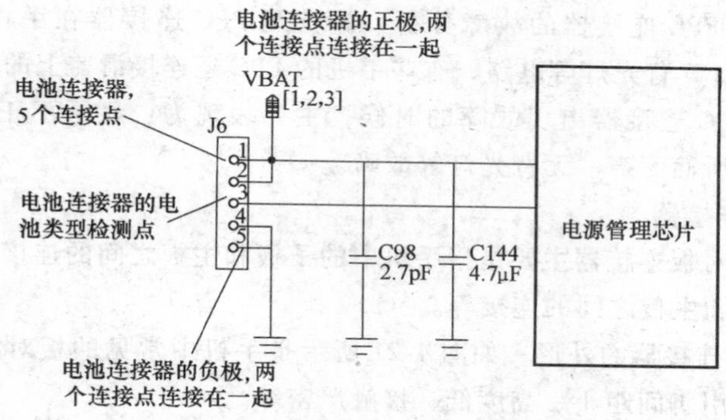

图 4-18 电池连接器的电路符号

（3）电池连接器的故障分析　电池连接器出现故障后，一般表现为手机自动关机、电池无法充电等故障。如果电池连接器出现变形应进行更换，如果电池连接器上面有氧化物可以用橡皮擦拭，尽量不要用镊子或者手术刀刮，否则可能刮掉镀层。

2. FPC 及 FPC 连接器

FPC（Flexible Printed Circuit board，挠性印刷电路板），又称为软性电路板或柔性电路板。通俗地讲就是用软性材料做成的 PCB（Printed Circuit Board，印制电路板）。FPC 在手机中的应用非常广泛，一是做简单的电路连接，比如常说的手机屏幕“排线”；二是做复杂的电路连接，就是手机两块主板之间的电路连接等。

（1）FPC 的定义　FPC 主要应用于翻盖手机、滑盖手机、旋转手机的 LCD 显示屏和手机主板的连接、控按键与主板连接等，如图 4-19 所示。

图 4-19 FPC 的外形

（2）FPC 连接器的作用　FPC 连接器用于 LCD 显示屏到 PCB（驱动电路）的连接，随着 LCD 驱动器被整合到 LCD 器件中的趋势，FPC 的引脚数会相应减少。从更长远来看，将来 FPC 连接器将有望实现与其他手机部件一同整合在手机或其 LCD 模组的框架上，如图 4-20 所示。

图 4-20 FPC 连接器的外形

（3）FPC 及 FPC 连接器的故障分析　FPC 及 FPC 连接器在手机中主要用来连接 LCD、受话器、LCD 背光灯等电路，有些手机的 FPC 还连接滑盖上的菜单按键。

当 FPC 及 FPC 连接器出现故障的时候，主要表现为：显示不正常、背光不正常、部分按键失效、听筒无声、无背光灯等故障。

3. 板对板连接器

手机中的板对板连接器主要是指手机中的子板和主板之间的连接、键盘板和主板之间的连接、FPC 和主板之间的连接等。

（1）板对板连接器的外形　如图 4-21 所示是手机中常见的板对板连接器，板对板连接器的特点是引脚间距小、高度低、接触严密等。

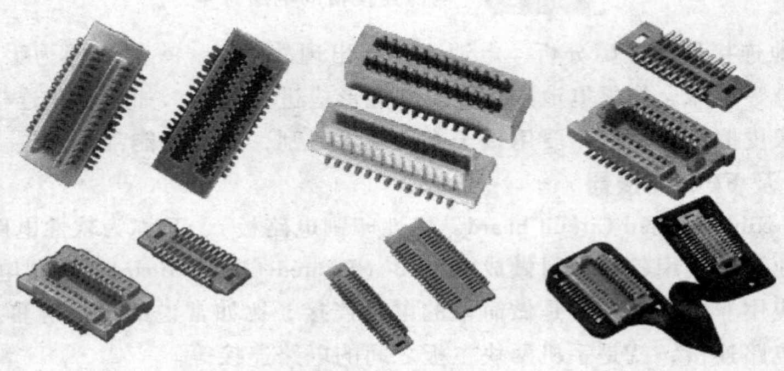

图 4-21　手机中常见的板对板连接器

（2）板对板连接器的故障分析　在摔坏的手机中，板对板连接器的问题较多，主要表现为接触不良、虚焊等问题。在更换和焊接的时候一定要注意，不要引起变形，一旦变形，子座和母座就会接触不良。

4. I/O 连接器

手机上的 I/O 连接器又叫作尾插和底部连接器，是手机与外部设备联系的通道，经常安装在手机的底部，具有拔插寿命长、多功能、多种外形的特点。

（1）I/O 连接器外形及功能　I/O 连接器的主要功能有充电、数据传输、软件下载、耳机、PC 连接等多种功能。I/O 连接器从外形上来看，主要有扁形接口和 mini USB 接口两类，I/O 连接器的外形如图 4-22 所示。

图 4-22　I/O 连接器的外形

（2）I/O 连接器电路　由于手机 I/O 连接器的功能不同，所以它的电路画法也有差别，如图 4-23 所示是某功能手机的 I/O 连接器，其中 X2000 是充电器接口，X2001 是 I/O 连接器。

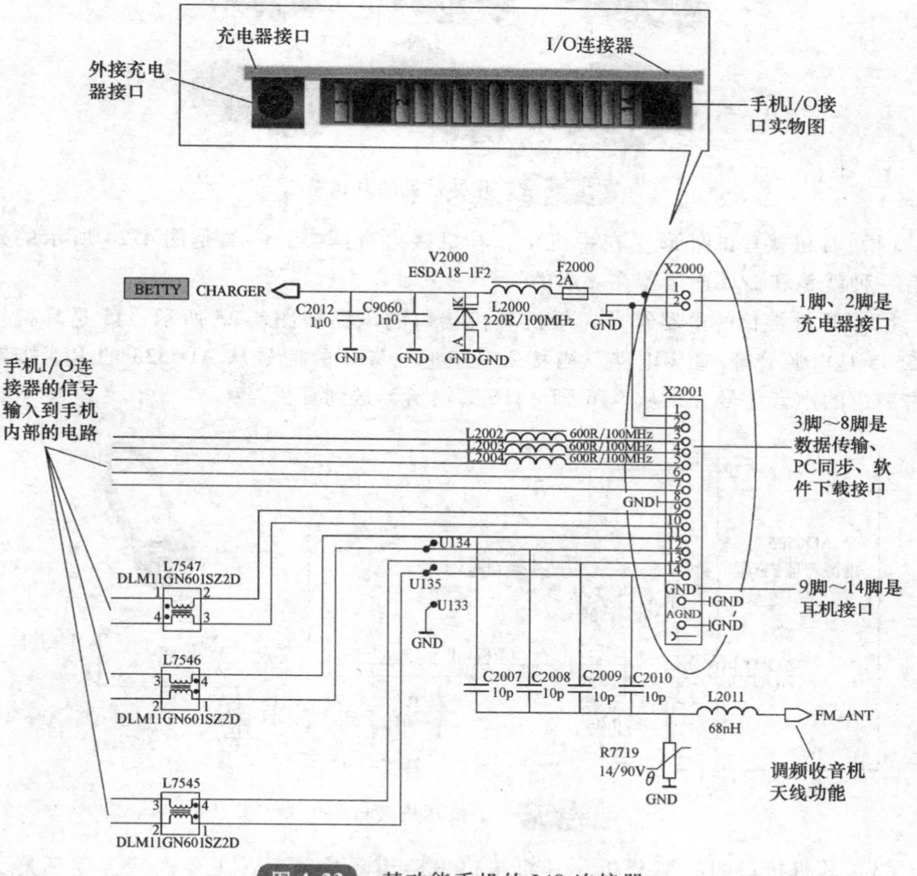

图 4-23　某功能手机的 I/O 连接器

在电路图中，X2000 的 1 脚、2 脚是充电器接口输入脚；X2001 的 1 脚、2 脚也是充电器接口输入脚，可以使用圆孔的充电器和 USB 数据线进行充电。X2001 的 3～8 脚是数据传输、PC 同步、软件下载接口；X2001 的 9～14 脚是外接耳机接口，同时外接耳机还可作为调频收音机的天线使用。

（3）I/O 连接器的故障分析　智能手机中的 I/O 连接器由于多次拔插数据线和充电器、耳机等接口设备，加上使用环境复杂，很容易出现机械损坏，I/O 连接器损坏后主要表现在外观变形、不能充电、不能连接 PC 或数据线、不能连接耳机等问题。由于 I/O 连接器外露，经常出现因进水造成的意外故障。

5. 耳机接口

智能手机中的耳机接口是用来连接耳机的端口，目前市场上手机的耳机接口有多种样式，如图 4-24 所示是几种常见的耳机接口。

图 4-24　几种常见的耳机接口

（1）耳机接口的外形　在手机中，耳机接口有两类，一类是图 4-24 所示的外形，还有一种就是和 I/O 连接器在一起的。

（2）耳机接口的电路符号　手机耳机接口的电路如图 4-25 所示，J5 是耳机接口，AD6535 是电源管理/音频电路。当接入耳机时，MIC 的信号从 AD6535 的 P15 脚输入，左右声道的声音信号分别从 K16 脚、J16 脚输出，送到耳机。

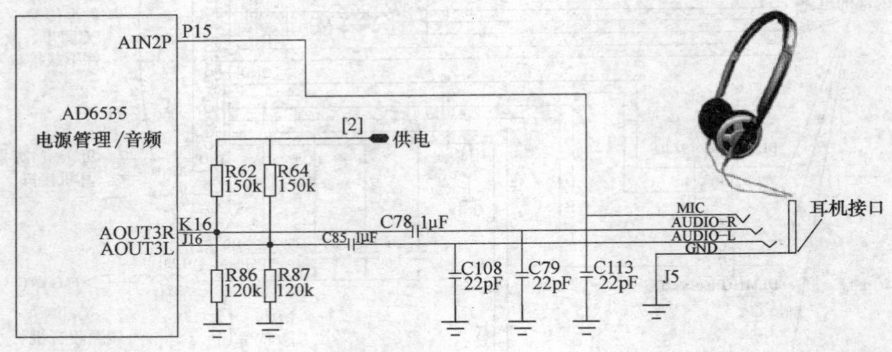

图 4-25　手机耳机接口的电路

（3）耳机接口的故障分析　耳机接口电路出现故障后，主要表现为受话器无声、不送话、耳机无声等，一般为耳机接口损坏而造成的，多是由拔插耳机插头引起的。

6. 存储卡接口及电路

存储卡也叫作扩展卡，主要用于新型移动电话和 DC、DV 等电子消费品，是一种低成本、高容量的存储设备，用来扩展手机及电子设备的物理空间，能容纳各种格式的文件。

下面以手机中应用最多的 TF 卡为例说明手机存储卡连接器外形及电路的工作原理。

（1）TF 卡连接器的外形　TF 卡连接器的外形如图 4-26 所示，在手机中一般有三种最为常用，第一种是掀开式连接器，一般安装在手机的背面，取下电池就可以看到；第二种是插入式连接器，一般安装在手机的侧面和顶部；第三种是 SIM 卡、TF 卡二合一连接器，一般在手机背面。

图 4-26　TF 卡连接器的外形

（2）TF 卡的引脚及其功能　TF 卡有 8 个触点与 TF 卡连接器进行连接，TF 卡的触点如图 4-27 所示。

TF 卡连接器引脚功能见表 4-1。

表 4-1　**TF 卡连接器引脚功能**（SD 卡模式）

针编号	名称	类型	说明
1	DAT2	I/O	数据位[2]
2	CD/DAT3	I/O	数据位[3]
3	CMD	I/O	指令应答
4	VDD	电源	电源
5	CLK	输入	时钟
6	VSS	零线	电源零线
7	DAT0	I/O	数据位[0]
8	DAT1	I/O	数据位[1]

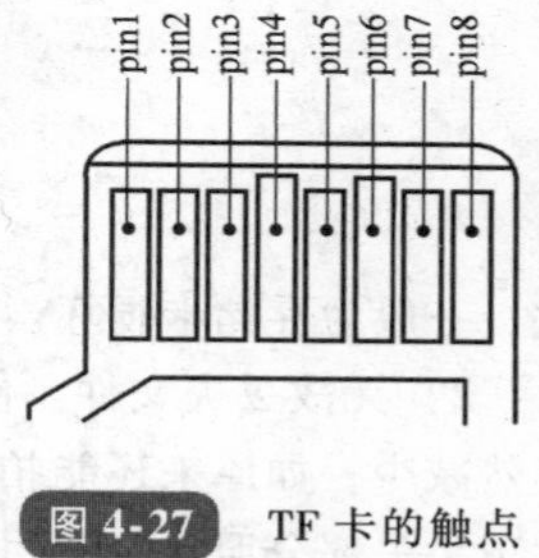

图 4-27　TF 卡的触点

（3）TF 卡检测电路原理　TF 卡检测电路原理如图 4-28 所示，当插入 TF 卡时，TF 卡将卡检测触点碰触闭合，然后输入到 CPU 一个检测信号，CPU 检测到有 TF 卡插入时，开始读取 TF 卡内部资料。

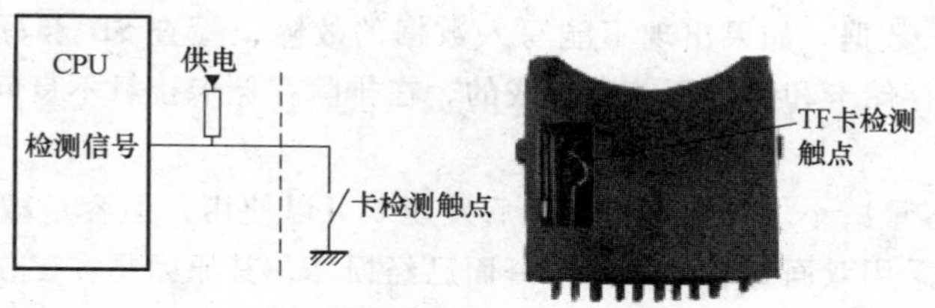

图 4-28　TF 卡检测电路原理

（4）TF 卡电路　TF 卡电路原理图如图 4-29 所示，当插入 TF 卡，且 CPU 检测到卡插入的时候，CPU 与 TF 开始通信并读取卡内信息。

（5）存储卡的故障分析　手机中的存储卡损坏后故障主要表现为：

1）无法格式化。如果存储卡放在手机中无法格式化，可以将存储卡取出来后，先放在计算机中格式化后，再放在手机中格式化。如果在手机中仍然无法格式化，可将卡放在其他手机上试下，如果可以格式化使用，就是手机出现了问题；如果仍然无法格式

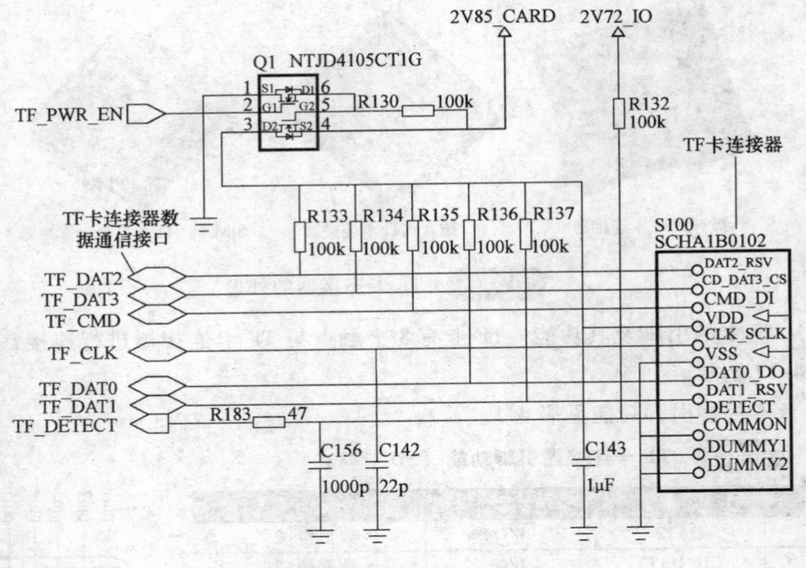

图 4-29 TF 卡电路原理图

化，一般为存储卡损坏。

2）无故丢失文件。使用数码相机功能拍照时，发现存储卡内还能拍摄的照片数量突然减少，如原来还能拍 100 张，现在显示只能拍 12 张。将拍摄的照片导入计算机，发现丢失部分照片；使用相机的浏览功能，不能显示存储卡中的图片。这种情况一般为存储卡和手机接触不良而造成的。

3）无法识别设备。存储卡在手机上无法识别，使用读卡器在计算机上使用时，可以打开文件，但是显示为乱码，这种情况首先要排除病毒，然后再按照手机说明书要求进行格式化。

4）不能写入数据。如果出现不能写入数据的故障，检查 SD 卡写保护开关是否已经打开，一般为存储卡和手机不兼容造成的，在排除存储卡接触不良问题后可更换存储卡测试。

5）存储卡容量减小。存储卡格式化后发现卡可以使用，但容量减小为原来的 1/2。这种情况一般为采用双面封装的存储卡一面已经损坏，其原因是在工作中拔下存储卡或者在低电量情况下写入数据。

第三节　显示屏和触摸屏

一、显示屏

手机时代，大屏幕的显示屏已经成为手机的标准配置，智能手机的显示屏都在 3.5 寸以上，目前最大的显示屏已经做到 7 寸。对于视频、动漫游戏、手机阅读、证券行情

等展示类应用来说，大屏幕成为必不可少的配置。然而，屏幕大也不可避免地带来了一些麻烦。

1. LCD 的工作原理

液晶显示器（Liquid Crystal Display，LCD）是目前手机和计算机常用的一种显示器。LCD 的构造是在两片平行的玻璃当中放置液态的晶体，两片玻璃中间有许多垂直和水平的细小电极，通过通电与否来控制杆状水晶分子改变方向，将光线折射出来产生画面。

液晶显示器按照控制方式不同可分为被动矩阵式 LCD 及主动矩阵式 LCD 两种。

（1）被动矩阵式 LCD 的工作原理　LCD 主要有三种，分别为 TN-LCD、STN-LCD 和 DSTN-LCD，其显示原理基本相同，不同之处是液晶分子的扭曲角度有些差别。下面以典型的 TN-LCD 为例，介绍下被动矩阵式 LCD 结构及工作原理。

在 TN-LCD 面板中，通常是由两片大玻璃基板，内夹着彩色滤光片、配向膜等制成的夹板，外面再包裹着两片偏光板，它们可决定光通量的最大值与颜色的产生。TN-LCD 的结构如图 4-30 所示。

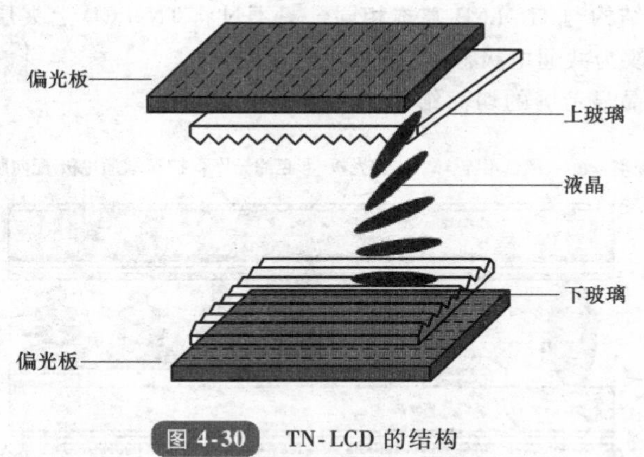

图 4-30　TN-LCD 的结构

在正常情况下，光线从上向下照射时，通常只有一个角度的光线能够穿透下来，通过上偏光板导入上部夹层的沟槽中，再通过液晶分子扭转排列的通路从下偏光板穿出，形成一个完整的光线穿透途径。而液晶显示器的夹层贴附了两块偏光板，这两块偏光板的排列和透光角度与上下夹层的沟槽排列相同。当液晶显示器的夹层施加某一电压时，由于受到外界电压的影响，液晶会改变它的初始状态，不再按照正常的方式排列，而变成竖立的状态。因此，经过液晶的光会被第二层偏光板吸收使整个结构呈现不透光的状态，结果在显示屏上出现黑色。当液晶层不施加任何电压时，液晶是在它的初始状态，会把入射光的方向扭转 90°，因此让背光源的入射光能够通过整个结构，结果在显示屏上出现白色。TN-LCD 的工作原理如图 4-31 所示。

为了使面板上的每一个独立像素都能产生你想要的色彩，必须使用多个白光的 LED 作为显示屏的背光源。

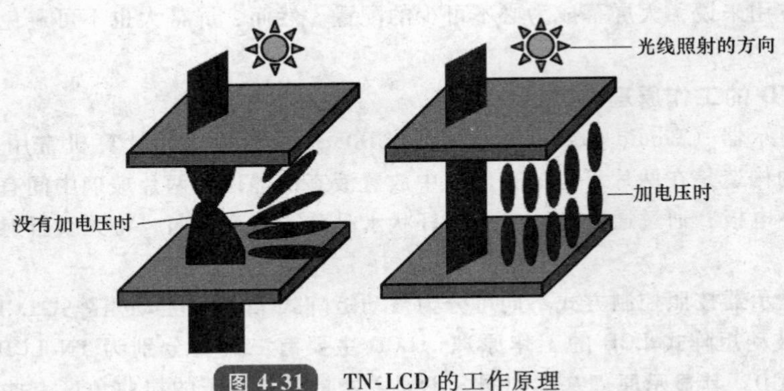

图 4-31 TN-LCD 的工作原理

(2) 主动矩阵式 LCD 工作原理　薄膜场效应晶体管（Thin Film Transistor，TFT）显示屏，是指液晶显示器上的每一个液晶像素点都是由集成在其后的薄膜晶体管来驱动的，从而可以做到高速度、高亮度、高对比度显示屏幕信息，TFT 显示屏采用主动矩阵式 LCD。

TFT-LCD 的结构与 TN-LCD 基本相同，只不过将 TN-LCD 上夹层的电极改为 FET 晶体管，而下夹层改为共通电极。

TFT-LCD 液晶显示屏的切面结构如图 4-32 所示。

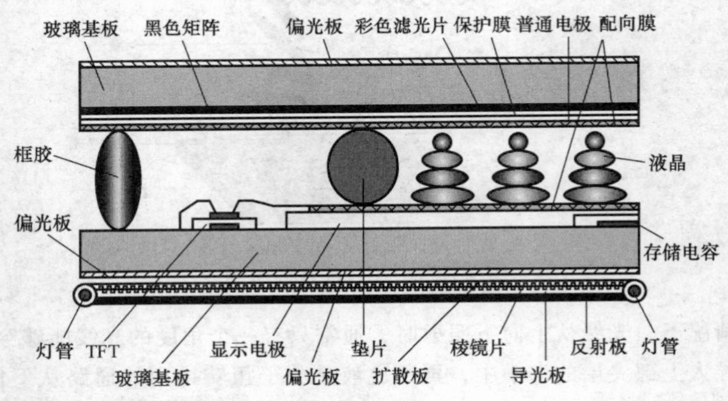

图 4-32 TFT-LCD 液晶显示屏的切面结构

和 TN 技术不同的是，TFT 的显示采用了“背透式”照射方式，假想的光源路径不是像 TN 液晶那样从上至下，而是从下向上照射。即在液晶的背部设置了特殊光管，光源照射时通过下偏光板向上透出。由于上、下夹层的电极改成 FET 电极和共通电极，在 FET 电极导通时，液晶分子的表现也会发生改变，可以通过遮光和透光来达到显示的目的，响应时间大大提高到 80ms 左右。因其具有比 TN-LCD 更高的对比度和更丰富的色彩，显示屏更新频率也更快，故 TFT 俗称“真彩”。

相对于 DSTN 而言，TFT-LCD 的主要特点是为每个像素配置一个半导体开关器件。

由于每个像素都可以通过点脉冲直接控制，因而每个节点都相对独立，并可以进行连续控制。这样的设计方法不仅提高了显示屏的反应速度，同时也可以精确控制显示灰度，这就是 TFT 色彩较 DSTN 更为逼真的原因。

TFT-LCD 的像素结构如图 4-33 所示。

2. 手机 LCD 模块和电路

（1）LCM 模块　LCM（LCD Module，LCD 显示模组、液晶模块），是指将液晶显示器件、连接件、控制与驱动等外围电路、PCB、背光源、结构件等装配在一起的组件。

手机中 LCM 模块如图 4-34 所示。

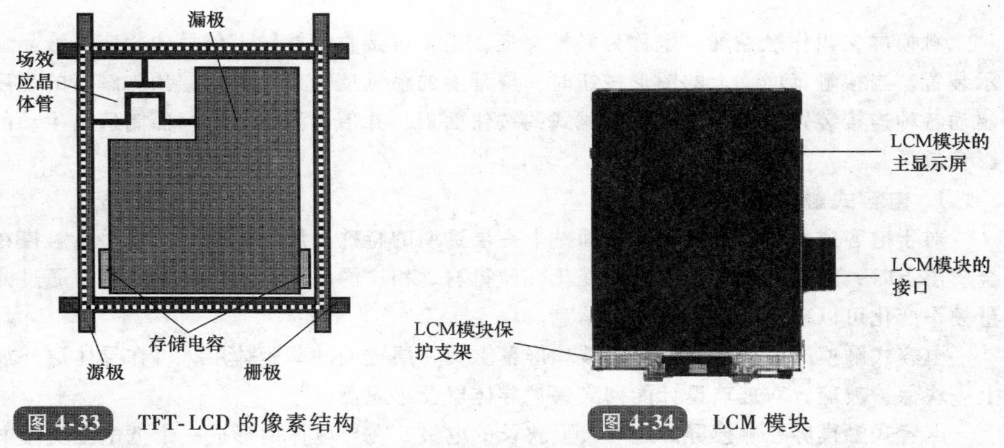

图 4-33　TFT-LCD 的像素结构　　图 4-34　LCM 模块

（2）手机 LCD 电路　手机中的 LCD 接收 CPU 发过来的显示指令和数据，经分析判断、存储，按一定的时钟速度将显示的点阵信息输出至行和列驱动器进行扫描，以大于 75Hz 每帧的速率更新并送至 LCD，则人眼在外界光的反射下，就可以看到液晶的屏幕上出现显示内容。

手机 LCD 电路主要由背光电路和显示电路两部分组成。

1）背光电路。手机 LCD 大都采用白光 LED 作为背光源，一般由 3 个串联或并联的白光 LED 组成，串联型的背光电路驱动电压约 10V，并联型的背光电路驱动电压约 3V，是一个耗电量很大的部件。大都采用升压型 DC/DC 器件进行驱动，许多手机一般采用专门的背光驱动芯片。

2）显示电路　显示电路一般由时序控制器（Timing Controller）、源代码驱动（Source Driver）、门驱动器（Gate Driver）组成。有的集成块把时序控制器和源代码驱动集成在一起，也有的集成块把三个部分都集成。这三部分电路一般都集成在 LCD 模组里面。

3. 手机 LCD 故障分析

由于手机中 LCD 的材料限制，在使用过程中经常会因为磕碰、操作不当、产品质量问题等原因而造成显示不正常等问题，手机 LCD 故障主要表现在以下几个方面。

（1）黑屏　出现 LCD 黑屏的主要原因不是 LCD 本身引起的，而是由 LCD 背光灯电路不工作引起的，检查 LCD 背光灯电路即可。

（2）LCD 破裂　手机上的 LCD 是两片玻璃以及充入其间的一种液晶液体组成的。当 LCD 屏上的玻璃受到一定外作用力时较容易破裂，而玻璃破裂后在其间的液晶体会流失，造成屏幕上有的地方显示黑块。手机出现这种情况时，只能更换 LCD。

（3）显示花屏、倒屏、错位　出现这种情况一般为 LCD 本身驱动芯片或连接手机主板的排线出现问题，可用代换法进行维修，先代换排线，如果故障无法排除，再代换 LCD。

二、触摸屏

触摸屏又叫作触控屏，也称为触控面板，是个可接收触摸输入信号的感应式液晶显示装置。当接触了屏幕上的图形按钮时，屏幕上的触觉反馈系统可根据预先编写的程序驱动各种连接装置，可用以取代机械式的按钮面板，并借由液晶显示画面制造出生动的影音效果。

1. 电容式触摸屏

对于电容式触摸屏，在玻璃表面贴上一层透明的特殊金属导电物质。当手指触摸在金属层上时，触点的电容就会发生变化，使得与之相连的振荡器频率发生变化，通过测量频率变化可以确定触摸位置获得信息。

电容式触摸屏的构造主要是在玻璃屏幕上镀一层透明的薄膜体层，再在导体层外加上一块保护玻璃，双玻璃设计能彻底保护导体层及感应器。

电容式触摸屏在触摸屏四边均镀上狭长的电极，在导电体内形成一个低电压交流电场。在触摸屏幕时，由于人体电场，手指与导体层间会形成一个耦合电容，四边电极发出的电流会流向触点，而电流强弱与手指到电极的距离成正比，位于触摸屏幕后的控制器便会计算电流的比例及强弱，并准确算出触摸点的位置。电容触摸屏的双玻璃不但能保护导体及感应器，更能有效地防止外在环境因素对触摸屏造成的影响，就算屏幕沾有污秽、尘埃或油渍，电容式触摸屏依然能准确算出触摸位置，如图 4-35 所示。

2. 触摸屏的故障分析

（1）触摸功能错位　触摸功能错位在手机触摸屏故障中是比较多的，主要表现为：触摸屏幕功能菜单时，点击对应的菜单没有反应，而旁边的菜单反而打开了，这种情况是触摸屏功能错位。

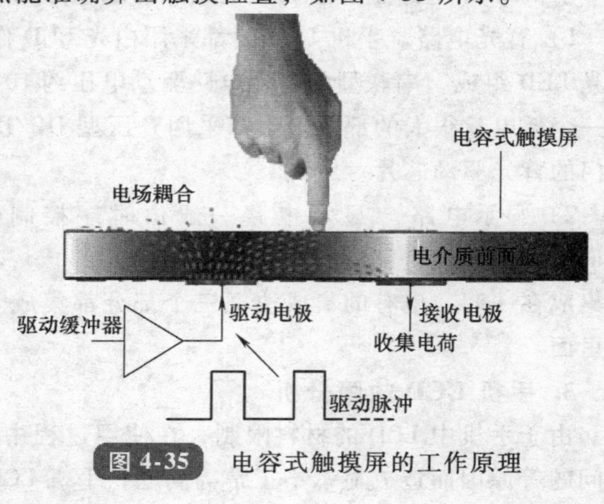

图 4-35　电容式触摸屏的工作原理

对于触摸屏的触摸功能错位问题，可以使用手机菜单的屏幕校准功能，如果无法校准，可以将手机格式化或者使用软件进行校准。如果校准后仍然无法使用，则需要更换触摸屏。

（2）触摸屏失灵　触摸屏失灵故障表现为：点击触摸屏任何功能菜单手机都没有反应，这种情况一般为触摸屏损坏或软件问题，可以先下载软件或者用软件进行屏幕校准，如果无效再更换触摸屏。

（3）触摸屏部分失灵　触摸屏部分失灵的故障表现为：在触摸屏的左侧点击功能正常，右侧功能失效，或上侧功能正常，下侧失效。这种情况一般是触摸屏损坏造成的，只有更换触摸屏才能解决故障。

第四节　手机的传感器

本节主要介绍几种典型的传感器及其在智能手机中的应用，这些传感器的应用为智能手机增加了感知能力，使手机能够知道自己做什么，甚至做什么的动作，你可以将iPhone手机接一个传感器到你的鞋上，这样，在你跑步的时候，手机就会自动记录你的运动信息。或者戴一个智能手环，就可以将健康信息随时传递到手机上。

一、霍尔传感器

霍尔传感器是一个使用非常广泛的电子器件，在录像机、电动车、汽车、计算机散热风扇中都有应用。在手机中主要应用在翻盖或滑盖的控制电路中，通过翻盖或滑盖的动作来控制挂掉电话或接听电话、锁定键盘及解除键盘锁等。

1. 霍尔传感器的外形的特征

霍尔传感器是一个磁控传感器，在磁场作用下直接产生通与断的动作。霍尔传感器的外形封装很像晶体管，但看起来比晶体管更胖一些。

手机中霍尔传感器的外形如图 4-36 所示。在手机中，霍尔传感器的封装有 3 个引脚的，也有 4 个引脚的。

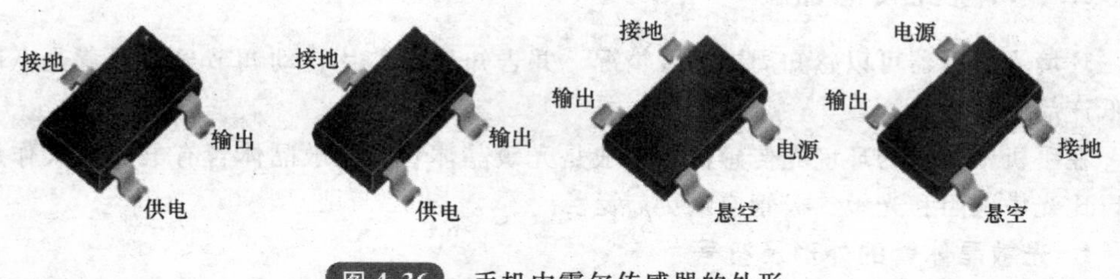

图 4-36　手机中霍尔传感器的外形

2. 手机霍尔传感器电路符号

如图 4-37 所示是某滑盖手机的霍尔传感器电路，当磁场作用于霍尔元件时产生一微小的电压，经放大器放大及施密特电路后使晶体管导通输出低电平；当无磁场作用时，晶体管截止，输出为高电平。

在滑盖手机中，霍尔传感器件在上盖对应的方向有一个磁铁，用磁铁来控制霍尔传感器传感信号的输出，当合上滑盖的时候，霍尔传感器输出低电平作为中断信号到CPU，强制手机退出正在运行的程序（例如正在通话的电话），并且锁定键盘、关闭

LCD 背景灯；当打开滑盖的时候，霍尔传感器输出 1.8V 高电平，手机解锁、背景灯发光、接通正在打入的电话。

在翻盖或滑盖手机中霍尔传感器也比较容易找，它的位置一般在磁铁对应的主板的正面或反面，只要找到磁铁就一定能找到霍尔传感器。直板手机中一般没有这个电路。

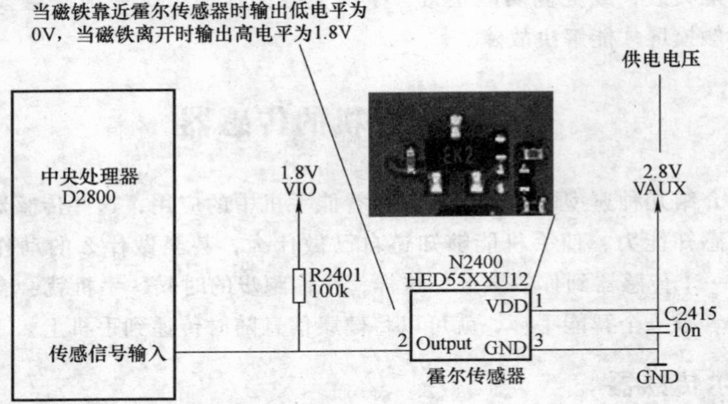

图 4-37　某滑盖手机的霍尔传感器电路

3. 手机磁控传感器的故障分析

霍尔传感器在手机中损坏引起的故障现象非常多，如果不注意检查霍尔传感器，会使维修走入弯路。

霍尔传感器表现的故障有：出现部分或全部按键失灵、开机困难、显示屏无显示。霍尔传感器出现故障的主要原因是：工作电压不正常、控制信号不正常、元件本身损坏。

二、环境光传感器

环境光传感器可以感知周围光线情况，并告知处理芯片自动调节显示器背光亮度，降低产品的功耗。

在手机中使用的环境光传感器件一般是光敏晶体管，光敏晶体管有电流放大作用，所以比光敏电阻和光敏二极管应用更广泛。

1. 光敏晶体管的外形及符号

光敏晶体管有两个 PN 结，其基本原理与光敏二极管的基本原理相同，但是它把光信号变成电信号的同时，还放大了信号电流，因此具有更高的灵敏度，一般光敏晶体管的基极已在管内连接，只有 C 和 E 两根引线引出（也有将基极引出的）。

在使用光敏晶体管时，不能从外形来区分是光敏二极管还是光敏晶体管，只能从型号来进行区分。

光敏晶体管的外形及符号如图 4-38 所示，一般只有两个引脚引出，外形非常像普通的发光二极管。

2. 光敏晶体管的工作原理

光敏晶体管与普通晶体管一样，是采用半导体制作工艺制成的具有 NPN 或 PNP 结构的半导体管。它在结构上与普通晶体管相似，它的引出电极通常只有两个，也有三个的。

光敏晶体管的结构如图 4-39 所示。为适应光电转换的要求，它的基区面积做得较大，发射区面积做得较小，入射光主要被基区吸收。和光敏二极管一样，管子的芯片被装在带有玻璃透镜金属管壳内，当光照射时，光线通过透镜集中照射在芯片上。

图 4-38　光敏晶体管的外形及符号

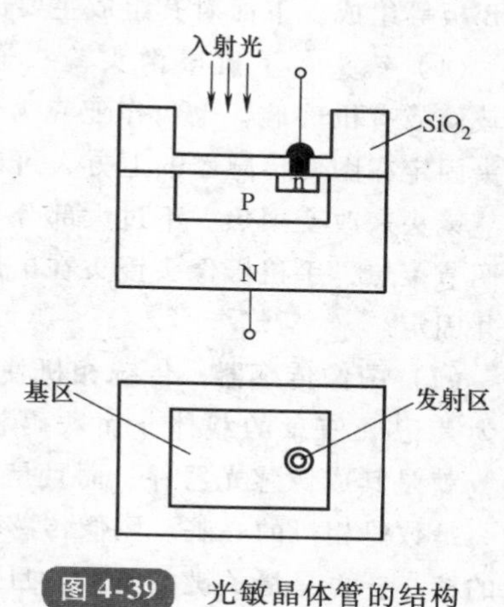

图 4-39　光敏晶体管的结构

3. 环境光传感器的电路

环境光传感器的电路如图 4-40 所示，光敏晶体管 V6501 将感应到的光线变成电信号送到电源管理/音频芯片中的检测电路中，然后输出控制信号，控制 LCD 背光灯，使之能够随环境光线的强弱变换亮度，以达到节省电量满足视觉需要的目的。

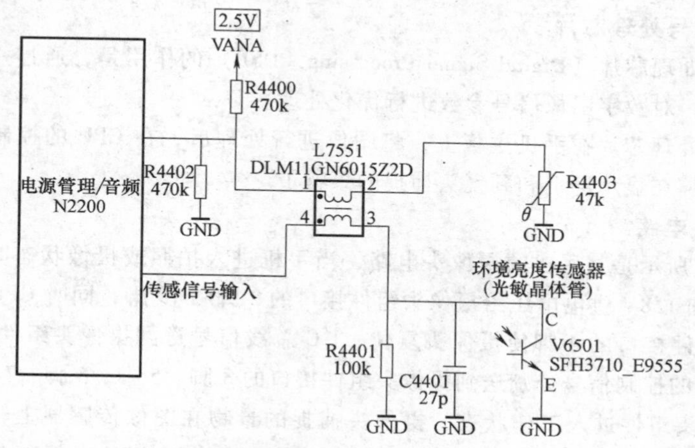

图 4-40　环境光传感器的电路

4. 环境光传感器的故障分析

手机环境光传感器的功能要在手机菜单中设置后才能使用，环境光传感器 CE 结开路会造成手机环境光传感器功能失效；环境光传感器 CE 结短路会造成手机 LCD 黑屏现象。

三、摄像头

1. 摄像头的结构

手机摄像头的结构如图 4-41 所示，一般由镜头、音圈马达、红外滤光片、传感器、PCB 板等组成。下面对其组成主要部分进行简单介绍。

（1）镜头　手机摄像头镜头通常采用钢化玻璃或有机玻璃，也叫作亚克力（PMMA），镜头固定在图像传感器的上方，可以通过手动调节镜头来改变聚焦。不过大部分手机不能手动调节聚焦，手机摄像头镜头在出厂时已经调好并固定。

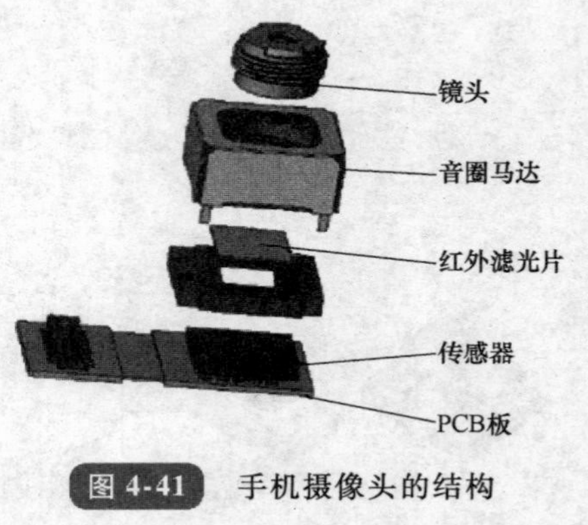

图 4-41　手机摄像头的结构

（2）图像传感器　传统相机使用“胶卷”作为其记录信息的载体，而数码相机的“胶卷”就是其成像感光器件，而且是与相机一体的，是数码相机的心脏。图像传感器是数码相机的核心，也是最关键的技术。目前手机数码相机的核心成像部件有两种：一种是广泛使用的电荷耦合（CCD）元件，另一种是互补金属氧化物半导体（CMOS）器件。

（3）接口　手机中内置的摄像头本身是一个完整的组件，一般采用 FPC、板对板连接器、弹簧卡式连接方式与手机主板进行连接，将图像信号送到手机主板的数字信号处理芯片中进行处理。

2. 数字信号处理芯片

数字信号处理芯片（Digital Signal Processing，DSP）的作用是，通过一系列复杂的数学算法运算，对数字图像信号参数进行优化处理。

数字信号处理芯片在手机主板上，将图像进行处理后，在 CPU 的控制下送到显示屏，然后就能够在显示屏上和到镜头捕捉的景物了。

3. 摄像头电路

如图 4-42 所示是某手机的摄像头电路，当手机进入拍照或摄像状态时，电源会分别提供 2.8V 和 1.8V 供电电压给摄像头组件接口的 2 脚和 19 脚，同时 CPU 送出复位信号到摄像头组件接口的 4 脚使摄像头复位，I^2C 总线信号送到摄像头组件接口的 9 脚、10 脚，摄像头的控制信号分别送到摄像头组件接口的 3 脚、5 脚、6 脚、7 脚、8 脚。

此时摄像头组件进入工作状态，摄像头捕捉的景物在图像传感器上转化成电信号后，经过摄像头组件 U500 的 11～18 脚数据通信接口，送至 CPU 内部，在 CPU 内部的数字信号处理器中处理后，送至 LCD 显示出摄像头捕捉的景物。

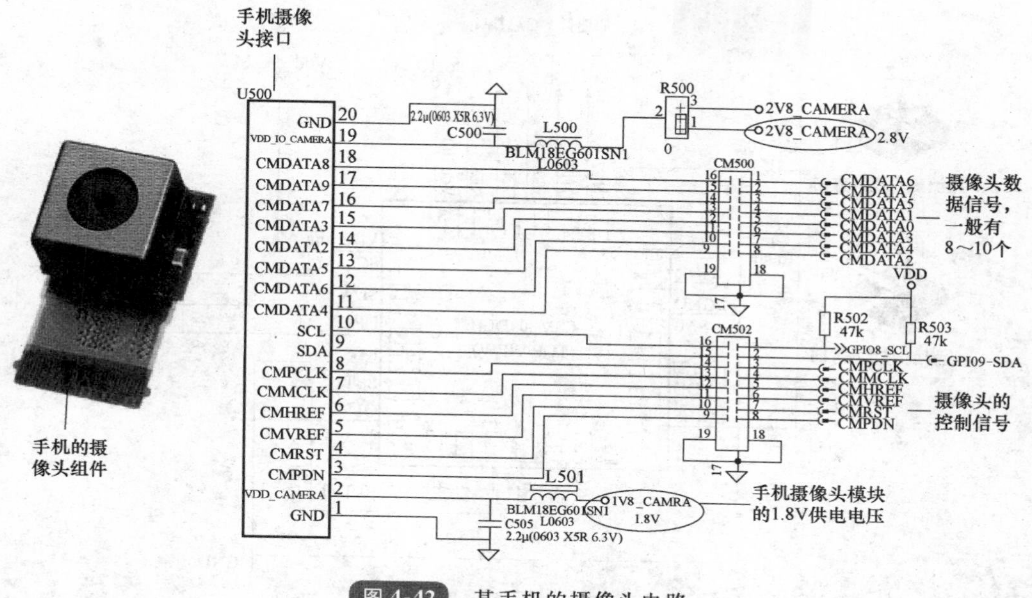

图 4-42　某手机的摄像头电路

4. 摄像头的故障分析

由于摄像头故障涉及的范围比较广，所以在这里我们只讨论摄像头本身问题引起的故障。

（1）无法启动摄像头　无法启动摄像头，一般会显示“装置未就绪”，这种情况一般是摄像头损坏引起的，软件问题、CPU 坏或虚焊、摄像头没有供电等问题也会引起。

（2）照相花屏、死机　照相花屏、照相死机、拍照时屏幕显示黑底色、拍照后图像正常保存后无图像等问题一般为摄像头本身损坏引起的。

四、电子指南针

1. 电子指南针电路

下面以意法半导体公司的 LSM303DLH 模块为例介绍电子指南针电路，LSM303DLH 将加速计、磁力计、A/D 转化器及信号处理电路集成在一起，仍然通过 I^2C 总线和处理器通信。这样只用一颗芯片就实现了 6 轴的数据检测和输出，减小了 PCB 板的占用面积，降低了器件成本。

LSM303DLH 的应用电路如图 4-43 所示。它需要的周边器件很少，连接也很简单，磁力计和加速计各自有一条 I^2C 总线和处理器通信。如果 I/O 接口电平为 1.8V，Vdd_dig_M、Vdd_IO_A 和 Vdd_I^2C_Bus 均可接 1.8V 供电，Vdd 使用 2.5V 以上供电即可；如果接口电平为 2.6V，除了 Vdd_dig_M 要求 1.8V 以外，其他皆可以用 2.6V。

C_1 和 C_2 为置位/复位电路的外部匹配电容，由于对置位脉冲和复位脉冲有一定的要求，建议不要随意修改 C_1 和 C_2 的大小。

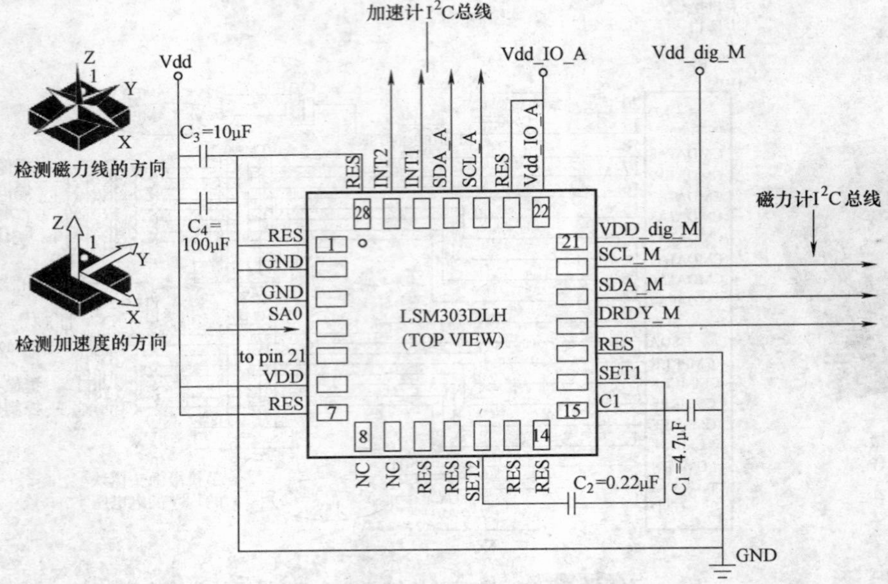

图 4-43 LSM303DLH 的应用电路

2. 电子指南针的故障分析

电子指南针功能在使用时一般要先进行校准，然后再使用，使用过程中避免强磁设备靠近手机，否则可能会引起电子指南针指针方向有偏差。电子指南针芯片失效后也会引起方向偏差和功能失效问题。

五、加速传感器

加速度传感器是一种能够测量加速度的电子设备。在手机中，加速传感器可以监测手机受到的加速度的大小和方向。

1. 加速传感器的工作原理

加速传感器的原理为：运用压电效应实现，一片“重力块”和压电晶体做成一个重力感应模块，手机方向改变时，重力块作用于不同方向的压电晶体上的力也随之改变，输出电压信号不同，从而判断手机的方向。重力感应常用于自动旋转屏幕以及一些游戏，但是它本身局限性比较大，因为它是根据重力判断方向，通过感应重力正交两个方向的分力大小，来判断水平方向，如图 4-44 所示。

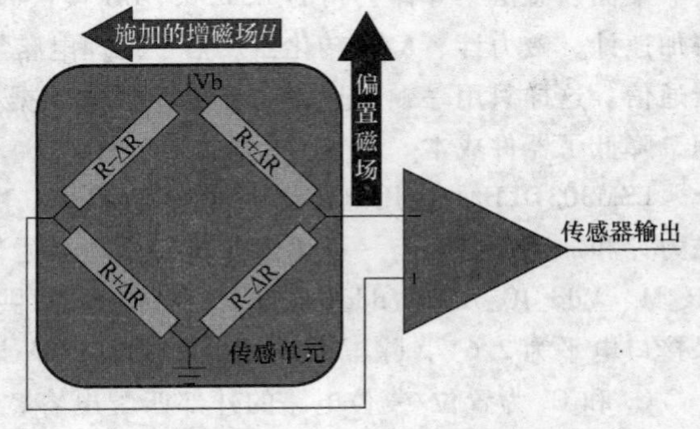

图 4-44 加速度传感器原理

2. 加速传感器电路

以飞思卡尔（Freescale）的加速传感器 MMA7455L 为例说明加速传感器在手机中的应用。

加速度传感器 MMA7455L 是 XYZ 轴（±2g、±4g、±8g）三轴加速度传感器，可以实现基于运动的功能，如倾斜滚动，游戏控制，按键静音和手持终端的自由落体硬盘驱动保护，以及门限检测和点击检测功能等。提供 I^2C 和 SPI 接口，方便与 MCU 的通信，因此非常适用于智能手机或个人设备中的运动应用，包括图像稳定、文本滚动和移动拨号。

供电电压加到加速传感器 MMA7455L U504 的 1 脚、6 脚、7 脚，电压为 3V，U504 的中断信号加到 CPU 的 GPIO 接口，U504 将感应到的信息通过 I^2C 接口送到 CPU 电路，由 CPU 来实现各种功能操作。

加速传感器 MMA7455L 的电路原理图如图 4-45 所示。

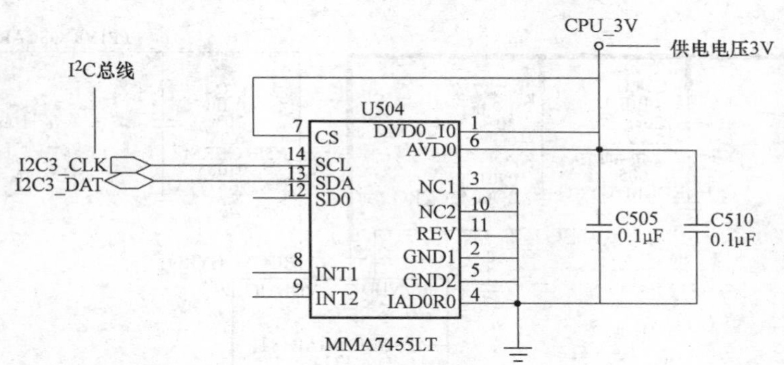

图 4-45 加速传感器 MMA7455L 的电路原理图

六、三轴陀螺仪

三轴陀螺仪多用于航海、航天等导航、定位系统，能够精确地确定运动物体的方位。如今也多用于智能手机当中，比如最早采用该技术的苹果 iPhone 4 手机。

1. 三轴陀螺仪的工作原理

三轴陀螺仪可同时测定 6 个方向的位置、移动轨迹、加速度。单轴的则只能测量一个方向的量，也就是一个系统需要三个单轴陀螺仪，而一个三轴的就能替代三个单轴的。三轴的体积小、重量轻、结构简单、可靠性好，是激光陀螺仪的发展趋势。

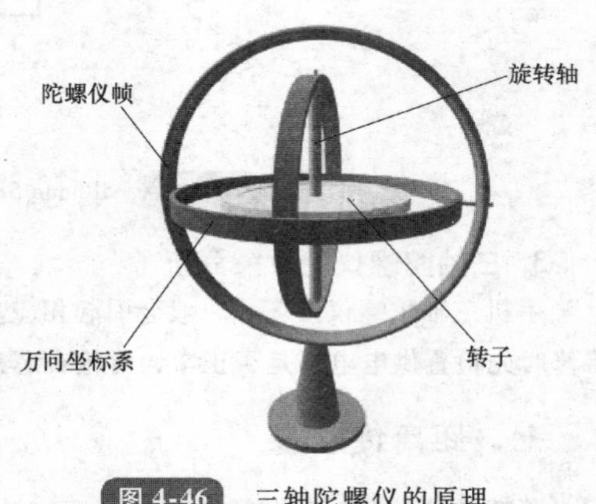

图 4-46 三轴陀螺仪的原理

三轴陀螺仪的原理如图 4-46 所示。

中间的转子则是“陀螺”，它因为惯性作用是不会受到影响的，而周边三个“钢圈”则会因为设备改变姿态而随着改变，通过这样来检测设备当前的状态。而这三个“钢圈”所在的轴，也就是三轴陀螺仪里面的“三轴”即X轴、Y轴、Z轴。三个轴围成的立体空间联合检测手机的各种动作，陀螺仪最主要的作用在于它可以测量角速度。

2. 三轴陀螺仪电路

以iPhone 5S手机为例简单介绍手机三轴陀螺仪电路工作原理，供电电压PP3V0_IMU送至三轴陀螺仪芯片U8的16脚，U8通过SPI总线OSCAR_TO_GYRO_SPI_CS_L、OSCAR_TO_IMU_SPI_SCLK_FL、OSCAR_TO_IMU_SPI_MOSI_FL、IMU_TO_OSCAR_SPI_MISO_FL与M7协处理器进行通信，将三轴陀螺仪感知的动作转变成数据信号送至M7协处理器。三轴陀螺仪U8通过GYRO_TO_OSCAR_INT1和GYRO_TO_OSCAR_INT2向M7协处理发送中断信号。

iPhone 5S手机三轴陀螺仪电路如图4-47所示。

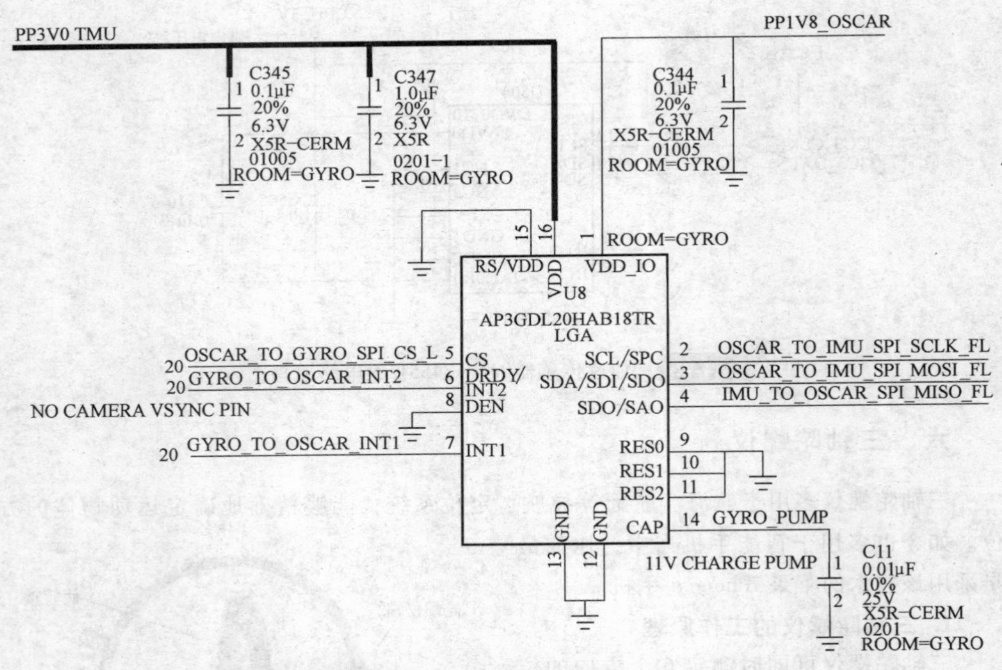

图4-47 iPhone 5S手机三轴陀螺仪电路

3. 三轴陀螺仪的故障分析

手机三轴陀螺仪损坏，一般会引起相应功能无法使用，例如部分游戏无法操作。一般维修时先检查供电电压是否正常，再检查芯片是否有虚焊，最后代换或更换芯片测试。

七、距离传感器

距离传感器又叫作位移传感器，距离感应是通过发出红外光，当物体靠近时，返回

的红外光会被元件监测到，这时就可以判断物体靠近的距离。

1. 距离传感器的工作原理

利用各种元件检测物体的物理变化量，通过将该变化量换算为距离，来测量从传感器到对象物的距离位移的机器。根据使用元件不同，分为光学式位移传感器、线性接近传感器、超声波位移传感器等。手机使用的距离传感器是利用测时间来实现距离测量的一种传感器。

红外脉冲传感器通过发射特别短的光脉冲，并测量此光脉冲从发射到被物体反射回来的时间，通过测时间来计算与物体之间的距离。

2. 手机距离传感器的应用

距离传感器一般都在手机受话器的两侧或者是在手机受话器凹槽中，这样便于它的工作。当用户在接听或拨打电话时，将手机靠近头部，距离传感器可以测出之间的距离到了一定程度后便通知屏幕背景灯熄灭，拿开时再度点亮背景灯，这样更方便用户操作也更为节省电量，如图 4-48 所示。

图 4-48　手机距离传感器

现在大部分触屏手机都会具有这个功能，另外，部分手机膜会遮挡距离感应器，影响工作，因此要特别注意。

3. 距离传感器电路

红外发射管的供电信号由 PP3V0_PROX_IRLED 送到距离传感器接口 J1 的 34 脚，红外发射信号由 Q1 控制。当拨打电话时，人脸靠近屏幕，红外接收管接收到的信号由距离传感器接口 J1 的 13 脚送出，送到相应处理器进行处理，然后控制信号关闭手机屏幕。

手机距离传感器电路如图 4-49 所示。

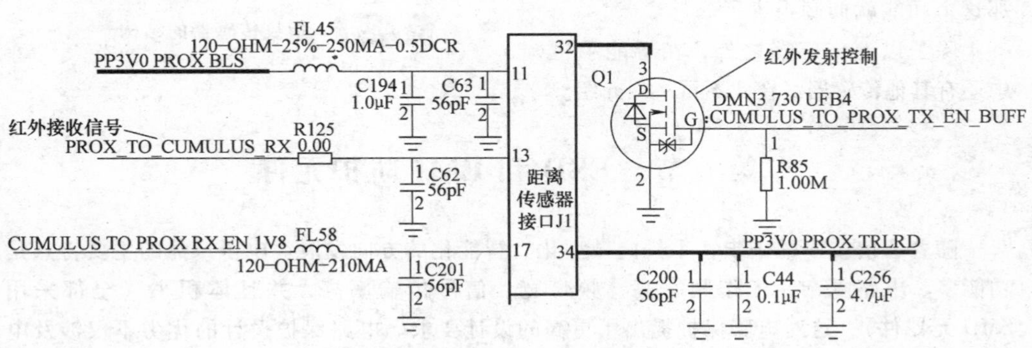

图 4-49　手机距离传感器电路

4. 距离传感器的故障分析

手机中的距离传感器损坏后，主要表现为：拨打或接听电话的时候，屏幕不自动关闭，主要原因是红外发射管或接收管损坏或不良。维修方法为检查或更换距离传感器组件、检查相应工作电压等。

八、指纹传感器

指纹传感器是实现指纹自动采集的关键器件。指纹传感器按传感原理，即指纹成像原理和技术，可分为光学指纹传感器、半导体电容传感器和半导体热敏传感器、半导体压感传感器、超声波传感器和射频 RF 传感器等。指纹传感器的制造技术是一项综合性强、技术复杂度高、制造工艺难的高新技术。

1. 指纹传感器的工作原理

在 iPhone 5S 中创新地加入了指纹传感器，在识别指纹的过程中，你完全不需要刻意地摆正手指正对屏幕，手指各个方向都会识别，并不需要刻意去“迎合”指纹识别的过程。你可以记录 5 个指纹，将常用的大拇指、食指均记录其中。

为了实现这一功能，HOME 键集成了更多的元器件。从上到下，依次有蓝宝石玻璃、不锈钢监测环、电容式单点触摸传感器和轻触式开关四个部分。而其操作原理大体如此：手指放在 HOME 键处，那一圈金色的钢圈则监测到人体细微的电流，以激活下层的传感器，此时电容式单点触摸传感器会解析蓝宝石玻璃上的指纹脉络，并且扫描分辨率可达 500ppi，如此也就可以更加精准的识别指纹的细微不同。

指纹传感器的结构如图 4-50 所示。

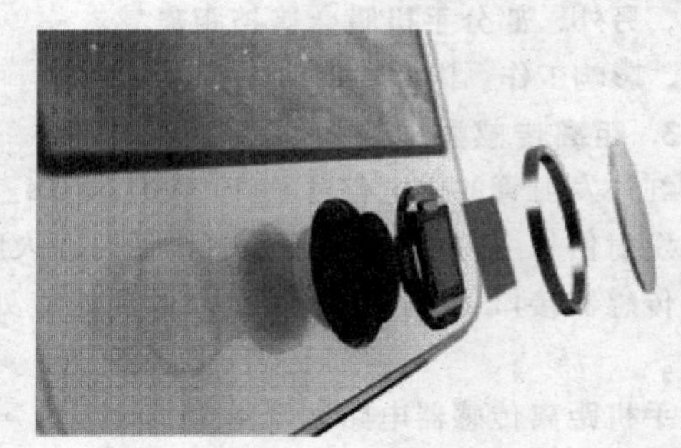

图 4-50 指纹传感器的结构

2. 指纹传感器的故障分析

手机指纹传感器组件损坏后无法单独更换，必须和 A7 处理器一起更换才行，至少目前还没办法解决单独更换问题，如果你把手机传感器组件拆坏了，那这个功能就彻底报废了。

除了以上传感器之外，在智能手机中还有其他传感器，在此不再一一介绍。

第五节 ESD 和 EMI 防护元件

随着通信技术的进步，手机向微型化、智能化的方向发展。电子产品的主要特点是功能多、电路复杂、工作频率高、频带宽、信号传输率高，并且体积小（全部采用 SMD 元器件），这对电路保护提出了更高的设计要求。电路保护设计的优劣不仅涉及电子产品的安全性、可靠性和耐用性，同时也涉及电子产品的性能质量及成本。所以，电路保护是电子产品设计的重要工作。

一、ESD 防护元件

1. ESD 概念

国际上习惯将用于静电防护的器材统称为静电阻抗器（ESD）。

2. 压敏电阻

压敏电阻（Voltage Dependent Resistor，VDR，即电压敏感电阻）是指在一定电流电压范围内电阻值随电压而变的电阻器，或者是说“电阻值对电压敏感”的电阻器。压敏电阻器的电阻体材料是半导体，所以它是半导体电阻器的一个品种。

压敏电阻器是兼有过电压保护和 ESD 防护的元件。

（1）压敏电阻的外形　在正常电压条件下，压敏电阻相当于一只小电容器，而当电路出现过电压时，它的内阻急剧下降并迅速导通，其工作电流会增加几个数量级，从而有效地保护了电路中的其他元器件不致过电压而损坏。

手机中的压敏电阻的外形有点像电容，但颜色是灰褐色，从颜色来看更像电阻，手机中压敏电阻的外形如图 4-51 所示。

（2）压敏电阻电路　如图 4-52 所示是某手机音频功率放大器，在电路中 R2106、R2107 是压敏电阻，它的击穿范围为 14 ~ 50V。在正常情况下，R2106、R2107 两个压敏电阻不会对电路产生影响，当有浪涌电压、浪涌电流、尖峰脉冲窜入电路时，如果电压超过 14V，R2106、R2107 两个压敏电阻动作，保护音频功率放大器免受浪涌脉冲的损害。

图 4-51　手机中压敏电阻的外形

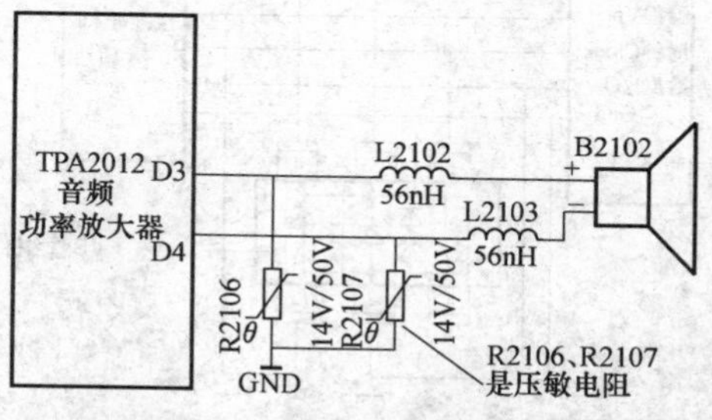

图 4-52　电路中的压敏电阻

3. TVS 管

TVS 管（Transient Voltage Suppressor，瞬态电压抑制器），它的特点是：响应速度快、通过电流量大、极间电容小、浪涌冲击后自行恢复。由于是多路组合的芯片，体积小，便于 PCB 的有效接地，利于电路板设计，是理想的防护器件。

TVS 管是兼有过电压保护和 ESD 防护的元件。

（1）TVS 管的特性　TVS 管有单向与双向之分，单向 TVS 管的特性与稳压二极管相似，双向 TVS 管的特性相当于两个稳压二极管反向串联。

（2）TVS 管的电路符号及外形　TVS 管的电路符号如图 4-53 所示。

常见 TVS 管的外形如图 4-54 所示。TVS 管的外形看起来与贴片二极管、晶体管有点类似，但是特性和内电路有明显区别。

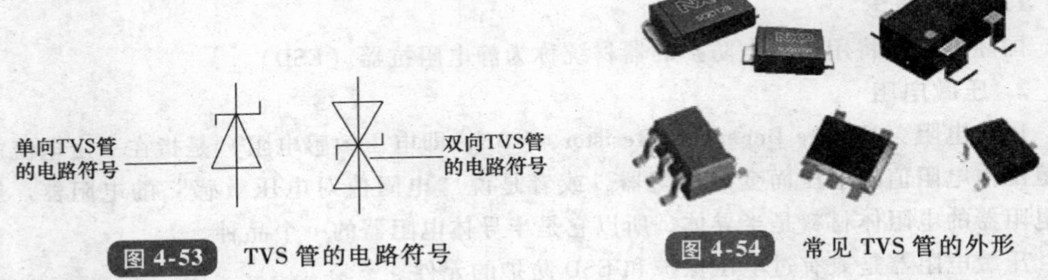

图 4-53 TVS 管的电路符号

图 4-54 常见 TVS 管的外形

(3) TVS 管电路

1) SIM 卡保护电路中的浪涌防护电路。SIM 卡保护电路中 TVS 管的接法如图 4-55 所示，这是一个组件，由两个整流桥和一个 TVS 管组成。

SIM 卡保护电路中 V_{cc} 直接通过 TVS 进行浪涌防护，当 V_{cc} 有浪涌脉冲时，TVS 会将其嵌位；时钟信号、数据信号分别接到由高速控制二极管组成的桥式检波电路的输入端，浪涌电压经检波后由 TVS 进行嵌位，从而保护了时钟、数据信号的正常工作；复位/编程的 ESD 保护是同样的原理。

2) 键盘电路的浪涌防护电路。键盘电路的浪涌保护电路如图 4-56 所示。

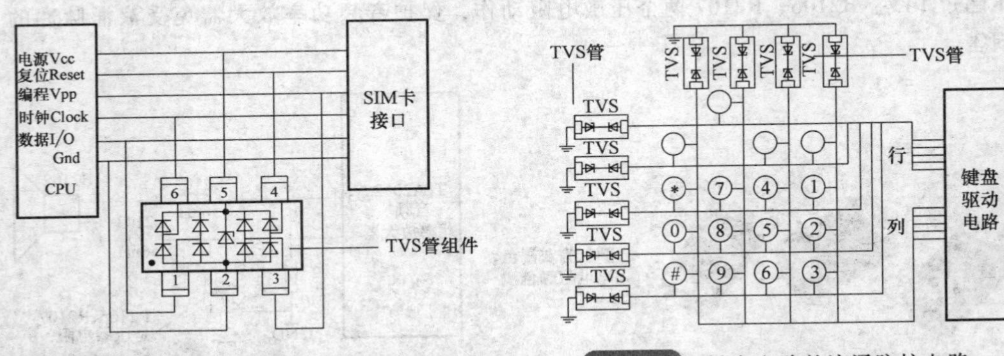

图 4-55 SIM 卡保护电路中 TVS 管的接法

图 4-56 键盘电路的浪涌防护电路

为了保护键盘电路免受 ESD 的冲击，键盘控制电路的每一行、每一列都需要接一个 TVS 作保护。由于频率不高，所以对 TVS 的极间电容要求不严，可以选用标准电容的双向 TVS 做全方位的保护。

4. ESD 器件的故障分析

几乎所有的智能手机中都采用了 ESD 器件，以避免静电脉冲对手机芯片造成的损害，ESD 器件通常用在键盘电路、SIM 卡电路、显示屏电路等接口电路中。

进水手机 ESD 器件损坏的较多，故障现象一般为击穿，ESD 器件击穿后会对电路功能造成严重影响，在不同的电路中表现的故障不尽相同。例如在 SIM 卡电路中，可能会造成不识卡故障。所以在维修手机电路故障时，一定要注意检查电路中的 ESD 器件。

二、EMI防护元件

1. 电磁干扰

电磁干扰（Electromagnetic Interference，EMI），是指电磁波与电子元件作用后产生的干扰现象，有传导干扰和辐射干扰两种。

传导干扰是指通过导电介质把一个电网络上的信号耦合（干扰）到另一个电网络。辐射干扰是指干扰源通过空间把其信号耦合（干扰）到另一个电网络，在高速PCB及系统设计中，高频信号线、集成电路的引脚、各类接插件等都可能成为具有天线特性的辐射干扰源，能发射电磁波并影响其他系统或本系统内其他子系统的正常工作。

2. EMI滤波器的外形

手机中的EMI滤波器根据使用的位置有多种外形，有些看起来像BGA芯片，有些看起来像排容。手机中常见的EMI滤波器的外形如图4-57所示。

图4-57 手机中常见的EMI滤波器的外形

3. EMI滤波器电路

下面以手机LCD电路为例讲解手机EMI滤波器的电路原理，手机LCD驱动的数据通信线其数据传输速率很高，容易被各种电磁干扰，造成图像质量下降，为此需要在数据通信线上采用有EMI抑制能力的滤波器件和ESD防护，以保障彩色图像的高质量。

LCD驱动电路原理图如图4-58所示。

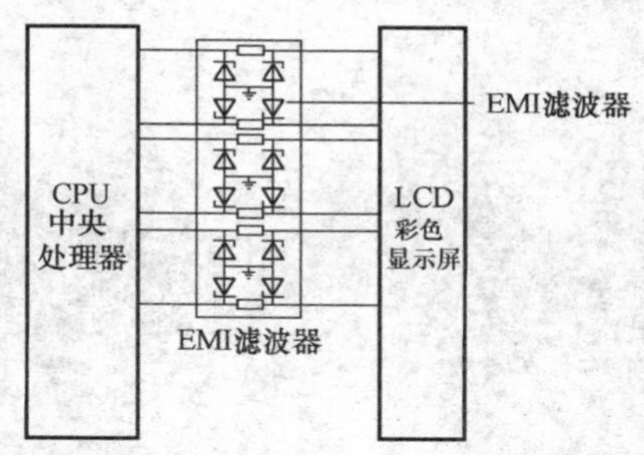

图4-58 LCD驱动电路原理图

4. EMI滤波器的故障分析

在智能手机的键盘电路、SIM卡电路、I/Q接口电路等电路中都有EMI滤波器应用。一般EMI滤波器兼有ESD防护的功能。

EMI滤波器损坏后，典型的故障是信号无法传送至下级电路，从而造成信号中断。在不同的电路中，EMI滤波器表现的故障也不同。如果LCD驱动电路的EMI滤波器损坏，出现的故障一般是不显示。如果是手机键盘电路的EMI滤波器损坏，出现的故障一般是按键开关失效。

复习思考题

1. 请简要描述手机送话器、扬声器和振动器的工作原理、外观特征并能画出电路符号。如何使用万用表测量送话器、扬声器和振动器。

2. 手机中的按键开关分为几类？损坏后有几种故障表现？
3. 手机中常用的连接器有几种？损坏后有几种故障表现？
4. 常用的 TF 卡连接器有几种？并简要描述各个触点的作用。
5. 液晶显示器按照控制方式不同可分为几种，并简要描述液晶显示器的工作原理。
6. 手机中使用的触摸传感器有几种？分别是什么？并简要阐述其工作原理。
7. 请简要描述霍尔传感器的工作原理，损坏后的故障表现如何。
8. 请简要描述环境光传感器、距离传感器的工作原理，损坏后的故障表现如何。
9. 请简要描述摄像头传感器的工作原理、结构，损坏后的故障表现如何。
10. 请简要描述电子指南针、加速度传感器的工作原理，损坏后的故障表现如何。
11. 请简要描述 iPhone 手机的陀螺仪、指纹传感器的工作原理。
12. 常见的 ESD 器件有哪些？损坏后故障表现如何？
13. 常见的 EMI 器件有哪些？损坏后故障表现如何？

第五章　移动电话机的工作原理

☺知识目标

1. 了解和掌握手机的电路结构、接收机和发射机电路结构及工作原理、基带电路工作原理、应用处理器电路工作原理、电源电路工作原理。

2. 掌握手机信号收发流程、信号控制过程、供电的传输路径。

☺技能目标

1. 能够判断接收电路、发射电路的结构类型，并画出接收机、发射机电路结构框图。

2. 能够画出频率合成器的框图。

第一节　手机电路组成

在本节中，以 GSM 手机为例介绍移动电话机电路组成，GSM 手机是一个工作在双工状态下的收发信机。一部移动电话机包括无线接收机、发射机、控制模块及人机界面部分和电源部分。

GSM 手机从电路结构来看，可分为射频电路、逻辑控制电路、音频电路、人机接口电路四大部分。其中，射频电路包含从天线到接收机的解调输出，与发射的 I/Q（In-phase/Quadrature 同相正交）基带信号调制到功率放大器输出的电路；逻辑控制电路包括中央处理器及各种存储器电路等；基带处理音频电路包含从接收解调到接收音频输出到受话器、发射送话器电路到发射 I/Q 基带信号调制器电路；人机接口电路（Man Machine Interface，MMI）包括键盘电路、显示电路、摄像头电路等。GSM 手机电路结构框图如图 5-1 所示。

3G、4G 手机的电路通常是增加一些其他频段的电路，但是基本电路结构还是与 GSM 手机电路结构基本相同。

第二节　手机射频电路

在对手机整机电路原理进行介绍时，按无线部分和应用处理器进行区分，在无线部分中又可分为射频电路和基带电路，在本节中，我们主要介绍射频电路的工作原理。

一、手机接收机电路

手机接收机主要完成对接收到的射频信号进行滤波、混频解调、解码等处理，最终

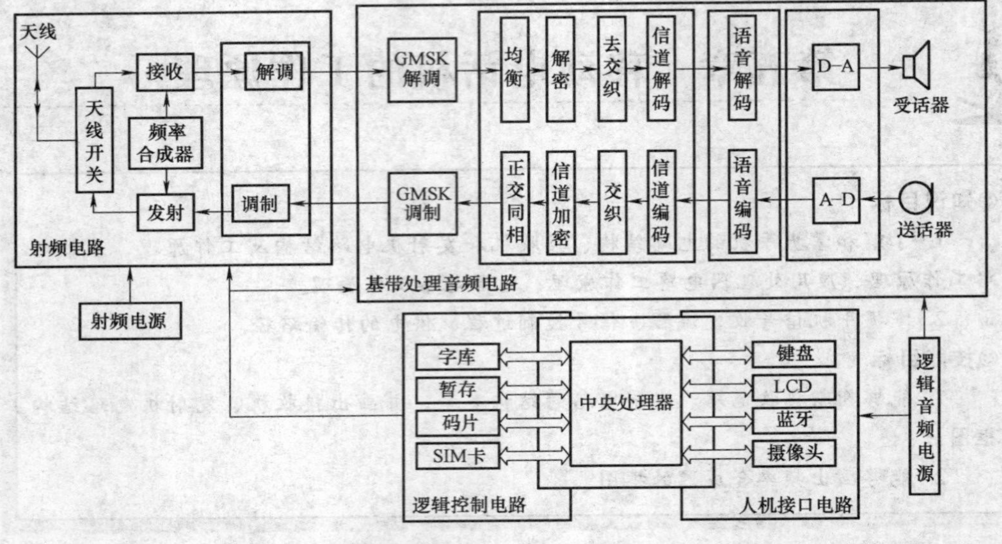

图 5-1 GSM 手机电路结构框图

还原出声音信号。

1. 接收机信号流程

天线感应到无线信号，经过天线匹配电路和接收滤波电路滤波后再经低噪声放大器（LNA）放大，放大后的信号经过接收滤波后被送到混频器（MIX），与来自本机振荡电路的压控振荡信号进行混频，得到接收中频信号，经过中频放大后在解调器中进行正交解调，得到接收基带（RX I/Q）信号。

接收基带信号在基带电路中经 GMSK 解调，进行去交织、解密、信道解码等处理，再进行 PCM 解码，还原为模拟话音信号，推动受话器，我们就能够听到对方讲话的声音了。

2. 接收机各部分功能电路

（1）天线开关　天线开关属于接收和发射共用，主要完成两个任务：一是完成接收和发射信号的双工切换，为防止相互干扰，需要有控制信号完成接收和发射的分离，控制信号来自基带处理器的接收启动（RX-EN）、发射启动（TX-EN），或由它们转换而得来的信号；二是完成双频和三频的切换，使手机在某一频段工作时，另外的频段空闲，控制信号主要来自切换电路。

（2）带通滤波器（BPF）　带通滤波器只允许某一频段中的频率通过，而对高于或低于这一频段的成分衰减。带通滤波器在高频放大器前后一般都有。

（3）低噪声放大器（LNA）　低噪声放大器一般位于天线和混频器之间，是第一级放大器，所以叫作接收前端放大器或高频放大器。

低噪声放大器主要完成两个任务：一是对接收到的高频信号进行第一级放大，以满足混频器对输入的接收信号幅度的要求，提高接收信号的信噪比；二是在低噪声放大管的集电极上加了由电感与电容组成的并联谐振回路，选出我们所需要的频带，所以叫作选频网络或谐振网络。一般采用分离元件或集成在电路内部。

(4) 混频器 (MIX)　混频器实际上是一个频谱搬移电路，它将包含接收信息的射频信号 (RF) 转化为一个固定频率的包含接收信息的中频信号。由于中频信号频率低而且固定，容易得到比较大而且稳定的增益，提高接收机的灵敏性。

它的主要特点是：由非线性器件构成，混频器有两个输入端，一个输出端，均为交流信号。混频后可以产生许多新的频率，并在多个新的频率中选出我们需要的频率(中频)，滤除其他成分后送到中放。将载波的高频信号不失真的变换为固定中频的已调信号，且保持原调制规律不变。接收机中的混频器位于低噪声放大器和中频放大器之间，是接收机的核心。

(5) 中频滤波器　中频滤波器在电路中体积比较大，一般为低通滤波器，保证中频信号的纯净，在超外差接收机中应用较多。

(6) 中频放大器 (IFA)　中频放大器是接收机的主要增益来源，它一般都是共射极放大器，带有分压电阻和稳定工作点的放大电路。对工作电压要求高，一般需专门供电，且在中频电路内或独立。

(7) 解调器　调制的反过程叫作解调，多数手机往往都是对基带信号进行正交解调，得到四路基带 I/Q 信号，其中 I 信号为同相支路信号，Q 信号为正交支路信号，两者相位相差 90°，所以叫作正交。从天线到 I/Q 解调，接收机完成全部任务。

判断接收机好坏就是测试 I/Q 信号，测到 I/Q 信号，说明前边各部分电路，包括本振电路都没有问题，接收机已经完成其接收任务。

解调电路的 I/Q 信号是射频电路和逻辑电路的分水岭。

(8) 数字信号处理 (DSP)　其过程是接收基带 (I/Q) 信号在逻辑电路中经 GMSK 解调，去进行交织、解密、信道解码等处理，再进行 PCM 解码，还原为模拟话音信号，推动受话器，就能够听到对方讲话的声音。

3. 接收机电路结构框图

手机的接收机有三种的基本框架结构，即超外差式接收机、零中频接收机和低中频接收机。

(1) 超外差接收机　由于天线接收到的信号十分微弱，而鉴频器要求的输入信号电平较高，且需要稳定。放大器的总增益一般需在 120dB 以上，这么大的放大量，要用多级调谐放大器且要稳定，实际上是很难办得到的。而且高频选频放大器的通带宽度太宽，当频率改变时，多级放大器的所有调谐回路必须跟着改变，而且要做到统一调谐，这是很难做到的。

超外差接收机则没有这种问题，它将接收到的射频信号转换成固定的中频，其主要增益来自于稳定的中频放大器。

1) 超外差一次混频接收机。超外差一次混频接收机射频电路中只有一个混频电路，超外差一次混频接收机的原理图如图 5-2 所示。

2) 超外差二次混频接收机。超外差二次混频接收机射频电路中有两个混频电路，

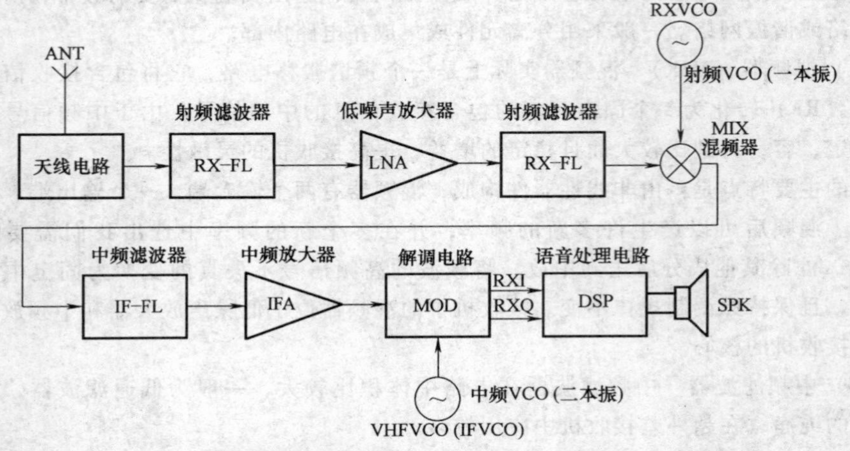

图 5-2 超外差一次频接收机的原理图

超外差二次混频接收机的原理图如图 5-3 所示。

与一次混频接收机相比，二次混频接收机多了一个混频器及一个 VCO，这个 VCO 在一些电路中被叫作 IFVCO 或 VHFVCO。在这种接收机电路中，若 RXI/Q 解调是锁相解调，则解调用的参考信号通常都来自基准频率信号。

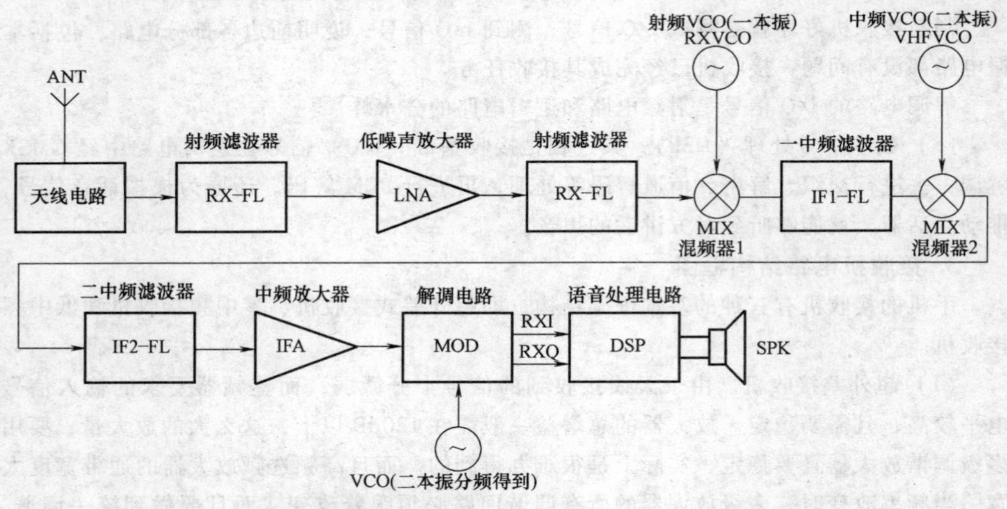

图 5-3 超外差二次混频接收机的原理图

（2）零中频接收机 零中频接收机可以说是目前集成度最高的一种接收机。由于体积小、成本低，所以是目前应用最广泛的接收机。零中频接收机的原理图如图 5-4 所示。

零中频接收机中没有中频电路，直接解调出 I/Q 信号，所以只有收发共用的调制解调载波信号振荡器（SHFVCO），其振荡频率直接用于发射调制和接收解调（收、发时

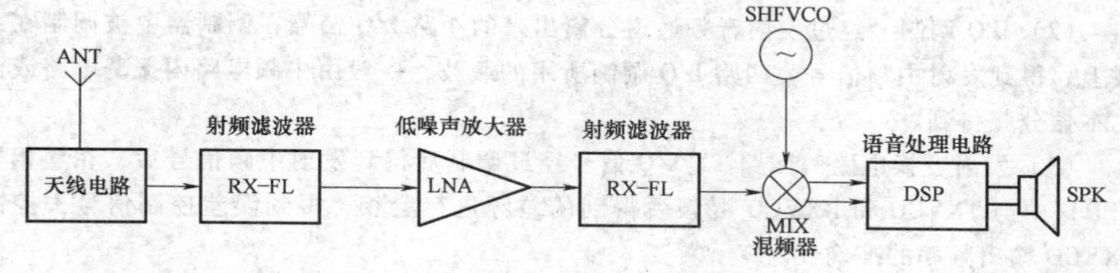

图 5-4 零中频接收机的原理图

振荡频率不同)。

(3) 低中频接收机 低中频接收机又被称为近零中频接收机，具有零中频接收机类似的优点，同时避免了零中频接收机的直流偏移导致的低频噪声的问题。

低中频接收机电路结构有点类似超外差一次混频接收机，低中频接收机的原理图如图 5-5 所示。

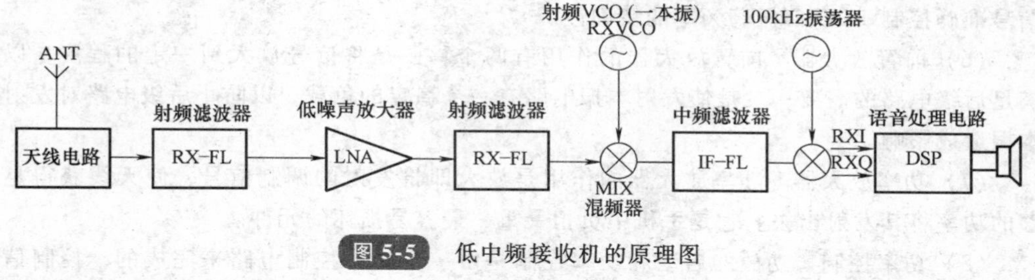

图 5-5 低中频接收机的原理图

二、手机发射机电路

手机发射机主要完成对发射的射频信号进行调制、发射变换、功率放大，并通过天线发射出去。

1. 发射机信号流程

送话器将声音转化为模拟电信号，经过 PCM 编码，再将其转化为数字信号，经过逻辑音频电路进行数字语音处理，即进行话音编码、信道编码、交织、加密、突发脉冲形成、TX I/Q 分离。

分离后的四路 TX I/Q 信号到发射中频电路完成 I/Q 调制，该信号与频率合成器的接收本振（RXVCO）和发射本振（TXVCO）的差频进行比较（即混频后经过鉴相），得到一个包含发射数据的脉动直流信号，来控制发射本振的输出频率，作为最终的信号，经过功率放大，从天线发射。

2. 发射机各部分功能电路

(1) 发射音频通道 MIC 将声音信号转换为模拟电信号，并只允许 300 ~ 3400Hz 的信号通过。模拟信号经过 A-D 转换，变为数字信号，经过语音编码、信道编码、交织、加密、突发脉冲串等一系列处理，对带有发射信息、处理好的数字信号进行 GMSK

编码并分离出4路I/Q信号，送到发射电路。

(2) I/Q调制　经过发射音频通道分离出来的4路I/Q信号在调制器中被调制在载波上，得到发射中频信号。四路I/Q调制所用的载波，一般由中频电路内振荡电路或由二本振分频得到。

(3) 发射变换电路　四路TX I/Q信号经过调制后得到发射中频信号后，在鉴相器（PD）中与TXVCO和RXVCO混频后得到的差频进行鉴相，得到误差控制信号去控制TXVCO输出频率的准确性。

(4) 发射本振（TXVCO）　由振荡器和锁相环共同完成发射频率的合成，发射本振的去向有两个地方：一路经过缓冲放大后，送到前置功放电路，经过功率放大后，从天线发射出去；另一路送回发射变换电路，在其内部与RXVCO经过混频后得到差频作为发射中频信号的参考频率。

(5) 环路低通滤波器（LPF）　低通滤波器是从零频率到某一频率范围内的信号能通过，而又衰减超过此频率范围的高频信号的元件。环路低通滤波器的目的是平滑调谐控制信号，以防止在进行信道切换时出现尖峰电压，防止对发射造成干扰，使调谐控制信号准确控制TXVCO振荡频率的精确性。

(6) 前置放大器　前置放大器的作用有两个，一是将信号放大到一定的程度，以满足后级电路的需要；二是使发射本振电路有一个稳定的负载，以防止后级电路对发射本振造成影响。

(7) 功率放大器　功率放大器的作用是放大即将发射的调制信号，使天线获得足够的功率将其发射出去。它是手机中负担最重、最容易损坏的元件。

(8) 功率控制　功放的启动和功率控制是由一个功率控制电路来完成的，控制信号来自射频电路。功放的输出信号经过微带线耦合取回一部分信号送到功控电路，经过高频整流后得到一个反映功放大小的支流电平U，与来自基站的基准功率控制参考电平自动过载控制（AOC）进行比较，如果$U<AOC$，功率控制输出电压上升，控制功放的输出功率上升，反之控制功放的输出功率下降。

3. 发射机电路结构框图

手机的发射机有三种基本框架结构，即带有发射变换电路的发射机、带发射上变频电路的发射机和直接调制发射机。

在手机发射机电路中，TX I/Q信号之前的部分基本相同，本节只描述TX I/Q信号之后至功率放大器之间的电路工作原理。

(1) 带有发射变换电路的发射机　发射变换电路也被称为发射调制环路，它由TX I/Q信号调制电路、发射鉴相器（PD）、偏移混频电路、低通滤波器（Loop Filter, LPF，环路滤波器）及发射VCO（TX VCO）电路、功率放大器电路组成。

发射流程如下：送话器将话音信号转换为模拟音频信号，在语音电路中，经PCM编码转换为数字信号，然后在语音电路中进行数字处理（信道编码、交织、加密等）和数模转换，分理处模拟的67.707kHz的TX I/Q基带信号，TX I/Q基带信号送到调制器对载波信号进行调制，得到TX I/Q发射已调中频信号。用于TX I/Q调制的载波信号

来自发射中频 VCO。

在发射电路中，TX VCO 输出的信号一路到功率放大器电路，另一路与一本振 VCO 信号进行混频，得到发射参考中频信号。已调发射中频信号与发射参考中频信号在发射变化器中的鉴相器中进行比较，输出一个包含发射数据的脉动直流误差信号 TX-CP，经低通滤波器后形成直流电压，再去控制 TX VCO 电路，形成一个闭环回路，这样，由 TX VCO 电路输出的最终发射信号就十分稳定。

发射 VCO 输出的已调发射射频信号，即最终的发射信号（GSM 频段 890 ~ 915MHz、DCS 频段 1710 ~ 1785MHz、PCS 频段 1850 ~ 1910NHz），经功率放大、功率控制后，通过天线电路由天线发送出去。

带有发射变换电路的发射机电路原理图如图 5-6 所示。

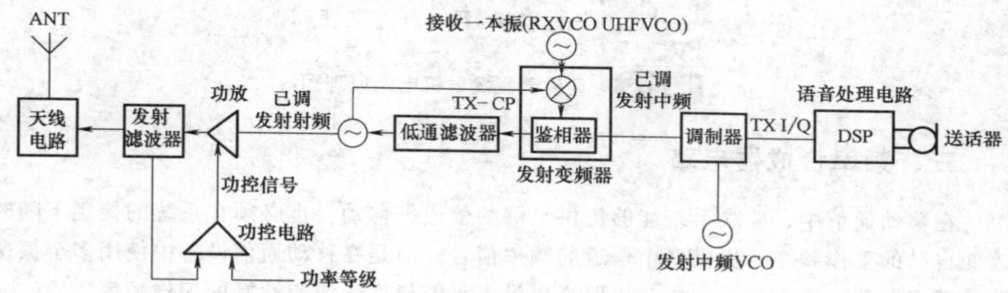

图 5-6　带有发射变换电路的发射机电路原理图

（2）带发射上变频电路的发射机　带发射上变频电路的发射机与带有发射变换模块电路的发射机在 TX I/Q 调制之前是一样的，其不同之处在于 TX I/Q 调制后的发射已调信号与一本振 VCO（或 UHFVCO、RFVCO）混频，得到最终发射信号。

带有发射上变频电路的发射机电路原理图如图 5-7 所示。

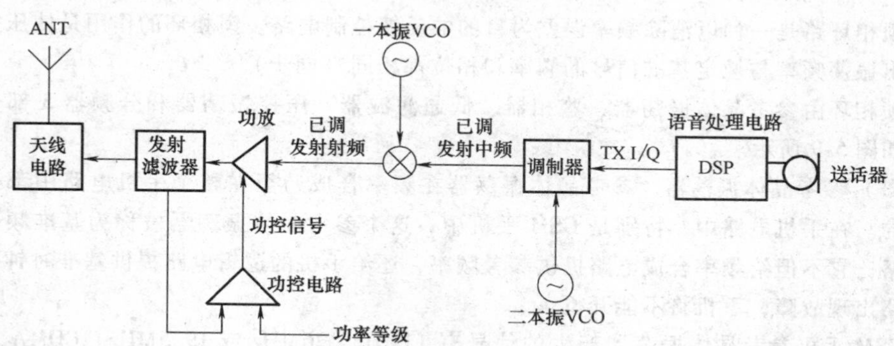

图 5-7　带有发射上变频电路的发射机电路原理图

（3）直接调制发射机　直接调制发射机与前面两种的发射机电路结构有明显区别，调制器直接将 TX I/Q 信号变换到要求的射频信道。这种结构的特点是结构简单、性价比高，是目前使用比较多的一种发射机电路结构。直接调制发射机电路原理图如图 5-8 所示。

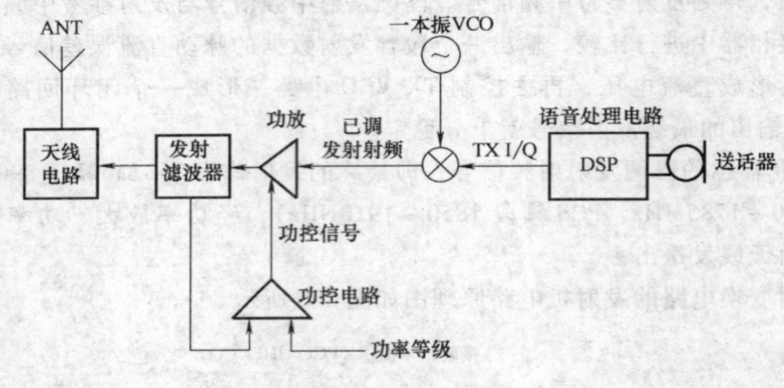

图 5-8　直接调制发射机电路原理图

三、频率合成器电路

在移动通信中，要求系统能够提供足够的信道，移动台也必须在系统的控制下随时改变自己的工作频率，提供多个信道的频率信号。但是在移动通信设备中使用多个振荡器是不现实的，通常使用频率合成器来提供有足够精度、稳定性好的工作频率。

利用一块或少量晶体又采用综合或合成手段，可获得大量不同的工作频率，而这些频率的稳定度和准确度或接近石英晶体的稳定度和准确度的技术称为频率合成技术。

1. 频率合成器电路的组成

在手机中通常使用带有锁相环的频率合成器，利用锁相环路（PLL）的特性，使压控振荡器（VCO）的输出频率与基准频率保持严格的比例关系，并得到相同的频率稳定度。

锁相环路是一种以消除频率误差为目的的反馈控制电路。锁相环的作用是使压控振荡输出振荡频率与规定基准信号的频率和相位都相同（同步）。

锁相环由参考晶体振荡器、鉴相器、低通滤波器、压控振荡器和分频器 5 部分组成，如图 5-9 所示。

（1）参考晶体振荡器　参考晶体振荡器在频率合成乃至在整个手机电路中都是很重要的。在手机电路中，特别是 GSM 手机中，这个参考晶体振荡器被称为基准频率时钟电路，它不但给频率合成电路提供参考频率，还给手机的逻辑电路提供基准时钟，如该电路出现故障，手机将不能开机。

GSM 手机参考晶体振荡器产生的信号有 13MHz、26MHz 或 19.5MHz。CDMA 手机通常使用 19.68MHz 的信号作为参考信号，也有的使用 19.2MHz、19.8MHz 信号。WCDMA 手机一般使用 19.2MHz，有的使用 38.4MHz、13MHz。

（2）鉴相器　鉴相器简称 PD、PH 或 PHD（Phase Detector），它是一个相位比较器，它将压控振荡器的振荡信号的相位变换为电压的变化，鉴相器输出的是一个脉动直

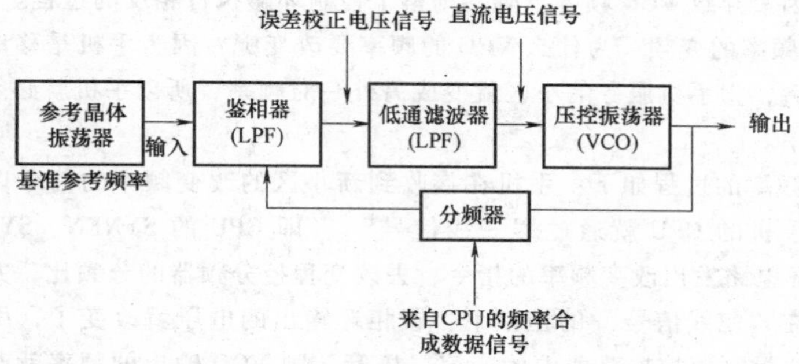

图 5-9　频率合成器电路原理框图

流信号，这个脉动直流信号经低通滤波器滤除高频成分后去控制压控振荡器电路。

(3) 低通滤波器　低通滤波器 (Low Pass Filter, LPF)。在频率合成器环路中又称为环路滤波器。它是一个 *RC* 电路，位于鉴相器与压控振荡器之间。

低通滤波器通过对电阻、电容进行适当的参数设置，使高频成分被滤除。由于鉴相器输出的不但包含直流控制信号，还有一些高频谐波成分，这些谐波会影响压控振荡器的工作，低通滤波器就是要把这些高频成分滤除，以防止对压控振荡器造成干扰。

(4) 压控振荡器　压控振荡器 (Voltage Control Oscillator, VCO)。是一个“电压-频率”转换装置。它将鉴相器 PD 输出的相差电压信号的变化转化成频率的变化。

压控振荡器是一个电压控制电路，电压控制功能是靠变容二极管来完成的，鉴相器输出的相差电压加在变容二极管的两端。当鉴相器的输出发生变化时，变容二极管两端的反偏发生变化，导致变容二极管结电容改变，压控振荡器的振荡回路改变，输出频率也随之改变。

(5) 分频器　在频率合成中，为了提高控制精度，鉴相器在低频下工作。而压控振荡器输出频率比较高，为了提高整个环路的控制精度，这就离不开分频技术。分频器输出的信号送到鉴相器，和基准信号进行相位比较。

接收机的第一本机振荡 (RXVCO、UHFVCO、RHVCO) 信号是随信道的变化而变化的，该频率合成环路中的分频器是一个程控分频器，其分频比受控于手机的逻辑电路。程控分频器受控于频率合成数据信号 (SYNDAT、SYNDATA 或 SDAT)、时钟信号 (SYNCLK)、使能信号 (SYN-EN、SYN-LE)。这三个信号又称为频率合成器的“三线”。

中频压控振荡器信号是固定的，中频压控振荡器频率合成环路中的分频器的分频比也是固定的。

2. 频率合成器的基本工作过程

(1) VCO 频率的稳定　当 VCO 处于正常工作状态时，VCO 输出一个固定的频率 f_0。若某种外接因素如电压、温度导致 VCO 频率 f_0 升高，则分频输出的信号为 f_n ($f_n = f_0/f_n$)，比基准信号 F_R 高，鉴相器检测到这个变化后，其输出电压减小，使电容二极管两端的反偏压减小，这使得电容二极管的结电容增大，振荡回路改变，VCO 输出频率 f_0

降低。若外界因素导致VCO频率下降，则整个控制环路执行相反的过程。

(2) VCO频率的变频　为什么VCO的频率要改变呢？因为手机是移动的，移动到另外一个地方后，为手机服务的小区就变成另外一对频率，所以手机就必须改变自己的接收和发射频率。

VCO改变频率的过程如下：手机在接收到新小区的改变频率的信令以后，将信令解调、解码，手机的CPU就通过“三线信号”（即CPU的SYNEN、SYNDAT、SYNCLK）对锁相环电路发出改变频率的指令，去改变程控分频器的分频比，并且在极短的时间内完成。在“三线信号”的控制下，锁相环输出的电压就改变了，用这个已变大或变小的电压去控制压控振荡器内的变容二极管，则VCO输出的频率就改变到新小区的使用频率上。

3. 手机常用频率合成器电路

(1) 一本振VCO频率合成器　对于带发射VCO电路的手机，一本振VCO频率合成器产生一本振信号，一方面送到接收混频电路，和接收信号进行混频，从混频器输出一中频信号；另一方面，产生的一本振信号与发射VCO（TCVCO）输出的信号进行混频，输出发射中频参考信号，发射中频参考信号和已调发射中频信号在发射变化电路的鉴相器中进行比较，输出包含发送数据的脉动直流信号，再去控制发射VCO电路。

对于采用带发射上变频电路的手机，一本振VCO频率合成器产品一本振信号，一方面送到接收混频电路，和接收信号进行混频，从混频器输出一中频信号；另一方面，产生的一本振信号直接与已调发射中频信号进行混频（因为没有发射VCO），得到最终的发射信号。

(2) 二本振VCO频率合成器　二本振VCO的输出主要有三个地方：一是与一中频混频得到二中频（超外差二次变频接收电路）；二是经分频后作为接收解调参考信号，解调出RX I/Q信号；三是在发射电路中，用来作为发射中频的载波信号，以产生已调发射中频信号。

(3) 发射中频VCO频率合成器　发射中频VCO电路的主要作用是产生已调发射射频信号，送往功率放大器电路。

第三节　手机基带处理器电路

基带处理器（Baseband），就是负责A-D、D-A、信号处理的集成电路，也称为手机基带芯片。基手机带处理器主要功能为通信协议编码/译码、模数/数模（A-D）转换、数据处理和存储等。

一款最基本的基带处理器需要3个部分组成，即模拟基带处理器（ABB）、数字基带处理器（DBB）、微控制器或微处理器（MCU/CPU）。

一、模拟基带与数字基带

在普通手机中，通常将微控制电路（Micro Control Unit，MCU）、数字信号处理

(Digital Signal Processing, DSP)、专用集成电路（Application Specific Integrated Circuit, ASIC）电路集成在一起，得到数字基带信号处理器；将射频接口电路、音频编译码电路及一些模-数转换器（A-D 转换器）、数-模转换器（D-A 转换器）电路集成在一起，得到模拟基带信号处理器。

在智能手机中，一般将数字基带信号处理器和模拟基带信号处理器集成在一起，称为基带处理器。不论移动电话的基带电路如何变化，它都包括 MCU 电路（也称为 CPU 电路）、DSP 电路、ASIC 电路、音频编译码电路、射频逻辑接口电路等最基本的电路。

我们可以这样理解智能手机的无线部分，将智能手机无线部分电路再分为两部分，一部分是射频电路，完成信号从天线到基带信号的接收和发射处理；一部分是基带电路，完成信号从基带信号到音频终端（受话器或送话器）的处理。这样，基带处理器的主要工作内容和任务就比较容易理解了。

以基带处理器电路 PMB8875 为例，其原理图如图 5-10 所示。

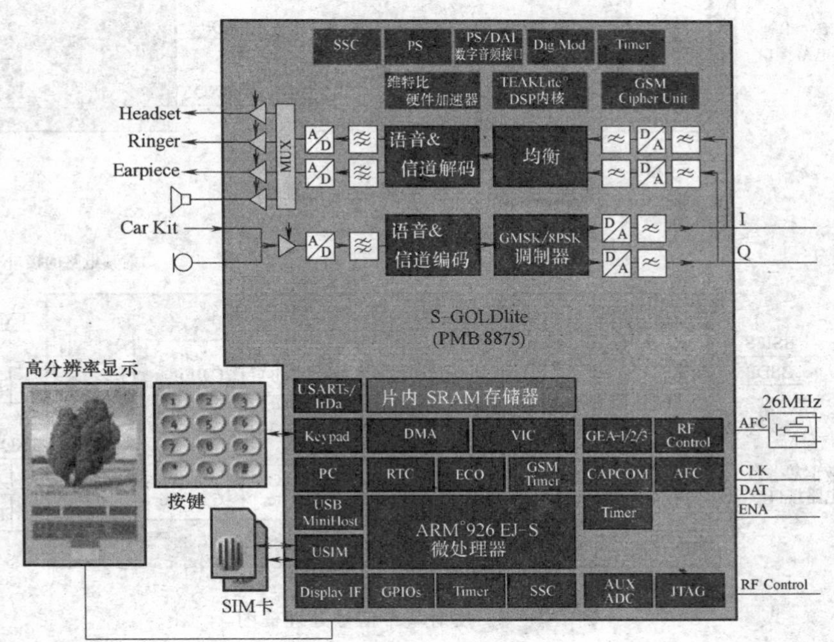

图 5-10 基带处理器电路 PMB8875 的原理图

1. 模拟基带电路

模拟基带信号处理器（ABB）又称为话音基带信号转换器，包含手机中所有的 A-D 转换器与 D-A 转换器电路。

模拟基带信号处理器包含基带信号处理电路、话音基带信号处理电路（也称为音频处理电路）和辅助变换器单元（也称为辅助控制电路）。

（1）基带信号处理电路　基带信号处理电路将接收射频电路输出的接收机基带信

号（RX I/Q）转换成数字接收基带信号，送到数字基带信号处理器（DBB）。

在发射方面，该电路将 DBB 电路输出的数字发射基带信号转换成模拟的发射基带信号（TX I/Q），送到发射射频部分的 I/Q 调制器电路。

基带信号处理电路是用来处理接收、发射基带信号的，连接数字基带与射频电路-射频逻辑接口电路。在基带方面，通过基带串行接口连接到数字基带信号处理器；在射频方面，它通过分离或复合的 I/Q 信号接口连接到接收 I/Q 解调与发射 I/Q 调制电路。

接收基带信号处理框图如图 5-11 所示。发射基带信号处理框图如图 5-12 所示。

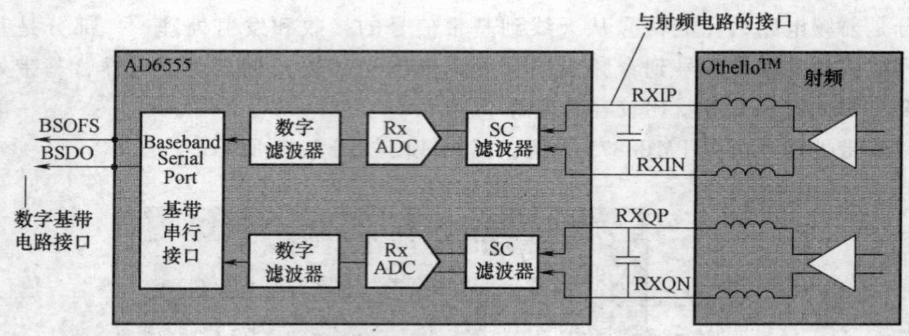

图 5-11 接收基带信号处理框图

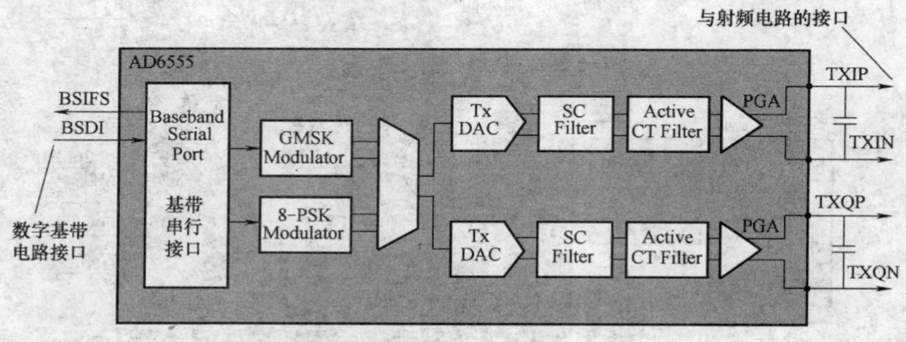

图 5-12 发射基带信号处理框图

（2）话音基带信号处理电路　话音处理电路用来处理接收、发射音频信号。在接收方面，将数字基带处理器电路处理得到的接收数字音频信号转换成模拟的话音信号；在发射方面，将模拟话音信号转换成数字音频信号，送到数字基带处理器电路。

接收音频信号处理将数字基带信号处理器得到的接收数字语音信号进行转换，得到模拟的话音信号，即数-模转换（D-A）过程。数字基带信号处理对接收数字基带信号进行解密、信道解码、去分间插入等一系列的处理后，得到数字音频信号，经音频串行接口总线输出数字音频信号到模拟基带信号处理器。

接收、发射音频信号处理电路如图 5-13 所示。

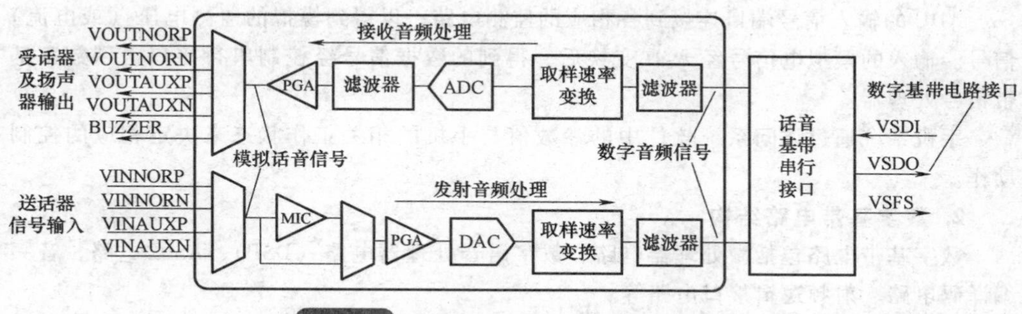

图 5-13 接收、发射音频信号处理电路

接收音频处理电路处理得到的模拟话音信号通常用于手机内的受话器、扬声器、耳机，或输出到外接的音频附件。接收音频终端电路通常都比较简单，模拟基带处理电路输出的信号或直接送到音频终端，或通过模拟电子开关、外部的音频放大器到音频终端。

(3) 辅助变换电路 辅助变换电路直接由数字基带信号处理器部分引出的同步串行口寻址，与基带部分的串口有点相似，通过辅助串行接口（控制串行接口）连接到数字基带信号处理器。

辅助变换电路通常包含两个部分，即 ADC 和 DAC。DAC 是固定的，通常都是自动频率控制信号产生的 AFC DAC，以及发射功率控制信号产生的 VAPC DAC；在 ADC 方面，模拟基带信号处理器通常提供多个通道的 ADC 变换，不同的模拟基带信号处理器提供的 ADC 通道不同。

1) DAC 电路。在 DAC 方面，AFC 和 APC 的控制数据信号都是数字基带处理电路输出，经控制串行接口到模拟基带处理电路。

在 AFC 方面，数字基带处理电路输出的控制数据信号通常要由控制寄存器缓冲，然后将控制数据送到 AFC DAC 单元，进行数字-模拟转换。AFC DAC 单元输出的信号经滤波后，被送到手机的参考振荡（系统主时钟）电路的频率特性，控制手机的时钟与基站系统的时钟同步。

发射功率控制的 DAC 通道比 AFC DAC 通道复杂，如图 5-14 所示。

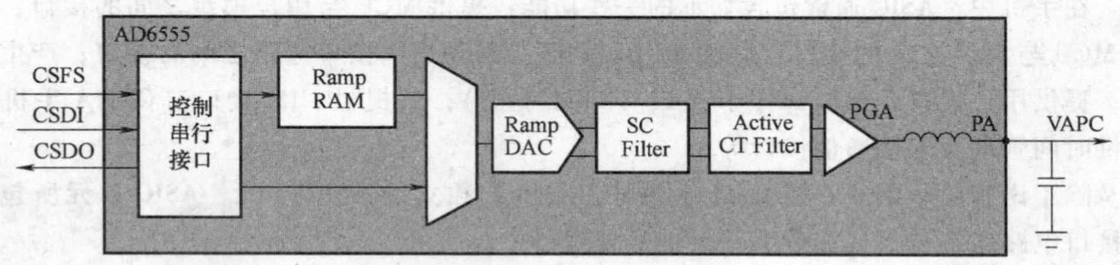

图 5-14 发射功率控制的 DAC 通道

2) ADC 电路。ADC 通道主要被用来进行电池电压监测、电池温度监测和环境温度监测等。

ADC的输入信号端口连接到各相应的监测电路，以得到模拟的监测电压（或电流）信号。输入的模拟电信号经A-D变换后，得到的数据信号经控制串行接口送到数字基带信号处理器。

手机系统通过访问系统软件中的参数值与手机的相关工作状态来决定相应的控制动作。

2. 数字基带电路结构

数字基带电路包括微处理器电路、数字语音处理器电路（DSP）、ASIC电路、音频编译码电路、射频逻辑接口电路等。

（1）微处理器电路　微处理器（Microcontroller Unit，MCU）相当于计算机中的CPU，它通常是简化指令集的计算机芯片（RISC）。

MCU电路通常会提供一些用户界面、系统控制等，它包括一个（中央处理器，CPU）核心和单片机支持系统，手机的微处理器有采用Intel处理器内核的，也有采用ARM处理器内核的，多数手机的微处理器都采用ARM处理器内核。

在智能手机中，基带电路的MCU执行多个功能，包括系统控制、通信控制、身份验证、射频监测、工作模式控制、附件监测和电池监测等，提供与计算机、外部调试设备的通信接口，如JTAG接口等。

不同厂家MCU或许在构造上有些不同，但它们的基本功能都相似，手机中的MCU电路都被集成在（数字）基带信号处理器中。

（2）数字语音处理器电路　DSP是Digital Signal Processing的缩写，即数字信号处理。手机的DSP由DSP内核加上内建的RAM和加载了软件代码的ROM组成。

DSP通常提供如下的一些功能：射频控制、信道编码、均衡、分间插入与去分间插入、AGC、AFC、SYCN、密码算法、邻近蜂窝监测等。

DSP核心还要处理一些其他的功能，包括双音多频音的产生和一些短时回声的抵消，在GSM移动电话的DSP中，通常还有突发脉冲（Burst）建立。

数字语音处理器电路框图如图5-15所示。

（3）ASIC电路　ASIC是Application Specific Integrated Circuit的缩写，即专用应用集成电路。

在手机中，ASIC通常包含如下的一些功能：提供MCU与用户模组之间的接口；提供MCU与DSP之间的接口；提供MCU、DSP与射频逻辑接口电路之间的接口；产生时钟；提供用户接口；提供SIM卡接口（GSM手机），或提供UIM接口（CDMA手机）；提供时间管理及外接通信接口等。

除了诺基亚早期的一些GSM手机外，很少有独立的ASIC单元，ASIC单元所包含的接口电路通常被集成在数字基带信号处理器中。

（4）音频编译码电路　音频编译码电路完成了语音信号的A-D转换、D-A转换、PCM编译码转换、音频路径转换；发射话音的前置放大；接收话音的驱动放大器；双音多频DTMF信号发生等功能。

接收音频处理电路框图如图5-16所示。发射音频处理框图如图5-17所示。

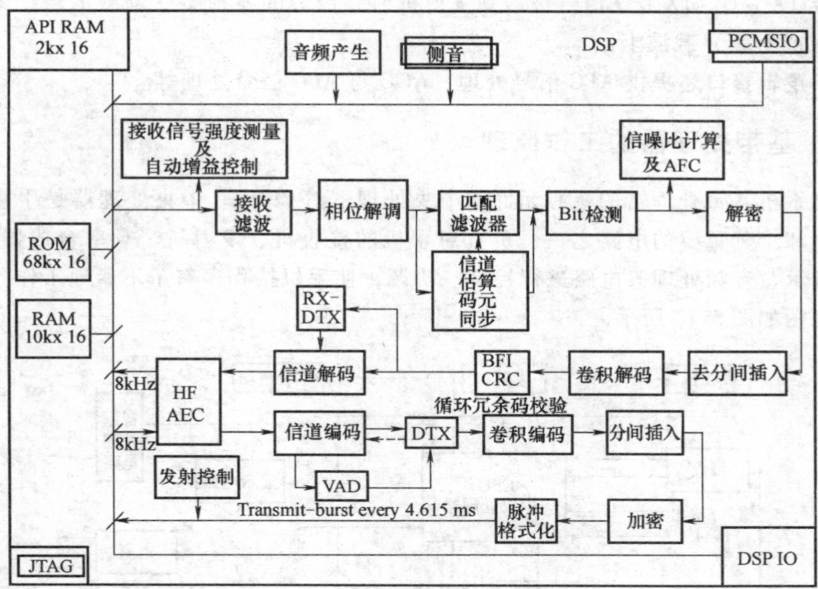

图 5-15 数字语音处理器电路框图

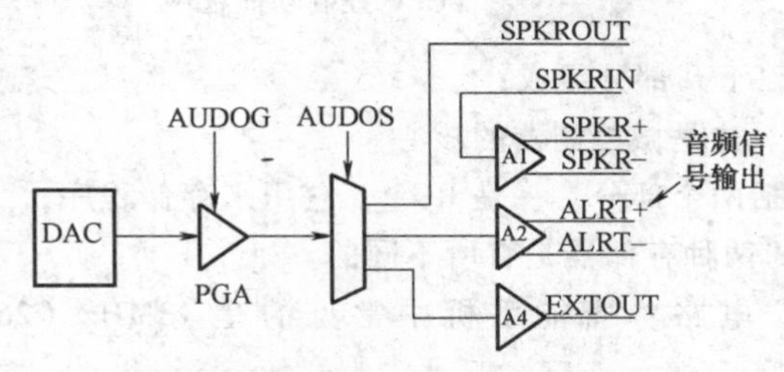

图 5-16 接收音频处理电路框图

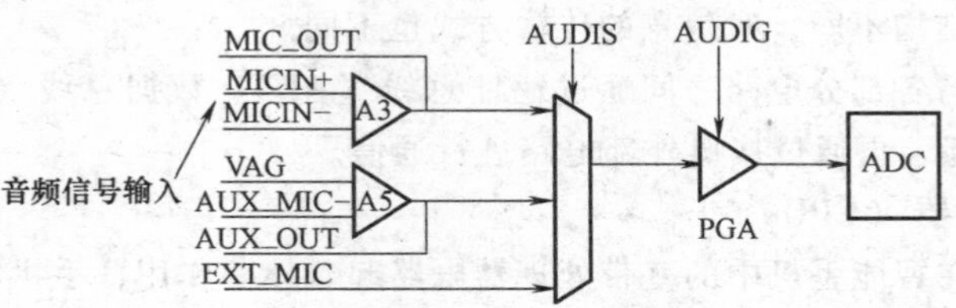

图 5-17 发射音频处理框图

(5) 射频逻辑接口 在接收方面，接收射频电路输出的接收机模拟基带信号，并通过 ADC 处理将接收基带信号转换为数字接收基带信号，接收数字基带信号被送到 DSP 电路进行进一步的处理。

在发射方面，射频逻辑接口电路接收 DSP 电路输出的发射数字基带信号，并通过 GMSK 调制（或 QPSK 调制等）和 DAC 转换，将发射数字基带信号转化为模拟的发射基带信号 TX I/Q。TX I/Q 信号被送到发射机射频部分的发射 I/Q 调制电路，调制到发射中频（或射频）载波上。

射频逻辑接口还提供 AFC 信号处理、AGC 与 APC 信号处理等。

二、基带处理器的工作原理

智能手机基带处理器的核心元件是中央处理器（CPU）。中央处理器是手机电路中不可缺少和十分重要的电路之一，负责对手机的接收机、发射机、频率合成器、电源、键盘、显示、音频处理等电路进行控制、协调，使手机按程序有条不紊地工作。CPU 控制功能框图如图 5-18 所示。

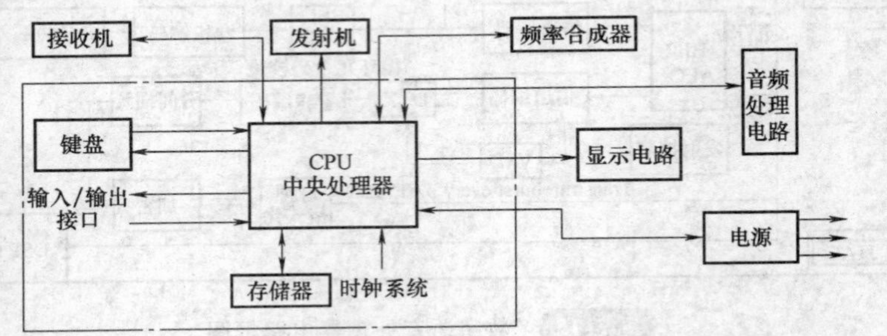

图 5-18 CPU 控制功能框图

CPU 电路主要由以下几部分组成：

(1) 中央处理器　这是微控制器的核心。

(2) 存储器　包括两个部分，一是 ROM，它用来存储程序；二是 RAM，它用来存储数据。ROM 和 RAM 两种存储器是有所不同的。

(3) 时钟及复位电路　智能手机中常见的是 13MHz（26MHz）、38.4MHz 和 32.768kHz 等。

(4) 接口电路　接口电路分为两种，即并行输入/输出接口和串行输入/输出接口。这两种接口电路结构不同，对信息的传输方式也不同。

中央处理器与各部分电路之间通过地址总线（AB）、数据总线（DB）和控制总线（CB）连接在一起，再通过接口外部电路进行通信。

1. 中央处理器（CPU）

中央处理器在智能手机中的基带处理器电路起着核心作用，手机所有操作指令的接收和执行、各种控制功能、辅助功能等都在中央处理器的控制下进行。同时，中央处理器还要担任各种运算工作。在手机中，中央处理器起着指挥中心的作用。

通俗地讲，中央处理器相当于“司令部”和“算盘”的作用，其中“司令部”用来指挥单片机的各项工作，“算盘”则用来进行各种数据的运算。

(1) 中央处理器的基本功能　中央处理器是手机的核心部分，主要完成以下功能：

① 信道编解码交织、反交织、加密、解密。

② 控制处理器系统包括：16 位控制处理器，并行和串行显示接口，键盘接口，

EEPROM 接口，存储器接口，SIM 卡接口，通用系统连接接口，与无线部分的接口控制，对背光进行可编程控制、实时时钟产生与电池检测及芯片的接口控制等。

③ 数字信号处理：16 位数字信号处理与 ROM 结合的增强型全速率语音编码，DT-MF 和呼叫铃声发生器等。

④ 对射频电路部分的电源控制。

(2) 中央处理器的工作流程　CPU 的基本工作条件有三个：一是电源，一般是由电源电路提供；二是时钟，一般是由 13MHz 晶振电路提供；三是复位信号，一般是由电源电路提供。CPU 只有具备以上三个基本工作条件后，才能正常工作。

手机中的中央处理器一般是 16 位微处理器，它与外围电路的工作流程如下：

按下手机开机按键，电池给电源部分供电，同时电源供电给中央处理器电路，中央处理器复位后，再输出维持信号给电源部分，这时即使松开手机按键，手机仍然维持开机。

复位后，中央处理器开始运行其内部的程序存储器，首先从地址 0（一般是地址 0，也有些厂家中央处理器不是）开始执行，然后顺序执行它的引导程序，同时从外部存储器（字库、EEPROM）内读取资料。如果此时读取的资料不对，则中央处理器会内部复位（通过 CPU 内部的"看门狗"或者硬件复位指令）引导程序，如果顺利执行完成后，中央处理器才从外部字库里取程序执行，如果取的程序异常，它也会导致"看门狗"复位，即程序又从地址 0 开始执行。

中央处理器读取字库是通过并行数据线和地址线，再配合读写控制时钟线 W/R，中央处理器还有一根外部程序存储器片选信号线或称为 CS、CE，它和 W/R 配合作用，就能使字库区分读的是数据，还是程序。

2. 存储器（FLASH）

存储器的作用相当于"仓库"，用来存放手机中的各种程序和数据。

1）程序是指根据所要解决问题的要求，应用指令系统中所包含的指令，编成一组有次序的指令的集合。

2）数据是指手机工作过程中的信息、变量、参数、表格等，例如键盘反馈回来的信息。

(1) 只读存储器（ROM，FLASH）　只读存储器是一个程序存储器，在手机系统中，有的程序是固定不变的，如自举程序或引导程序；有的程序则可以进行升级，如 FLASH 的特点是响应速度和存储速度高于一般的 EPROM，在手机中它存储着系统运行软件和中文资料，所以叫作版本或字库。

1）FLASH 的作用。FLASH 在手机的作用很大，地位非常重要，具体作用如下：存储主机主程序、存储字库信息、存储网络信息、存储录音、存储加密信息、存储序列号（IMEI 码）等。

2）FLASH 的工作流程

当手机开机时，中央处理器便传出一个复位信号 RESET 到 FLASH，使系统复位。再待中央处理器把字库的读写端、片选端选定后，中央处理器就可以从 FLASH 内取出指令，在中央处理器里运算、译码、输出各部分协调的工作命令，从而完成各自功能。

FLASH 的软件资料是通过数据交换端和地址交换端与微处理器进行通信的。CE (CS) 端为字库片选端，OE 端为读允许端，RESET 端为系统复位端，这四个控制端分别是由中央处理器加以控制的。如果 FLASH 的地址有误或未选通，都将导致手机不能正常工作，通常表现为不开机和显示字符错乱等故障现象。

由于 FLASH 可以用来擦除，所以当出现数据丢失时可以用编程器或免拆机维修仪重新写入。和其他元件一样，FLASH 本身也可能会损坏（即硬件故障），如果是硬件出现故障，应重新更换 FLASH。

（2）电可擦可编程只读存储器（EEPROM） 电可擦可写可编程存储器以二进制代码的形式存储手机的资料，它存储的是：手机的机身码；检测程序，如电池检测、显示电压检测等；各种表格，如功率控制（PC）、数模转换（DAC）、自动增益控制（AGC）、自动频率控制（AFC）等；手机的随机资料，可随时存取和更改，如电话号码菜单设定等。

其中，EEPROM 中存储的一些系统可调节的参数，对生产厂家来说存储的是手机调试的各种工作参数及与维修相关的参数，如电池门限、输出功率表、话机锁，网络锁等；对于手机用户来说存储的是电话号码本、语音记事本及各种保密选项，如个人保密码，以及手机本身（串号）等。手机在出厂前都要在综测台上对手机的各种工作进行调试，以使手机工作在最佳状态。调试的结果就存在 EEPROM 里，所以不是在很必要的情况下不要去重写 EEPROM，以免降低手机的性能。

随着手机集成化程度的提高，手机已经没有“EEPROM”这个单独的器件了，它们已经被集成到 FLASH 内部。

（3）数据存储器（RAM） 数据存储器可读可写，是暂时寄存。前加 S 是静态的意思，SRAM 平时没有资料，只是单机片系统工作时，为数据和信息在传输过程中提供一个存放空间，像旅途中的“旅店”，它存放的数据和资料断电就消失。

现在 RAM 仍是中央处理器系统中必不可少的数据存储器，其最大的特点是存取速度快，断电后数据自动消失。随着手机功能的不断增加，中央处理器系统所运行的软件越来越大，相应的 RAM 的容量也越来越大。

3. 时钟及复位

（1）实时时钟 实时时钟电路（RTC）有被设计在数字基带部分的，有被设计在复合电源管理电路（PMU）的。在 TI、ADI、英飞凌、杰尔、Skyworks 等基带芯片组电路中，实时时钟振荡电路通常都是被设计在数字基带部分的；NOKIA 大部分机型实时时钟振荡电路被设计在复合电源管理电路。

实时时钟振荡电路通常都很简单，由基带芯片内的 RTC 振荡器与外接的实时时钟晶体（32.768kHz 的晶体）及补偿电容或电阻一起组成。

（2）系统主时钟 系统主时钟信号通常由射频部分的参考振荡电路产生，时钟信号被送到 DBB 电路后，该信号并不直接使用，还需要经一系列的处理，以得到各种相应的时钟信号。

（3）复位信号　为确保 CPU 电路稳定可靠工作，复位电路是必不可少的一部分，复位电路的第一功能是上电复位。

由于 CPU 电路是时序数字电路，它需要稳定的时钟信号，因此在电源上电时，只有当供电稳定供给以及晶体振荡器稳定工作时，复位信号才被撤除，CPU 电路开始正常工作。

4. 接口电路

接口电路是指 CPU 与外部电路、设备之间的连接通道及有关的控制电路。由于外部电路、设备中的电平大小、数据格式、运行速度、工作方式等均不统一，一般情况下是不能与 CPU 相兼容的（即不能直接与 CPU 连接），外部电路和设备只有通过输入/输出接口的桥梁作用，才能进行相互之间的信息传输、交流并使 CPU 与外部电路、设备之间协调工作。

（1）并行总线接口　并行总线主要包括地址总线、数据总线和控制总线，在逻辑控制电路中，CPU 和外部存储器（FLASH 和暂存器）一般是通过并行总线进行通信的。

1）地址总线。地址总线用 AB 表示，AB 是英文 Address Bus 的缩写。地址总线（AB）用来由 CPU 向存储器单元发送地址信息，由于存储器单元不会向 CPU 传输信息的，所以地址总线（AB）是单向传输总线。

一个 8 位的 CPU，其地址总线（AB）数目一般为 16 根，一般用 A0 ~ A15 表示，这 16 根地址总线可以寻址的存储单元目录是 216 = 65536 = 64KB。一个 32 位的单片机，其地址总线（AB）数目一般为 32 根，一般用 A0 ~ A31 表示。

另外，需要特别明确地址总线的信号传输方向，只能从 CPU 出发，而字库也只能被动地接收 CPU 发过来的寻址信号。明确了这一点，对我们检修不开机的手机是很有帮助的，对于一台不开机的手机，取下字库测其他地址总线的寻址信号，如果正常，则要注意先检查 CPU 的工作条件是否满足，如供电、复位、时钟等。如果 CPU 的工作条件完全正常，CPU 还不能正常发出寻址信号的话，则 CPU 可能损坏。

2）数据总线。数据总线用 DB 表示，DB 是英文 Data Bus 的缩写。数据总线（DB）用来在 CPU 与存储器之间传输数据。由于数据可以从 CPU 传输到存储器，也可以反方向传输到 CPU 中，所以数据总线（DB）是双向数据传输的总线，与地址总线（AB）不同。

数据总线的根数与 CPU 的位数相对应，一个 8 位的微处理器，其数据总线（DB）数目一般为 8 根，分别用 D0 ~ D7 表示，一个 32 位的 CPU，其数据总线（DB）数目一般为 32 根，分别用 D0 ~ D31 表示。

3）控制总线。控制总线用 CB 表示，CB 是英文 Control Bus 缩写。控制总线（CB）用来传输控制信息，例如传送中断请求（IRQ、INT）、片选（CE、CS）、数据读/输出使能（OE）、数据写/输入使能（WE）、读使能（RE）、写保护（WP）、地址使能信号（ALE）、命令使能信号（CLE）等。控制总线（CB）是单向传输的，但对 CPU 来讲，根据各种控制信息的具体情况，有的是输入信息、有的是输出信息。

控制总线采用能表明含义的缩写英文字母符号，若符号上有一横线，表明用负逻辑（低电平有效），否则为高电平有效。

(2) I^2C 串行总线接口　I^2C 总线（Inter Integrated Circuit Bus，内部集成电路总线或集成电路间总线），是荷兰飞利浦公司的一种通信专利技术。它可以由两根线组成，即串行数据线（SDA）和串行时钟线（SCL），可使所有挂接在总线上的器件进行数据传递。I^2C 总线使用软件寻址方式识别挂接于总线上的每个 I^2C 总线器件，每个 I^2C 总线都有唯一确定的地址号，以使在器件之间进行数据传递，I^2C 总线几乎可以省略片选、地址、译码等连线。

在 I^2C 总线中，CPU 拥有总线控制权，又称为主控器，其他电路皆受 CPU 的控制，故将它们统称为控制器。主控器能向总线发送时钟信号，又能积极地向总线发送数据信号和接收被控制器送来的应答信号，被控制器不具备时钟信号发送能力，但能在主控制器的控制下完成数据信号的传送，它发送的数据信号一般是应答信息，以将自身的工作情况告诉 CPU。CPU 利用 SCL 线和 SDA 线与被控电路之间进行通信，进而完成对被控电路的控制。

在手机电路中，很多芯片都是通过 I^2C 总线和 CPU 进行通信的。

第四节　手机应用处理器电路

应用处理器的全名叫作多媒体应用处理器（Multimedia Application Processor），简称 MAP。应用处理器是在低功耗 CPU 的基础上扩展音视频功能和专用接口的超大规模集成电路，MAP（应用处理器）是伴随着智能手机而产生的。

一、应用处理器简介

应用处理器的技术核心是一个语音压缩芯片，称基带处理器。发送时对语音进行压缩，接收时解压缩，传输码率只是未压缩的几十分之一，在相同的带宽下可服务更多的人。

智能手机上除通信功能外还增加了照相机、音频播放器、FM 广播接收、视频图像播放、游戏等功能，基带处理器已经没有能力处理这些新加的功能。另外，视频、音频（高保真音乐）处理的方法和语音不一样，语音只要能听懂，达到传达信息的目的就行了。视频要求亮丽的彩色图像、动听的立体声伴音，目的使人能得到最大的感官享受。为了实现这些功能，需要另外一个协处理器专门处理这些信号，它就是应用处理器。

早期，智能手机的应用处理器种类很多，而随着淘汰和发展。目前智能手机的应用处理器，基本都是 ARM 授权核心加上厂商自行添加功能模块的方式。目前，市面上能见到的 ARM 核心包括 ARM7、ARM9、ARM11、ARM Cortex A8、ARM Cortex A9 等。每一代流水线程度、内存支持、乱序执行、顺序执行都不一样，具体指标无需深究，有兴趣可去 ARM 官网查找 PDF 文档。这几代 CPU 中，ARM Cortex A8 相对于 ARM11 有接近 100% 的巨大性能提升，其他每代之间的提升幅度不大（20% ~30%）。

从用户的角度来说，ARM7 属于很古老的核心，性能很差，可以满足一些基本应用，现在低档山寨机采用的 MTK 方案，核心就是 ARM7 的 CPU。ARM9 是早期 WM 智能机的主流 CPU，三星著名的 2420 是 ARM9，Intel 当年的 PXA 系列则是性能最好的 ARM9，MTK 最新的 MT6239 芯片也是 ARM9。

可以说，现在的中档 MTK 山寨机，在性能上已经达到当年多普达部分智能机的水平。ARM11 以前属于高端解决方案，NOKIA N95 用的德州仪器 OMAP2420、苹果 iPhone 用的三星 6410 都是 ARM11 核心的处理器，它们搭配的功能模块性能也比较强。在安卓时代到来之后，一些低端的智能机依然采用高频的 ARM11 处理器。

ARM Cortex A8 是目前的主流处理器，性能比 ARM11 有了巨大的提升，接近当年奔腾三计算机的性能水平，iPhone 4 用的 A4 处理器，三星 i9000 用的 C111 处理器，华为 U8800 用的高通 MSM7320 都是 ARM Cortex A8 核心的处理器，ARM Cortex A9 支持双核心、四核心，但是目前市面上主要还是双核心的处理器，性能比单核心的 A8 有成倍的提升。三星 i9100 用的猎户座，天语 W700 用的 Tegra2 都是 A9 的核心。

应用处理器的一个重要模块是显示部分，智能手机显示芯片厂商，基本就是早期提供计算机显示芯片的厂商，Nvidia 延续了桌面的 Geforce 技术，高通是买的 ATI 当年的移动显示部分，Powervr 当年在桌面市场惨败后进军移动市场，靠先发优势获得了软件兼容性。智能手机的 3D 性能评判与计算机一致，也是看流水线条数、像素渲染能力、多边形生成能力，只是智能手机还没有形成标准的 3D 接口，游戏的兼容性和对硬件的利用率不如计算机高。

二、应用处理器电路结构

应用处理器完成了所有多媒体应用程序的处理，在智能手机的应用处理器电路结构中，一般为：单一内核芯片系统架构和基带处理器 + 应用处理器的系统架构。

采用单一内核处理器系统的手机，一般使用一个处理器完成射频部分和应用程序部分的工作，采用这种单一内核芯片系统架构的手机，若要增加新的通信功能或新应用功能，需要升级基带芯片以获得更强的 CPU 能力，并在基带芯片上编写和执行新应用程序。基带部分的代码要移植到新的芯片中，现有的功能需要重新验证。目前很少有智能手机采用单一内核处理器系统架构。

基带处理器 + 应用处理器的系统架构把基带处理器工作和应用处理器工作分开。基带处理器实现目前手机所做的呼叫、接听等基本的电话功能，应用处理器专用于处理高负荷的多媒体应用，二者之间的通信通过消息传递实现。

基带处理器 + 应用处理器的系统架构是目前智能手机主流的电路结构，目前包括 iPhone 及三星在内的众多手机厂家都采用这种架构。典型电路结构是三星 i9100 手机，i9100 是三星首款双核手机，搭载了 Android 2.3.3 操作系统、1.2GHz 双核心处理器以及 1GB RAM。三星 i9100 手机电路结构框图如图 5-19 所示。

该架构消除了由新应用的软件缺陷引起基带处理器失效的风险。曾经占用过多 CPU 资源的多媒体功能应用程序可以在应用处理器上执行，现有手机上的大部分代码和电路只需稍加修改就可重复使用，因而开发者可以将精力集中于开发新的应用程序，其应用程序只需在应用处理器上开发和调试。

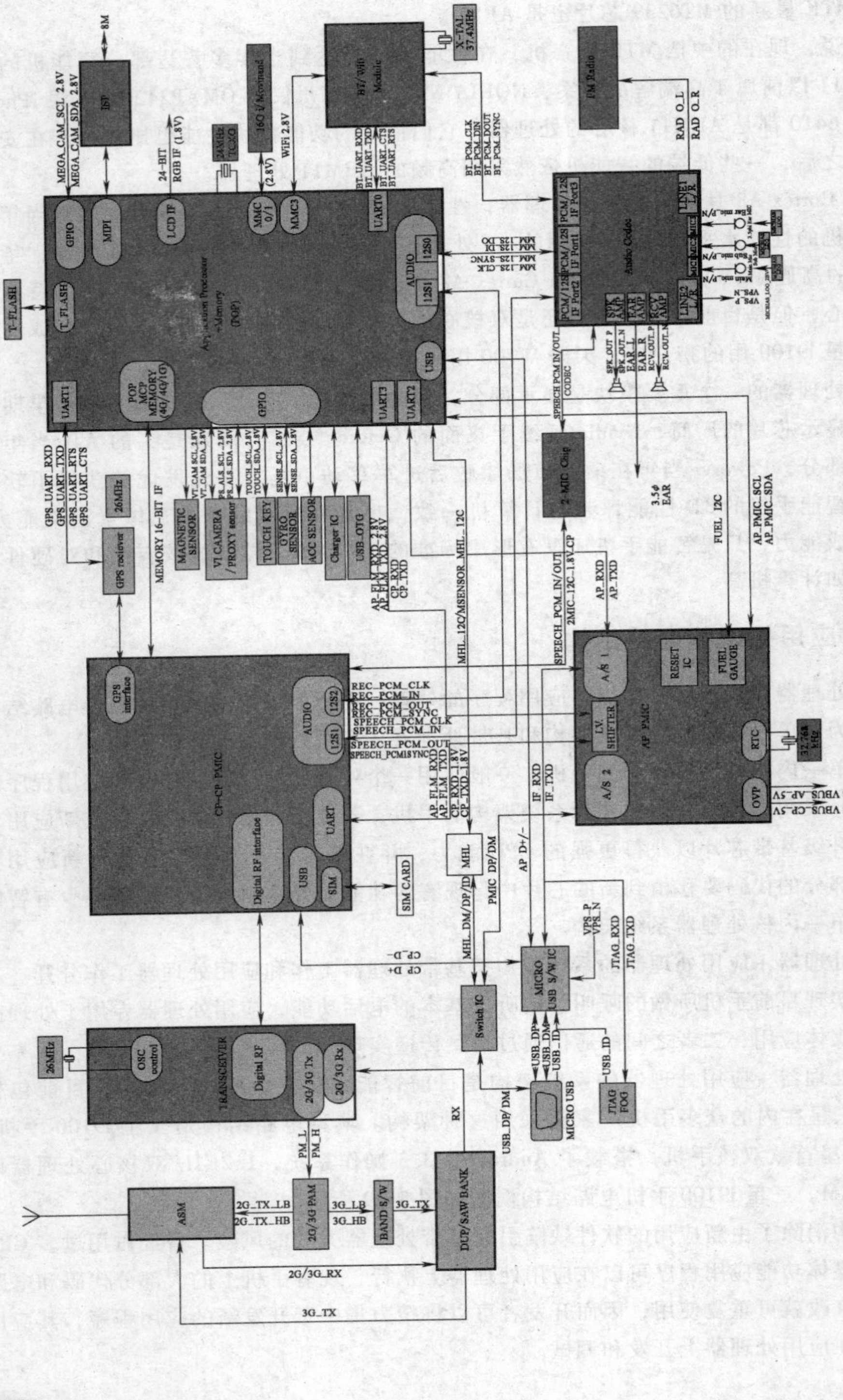

图5-19 三星i9100手机电路结构框图

第五节 电源管理电路

在智能手机中，电源管理芯片主要负责开关机控制逻辑、电压调节器、充电控制、电池监测、复位与看门狗、各种中断等。有些电源管理芯片还提供实时时钟、音频放大器、铃声驱动、背景灯与振动器驱动等。

一、供电及电池接口电路

在目前的手机中，电池标称电压一般为3.7V。手机的电池触点一般为3~5个引脚，4脚居多，分别是供电VBATT、接地GND、温度检测TEMP和电池信息检测BATID，如图5-20所示。

1. 电池身份信息线路

手机的电池接口线路作用为传输电池电源和电池监测。

最常见的用于电池监测的线路是电池身份信息线路（BAT_ID），BAT_ID通常是由电池内的一个电阻（或采用相关的集成芯片）与手机内的电阻组成电阻分压电路；手机内的PMU单元或基带处理器读取该分压电路输出的信号电压，经A-D转换得到相应的数据信号；基带处理器根据该数据信号来判断电池的类型。BAT_ID的作用为：识别不同类型电池，防止非法电池使用，可致手机不开机。

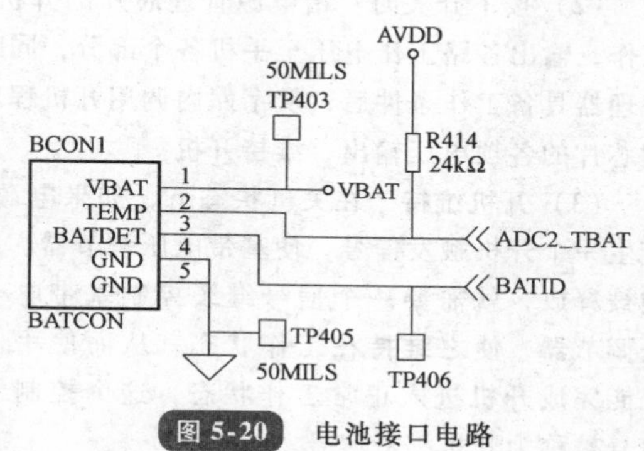

图5-20 电池接口电路

2. 电池温度信息线路

电池内部采用一个温敏电阻与手机内的电阻组成分压电路，以得到电池的温度信息，电池温度信息线路的作用是用来防止手机因电池温度过高，导致电池或手机损坏，有些机器将温敏电阻放置手机主机板上，可能导致开机与充电故障。

二、开机触发电路

1. 开机触发方式

手机的开机方式有两种，一种是高电平开机，即当开关键被按下时，开机触发端接到电池电源，是高电平启动电源电路开机；一种是低电平开机，即当开关键被按下时，开机触发线路接地，是低电平启动电源电路开机。

如果电路图中开关键的一端接地，则该手机是低电平触发开机，如果电路图中开关键的一端接电池电源，则该手机是高电平触发开机。开机信号电压是一个直流电压，在按下开机键后应由低电平跳到高电平（或由高电压跳到低电平）。开机信号电压用万用表测量很方便，将万用表黑表笔接地，红表笔接开机信号端，按下开机键后，电压应有高低电平的变化，否则，说明开机键或开机线不正常。开机触发方式电路常见有以下两种，如图 5-21 所示。

图 5-21　开机触发方式

2. 手机触发工作原理

（1）手机接上电池时　电池电压通过输入电路送入电源管理芯片，电压经过内部电路转换后，从开机触发脚输出 1.8～3V 左右的触发电压，手机进入开机准备状态。

（2）按下开关时　给电源管理芯片的开机触发脚低电平触发信号，电源管理芯片工作，输出各路工作电压至手机各个部分，同时输出复位信号到中央处理器电路，中央处理器具备工作条件后，从字库内调用开机程序，输出开机维持信号，控制维持电源管理芯片的各项电压输出，维持开机。

（3）开机维持　在关机状态下，如果电源开关键被按下并保持足够的时间，就会产生一个开机触发信号，使基带电压调节器、系统时钟电压调节器工作。如果电源开关键被释放，就需要一个信号继续控制基带电压调节器，使之维持在工作状态，从而使手机能完成开机进入正常工作状态，这个控制信号被称为开机维持信号。

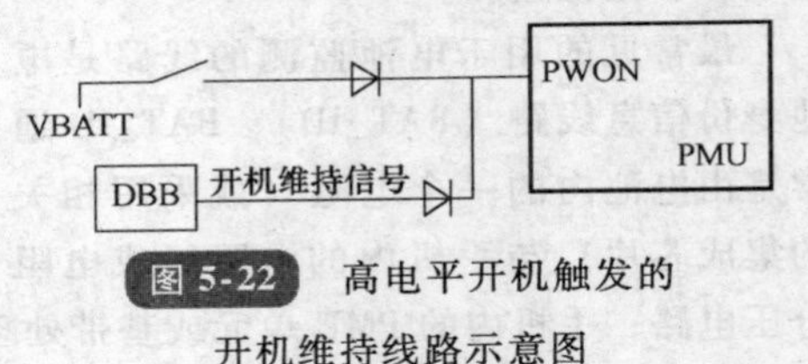

图 5-22　高电平开机触发的开机维持线路示意图

开机维持信号都是一个固定的高电平信号，在电路中，通常被标注为 PWR_KEEP、BB_PWR、DBBON 等。高电平开机触发的开机维持线路示意图如图 5-22 所示。

三、电压调节器电路

移动电话中的电压调节器可分为基带电压调节器与射频电压调节器两类。基带电压调节器又包含数字电源与模拟电源。数字电源主要给数字基带处理器、存储器、模拟基带信号处理器内的数字电路供电；模拟电源主要给基带部分的音频等模拟电路供电。射频电压调节器则给接收、发射机射频部分的各单元电路供电。

1. 基带电压调节器

基带电压调节器内部框图如图 5-23 所示。

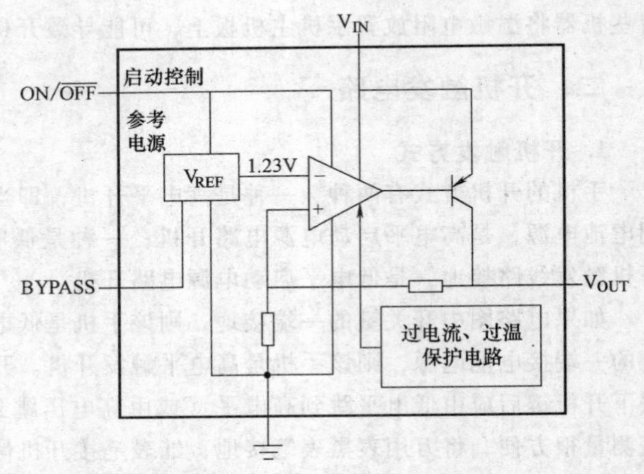

图 5-23　基带电压调节器内部框图

2. 射频电压调节器

射频电压调节器与基带电压调节器在电路上基本一致，射频电源要求噪声小，基带电源要求精度高，多数电源管理芯片集成了射频电压调节器。基带电压调节器总在工作，射频电压调节器间断工作，射频电压调节器输出电压单一，而基带电压调节器输出电压多样。

3. 升压与降压电源电路

电池电压一般为3.7V，手机有的电路需要更高的电压，如泵电路、SIM卡、显示屏等需要升压电路BOOST；手机基带器件通常电压较低需要降压电路；直流变换电路，通常需要振荡电路。

（1）电感升压　电感升压是利用电感可以产生感应电动势这一特点实现的。电感是一个存储磁场能的元件，电感中的感应电动势总是反抗流过电感中电流的变化，并且与电流变化的快慢成正比。电感升压基本原理如图5-24所示。

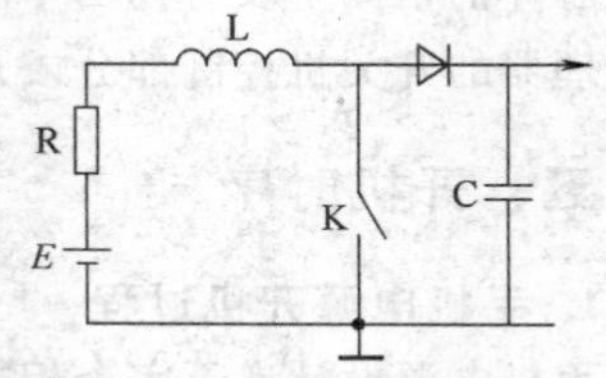

图5-24　电感升压基本原理

（2）振荡升压　振荡升压是利用一个振荡集成块外配振荡阻容元件实现的。振荡集成块又称为升压IC，一般有8个引脚。内部可以是间歇振荡器，外配振荡电容产生振荡；也可以是两级门电路，外配阻容元件构成正反馈而产生振荡。阻容元件能改变振荡频率，所以又称为定时元件，振荡电路一般产生方波电压，此电压再经整流滤波器形成直流电压。

四、时钟与复位电路

1. 逻辑时钟

移动电话的基带电路需要使用时钟信号，该信号被称为逻辑时钟，逻辑时钟信号通常由射频部分的参考振荡电路产生。若逻辑时钟信号的幅度不正常，可能导致手机出现开机困难的故障，逻辑时钟信号的频率不正常不一定会引起不开机的故障，却一定会引起手机出现不能进入服务状态（无接收）的故障。若AFC控制不正常，则会导致GSM手机工作与基站系统不同步，从而导致手机出现上网难、打电话难、通话容易掉线等故障。对于CDMA与WCDMA手机来说，参考振荡电路的AFC信号也是基带部分的DAC单元输出的。

在检测基准频率时钟电路的电压时，建议使用示波器。大多数手机的基准频率时钟电源都是一个专门的电压调节器提供，若电源不纯净，会导致一些意外的故障。

2. 复位电路

复位电路在系统电源建立过程中，为系统CPU和某些接口电路提供一个几十毫秒至数百毫秒的复位脉冲，利用这段时间，系统振荡器启动并稳定下来，CPU复位内部的寄存器和程序指针，为执行程序做好准备。

复位期间CPU总线处于高阻状态，所有控制信号处于无效状态，以免出现误操作，对系统中某些需要复位的接口电路，复位使它们内部的控制寄存器和状态寄存器处于某种确定的初始状态。常见的复位电路如图 5-25 所示。

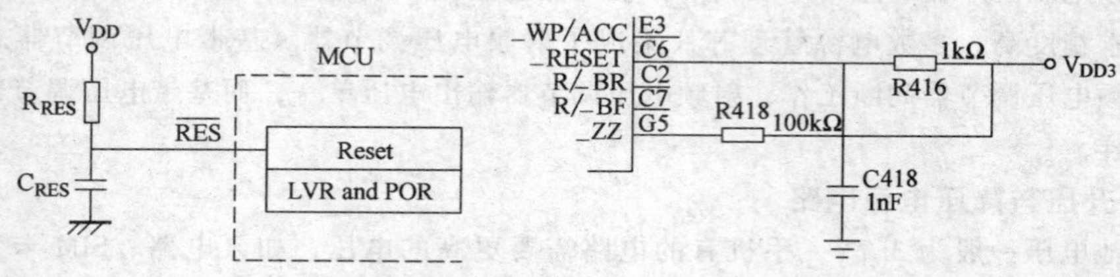

图 5-25　常见的复位电路

在采用集成电源管理芯片的电路中，复位电路被集成在电源管理芯片内，如果电源管理芯片的框图中没有标出专门的复位单元，那么，这个复位单元通常被集成在复合电源管理器的开关机控制部分或开关机控制与复位部分。

五、开机时序

1. 手机电源开机过程

手机电源设计也不完全相同，多数机型常把电源集成为一块电源管理芯片来供电；或者电源与音频电路集成在一起；有些机型还把电源分解成若干个小电源块等。手机电源开机流程图如图 5-26 所示。

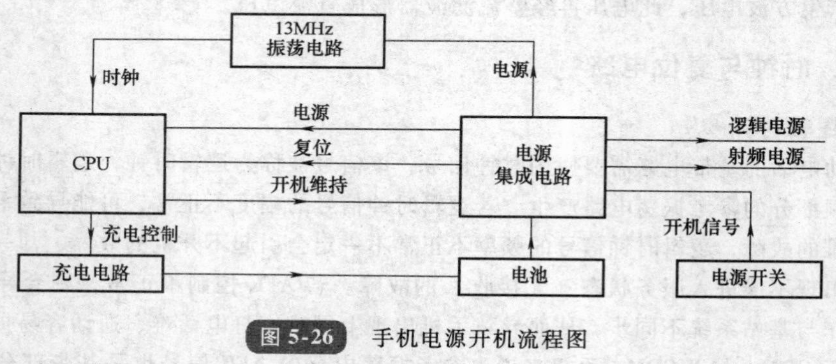

图 5-26　手机电源开机流程图

2. 开机序列

在手机中有严格的开机时序，如果某一部分无法工作输出电压，则下一个电压或信号无法产生。这种开机时序在智能手机中更为明显。一般手机的开机序列图如图 5-27 所示。

六、充电检测电路

充电检测电路使手机在充电电源被连接到手机时，能控制充电电路的启动。当充电电源连接到手机时，会触发充电检测电路，使充电检测电路输出充电检测信号到逻辑电路。逻辑电路收到这个信号后，会输出充电控制信号到充电电路。

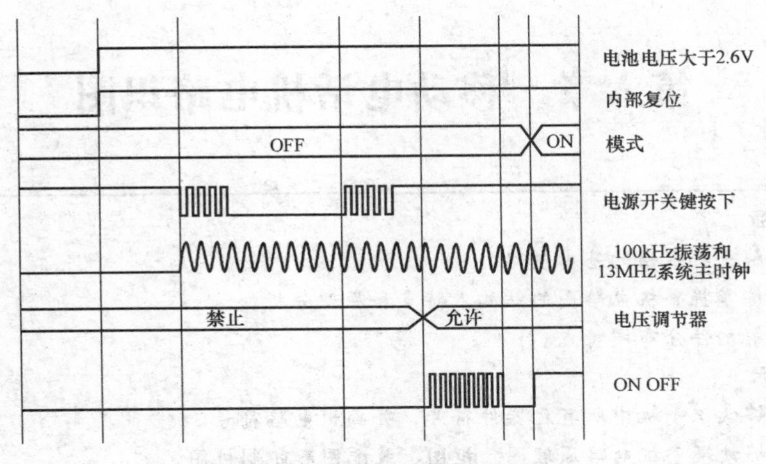

图 5-27　一般手机的开机序列图

在目前的新型智能手机中，充电电路大部分集成到电源管理芯片内部，个别机型充电电路使用单独的芯片。如果不能充电时，需首先检测充电检测电路。

复习思考题

1. GSM 手机从电路结构来看可以分为几部分？并画出 GSM 手机的电路结构框图。

2. 请简要描述 GSM 手机的接收机工作流程、发射机工作流程。

3. 手机的接收机常见的三种基本框架结构是哪些？并画出电路框图。

4. 手机的发射机常见的三种基本框架结构是哪些？并画出电路框图。

5. 在频率合成器中，锁相环电路有哪五部分组成？画出电路框图，并简要描述频率合成器的工作过程。

6. 请简要描述基带处理器的作用及功能，并说明基带处理器电路是如何工作的。

7. 请简要描述应用处理器的作用和功能，并说明应用处理器是如何工作的。

8. 在电源电路中，常见的开机触发方式有哪几种？

第六章　移动电话机电路识图

☺知识目标

1. 了解手机常用的基本电路。
2. 熟练掌握整机电路图的结构、特点和原理分析。
3. 了解元件分布图特点。

☺技能目标

1. 能够认识手机中所有元器件符号，并画出电路符号。
2. 能够读懂整机电路原理图、框图、装配图和印制板图。
3. 能够阅读、分析手机单元电路框图。
4. 能够看懂市面常见机型的图样，例如：苹果、三星、小米、华为等。

第一节　手机基本电路

一、晶体管电路

晶体管是电流放大器件，有三个极，分别叫做集电极 C、基极 B 和发射极 E，分为 NPN 型和 PNP 型两种。仅以 NPN 型晶体管的共发射极放大电路为例来说明一下晶体管放大电路的基本原理。

1. 晶体管的电流放大作用

下面我们以 NPN 型硅晶体管为例，简要说明晶体管的电流放大作用，如图 6-1 所示。

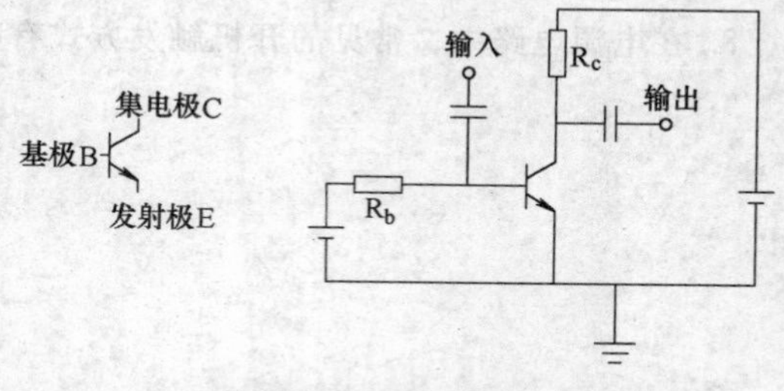

图 6-1　晶体管电路

把从基极 B 流至发射极 E 的电流叫作基极电流 I_b，把从集电极 C 流至发射极 E 的电流叫作集电极电流 I_c。这两个电流的方向都从发射极流出的，所以发射极 E 就用一个箭头来表示电流的方向。

晶体管的放大作用就是：集电极电流受基极电流的控制（假设电源能够提供给集电极足够大的电流），并且基极电流很小的变化会引起集电极电流很大的变化，且变化满足一定的比例关系：集电极电流的变化量是基极电流变化量的 β 倍，即电流变化被放大了 β 倍，所以我们把 β 叫做晶体管的放大倍数（β 一般远大于 1，例如几十、几百）。

如果将一个变化的小信号加到基极与发射极之间，这就会引起基极电流 I_b 的变化，I_b 的变化被放大后，导致了 I_c 很大的变化。如果集电极电流 I_c 是流过一个电阻 R 的，那么根据电压计算公式 $U=RI$ 可以计算出，电阻上电压就会发生很大的变化。将这个电阻上的电压取出来，就得到了放大后的电压信号了。

2. 晶体管偏置电路

晶体管在实际的放大电路中使用时，还需要加合适的偏置电路。其原因如下：首先是由于晶体管 BE 结的非线性（相当于一个二极管），基极电流必须在输入电压大到一定程度后才能产生（对于硅管，常取 0.7V）。当基极与发射极之间的电压小于 0.7V 时，基极电流就可以认为是 0。但实际中要放大的信号往往远比 0.7V 要小，如果不加偏置，这么小的信号就不足以引起基极电流的改变（因为小于 0.7V 时，基极电流都是 0）。

如果先在晶体管的基极上加上一个合适的电流（叫作偏置电流，图 6-1 中的电阻 R_b 就是用来提供这个电流的，所以它被叫作基极偏置电阻），那么当一个小信号与这个偏置电流叠加在一起时，小信号就会导致基极电流的变化，而基极电流的变化，就会被放大并在集电极上输出。另一个原因就是输出信号范围的要求，如果没有加偏置，那么只有对那些增加的信号放大，而对减小的信号无效（因为没有偏置时集电极电流为 0，不能再减小了）。而加上偏置，先让集电极有一定的电流，当输入的基极电流变小时，集电极电流就可以减小；当输入的基极电流增大时，集电极电流就增大。这样减小的信号和增大的信号都可以被放大了。

3. 晶体管的开关作用

下面介绍下晶体管的饱和情况。图 6-1 中，因为受到电阻 R_c 的限制（R_c 是固定值，那么最大电流为 U/R_c，其中 U 为电源电压），集电极电流是不能无限增加下去的。当基极电流的增大，不能使集电极电流继续增大时，晶体管就进入了饱和状态。

一般判断晶体管是否饱和的准则是 $I_b\beta > I_c$。进入饱和状态之后，晶体管的集电极与发射极之间的电压将变得很小，可以理解为一个开关闭合了。

这样就可以将晶体管当作开关使用。当基极电流为 0 时，晶体管集电极电流为 0（即晶体管截止），相当于开关断开；当基极电流很大，以至于晶体管饱和时，相当于开关闭合。如果晶体管主要工作在截止和饱和状态，那么这样的晶体管一般叫作开关管。

如果在图 6-1 中，将电阻 R_c 换成一个灯泡，那么当基极电流为 0 时，集电极电流为 0，灯泡灭。如果基极电流比较大时（大于流过灯泡的电流除以晶体管的放大倍数 β），晶体管饱和，相当于开关闭合，灯泡就亮了。由于控制电流只需要比灯泡电流的 $1/\beta$ 大一点就行了，所以就可以用一个小电流来控制一个大电流的通断。如果基极电流从零慢慢增加，那么灯泡的亮度也会随着增加（在晶体管未饱和之前）。

对于 PNP 型晶体管，分析方法类似，不同的地方就是电流方向与 NPN 型的正好相反，因此发射极上面那个箭头方向也反了过来，即变成朝里的了。

4. 晶体管的“大坝阀门”

对于晶体管放大作用的理解，切记一点：能量不会无缘无故的产生，所以晶体管一定不会产生能量。

但晶体管特点的地方在于：它可以通过小电流控制大电流。放大的原理就在于：通过小的交流输入，控制大的静态直流。

假设晶体管是个大坝，这个大坝奇怪的地方是，有两个阀门，一个大阀门，一个小阀门。小阀门可以用人力打开，大阀门很重，人力是打不开的，只能通过小阀门的水力打开。

所以，平常的工作流程便是，每当放水时，人们就打开小阀门，很小的水流涓涓流出，这涓涓细流冲击大阀门的开关，大阀门随之打开，汹涌的江水滔滔流下。

如果不停地改变小阀门开启的大小，那么大阀门也相应地不停改变，假若能严格地按比例改变，那么完美的控制就完成了。

在这里，U_{be}就是小水流，U_{ce}就是大水流，人就是输入信号。当然，如果把水流比作电流，会更确切，因为晶体管毕竟是一个电流控制元件。

如果某一天，江水没有了，也就是大的水流那边是空的。这时候人工打开了小阀门，尽管小阀门还是一如既往地冲击大阀门，并使之开启，但因为没有水流的存在，所以，并没有水流出来。这就是晶体管中的截止区。

饱和区也是一样的，因为此时江水达到了很大很大的程度，人工开启的阀门大小已经没用了。如果不开启阀门而江水就自己冲开了，这就是二极管的击穿。

在模拟电路中，一般阀门是半开的，通过控制其开启大小来决定输出水流的大小。没有信号时，水流也会流，所以不工作时，也会有功耗。

而在数字电路中，阀门则处于开或是关两个状态。当不工作时，阀门是完全关闭的，没有功耗。

1）截止区：应该是那个小的阀门开启的还不够，不能打开大阀门，这种情况是截止区。

2）饱和区：应该是小的阀门开启的太大了，以至于大阀门里放出的水流已经到了它极限的流量，但是调小小阀门，可以使晶体管工作状态从饱和区返回到线性区。

3）线性区：就是水流处于可调节的状态。

4）击穿区：比如有水流存在一个水库中，水位太高（相应与U_{ce}太大），导致有缺口产生，水流流出。而且，随着小阀门的开启，这个击穿电压变低，就更容易击穿了。

二、场效应晶体管电路

场效应晶体管与晶体管一样，也具有放大作用，但与普通晶体管是电流控制型器件相反，场效应晶体管是电压控制型器件。它具有输入阻抗高、噪声低的特点。

场效应晶体管的3个电极，即栅极、源极和漏极，分别相当于晶体管的基极、发射极和集电极。图6-2所示是场效应晶体管的3种组态电路，即共源极、共漏极和共栅极放大器。

图6-2a所示是共源极放大器，它相当于晶体管共发射极放大器，是一种最常用的电路；图6-2b所示是共漏极放大器，相当于晶体管共集电极放大器，输入信号从漏极

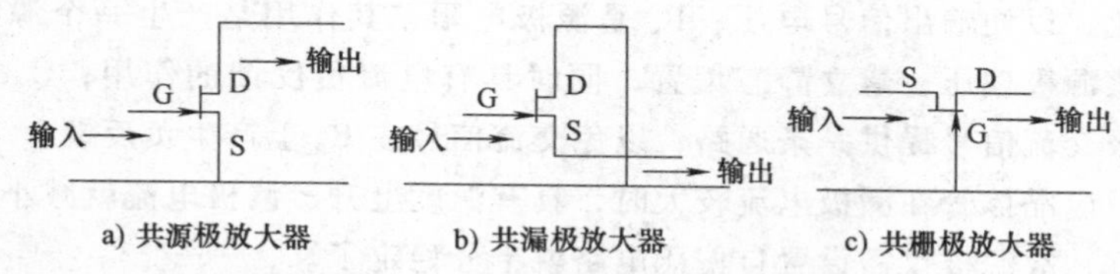

图 6-2 场效应晶体管的 3 种组态电路

与栅极之间输入，输出信号从源极与漏极之间输出，这种电路又称为源极输出器或源极跟随器；图 6-2c 所示是共栅极放大器，它相当于晶体管共基极放大器，输入信号从栅极与源极之间输入，输出信号从漏极与栅极之间输出，这种放大器的高频特性比较好。

绝缘栅型场效应晶体管的输入电阻很高，如果在栅极上感应了电荷，很不容易泄放，极易将 PN 结击穿而造成损坏。为了避免发生 PN 结击穿损坏，存放时应将场效应晶体管的 3 个极短接；不要将它放在静电场很强的地方，必要时可放在屏蔽盒内。

焊接时，为了避免电烙铁带有感应电荷，应将电烙铁从电源上拔下。焊进电路板后，不能让栅极悬空。

1. 场效应晶体管放大电路的偏置方法

（1）固定式偏置电路 在场效应晶体管放大器中，有时需要外加栅极直流偏置电源，这种方式被称为固定式偏置电路，如图 6-3 所示。

C_1 和 C_2 分别是输入端耦合电容和输出端耦合电容。$+U_{CC}$ 通过漏极负载电阻 R_2 加到 VT 的漏极，VT 的源极接地。$-U_{CC}$ 是栅极专用偏置直流电源，为负极性电源，它通过栅极偏置电阻 R_1 加到 VT 的栅极，使栅极电压低于源极电压，这样就建立了 VT 的正常偏置电压。

图 6-3 固定式偏置电路

在电路中，输入信号 U_i 经 C_1 耦合至场效应晶体管 VT 的栅极，与原来的栅极负偏压叠加。场效应晶体管受到栅极的作用，其漏极电流 I_2 相应变化，并在负载电阻 R_2 上产生电压降，经 C_2 隔离直流后输出，在输出端即得到放大了的信号电压 U_o。I_2 与 U_i 同相，U_o 与 U_i 反相。

这种偏置电路的优点是 VT 的工作点可以任意选择，不受其他因素的制约，也充分利用了漏极直流电源 $+U_{CC}$，所以可以用于低压供电放大器。其缺点是需要两个直流电源。

（2）自给偏压共源极放大电路 图 6-4 所示是典型的自给偏压共源极放大电路。图中 C_1 和 C_2 分别是输入、输出耦合电容，起通交流、隔直流的作用；$+U_{CC}$ 为漏极直流电压源，为放大电路提供能源；R_D 是漏极电阻，它能把漏极电流的变化转变

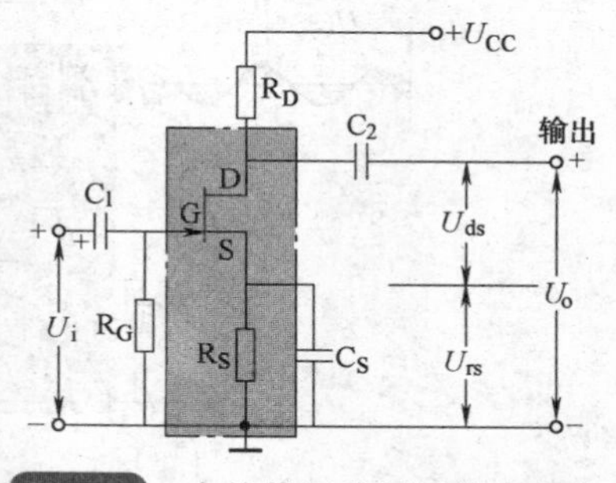

图 6-4 自给偏压共源极放大电路

为电压的变化，以便输出信号电压；R_S 是源极电阻，其作用是产生一个源极到地的电压降，以提供源极偏压，建立静态偏置，同时具有电流负反馈的作用；C_S 是源极旁路电容，给源极交流信号提供一条通路，以免交流信号在 R_S 上产生负反馈。

由于场效应晶体管在漏极电流较大时，具有温度上升、漏极电流就减小的特点，因而热稳定性好，故源极仅需设置自偏压电路就十分稳定了。

“自给偏压”指的是由场效应晶体管自身的电流产生偏置电压。N 沟道结型场效应晶体管正常工作时，栅极、源极之间需要加一个负偏置电压，这与晶体管的发射结需要正偏置电压是相反的。为了使栅极、源极之间获得所需负偏压，设置了自生偏压电阻 R_S。当源极电流流过 R_S 时，将会在 R_S 两端产生上正下负的电压降 U_S。由于栅极通过 R_G 接地，所以栅极为零电位。这样，R_S 产生的 U_S 就能使栅极、源极之间获得所需的负偏压 U_{GS}，这就是自给偏压共源极放大电路的工作原理。

(3) 分压式自偏压电路　图 6-5 所示为分压式自偏压电路，又称为栅极接正电位偏置电路。它是在自给偏压共源极放大电路的基础上，加上分压电阻 R_{f1} 和 R_{f2} 构成的。

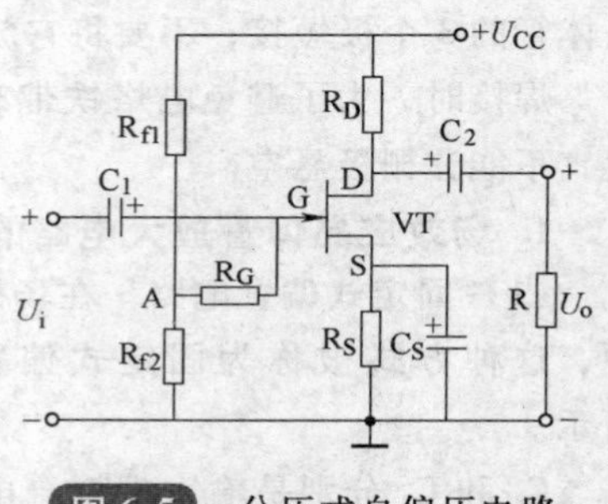

图 6-5　分压式自偏压电路

图 6-5 中，电源 $+U_{CC}$、输入耦合电容 C_1、输出耦合电容 C_2、漏极电阻 R_D、源极电阻 R_S、源极旁路电容 C_S 的作用均与自给偏压共源极放大电路相同。R_{f1} 和 R_{f2} 是分压偏置电阻，R_{f1} 与 R_{f2} 的接点通过大电阻 R_G 与场效应晶体管的栅极相连。由于栅极绝缘无电流，所以 R_{f1} 与 R_{f2} 的分压点 A 与场效应晶体管的栅极同电位。由于该电路既有“分压偏置”又有“自给偏置”，所以又称为组合偏置电路。这种偏置电路既可用于耗尽型场效应晶体管，也可用于增强型场效应晶体管。

2. 场效应晶体管放大电路的工作原理

(1) 源极接地放大器　源极接地放大器是场效应晶体管放大器最重要的电路形式，其工作原理如图 6-6 所示。

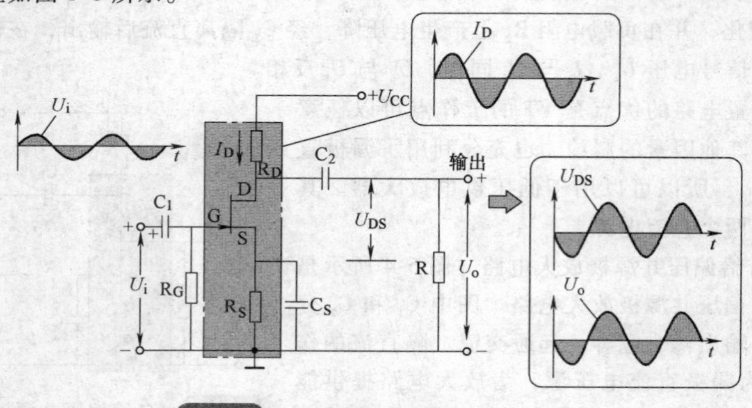

图 6-6　源极接地放大器的工作原理

图6-6中，交流输入电压 U_i 在1/4周期内处于增大的趋势，因此在这段时间内漏极电流 I_D 增大。I_D 的增大使负载上的压降增大，U_{DS}就下降；当 U_i 在2/4周期内时，处于减小状态，U_{GS}增大，I_D 则减小，而 I_D 的减小使负载上的压降减小，U_{DS}就上升。以此类推，其输入与输出信号的波形如图6-6中所示。U_i 和 I_D 的相位相同，与输出信号电压 U_{DS}的相位相反。

（2）栅极接地放大器　栅极接地放大器适用于高频宽带放大器，其基本连接方式如图6-7所示。

（3）漏极接地放大器　漏极接地放大器也称为源极跟随器或源极输出器，相当于双极型晶体管的集电极接地电路。图6-8为其基本连接方式。源极跟随器最主要的特点是输出阻抗低。

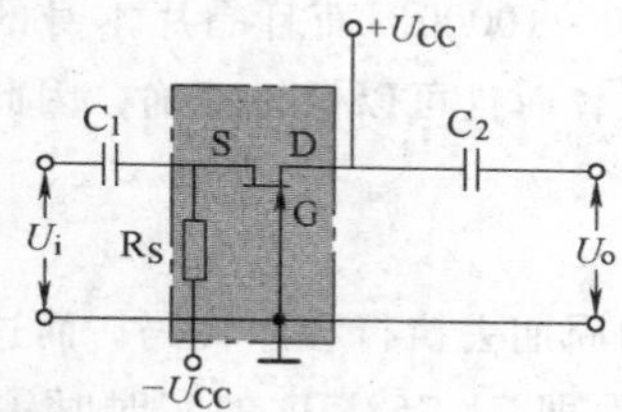

图6-7　栅极接地放大器的基本连接方式

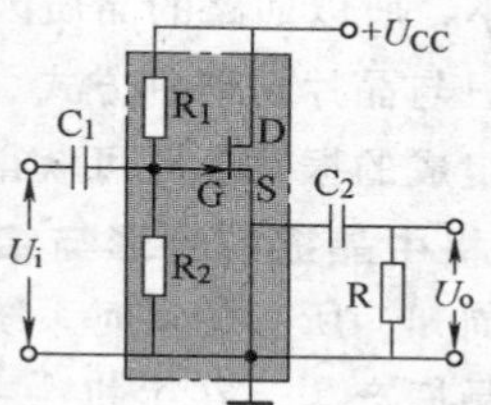

图6-8　漏极接地放大器的基本连接方式

三、晶体振荡器电路

在手机众多的元器件中，有一个元件不可或缺，它就是晶振。它在频率合成器电路、蓝牙电路、GPS电路乃至应用处理器中都起着关键性作用。

晶振在手机中的作用就好比“北京时间”一样，手机和基站按一个节拍同步工作，如果手机的晶振频率偏移，就和你的手表和北京时间不一致，手机频偏会造成没有信号。

1. 晶振的工作原理

晶振即石英晶体振荡器，它的作用在于产生原始的时钟频率，这个频率经过倍频或分频后就成了设备所需要的频率。

石英晶体振荡器是高精度和高稳定度的振荡器，被广泛应用于彩电、计算机、遥控器等各类振荡电路中，它在通信系统中可用于频率发生器，为数据处理设备产生时钟信号以及为特定系统提供基准信号。

（1）压电效应　若在石英晶体的两个电极上加一电场，晶片就会产生机械变形。反之，若在晶片的两侧施加机械压力，则在晶片相应的方向上将产生电场，这种物理现象称为压电效应。如果在晶片的两极上加交变电压，晶片就会产生机械振动，同时晶片的机械振动又会产生交变电场。在一般情况下，晶片机械振动的振幅和交变电场的振幅非常微小，但当外加交变电压的频率为某一特定值时，振幅明显加大，比其他频率下的振幅大得多，这种现象称为压电谐振，它与LC回路的谐振现象十分相似。它的谐振频率与晶片的切割方式、几何形状、尺寸等有关。

(2) 符号和等效电路 石英晶体谐振器的符号和等效电路如图6-9所示。当晶体不振动时，可把它看成一个平板电容器（称为静电电容C），它的大小与晶片的几何尺寸、电极面积有关，一般约为几皮法到几十皮法。当晶体振荡时，机械振动的惯性可用电感L来等效，一般L的值为几十毫亨到几百毫亨。晶片的弹性可用电容C来等效，C的值很小，一般只有0.0002~0.1pF。晶片振动时因摩擦而造成的损耗用R来等效，它的数值约为100Ω。由于晶片的等效电感很大，而C很小，R也小，所以回路的品质因数Q很大，可达1000~10000。而且晶片本身的谐振频率基本上只与晶片的切割方式、几何形状、尺寸有关，而且可以做得精确，因此利用石英谐振器组成的振荡电路可获得很高的频率稳定度。

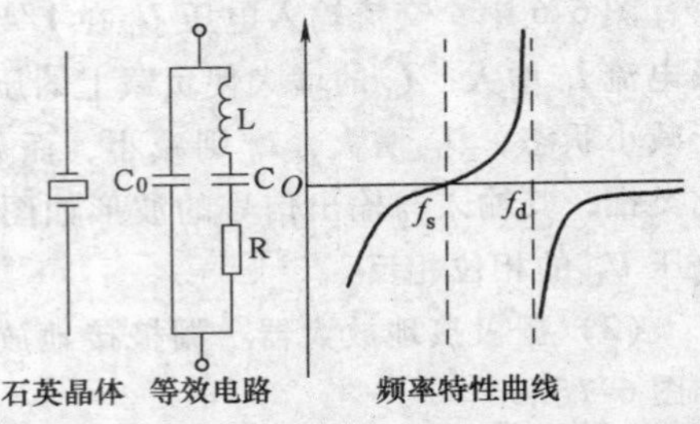

图6-9 石英晶体谐振器的符号和等效电路

2. 手机中晶振的外形与结构

众所周知，所有的实时系统都需要在每一个时钟周期去执行程序代码，而这个时钟周期就由晶振产生。在手机中一般至少有2个晶振，即32.768kHz的实时时钟（Real-Time Clock，简称RTC）晶振和13MHz/26MHz基准时钟晶振。

手机中会有多个晶振，例如GPS电路、蓝牙电路、多媒体电路、WiFi电路、应用处理器电路等，都需要晶振才能正常工作。

(1) 实时时钟晶体的外形与结构 手机中的实时时钟晶体的外形如图6-10所示，大多在外壳上标注有时钟频率，有的厂家用字母来标示型号和频率。

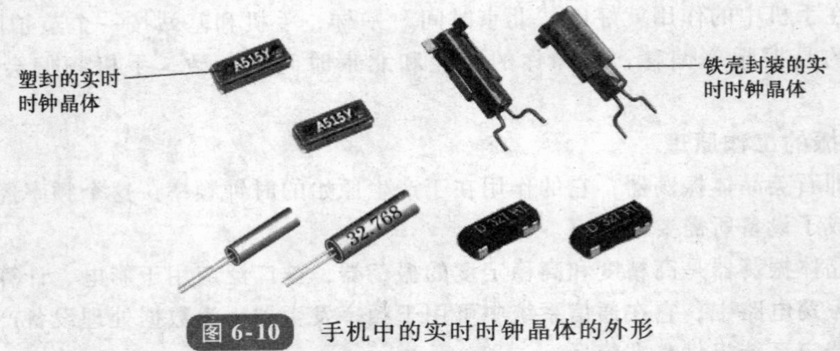

图6-10 手机中的实时时钟晶体的外形

塑封的时钟晶体有4个引脚，外形为长方形，颜色大部分为黑色或浅黄色、浅紫色等。铁壳的时钟晶体一般为银白色和金色，一般有两个引脚，外壳接地。

(2) 基准时钟的外形与结构 如图6-11所示是手机中的基准时钟晶体，主要应用于系统基准振荡电路、多媒体电路、蓝牙电路、GPS电路、应用处理器电路、WiFi电路等。这里主要以系统基准时钟为例进行介绍。

GSM手机中的系统基准时钟一般为13MHz、26MHz，CDMA手机中的系统基准时钟一般为19.68MHz。

图 6-11 手机中的基准时钟晶体的外形

手机中的基准时钟分为无源晶振和有源晶振。无源晶振外观为长方体，顶部为白色，顶部四周为金黄色，底部为陶瓷基片，有 4 个引脚；有源晶振外观为长方体，一般有一个金属屏蔽罩，拆开屏蔽罩后，里面是晶振电路的元件。

3. 石英晶体振荡电路

石英晶体振荡电路形式有很多种，常用的有两类：一类是石英晶体接在振荡电路中，作为电感元件使用，这类振荡电路称为并联晶体振荡电路；另一类是把晶体作为串联短路元件使用，使其工作于串联谐振频率上，称为串联晶体振荡电路。

（1）并联晶体振荡电路　这类晶体振荡电路的原理和一般 LC 振荡器相同，只是把晶体接在振荡电路中作为电感元件使用，并与其他电路元件一起，按照三点式电路的组成原则与晶体管相连，如图 6-12 所示。

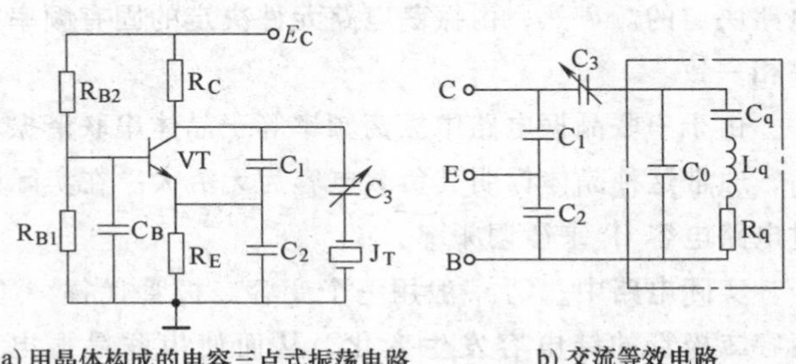

图 6-12 并联晶体振荡电路

石英晶体的振荡频率由石英谐振器和负载电容 C_L 共同决定。所谓“负载电容”是指从晶振的引脚两端向振荡电路的方向看进去的等效电容，晶振在振荡电路中起振时等效为感性，负载电容与晶振的等效电感形成谐振，决定振荡器的振荡频率。对于图 6-12 所示电路，负载电容 C_l 由 C_1、C_2 和 C_3 共同组成，由于 C_3 远远小于 C_1 和 C_2，可见石英晶体确定后，L_q、C_0、C_q 也就确定了。振荡频率主要由 C_3 决定，实际电路中，C_3 一般用一个变容二极管代替，通过改变变容二极管的反偏压来使变容二极管的结电容发生变化，从而改变了振荡频率，使振荡频率符合要求。

（2）串联晶体振荡电路　串联晶体振荡电路是把晶体接在正反馈支路中，当晶体工作在串联谐振频率上时，其总电抗为零，等效为短路元件，这时反馈作用最强，满足振幅起振条件，如图 6-13 所示。

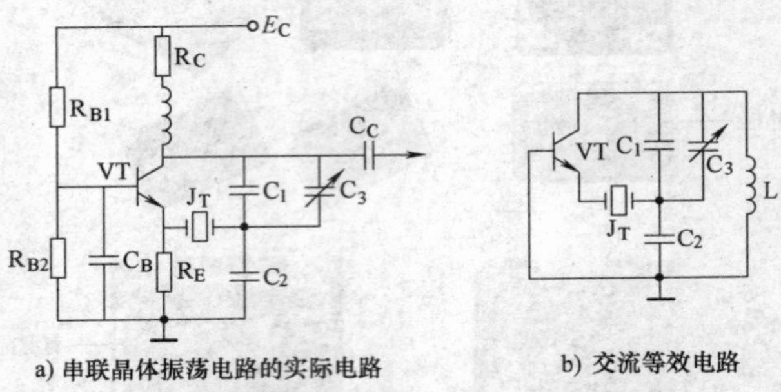

a) 串联晶体振荡电路的实际电路　　b) 交流等效电路

图 6-13　串联晶体振荡电路

由图 6-13 可知，该电路与电容三点式振荡电路十分相似，所不同的只是反馈信号不是直接接到晶体管的输入端，而是经过石英晶体接到振荡的发射极，从而实现正反馈。当石英晶体工作在串联谐振频率时，石英晶体呈现极低的阻抗，可以近似地认为是短路的，则在这个频率上，该电路与三点式振荡器没有什么区别。基于这种原理，我们可以调节振荡电路，使振荡频率正好等于晶体的谐振频率，这时，正反馈最强，正好满足起振条件。对于其他频率，石英谐振器不可能发生串联谐振，它在反馈支路中呈现为一个较大的电阻，使振荡电路不能满足起振条件，故不能振荡。可见，串联石英晶体振荡器的振荡频率及频率稳定度都是由石英谐振器的串联振荡频率决定的，而不是由振荡电路决定的。显然，由振荡电路元件决定的固有频率，必须与石英谐振器的串联谐振频率相一致。

由于串联晶振电路中振荡频率等于晶体串联谐振频率，所以它不需要外加负载电容 C_1，通常这种晶体标明其负载电容为无穷大。在实际应用中，若有小的误差，则可以通过电路电容 C_3 来微调频率。

实际电路中，C_3 一般用一个变容二极管代替，通过改变变容二极管的反偏压来使变容二极管的结电容发生变化，从而使串联晶振电路中振荡频率等于晶体串联谐振频率。

4. 手机中的晶体振荡电路

在手机中一般会使用多个晶体振荡器电路，下面以 32.768kHz 时钟晶体和系统基准时钟为例简要说明手机中晶体振荡电路的工作原理。

(1) 实时时钟晶体振荡电路　32.768kHz 实时时钟电路为手机提供实时时钟的电路，为什么实时时钟电路一定要用 32.768kHz 的晶体呢？32.768kHz 的晶振产生的振荡信号经过石英钟内部分频器进行 15 次分频后得到 1Hz 秒信号，即每秒石英钟内部分频器只能进行 15 次分频，要是换成别的频率的晶振，15 次分频后就不是 1Hz 的秒信号，时间就不准了。

32.768kHz 实时时钟电路一般由 32.768 时钟晶体和电源块内部或与 CPU 内部共同产生振荡信号，也有一部分由 32.768 晶体和专用的集成电路构成振荡信号。

如图 6-14 所示是实时时钟电路的结构图。

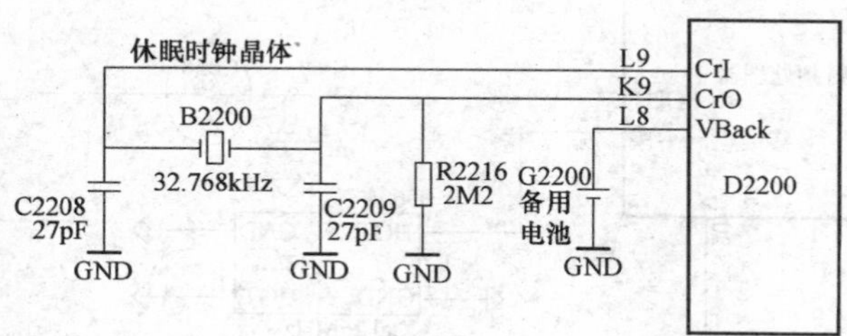

图 6-14　实时时钟电路的结构图

实时时钟电路在手机中最常见的作用就是计时，32.768kHz 时钟信号都要送 CPU 以保障实时时钟的正常运行显示，手机显示的时间日期就是由实时时钟电路提供的。

另外，实时时钟电路还提供睡眠时钟、做逻辑启动时钟等作用，32.768kHz 实时时钟与 CPU 共用串行总线，像三星系列手机，也有的手机 32.768kHz 实时时钟信号参与逻辑运行。

（2）系统基准时钟振荡电路　手机中的系统基准时钟晶体是手机中一个非常重要的器件，它产生的系统时钟信号一方面作为逻辑电路提供时钟信号，另一方面为频率合成器电路提供基准信号。

1）系统基准时钟工作原理。手机中的系统基准时钟晶体振荡电路由逻辑电路提供的 AFC（自动频率控制）信号控制。由于 GSM 手机采用时分多址（TDMA）技术，以不同的时间段（Slot，时隙）来区分用户，所以手机与系统保持时间同步就显得非常重要。若手机时钟与系统时钟不同步，则会导致手机不能与系统进行正常的通信。

在 GSM 系统中，有一个公共的广播控制信道（BCCH），它包含频率校正信息与同步信息等。手机一开机，就会在逻辑电路的控制下扫描这个信道，从中获取同步与频率校正信息，如手机系统检测到手机的时钟与系统不同步，手机逻辑电路就会输出 AFC 信号。AFC 信号改变手机中的系统基准时钟晶体电路中 VCO 两端的反偏压，从而使该 VCO 电路的输出频率发生变化，进而保证手机与系统同步。

GSM 手机的系统基准时钟一般为 13MHz，现在一些手机使用的是 26MHz 晶振，三星部分手机使用的是 19.5MHz 晶振，电路产生的 26MHz 或 19.5MHz 信号再进行 2 或 1.5 倍分频，来产生 13MHz 信号供其他电路使用。

单独的一个石英晶振是不能产生振荡信号的，它必须在有关电路的配合下才能产生振荡，如图 6-15 所示。

2）手机中系统基准时钟的作用。以 13MHz 系统基准时钟为例进行介绍，13Mz 作为逻辑电路的主时钟，是逻辑电路工作的必要条件。开机时需要有足够的幅度（9 ~ 15Mz 范围内均可开机）。

开机后，13Mz 作为射频电路的基准频率时钟，完成射频系统共用收发本振频率合成、PLL 锁相以及倍频作为基准副载波用于 I/Q 调制解调。因此，信号对 13MHz 的频率要求精度较高（应为 12.9999 ~ 13.0000MHz，±误差不超过 150Hz），只有 13MHz 基

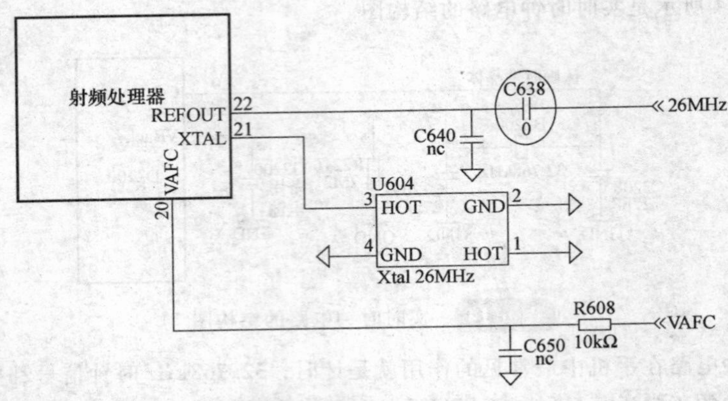

图 6-15 系统基准时钟电路

准频率精确，才能保证收发本振的频率准确，使手机与基站保持正常的通信，完成基本的收发功能。

第二节 手机电路识图基本方法

电路图是为了研究和工程的需要，用国家标准化的符号绘制的一种表示各种元器件组成的图形。通过电路图可以详细地了解它的工作原理，是分析性能、安装电子产品的主要设计文件。在设计电路时，也可以在纸或计算机上进行，确认完善后再进行实际安装，通过调试、改进，直至成功。

一、电路图的组成及分类

手机中的电路图包括原理图、框图、装配图和印制电路板图等，应掌握看图方法，并能够实际运用到维修工作中去。

维修手机离不开电路图，否则维修便是瞎子摸象，掌握和了解电路图的组成和分类是学习手机原理的基础，只有基础扎实，后面的理论学习才能轻车熟路。

1. 电路图的组成

电路图主要由元件符号、连线、结点和注释四部分组成。

1）元件符号表示实际电路中的元件，它的形状与实际的元件不一定相似，甚至完全不一样。但是它一般都表示出了元件的特点，而且引脚的数目都和实际元件保持一致。

手机中的元件符号如图 6-16 所示。

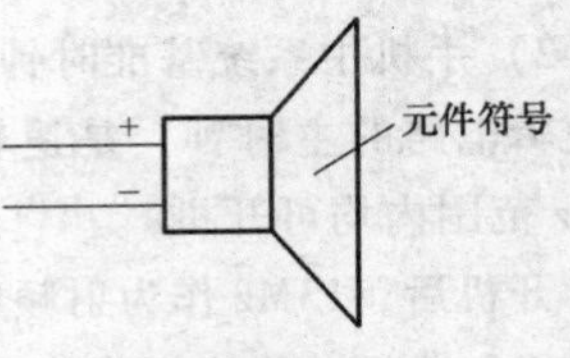

图 6-16 手机中的元件符号

2）连线表示的是实际电路中的导线，在原理图中虽然是一根线，但在常用的印制电路板中往往不是线而是各种形状的铜箔块，就像收音机原理图中的许多连线在印制电路板图中并不一定都是线形的，也可

以是一定形状的铜膜。

3）结点表示几个元件引脚或几条导线之间相互的连接关系。所有和结点相连的元件引脚、导线，不论数目多少，都是导通的。

连线和结点如图 6-17 所示。

4）注释在电路图中是十分重要的，电路图中所有的文字都可以归入注释一类。从以上各图中会发现，在电路图的各个地方都有注释存在，它们被用来说明元件的型号、名称等。

手机的注释如图 6-18 所示。

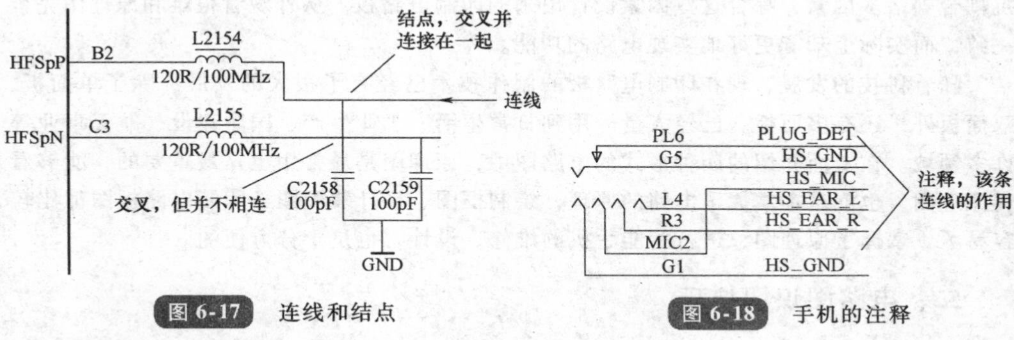

图 6-17　连线和结点　　图 6-18　手机的注释

2. 电路图的分类

(1) 原理图　原理图又叫作“电原理图”。由于它直接体现了电子电路的结构和工作原理，所以一般用在设计、分析电路中。

分析电路时，通过识别图样上所画的各种电路元件符号，以及它们之间的连接方式，就可以了解电路实际工作时的原理。原理图就是用来体现电子电路的工作原理的一种工具。

(2) 框图　框图是一种用方框和连线来表示电路工作原理和构成概况的电路图。从根本上说，这也是一种原理图，不过在这种图样中，除了方框和连线，几乎就没有别的符号了。

它和上面的原理图主要的区别就在于原理图上详细地绘制了电路的全部的元器件和它们的连接方式，而框图只是简单地将电路按照功能划分为几个部分，将每一个部分描绘成一个方框，在方框中加上简单的文字说明，在方框间用连线（有时用带箭头的连线）说明各个方框之间的关系。

所以框图只能用来体现电路的大致工作原理，而原理图除了详细地表明电路的工作原理之外，还可以用来作为采集元件、制作电路的依据。

(3) 元件分布图（装配图）　它是为了进行电路装配而采用的一种图样，图上的符号往往是电路元件的实物外形图。只要照着图上画的样子，依样画葫芦地把一些电路元器件连接起来就能够完成电路的装配。这种电路图一般是供初学者使用的。

装配图根据装配模板的不同而各不一样，大多数作为电子产品的场合，用的都是印制电路板，所以印制电路板图是装配图的主要形式。

（4）印制电路板图　印制电路板图和装配图其实属于同一类的电路图，都是供装配实际电路使用的。

印制电路板是在一块绝缘板上先覆上一层金属箔，再将电路不需要的金属箔腐蚀掉，剩下的部分金属箔作为电路元器件之间的连接线，然后将电路中的元器件安装在这块绝缘板上，利用板上剩余的金属箔作为元器件之间导电的连线，完成电路的连接。由于这种电路板的一面或两面覆的金属是铜皮，所以印制电路板又叫作“覆铜板”。

印制电路板的元件分布往往和原理图中大不一样。这主要是因为，在印制电路板的设计中，主要考虑所有元件的分布和连接是否合理，要考虑元件体积、散热、抗干扰、抗耦合等诸多因素，综合这些因素设计出来的印制电路板，从外观看很难和原理图完全一致，而实际上却能更好地实现电路的功能。

随着科技的发展，现在印制电路板的制作技术已经有了很大的发展；除了单面板、双面板外，还有多面板，已经大量运用到日常生活、工业生产、国防建设、航天事业等许多领域。在上面介绍的四种形式的电路图中，原理图是最常用也是最重要的，能够看懂原理图，也就基本掌握了电路的原理，绘制框图、设计装配图、印制电路板图都比较容易了。掌握了原理图，进行智能手机的维修、设计，也是十分方便的。

二、电路图识图技巧

手机电路图识图，需要在掌握基本电路知识的基础上，对电路图进一步的深入了解，对于不熟悉的机型，能够快速掌握其电路原理，必须有扎实的基础，还要有技巧和方法。

1. 对手机有基本了解

要看懂某一款手机的电路图，还需对该手机有一个大致的了解，例如一部手机的功能模块组成，各个模块的功能作用及特点。

除了基本的通话外，是否还有其他如红外、蓝牙、照摄像、导航等功能模块，弄清模块单元电路的组成。

2. 从熟悉的元器件和电路入手

经常在电路图中寻找自己熟悉的元器件和单元电路，看它们在电路中所起的作用，每部手机都有共同的标志性器件，如功放、CPU、晶振、滤波器等。然后与它们周围的电路联系，分析这些外部电路怎样与这些元器件和单元电路互相配合工作，逐步扩展，直至对全图能理解为止。

3. 分割电路，各个击破

不断尝试将电路图分割成若干条条框框，然后各个击破，逐个了解这些条条框框电路的功能和工作原理，再将各个条条框框互相联系起来，从而看懂、读通整个电路图。

4. 掌握“四多”技巧

“四多”就是要多看、多读、多分析和多理解各种电路图。可以由简单电路到复杂电路，遇到一时难以弄懂的问题除自己反复独立思考外，也可以向内行、专家请教，还可以多阅读这方面的教材与报刊，还可以上专门的网站，从中学习。只要坚持不懈地努力，学会看懂电路图并非难事。

三、英文注释识别技巧

在手机的电路图中，几乎所有的注释都用英文标注，有些还用英文的缩写进行标注，这样就给初学者造成不小的障碍，如何能够有效地突破英文注释的关卡，掌握看图的技巧呢？下面从几个方面进行说明。

1. 从出现频率高的英文注释入手

仔细观察手机原理图不难发现，即使在不同型号的手机图样中，也能找到一些通用的英文单词，有些单词的出现频率非常高。

例如：VCC 表示电源供电的意思，在手机电路图中，不论哪一个单元电路，都会有供电，而且供电差不多都用 VCC 表示，那么记忆这个单词应该就简单了。

VBATT、DATA、GND、OFF、ON 等都属于这一类出现频率非常高而且在各个图样中都通用的英文单词。

2. 掌握图样中英文注释的缩写

在手机图样中，由于空间限制，一般过长的单词无法在图样中标注出来，这时候一般采用英文单词的缩写，记忆这样的单词也有技巧。

例如：AFC，是自动频率控制（Automatic Frequency Control），分别取这三个单词的第一个字母，Automatic 是自动，Frequency 是频率，Control 是控制。

APC，是自动功率控制（Automatic Power Control），分别取这三个单词的第一个字母，Automatic 是自动，Power 是功率，Control 是控制。

还有，AGC 表示自动增益控制，ALC 表示自动电平控制，ABC 表示自动亮度控制等。对于手机中这类采用缩写，而且有相似性的英文单词可以放在一起进行记忆和识别。

3. 经常在一起使用的英文注释

在手机电路图中，有些英文单词总是在一起出现，例如手机 SIM 卡电路中，VCC（SIM 卡电源）、RST（SIM 卡复位）、CLK（SIM 卡时钟）、SIM-DATA（SIM 卡数据，有些手机中为 SIM IO）等，那么，我们可以把这些单词对应的电路作为 SIM 卡工作的必要条件来进行记忆，所有 GSM 手机的这块电路基本都是类似的。

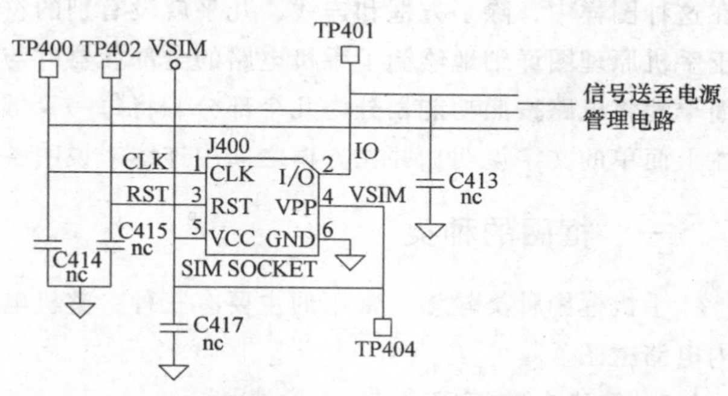

图 6-19 SIM 卡电路

SIM 卡电路如图 6-19 所示。

还有 SCLK（频率合成时钟，或 CLK）、SDATA（频率合成数据，或 DATA）、SYNEN（频率合成使能，或 EN、LE）、SYNON（频率合成启动，或 ENRFVCO、RFVCOEN），这 4 个信号都是频率合成器电路工作的必要信号，在查看射频部分电路时就会发现这几个信号总是挨在一起。

如图 6-20 所示是频率合成器控制信号。

图 6-20　频率合成器控制信号

发现这些规律后，我们就可以把这一类的英文注释放在一起识别和记忆，既能提高看图速度，也能加强对原理图的分析和理解能力。

4. 机型独有的英文注释

除了以上 3 种方法可以记忆手机电路中使用频率最高的大部分单词外，还有一些单词是某些机型独有的，只在这个机型中使用，而不在其他机型中使用。例如：WATCH DOG（WHD）看门狗信号，这个信号是手机的电源维持信号，只有在 MOTOROLA 手机中才使用，在 NOKIA 和三星的手机中则不使用这个单词，这样的单词则需要单独记忆。

还要注意电路图中的英文有些是简写的缩略语，有时是组合使用的，如 ant 是 antenna 天线的简写，而 antsw 是 ant（天线）和 sw（开关）的组合，其含义就是天线开关。另外，有的词只出现在其特定的部分，它的出现也代表所在电路的基本功能，如电路图中出现“ant”，表示是手机射频部分中的天线相关电路。

第三节　框图的识图

手机框图是一种用各种方框和连线来表示手机电路工作原理和构成概况的电路图。在这种图样中，除了方框和连线，几乎就没有别的符号了。它与手机原理图的区别，在于手机原理图详细地绘制了手机电路的全部元器件与它们的连接方式，而手机框图只是简单地将电路按照功能划分为几个部分，将每一个部分描绘成一个方框，再在方框中标注上简单的文字说明，并在方框之间用连线来说明各方框之间的关系。

一、框图的种类

手机框图种类较多，常用的主要有三种：整机电路框图、系统电路框图和集成电路内电路框图。

1. 整机电路框图

整机电路框图是表达整机电路图的框图，也是众多框图中最为复杂的框图，关于整机电路框图，主要说明下列几点：

1）从整机电路框图中可以了解到整机电路的组成和各部分单元电路之间的相互

关系。

2）在整机电路框图中，通常在各个单元电路之间用带有箭头的连线进行连接，通过图中的这些箭头方向，还可以了解到信号在整机各单元电路之间的传输途径等。

3）有些手机的整机电路框图比较复杂，有的用一张框图表示整机电路结构情况，有的则将整机电路框图分成几张。

4）并不是所有的整机电路在图册资料中都给出整机电路的框图，但是同类型的整机电路其整机电路框图基本上是相似的，所以利用这一点，可以借助于其他整机电路框图了解同类型整机电路组成等情况。

5）整机电路框图不仅是分析整机电路工作原理的有用资料，更是故障检修中逻辑推理、建立正确检修思路的依据。

如图 6-21 所示是一款某双模手机的整机电路框图，在这个整机框图中，利用箭头、图框、文字说明和简单符号说明了双模手机的整机功能。通过这个框图，我们可以简单了解各单元电路之间的相互关系。

2. 系统电路框图

一个整机电路通常由许多系统电路构成，系统电路框图就是用框图形式来表示系统电路的组成等，它是整机电路框图下一级的框图，往往系统框图比整机电路框图更加详细。双模手机的 CDMA 部分系统电路框图是整机框图中 CDMA 通信模块部分的详细的框图。如图 6-22 所示是某双模手机的 CDMA 部分系统电路框图。

3. 集成电路内电路框图

集成电路内电路框图是一种十分常见的图。集成电路内电路的组成情况可以用集成电路内电路框图来表示。由于集成电路十分复杂，所以在许多情况下用内电路框图来表示集成电路的内电路组成情况，更利于识图。

从集成电路的内电路框图中可以了解到集成电路的组成、有关引脚作用等识图信息，这对分析该集成电路的应用电路是十分有用的。如图 6-23 所示是某手机的功放及天线开关集成电路 U150 内部框图。从这一集成电路内电路框图中可以看出，该集成电路内电路是由功率放大器电路和天线开关电路组成的。

二、框图的功能与特点

1. 框图的功能

框图的功能主要体现在以下两方面。

（1）表达了众多信息　框图粗略表达了复杂电路（可以是整机电路、系统电路和功能电路等）的组成情况，通常是给出这一复杂电路的主要单元电路的位置和名称，以及各部分单元电路之间的连接关系，如前级和后级关系等信息。

（2）表达了信号传输方向　框图表达了各单元电路之间的信号传输方向，从而使识图者能了解信号在各部分单元电路之间的传输次序；根据框图中所标出的电路名称，识图者可以知道信号在这一单元电路中的处理过程，为分析具体电路提供了指导性的信息。

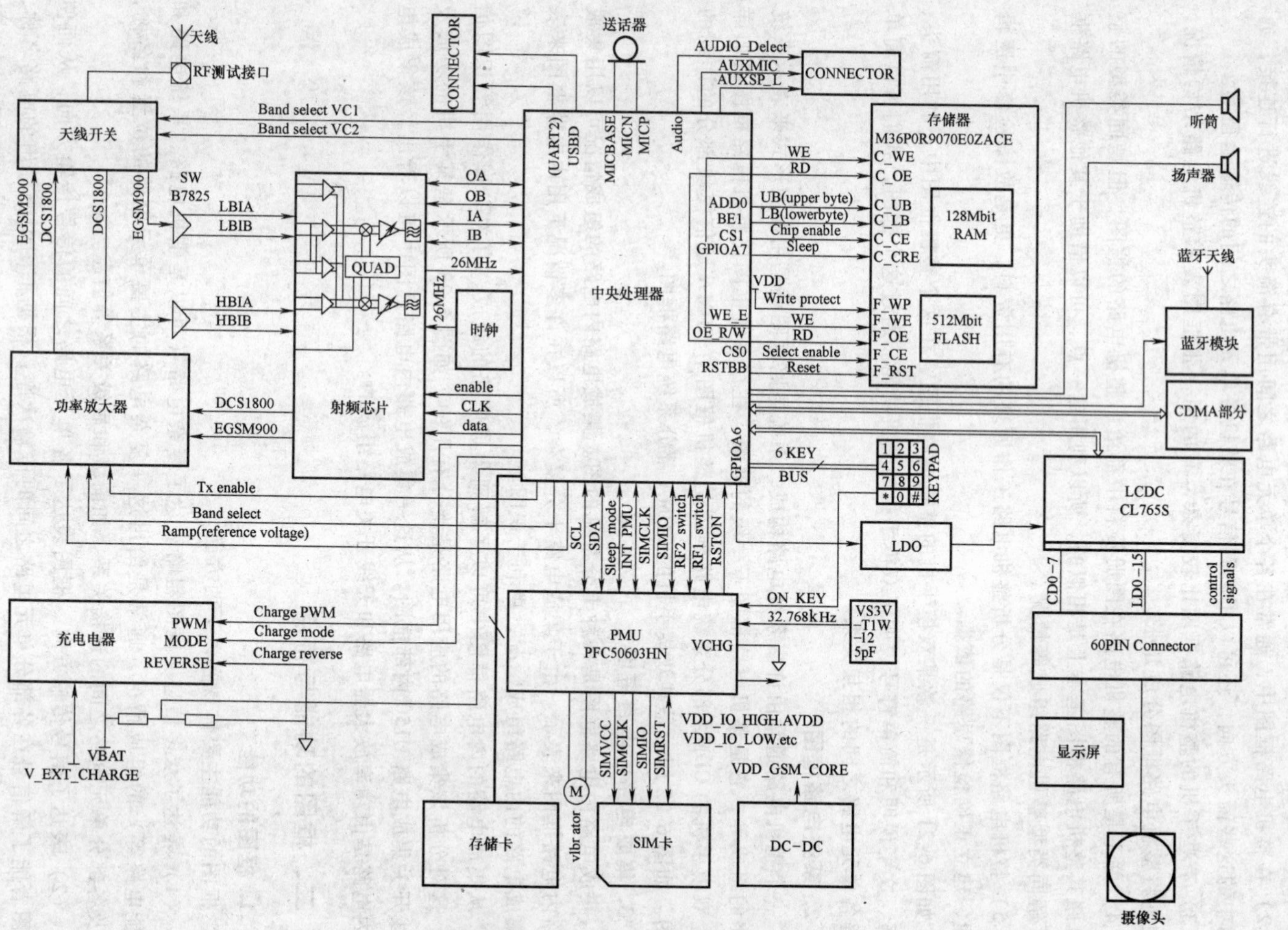

图 6-21 某双模手机的整机电路框图

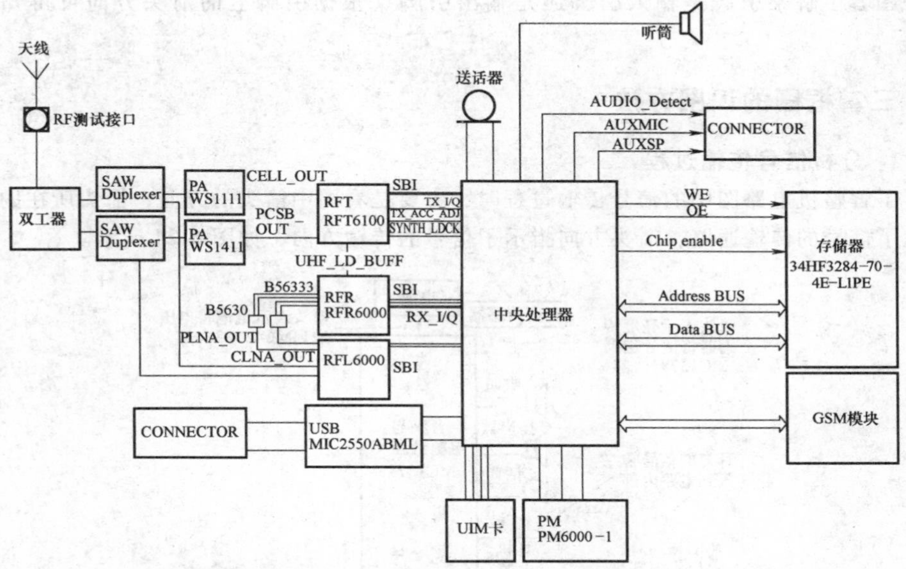

图 6-22 某双模手机的 CDMA 部分系统电路框图

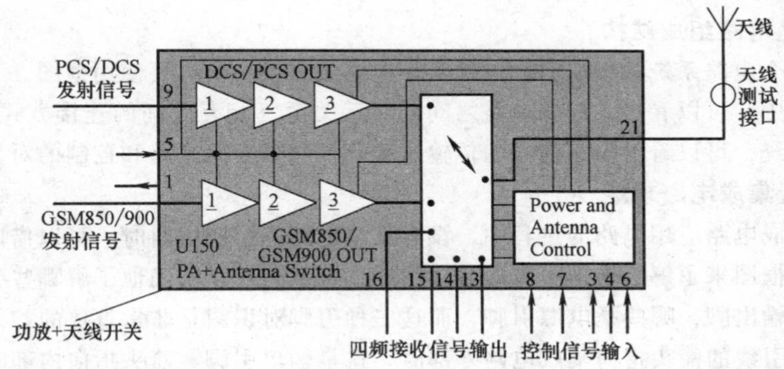

图 6-23 某手机的功放及天线开关集成电路 U150 内部框图

2. 框图的特点

1）框图简明、清楚，可方便地看出电路的组成和信号的传输方向、途径，以及信号在传输过程中受到的处理过程等，例如信号是得到了放大还是受到了衰减。

2）由于框图比较简洁、逻辑性强，所以便于记忆，同时它所包含的信息量大，这就使得框图更为重要。

3）框图有简明的，也有详细的，框图越详细，为识图提供的有益信息就越多。在各种框图中，集成电路的内电路框图最为详细。

4）框图中往往会标出信号传输的方向（用箭头表示），它形象地表示了信号在电路中的传输方向，这一点对识图是非常有用的，尤其是集成电路内电路框图，它可以帮助识图者了解某引脚是输入引脚还是输出引脚（根据引脚上的箭头方向可得知这一点）。

三、框图的识图方法

1. 分析信号传输过程

了解整机电路图中的信号传输过程时，主要是看图中箭头的方向，箭头所在的通路表示了信号的传输通路，箭头方向指示了信号的传输方向，如图 6-24 所示。

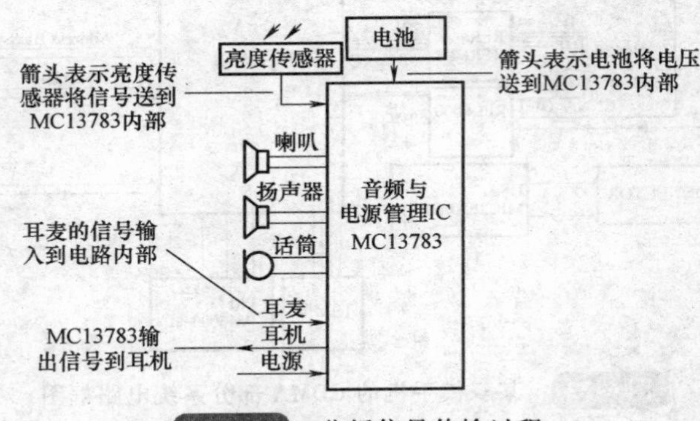

图 6-24 分析信号传输过程

2. 记忆电路组成结构

记忆一个电路系统的组成时，由于具体电路太复杂，所以要使用框图。

在框图中，可以看出各部分电路之间的相互关系（相互之间的连接方式），特别是控制电路系统，可以看出控制信号的传输过程、控制信号的来路和控制的对象。

3. 分析集成电路功能

分析集成电路应用电路的过程中，没有集成电路的引脚资料时，可以借助于集成电路的内电路框图来了解、推理引脚的具体作用，特别是可以明确地了解哪些引脚是输入脚，哪些是输出脚，哪些是电源引脚，而这三种引脚对识图是非常重要的。

当引脚引线的箭头指向集成电路外部时，这是输出引脚，箭头指向内部时都是输入引脚。如图 6-25 所示是某手机的射频电路框图。

集成电路 U100 的 A2、A3、A4 和 A5 脚箭头的方向都是指向 U100 的内部，说明信号是由 U150 输出送到 U100 内部的声表面滤波器的。集成电路 U100 的 G1、F1 脚箭头的方向是向外的，说明信号是由 U100 输出送到下一级电路中的。

当引线上没有箭头时，说明该引脚外电路与内电路之间不是简单的输入或输出关系，框图只能说明引线内、外电路之间存在着某种联系，具体是什么联系，框图就无法表达清楚了，这也是框图的一个不足之处。另外，在有些集成电路内电路框图中，有的引脚上箭头是双向的，这种情况在数字集成电路中比较常见，表示信号既能够从该引脚输入，也能从该引脚输出。

4. 框图识图注意事项

1）厂家提供的电路资料中一般情况下都不给出整机电路框图，不过大多数同类

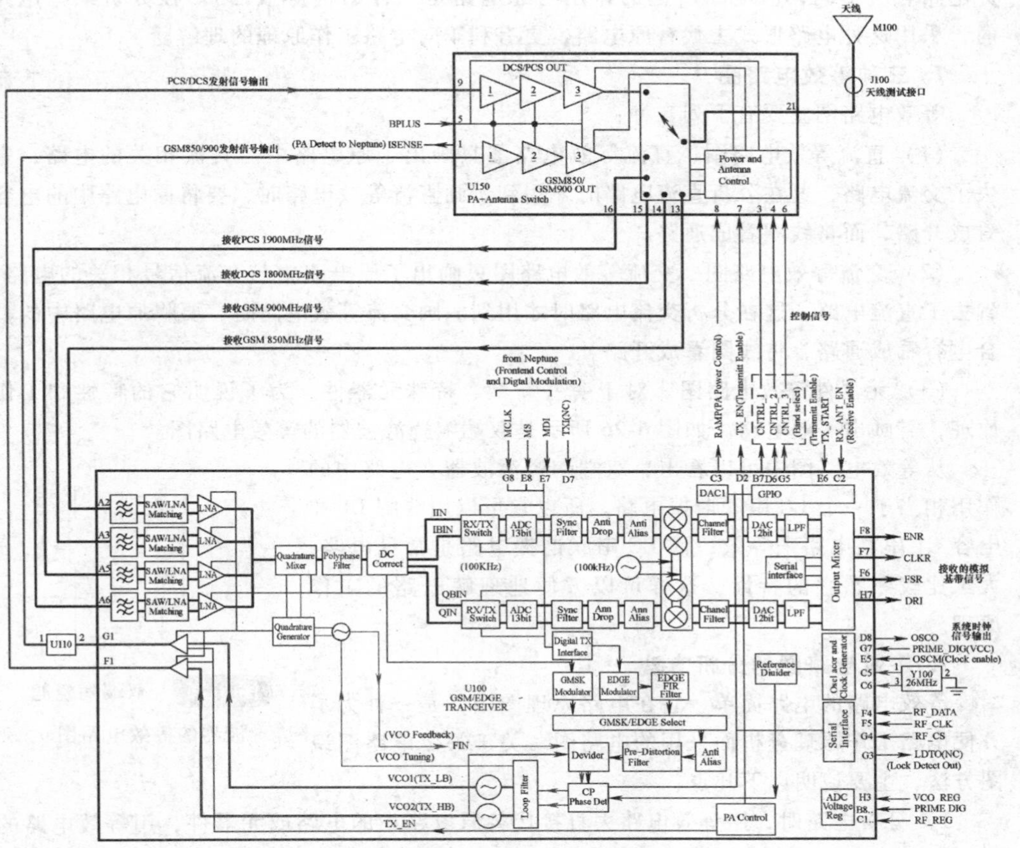

图 6-25 某手机的射频电路框图

型手机的电路组成是相似的，利用这一特点，可以用同类型手机的整机框图作为参考。

2）一般情况下，对集成电路的内电路是不必进行分析的，只需要通过集成电路内电路框图来弄清楚是输入引脚还是输出引脚，理解信号在集成电路内电路中的放大和处理过程就行了。

3）框图是众多电路中首先需要记忆的电路图，记住整机电路框图和其他一些主要系统电路的框图，是学习电子电路的第一步。

第四节 等效电路图及集成电路应用电路图的识图

一、等效电路图的识图方法

等效电路图是一种为便于对电路工作原理的理解而简化的电路图，它的电路形式与原电路有所不同，但电路所起的作用与原电路是一样的（等效的）。在分析某些电路时，采用这种电路形式去代替原电路，更有利于对电路工作原理的理解。

1. 三种等效电路图

等效电路图主要有下列三种：

（1）直流等效电路图　直流等效电路图只画出了原电路中与直流相关的电路，省去了交流电路，这在分析直流电路时才用到。画直流等效电路时，要将原电路中的电容看成开路，而将线圈看成通路。

（2）交流等效电路图　交流等效电路图只画出了原电路中与交流信号相关的电路，省去了直流电路，这在分析交流电路时才用到。画交流等效电路时，要将原电路中的耦合电容看成通路，将线圈看成开路。

（3）元器件等效电路图　对于一些新型、特殊元器件，为了说明它的特性和工作原理，需画出等效电路。如图 6-26 所示是双端陶瓷滤波器的等效电路图。

从等效电路图中可以看出，双端陶瓷滤波器在电路中的作用相当于一个 LC 串联谐振电路，所以它可以用线圈 L1 和电容 C1 串联电路来等效，而 LC 串联谐振电路是常见电路，大家比较熟悉它的特性，这样可以方便地理解电路的工作原理。

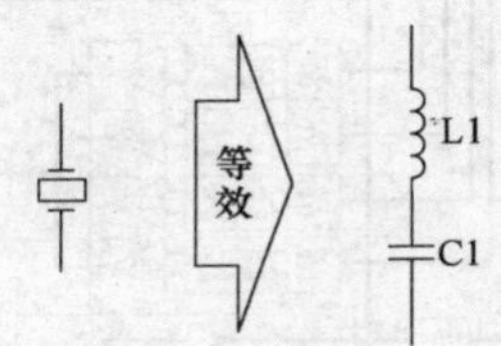

图 6-26　双端陶瓷滤波器的等效电路图

2. 等效电路图的分析方法

等效电路的电路简单，它在电路原理图中，是一种为了方便电路工作原理分析而采用的电路图。关于等效电路图识图方法，主要说明以下几点：

1）分析电路时，用等效电路去直接代替原电路中的电路或元器件，用等效电路的特性去理解原电路的工作原理。

2）三种等效电路有所不同，电路分析时要弄清楚使用的是哪种等效电路。

3）分析复杂电路的工作原理时，通过画出直流或交流等效电路后进行电路分析比较方便。

4）不是所有的电路都需要通过等效电路图去理解。

二、集成电路应用电路图的识图方法

1. 集成电路应用电路图的功能说明

1）它表达了集成电路各引脚外电路结构、元器件参数等，从而表示了某一集成电路的完整工作情况。

2）有些集成电路应用电路图中画出了集成电路的内电路框图，这对分析集成电路应用电路是相当方便的，但采用这种表示方式的情况不多。

3）集成电路应用电路有典型应用电路和实用电路两种，前者在集成电路手册中可以查到，后者出现在实用电路中，这两种应用电路相差不大。根据这一特点，在没有实际应用电路时，可以用典型应用电路图作为参考电路，这一方法在手机维修工作中常常采用。

一般情况下，集成电路应用电路表达了一个完整的单元电路，或一个电路系统，但有些情况下，一个完整的电路系统要用到两个或更多的集成电路。

2. 集成电路应用电路图的特点说明

1）大部分应用电路图不画出内电路框图，这对识图不利，尤其对初学者进行电路工作原理分析更不利。

2）对初学者而言，分析集成电路的应用电路比分析分立元器件的电路更困难，这是由于对集成电路内部电路不了解而造成的。实际上，无论是对识图，还是对修理，集成电路都要比分立元器件电路更简单。

对集成电路应用电路而言，在大致了解集成电路内部电路和详细了解各引脚作用的情况下，识图是比较方便的。这是因为同类型集成电路具有规律性，在掌握了它们的共性后，可以方便地分析许多同功能、不同型号的集成电路应用电路。

3. 了解各引脚的作用是识图的关键

要了解各引脚的作用，可以查阅有关集成电路应用手册。知道了各引脚的作用之后，分析各引脚外电路工作原理和元器件的作用就方便了。

例如：知道集成电路的①脚是输入引脚，那么与①脚所串联的电容就是输入端耦合电容，与①脚相连的电路就是输入电路。

了解集成电路各引脚作用有三种方法：一是查阅有关资料，二是根据集成电路的内电路框图分析，三是根据集成电路的应用电路中各引脚外电路的特征进行分析。

对第三种方法来说，要求有比较好的电路分析基础。

4. 电路分析步骤

（1）直流电路分析　主要分析电源和接地引脚外电路。在手机电路中，为了避免电路之间的相互干扰，这些电路通常采用多路供电的模式进行供电。

电源有多个引脚时，要分清这几个电源引脚之间的关系，例如是否是前级电路、后级电路的电源引脚，或是射频、逻辑部分的电源引脚；对多个接地引脚也要分清。分清多个电源引脚和接地引脚，对维修工作是有用的。

（2）信号传输分析　主要分析信号输入引脚和输出引脚外电路。当集成电路有多个输入、输出引脚时，要清楚是前级电路还是后级电路的引脚，对于控制信号要弄清楚是输入信号还是输出信号。

（3）其他引脚外电路分析　例如找出负反馈引脚、振荡电路外接引脚等，这一步的分析是最困难的，对初学者而言，要借助于引脚资料或内电路框图来进行。

（4）掌握引脚外电路规律　有了一定的识图能力后，要学会总结各种功能集成电路的引脚外电路规律，并要掌握这种规律，这对提高识图速度是有用的。

例如，输入引脚外电路的规律是：通过一个耦合电容或一个耦合电路与前级电路的输出端相连；输出引脚外电路的规律是：通过一个耦合电路与后级电路的输入端相连。

（5）分析信号放大、处理过程　分析集成电路内电路的信号放大、处理过程时，最好是查阅该集成电路的内电路框图或者手机生产厂家提供的维修手册。

分析内电路框图时，可以通过信号传输线路中的箭头指示了解信号经过了哪些电路的放大或处理，最后信号是从哪个引脚输出的。

（6）了解一些关键点　当集成电路两个引脚之间接有电阻时，该电阻将影响这两个引脚上的直流电压。当两个引脚之间接有线圈时，这两个引脚的直流电压是相等的；若不等，则必定是线圈开路了。

当两个引脚之间接有电容或接 *RC* 串联电路时，这两个引脚的直流电压肯定不相等；若相等，则说明该电容已经击穿。

第五节　整机电路图及元件分布图的识图

一、整机电路图的识图方法

1. 整机电路图的功能

（1）表明手机电路结构　整机电路图表明了整个手机的电路结构、各单元电路的具体形式和它们之间的连接方式，从而表达了整机电路的工作原理，这是电路图中最大的一张，当然有些手机并不一定是一张电路原理图，可能采用多张的方式。

（2）给出元器件参数　整机电路图给出了电路中所有元器件的具体参数，如型号、标称值和其他一些重要数据，为检测和更换元器件提供了依据。例如，要更换某个晶体管时，查阅图中的晶体管型号标注就能知道要换晶体管的型号。

（3）提供测试电压值　许多整机电路图中还给出了有关测试点的直流工作电压，为检修电路故障提供了方便，例如集成电路各引脚上的直流电压标注、晶体管各电极上的直流电压标注等，都为检修这部分电路提供了方便。

在手机电路原理图中，大部分图样只给出了关键测试点的波形，由于智能手机中大部分芯片采用 BGA 焊接方式，根本无法测量到引脚的数据，只能通过测量测试点了解电路工作情况。

（4）提供识图信息　整机电路图给出了与识图相关的有用信息。例如：通过各开关件的名称和图中开关所在位置的标注，可以知道该开关的作用和当前开关的状态；引线接插件的标注能够方便地将各张图样之间的电路连接起来。

2. 整机电路图的特点

1）整机电路图包括了整个机器的所有电路。

2）不同型号的机器其整机电路中的单元电路变化是很大的，这给识图造成了不少困难，要求有较全面的电路知识。同类型的机器其整机电路图有其相似之处，不同类型机器之间则相差很大。

3）各部分单元电路在整机电路图中的画法有一定规律，了解这些规律对识图是有益的，其分布规律的一般情况是：在逻辑电路和电源电路在一起的图样中，一般是电源居右下，逻辑部分居左下；在射频电路和逻辑电路在一起的图样中，一般是左边上方是射频接收部分，左边下方是发射部分，左边的中间是本振电路部分，右侧部分是逻辑电

路部分；各级放大器电路是从左向右排列的，各单元电路中的元器件是相对集中在一起的。

记住上述整机电路的特点，对整机电路图的分析是有益的。

3. 整机电路图的主要分析内容

1）分析单元电路在整机电路图中的具体功能。

2）单元电路的类型。

3）直流工作电压供给电路分析。直流工作电压供给电路的识图是从左向右进行，对某一级放大电路的直流电路识图方向是从上向下。

4）交流信号传输分析。一般情况下，交流信号的传输是从整机电路图的左侧向右侧进行分析。

5）对一些以前未见过的、比较复杂的单元电路的工作原理进行重点分析。

4. 其他知识点

1）对于分成几张图样的整机电路图，可以一张一张地进行识图。如果需要进行整个信号传输系统的分析，则要将各图样连起来进行分析。

2）对整机电路图的识图，可以在学习了一种功能的单元电路之后，分别在几张整机电路图中去找到这一功能的单元电路进行详细分析。由于在整机电路图中的单元电路变化较多，而且电路的画法受其他电路的影响而与单个画出的单元电路不一定相同，所以加大了识图的难度。

3）在分析整机电路过程中，如果对某个单元电路的分析有困难，例如对某型号集成电路应用电路的分析有困难，可以查找这一型号集成电路的识图资料（内电路框图、各引脚作用等），以帮助识图。

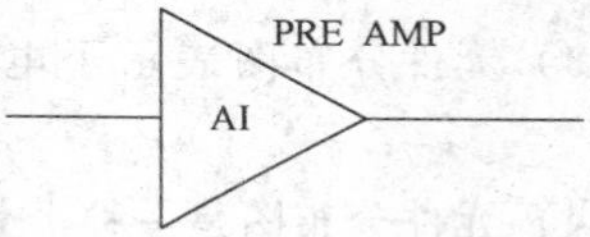

图 6-27　电路图中的英文标注

4）一些整机电路图中会有许多英文标注，了解这些英文标注的含义，对识图是相当有利的。在某型号集成电路附近标出的英文说明就是该集成电路的功能说明，如图 6-27 所示是电路图中的英文标注示意图。

二、元件分布图的识图方法

1. 元件分布图的功能

元件分布图与维修密切相关，元件分布图不仅印制了元器件的位置编号，而且标注了集成电路的定位脚方向，对维修的重要性仅次于整机电路原理图，元件分布图主要为维修服务。如图 6-28 所示是某手机部分电路的元件分布图。

2. 元件分布图的作用

元件分布图是专门为元器件装配和手机维修服务的图，它与各种电路图有着本质上的不同。元件分布图的主要作用如下：

1）通过元件分布图可以方便地在实际电路板上找到电路原理图中某个元器件的具体位置，没有元件分布图查找就不方便。

2）元件分布图起到电路原理图和实际电路板之间的沟通作用，是方便修理不可缺

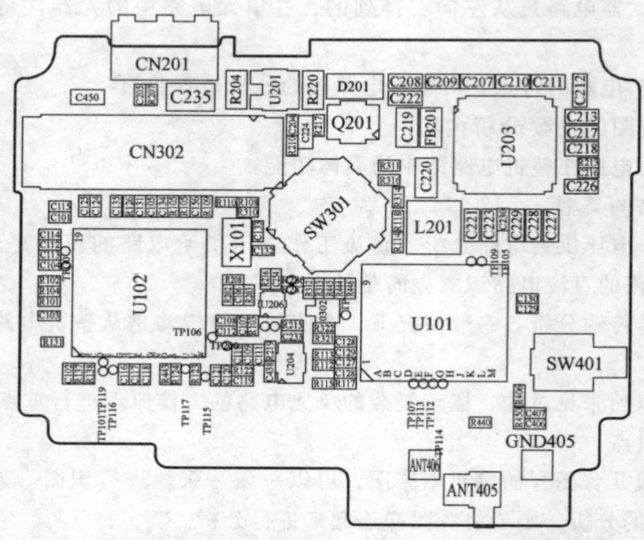

图 6-28　某手机部分电路的元件分布图

少的图样资料之一，没有印制电路板图将影响修理速度，甚至妨碍正常检修思路的顺利展开。

3）元件分布图表示了电路原理图中各元器件在电路板上的分布状况和具体的位置。

4）元件分布图是一种十分重要的维修资料，把电路板上的情况 1∶1 地画在元件分布图上。

3. 元件分布图的特点

1）从元件分布图的效果出发，电路板上的元器件排列、分布不像电路原理图那么有规律，这给元件分布图的识图带来了诸多不便。

2）元件分布图表达的原理图中元器件的位置，一般用方框、文字和字母符号表示。

3）从元件分布图上无法体现电路关系，只能确定元件的分布位置，除非通过文字和字母，否则无法辨别电阻、电容、电感的外形。

4. 元件分布图的看图方法和技巧

1）根据一些元器件的外形特征，可以比较方便地找到这些元器件。例如，天线、尾插、LCD 等。

2）对于集成电路而言，根据集成电路上的型号，可以找到某个具体的集成电路。尽管元器件的分布、排列没有什么规律可言，但是同一个单元电路中的元器件相对而言是集中在一起的。

3）一些单元电路比较有特征，根据这些特征可以方便地找到它们。如电源电路中电容比较多，射频电路会有屏蔽罩，逻辑电路中 CPU 是体积最大等。

4）查找地线时，电路板上的大面积铜箔线路是地线，一块电路板上的地线处处相连；另外，有些元器件的金属外壳接地。查找地线时，上述任何一处都可以作为地线使用。在有些机器的各块电路板之间，它们的地线也是相连接的，但是当每块电路板之间的接插件没有接通时，各块电路板之间的地线是不通的，这一点在检修时要注意。

5）在将元件分布图与实际电路板对照过程中，要把元件分布图和电路板放在一致的方向上看，省去每次都要对照看图的方向，这样可以大大方便看图。

6）找某个电阻器或电容器时，不要直接去找它们，因为电路中的电阻器、电容器很多，寻找不方便，可以间接地找到它们，方法是先找到与它们相连的晶体管或集成电路，再找到它们。或者根据电阻器、电容器所在单元电路的特征，先找到该单元电路，再寻找电阻器和电容器。

7）看元件标号，通常一个单元电路的元件都是使用相同标号。比如同一个单元电路的电阻是 R7XXX，电容就会是 C7XXX，电感则会是 L7XXX，集成电路是 U7XXX 等。这样可以快速确定一个具体编号的元件在哪一个区域。

第六节 单元电路图的识图

单元电路是指手机中某一级功能电路，或某一级放大器电路，或某一个振荡器电路、变频器电路等，它是能够完成某一电路功能的最小电路单位。从广义上讲，一个集成电路的应用电路也是一个单元电路。

一、单元电路图的功能和特点

1. 单元电路图的功能

1）单元电路图主要用来讲述电路的工作原理。

2）单元电路图能够完整地表达某一级电路的结构和工作原理，有时还会全部标出电路中各元器件的参数，如标称阻值、标称容量和晶体管型号等。如图 6-29 所示，已标出了元件的型号及详细参数。

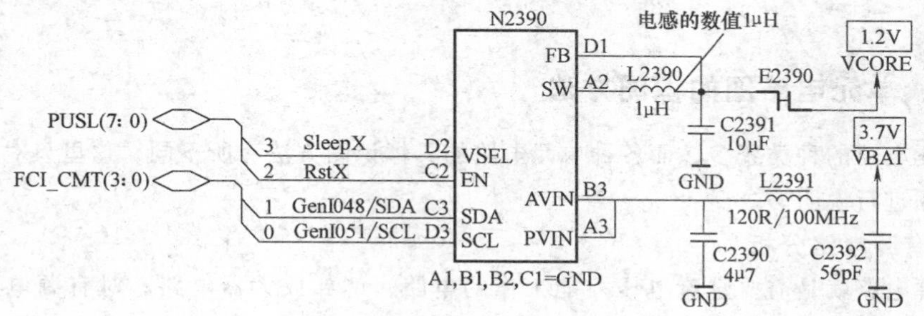

图 6-29 单元电路图

3）单元电路图对深入理解电路的工作原理和记忆电路的结构、组成很有帮助。

2. 单元电路图的特点

单元电路图主要是为了分析某个单元电路工作原理的方便，而单独将这部分电路画出的电路图，所以在图中已省去了与该单元电路无关的其他元器件和有关的连线、符号，这样单元电路图就显得比较简洁、清楚，识图时没有其他电路的干扰，这是单元电路的一个重要特点。单元电路图中对电源、输入端和输出端已经进行了简化。如图6-30所示是一个某手机的闪光灯单元电路。

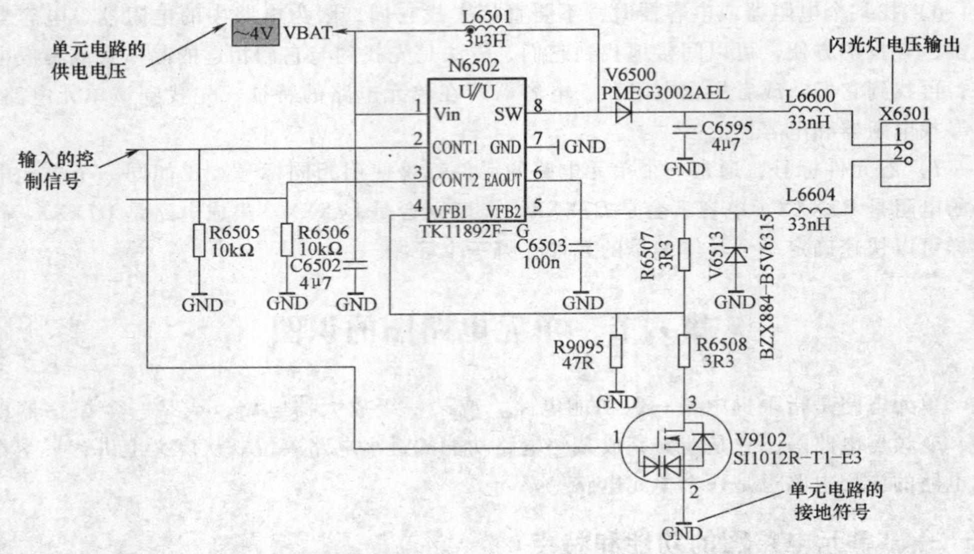

图 6-30 某手机的闪光灯单元电路

在电路图中，用 VBAT 表示直流供电工作电压，地端接电源的负极。集成电路 N6502 的 2、3 脚输入控制信号，是这一单元电路工作所需要的信号；X6501 接口输出闪光灯信号，是经过这一单元电路放大或处理后的信号。

通过单元电路图中这样的标注可方便地找出电源端、输入端和输出端，而在实际电路中，这 3 个端点的电路均与整机电路中的其他电路相连，将会给初学者识图造成一定的困难。

二、单元电路图的识图方法

单元电路的种类繁多，而各种单元电路的具体识图方法有所不同，这里只对具有共性的问题进行说明。

1. 有源电路分析

有源电路就是需要直流电压才能工作的电路，例如放大器电路。对有源电路的识图，首先要分析直流电压供给电路，此时可将电路图中的所有电容器看成开路（因为电容器具有隔直特性），将所有电感器看成短路（电感器具有通直的特性）。如图 6-31 所示是直流电路分析示意图。

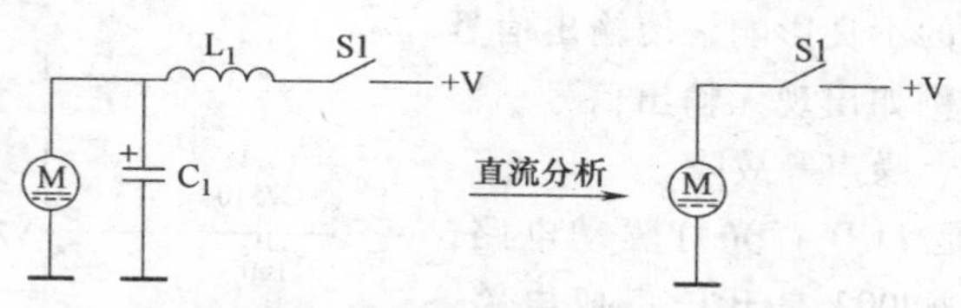

图 6-31　直流电路分析示意图

在手机整机电路的直流电路分析中，电路分析的方向一般是从右向左，电源电路通常画在整机电路图的右侧下方。如图 6-32 所示是整机电路图中电源电路位置示意图。

对具体单元电路的直流电路进行分析时，再从上向下分析，因为直流电压供给电路通常画在电路图的上方。如图 6-33 所示是某单元电路直流电路分析方向示意图。

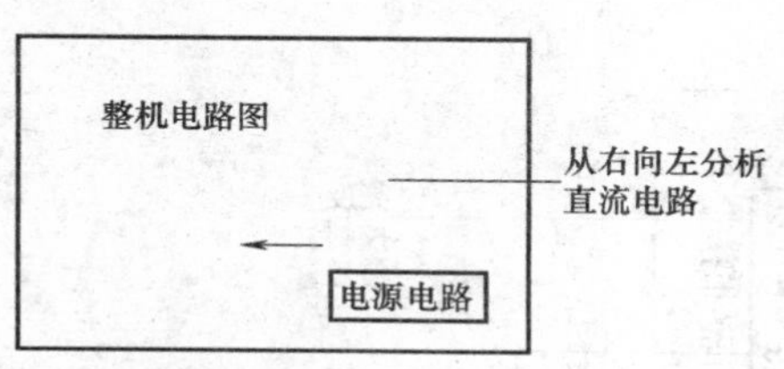

图 6-32　整机电路图中电源电路位置示意图

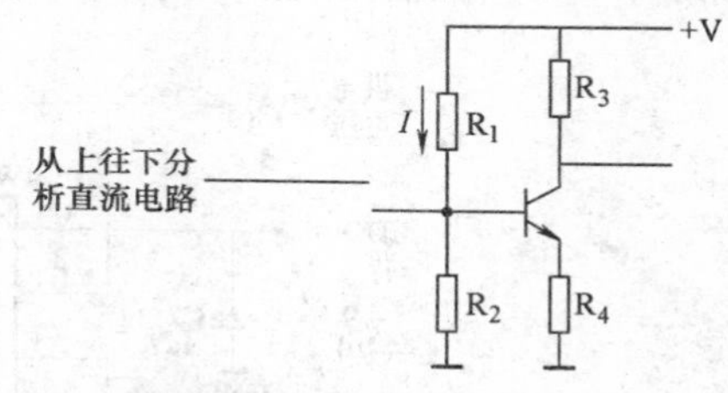

图 6-33　某单元电路直流电路分析方向示意图

2. 信号传输过程分析

信号传输过程分析就是分析信号在该单元电路中如何从输入端传输到输出端，信号在这一传输过程中受到了怎样的处理（如放大、衰减、控制等）。

如图 6-34 所示是信号传输的分析方向示意图，一般是从左向右进行。

3. 元器件作用分析

对电路中元器件作用的分析非常关键，能不能看懂电路的关键其实就是能不能搞懂电路中各元器件的作用。

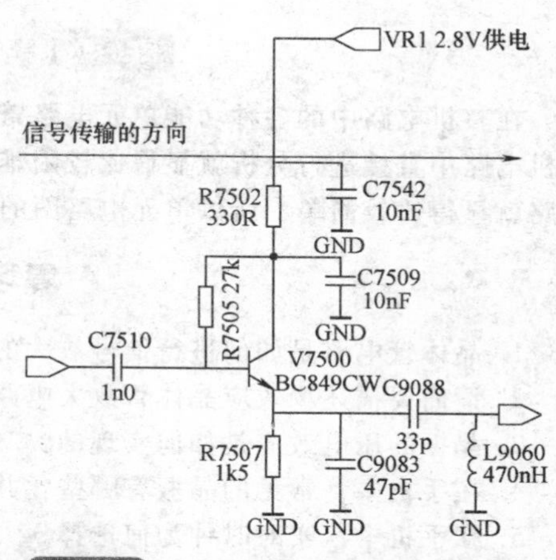

图 6-34　信号传输的分析方向示意图

如图 6-35 所示，对于交流信号而言，V7500 管发射极输出的交流信号电流流过了 R7507，使 R7507 产生交流负反馈作用，能够改善放大器的性能。而且，发射极负反馈电阻 R7507 的阻值越大，其交流负反馈越强，性能改善得越好。对交流信号而言，电容 C7510、C9088 将前级的信号耦合至下一级，同时隔断了两级之间直流电压信号的影响。

4. 电路故障分析

电路故障分析就是分析当电路中元器件出现开路、短路、性能变劣后，对整个电路的工作会造成什么样的不良影响，使输出信号出现什么故障现象，例如出现无输出信号、输出信号小、信号失真、噪声等故障。

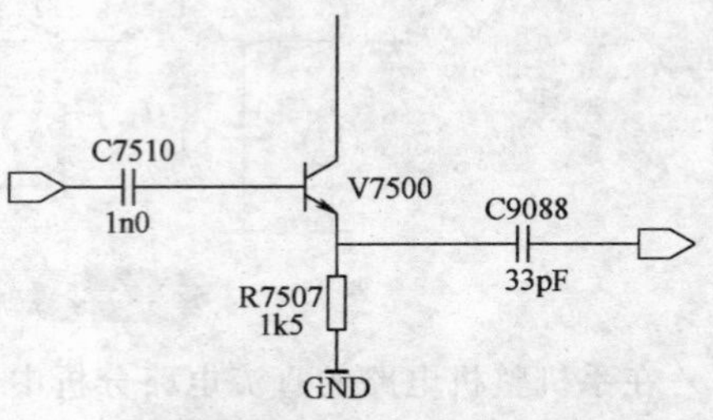

图 6-35 元器件作用分析

如图 6-36 所示是 LCD 背光灯驱动电路，L2309 是升压电感，N9002 是升压集成电路。分析电路故障时，假设 L2309 升压电感出现下列两种可能的故障：一是接触不良，由于 L2309 升压电感接触不良，会造成背光灯驱动电路无法持续工作，N9002 的 C1 脚输出的电压不稳定，出现 LCD 背光灯闪烁、断续发光等问题；二是 L2309 升压电感开路，L2309 开路后，N9002 无法完成升压过程，C1 脚输出的电压偏低，无法驱动 LCD 背光灯发光。

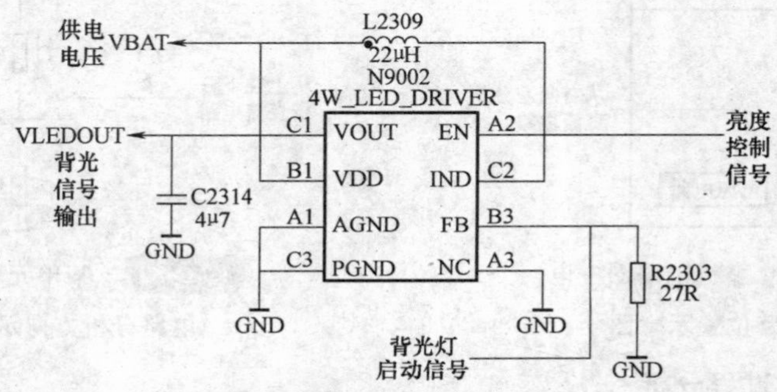

图 6-36 LCD 背光灯驱动电路

在整机电路中的各种功能单元电路繁多，许多单元电路的工作原理十分复杂，若在整机电路中直接进行分析就显得比较困难；而在对单元电路图分析之后，再去分析整机电路就显得比较简单，所以单元电路图的识图也是为整机电路分析服务的。

复习思考题

1. 晶体管电路是如何进行信号放大的？
2. 请简要描述场效应晶体管放大电路的工作原理。
3. 晶振的压电效应是如何实现的？
4. 在手机中，常见的晶振有哪些？并说明如何通过外观进行区分。
5. 在手机中，实时时钟为何选择 32.768kHz？
6. 在手机中，系统基准时钟是如何工作的？
7. 在手机电路原理图中，主要由哪些因素组成？常见的手机电路图有哪几种？
8. 常见的基本电子元件符号、二极管符号、晶体管符号、数字电路符号、开关符号、连接件符号有哪些？
9. 请简要描述手机电路图的识图方法与技巧。
10. 如何能够快速看懂一份手机电路原理图？
11. 如何分析单元电路的工作原理？

第七章　移动电话机故障维修方法

☺**知识目标**

1. 熟练掌握不同的手机的拆装机工艺。

2. 掌握手机的基本维修常识和故障维修方法。

3. 掌握能针对常见故障、多发故障、典型电路故障给出了不同的思路和方法。

☺**技能目标**

1. 能够熟练拆装不同结构的手机，并熟练使用螺钉旋具、拆机拨片等各种拆机工具拆装直板手机、翻盖手机。

2. 能够处理电池故障、数据线故障和充电器故障。

3. 能够处理不开机、不充电、不显示、无网络、音频无声、触摸失灵等故障。

4. 能够利用不同的故障维修思路对电源电路、基带电路、射频电路、单元电路等进行维修。

第一节　手机拆装机工艺

一、基本拆机工具

1. 螺钉旋具

螺钉旋具，俗称螺丝刀。

（1）常见螺钉旋具的外形　手机维修用螺钉旋具一般由防静电手柄及刀头组成，刀头根据螺钉形状有多种外形，手柄一般常见为塑胶材料，刀头一般为铬钒钢材料，刀头一般都有磁性，用于吸住细小的螺钉。常见螺钉旋具的外形如图 7-1 所示。

（2）手机维修用螺钉旋具的选择　在手机维修工作中，至少要准备 3 把质量好一点的螺钉旋具，准备 T5、T6、十字螺钉旋具各一把，这三种螺钉旋具是日常维修中使用频率最高的。在手机维修中，建议不要选择手机拆机工具套装，这种套装的工具可以作为业余使用，由于要频繁更换刀头，不适合专业维修使用。手机拆机工具套装如图 7-2 所示。

（3）螺钉旋具使用操作方法　在拆卸手机外壳时，要将手机放在维修桌面上，不要一只手拿着手机，另一手拿着螺钉旋具，防止用力不均造成手机脱落掉在地上或螺钉旋具滑动造成划伤手机外壳表面。

在拆卸螺钉时，要选择合适的螺钉旋具，不能用其他工具代替，避免螺钉滑丝。使用螺钉旋具时，螺钉旋具要垂直于手机，用力轻轻下按，防止工具在使用过程中的脱牙

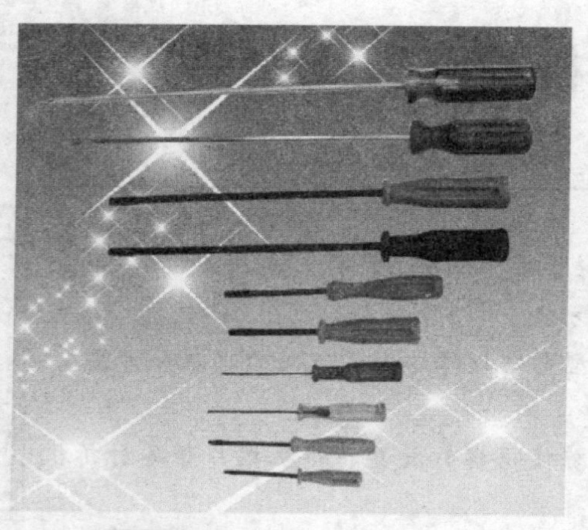

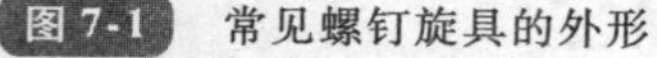
图 7-1　常见螺钉旋具的外形

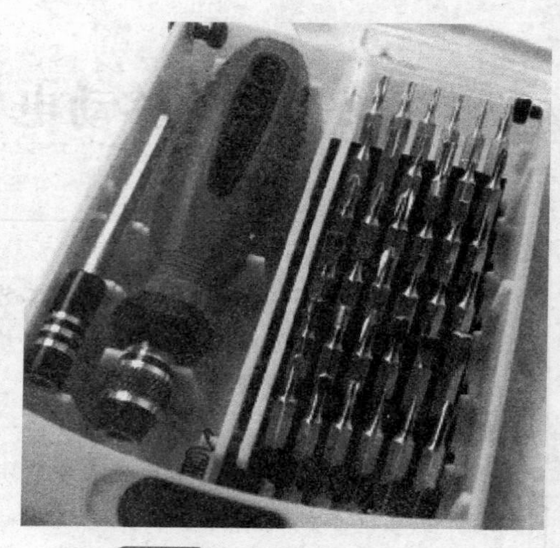

图 7-2　手机拆机工具套装

与滑动引起滑丝。拆下的螺钉，如果使用螺钉旋具的磁性无法从螺钉孔内吸出来，可以使用镊子轻轻夹出来，尽量不要翻过手机来敲打，这样操作有可能造成手机主板变形或意外损坏。

2. 镊子

在手机维修中使用的镊子有尖头镊子和弯头镊子，主要用来夹取螺钉和机器的小元件。除此之外，镊子不能再做其他用途使用，例如拆卸外壳、撬动屏蔽罩，这些都是不允许的，可能会造成镊子变形、断裂等。手机维修中常用的镊子如图 7-3 所示。

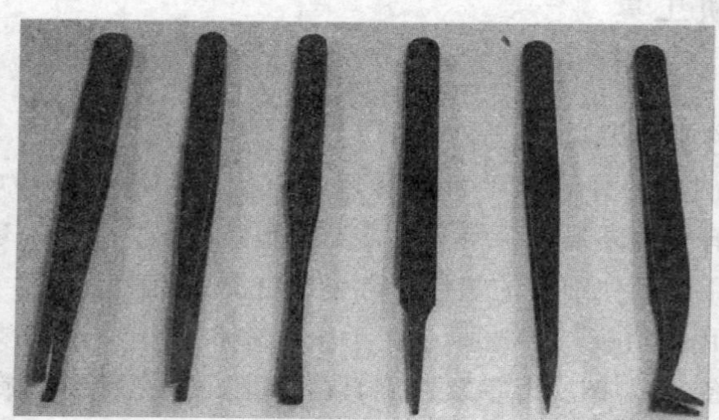

图 7-3　手机维修中常用的镊子

手机维修中使用的镊子主要为防静电镊子，这种镊子采用碳纤与特殊塑料混合而成，弹性好，经久耐用，不掉灰，耐酸碱，耐高温，可避免传统防静电镊子因含碳黑而污染产品，适用于半导体、IC 等精密电子元件生产使用。

二、iPhone 5S 手机拆装

iPhone 5S 拆机虽然简单，但是由于手机内部的螺钉非常多，而且大小都不一样，拆机非常容易搞混。拆装时可以在纸上简单画一个手机外形图，将螺钉的位置标注出来，然后将拆下的螺钉放在对应位置，如果怕滚动丢失，就用双面胶粘在纸上，这样就不怕搞混了。手机内部主板上的螺钉也是采用这种办法。方法虽然笨，但是非常有效，起码不会漏下或者装错位置。

1. 拆卸手机底部螺钉

和 iPhone 5 一样，iPhone 5S 拆机突破口肯定也是在底部螺钉上，如图 7-4 所示。

首先，用十字槽螺钉旋具把手机底部两颗十字形螺钉拧下，如图 7-5 所示。

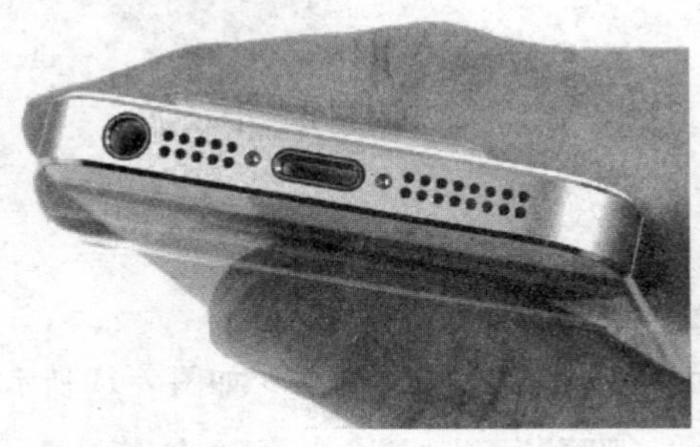

图 7-4 拆机从底部螺钉开始

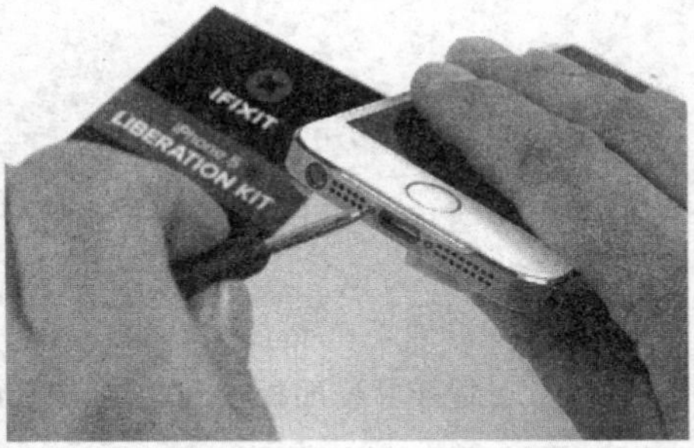

图 7-5 把两颗螺钉拧下

苹果 iPhone 系列手机多数都是通过吸盘吸屏幕来打开手机的，如图 7-6 所示。

不过值得注意的是，在使用吸盘吸屏幕时，千万别用力过大，最好是吸起来之后就停下来，改用撬棒轻轻撬开即可。如果用力过大，有很大可能扯断排线，如图 7-7 所示。

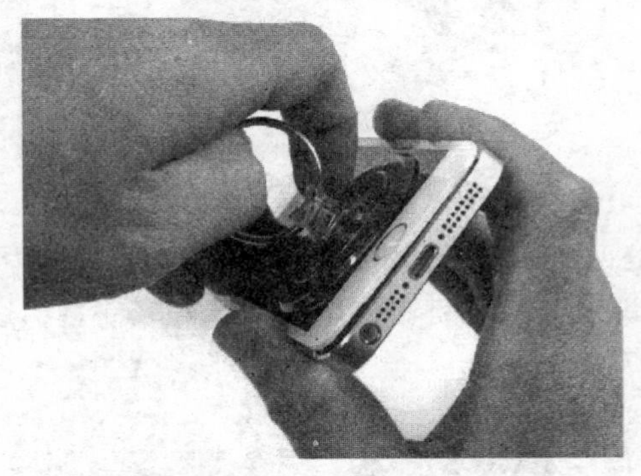

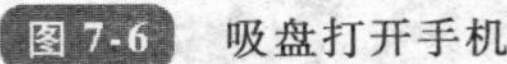

图 7-6 吸盘打开手机

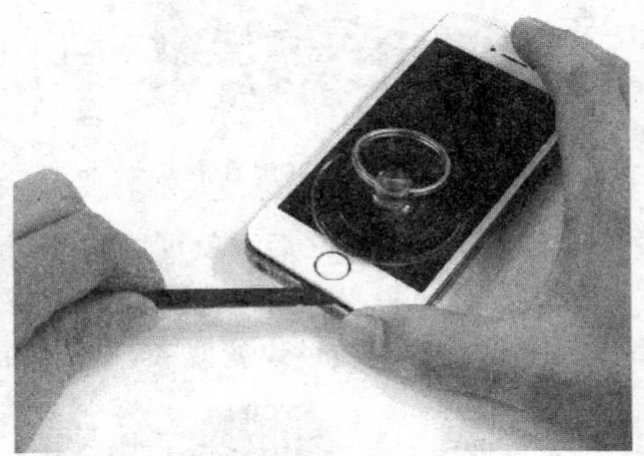

图 7-7 力度要掌握好

2. 拆卸指纹识别 HOME 按键

吸开正面屏幕面板之后，可以看到一个细长的排线连接指纹识别 HOME 键，如果用力过猛，可能 HOME 键的指纹识别功能就会消失了，如图 7-8 所示。

然后先断开上下两个面板的连接，也就是断开指纹识别 HOME 键那根细长的排线，如图 7-9 所示。

顺利断开排线与主板连接的模块之后，就可以把屏幕面板掀开了。要想进一步地进行拆机工作，首先要做的就是切断电源。在取下电池之前，先把能够拧下的螺钉和模块

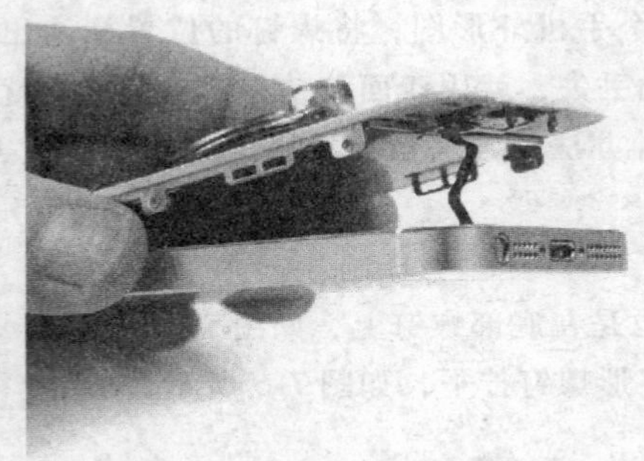

图 7-8 切勿用力过猛

图 7-9 断开 HOME 键排线

全部取下，所有能够断开的排线全部断开。

3. 拆卸手机面板

下面将要拆卸手机面板，首先应掀开屏幕面板，如图 7-10 所示。

然后彻底断开屏幕面板的连接，连接屏幕面板的排线在手机右上方，如图 7-11 所示。

图 7-10 掀开屏幕面板

图 7-11 断开两个屏幕面板的连接

全部把排线断开之后，就可以彻底分离这两块面板了，如图 7-12 所示。

取下屏幕面板，可以仔细研究一下指纹识别 HOME 键。使用小撬棒轻轻一撬，这个 HOME 键连同相关模块就取了下来，如图 7-13 所示。

图 7-12 分离成功

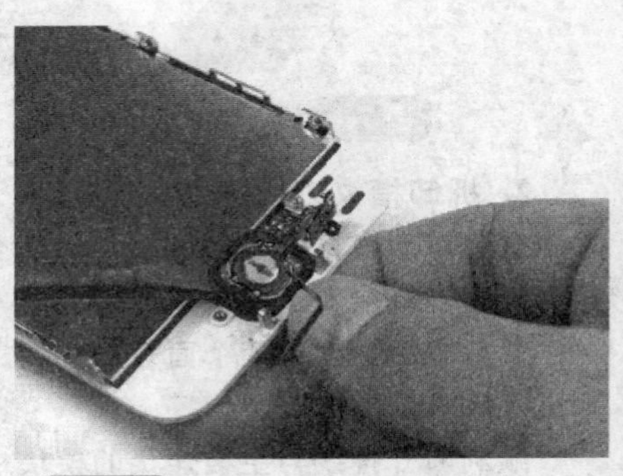

图 7-13 取下 Touch ID 和 HOME 键

取下来的 HOME 键模块正面图，可以看出，这是一个 CMOS 芯片，Touch ID 本质上是一组非常小的电容器，如图 7-14 所示。iPhone 5S 的 HOME 键模块背面如图 7-15 所示。

图 7-14 HOME 键模块正面

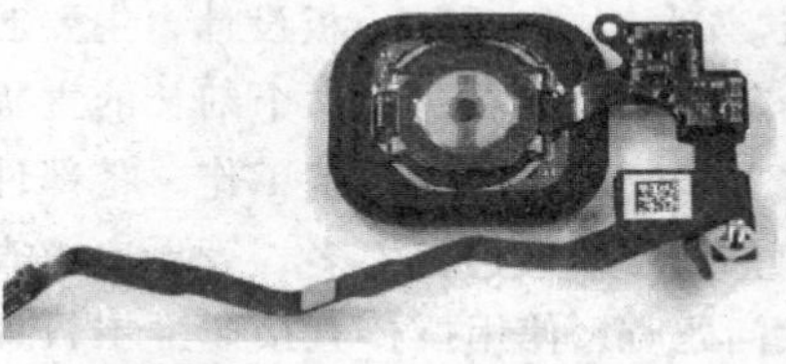

图 7-15 HOME 键模块背面

4. 拆卸手机电池

前面工作完成后，就可以取下电池了。由于此次 iPhone 5S 取下了电池扣，所以只能通过撬棒慢慢把粘胶的电池撬开，如图 7-16 所示。

所谓慢工出细活，撬电池也不能粗心大意。电池右边和主板还有一个连接点，在撬开电池前一定把它取下来。图 7-17 为取下的电池和 iPhone 5S 面板。

图 7-16 用撬棒慢慢撬开电池

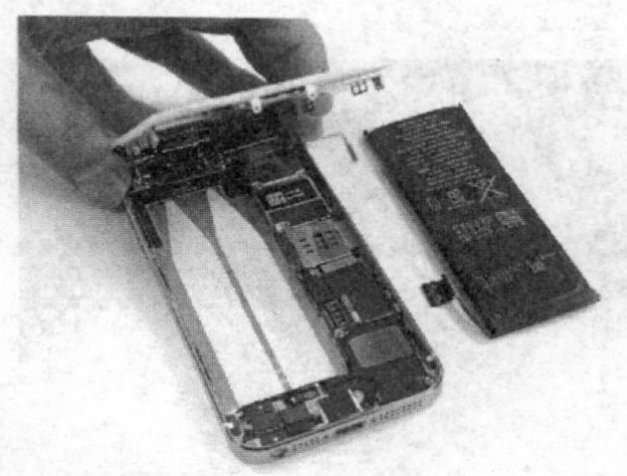

图 7-17 取下电池要小心

图 7-18 为 iPhone 5S 取下的电池，该电池容量为 1560mA·h，相比 iPhone 5 的 1440mA·h 容量稍大一些。

5. 拆卸手机后置摄像头

取下 iPhone 5S 的后置摄像头，如图 7-19 所示。

图 7-18 电池容量为 1560mA·h

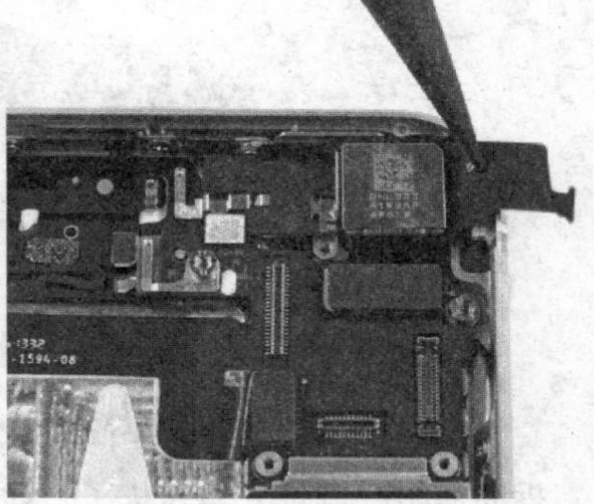

图 7-19 取下 800 后置摄像头

6. 拆卸手机主板

拆机最重要的环节——拆卸主板。iPhone 5S 采用小板设计，主要芯片集中在电池右侧的这个细长的主板之上，经过之前的预备工作，零部件和排线已经拆得差不多，等再次检查没问题时，使用撬棒直接撬下主板即可，如图 7-20 所示。

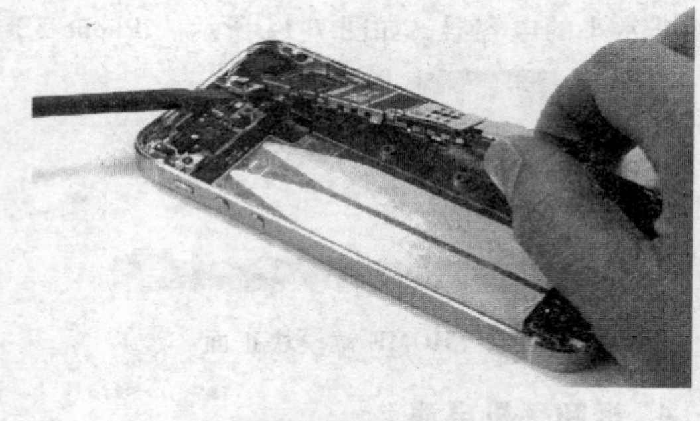

图 7-20 取下主板

7. 拆卸手机扬声器模块和双色 LED 闪光灯

由于 iPhone 5S 很多零件都不再是模块化，所以相比来说维修成本更低了。扬声器模块如图 7-21 所示。双色 LED 闪光灯如图 7-22 所示。

图 7-21 扬声器模块

图 7-22 双色 LED 闪光灯

iPhone 5S 拆卸完的全部部件如图 7-23 所示。

图 7-23 iPhone 5S 拆卸完的全部部件

拆卸完毕，应该开始装机了，如果你没有记错螺钉位置，没有记错拆机顺序，可再根据上面的步骤倒着看回去，就可以把手机装起来了。

☆**手机拆装注意事项**

在整个拆机过程中，不担心有螺钉的部位，最担心的是双面胶，有些部件使用双面胶进行固定，如果用力太小，不容易取下来，用了大了又担心拆坏了。

在大部分的手机中，一般显示屏和主板的固定使双面胶居多，现在手机的显示屏动不动就3寸以上的，面积越大越难拆卸，稍微不注意，显示屏就裂开了。结果是本来简单的小问题，还搭上一个显示屏，实在是不划算。对于这种情况，我们可以采用如下方法：

用镊子蘸一点酒精，滴在显示屏和主板的缝隙里，就是有双面胶的位置，四个面都要滴一点进去，不要滴得太多，滴多了就会流到显示屏里面去，看起来就会有阴影了。等酒精把双面胶都浸过来时，然后再取显示屏，由于双面胶没有了黏性，就简单多了。对于其他使用双面胶的部件也可以采用这个办法。

另外，在取显示屏的时候，显示屏表面最好贴一层保护膜，一方面避免划伤显示屏，另一方面防止手上的脏东西弄到显示屏上去。

第二节 手机维修基本流程

从硬件结构来看，手机硬件结构主要由专用集成电路构成，它们在中央处理器的控制下，按照系统的要求和各种存储器中程序的安排进行工作，如开机、通电、信道搜索、呼叫处理、中文短信息、号码存储机内录音、语音拨号等功能，虽然手机主控芯片有不同的区分，但是都要符合移动通信系统的相关规范要求才行。

一、手机的维修常识

1. 引起手机故障的原因

（1）菜单设置故障　严格的说并不是故障，如无来电反应，可能是机主设置了呼叫转移；打不出电话，是否设置了呼出限制功能。对于莫名其妙的问题，可先用总复位或者恢复出厂设置。

（2）使用故障　一般是指用户操作不当、错位调整而造成的。比较常见的有如下几种：

1）机械性破坏。由于操作用力过猛或方法应用不正确，造成手机器件破裂、变形，或模块引脚脱焊等原因造成的故障。另外，翻盖手机轴裂、天线折断、机壳摔裂、进水、显示屏断裂等也属于这类故障。

2）使用不当。使用手机的键盘时用指甲尖触键会造成键盘磨损甚至脱落；用组装充电器会损坏手机内部的充电电路；甚至引发失火、爆炸事故；对手机菜单进行非法操作使某些功能处于关闭状态，使手机不能正常使用；错误输入密码导致SIM卡被锁后，盲目尝试造成SIM卡保护性闭锁。

3）保养不当。手机是非常精密的高科技电子产品，使用时应当注意在干燥、温度适宜的环境下使用和存放，例如在下雨天室外打接电话、将手机放在车上的空调出风口。

4）质量故障。有些手机是经过拼装、改装而成，质量无法保证。有的手机不符合GSM规范，且无法使用，例如发射功率偏低。

2. 故障分类

1）不拆开手机只从手机的外表来看其故障，可分为三大类：

① 完全不工作，其中包括不能开机，连接上电源后按下手机电源开关无任何反应。

② 开机不正常，按下手机开关后能检测到电流，但无开关机正常提示信息：如按键照明灯、显示屏照明灯全亮、显示屏有字符信息显示、振铃器有开机后自检通过的提示音等。

③ 能正常开机，但有部分功能发生故障，如按键失灵、显示不正常、无声、不送话。

2）拆开手机，从主板布局来看其故障，也可分为三大类：

① 供电、充电及电源部分故障。

② 手机处理器故障。

③ 手机信号部分故障。

这三类故障之间是有联系的，例如：手机处理器影响电源供电系统、射频通路锁相环电路、发射功率等级控制、收发通路分时同步控制等，而射频通路的参考晶体振荡器又为手机处理器工作提供运行的时钟信号。所以在判断故障的时候，思维要有逻辑性，只有找到故障的关键点，才能准确判断故障部位。

二、常见手机元器件的故障特点

无论是自然损耗所出现的故障，还是人为损坏所出现的故障，一般可归结为电路接点开路、主板元器件损坏和软件故障三种故障。接点开路，如果是导线的折断、拔插件的断开、接触不良等，检修起来一般比较容易。而主板元器件的损坏（除明显的烧坏、发热外），一般很难凭观察发现，在许多情况下，必须借助仪器才能检测判断。因此对于维修人员来说，首先必须了解各种器件失效的特点，这对于检修电路故障、提高检修效率是极为重要的，以下举一些常用主板元器件失效的特点。

1. 集成电路

一般是局部损坏，如击穿、开路、短路、功放芯片容易损坏，存储器容易出现软件故障，其他芯片有时会出现虚焊。

在智能手机中，CPU由于集成了电路的很多功能，又加上引脚密集，所以出现故障的概率会明显增大。

2. 晶体管

比较容易出现的故障是击穿、开路、严重漏电、参数变劣等，不过在新型智能手机中已经很少有晶体管了，大部分被场效应晶体管代替了。

3. 二极管

比较容易被击穿、开路，使正向电阻变大，反向电阻变小。发光二极管由于长时间工作，损坏的概率更大一些，还有就是在电源电路的整流二极管、保护电路的稳压二极管损坏的概率也很大。

4. 电阻

在一般情况下，电阻的失效的概率是比较小的。但电阻在电路中的作用很大，在一些重要电路中，电阻值的变化会使晶体管的静态工作点变化，从而引起整个单元电路工作不正常。例如，在电源电路的电压检测和电流检测电路中，阻值的小范围变化就会影响充电电路的工作。电阻的失效现象是：开路，阻值变大或变小，温度特性变差。

5. 电容

电容分为有极性电容与无极性电容。有极性电容失效的现象是：击穿短路，漏电增大，容量变小或断路。无极性电容失效的现象是：击穿短路或开路，漏电严重或电阻效应。

6. 电感

电感失效的现象是：开路。

以上说的都是些主要部件，还有些外围元件如场效应晶体管、石英晶体等在维修中也不能忽视，尤其是受振动易损的石英晶体及大功率器件（功放、电源供给电路）出现问题，会有不开机或开机后不能上网、听不到对方声音、软件问题等故障。

三、故障检修步骤

手机无论发生何种故障，都必须经过问、看、听、摸、思、修六个阶段。只不过对于不同的机型、不同的故障、不同的维修方法，用于这六个阶段的时间不同而已。熟练地使用判断方法和各判断方法之间相互配合才能快速地解决故障。

老中医在看病时基本采用望、闻、问、切四诊。只不多我们诊治的对象是手机而已。

（1）问　如同医生问诊一样，首先要向用户了解一些基本情况，如产生故障的过程和原因，手机的使用年限及新旧程度等有关情况，这种询问应该成为进一步检查所要注意和加以思考的线索。

（2）看　由于手机的种类繁多，难免会遇到自己以前接触不多的新机型或市面上较少的机型，尤其是现在市场上的高仿机和山寨机，看时应结合具体机型进行，如修手机时，看待机时的绿色 LED 状态指示灯是否闪烁、呼叫拨出时显示屏的信息等，结合这些观察到的现象为进一步确诊故障提供思路。

（3）听　可以从待修手机的话音质量、音量情况、声音是否断续等现象来初步判断故障。

（4）摸　主要是针对功率放大器、晶体管、集成电路以及某些组件，用手摸可以感触到表面温度的高低，如烫手，可想到是否电流过大或负载过重，即可根据地经验粗略地判断出故障部位。

（5）思　即分析思考。根据以前的观察，搜集到的资料，运用自己的维修经验，结合具体电路的工作原理，运用必要的测量手段，综合地进行分析、思考、判断，最后做出检修方案。

（6）修　对于已经失效的元器件进行调换和焊接。

对于新手机，因为生产工艺上的缺陷，故障多发生在机心与机壳结合部分的机械应力点附近，且多为元器件焊接不良、虚焊等引起的。与摔落、挤压损坏的手机故障有共同点，碰坏的手机在机壳上能观察到明显的机械损伤，在机心的相应部分是重点检查部分。

而进水与电源供电造成的手机故障有共同点。进水的手机，如没有及时处理，时间一长就被氧化、断线，进行检修时不要盲目地通电及随便拆卸、吹干元器件及手机主板，这样很容易使旧的故障没排除又产生新的故障，使原来可简单修复的手机故障变得复杂了。

以上几种方法的综合应用，是判断手机故障的精髓，不仅要看明白，而且要理解，能够灵活运用。看到一些高手在维修手机时，会利用更多的时间向客户了解手机使用情况、对手机进行观察，有时根本不用仪器测量，直接更换元器件就解决问题了。

四、手机维修的一般流程

1）先了解后动手。拿到一部待修机后，先不要急于动手，而是要首先询问故障现象、发生时间以及异常现象。观察手机的外观，有无明显的裂痕、缺损，根据外观缺损情况就可大致判断机器的故障。另外，问清机器是否为二手机、有无维修经历，以及使用的年限。

对于一位优秀的维修技术人员来说，在询问了解故障的过程中，可以大致判断故障的范围和可能出现故障的部件，从而为高效、快捷地检修故障奠定基础。

2）先简后繁，先易后难。

3）先电源后整机。使用稳压电源代替手机电池，注意稳压电源的电压值需用万用表的电压档去校正，稳压电源的输出值应当调节到与电池的值一样，目前手机的供电电压一般为3.7V。用鳄鱼夹找到电池座的正负端，加上稳压电源，在开机前先看电源的输出是不是0mA，如果不是，那么手机电路存在漏电。

4）先通病后特殊。

5）先末级后前级。

6）记录故障。故障的种类有不开机、进水、摔坏、无显示、掉线等十余种，但是每种故障发生的原因可能相差许多。记录故障是为了明确要修复的目标，使用户和维修人员之间有一定的认定。

7）记录待修手机的机型、IMEI码和ESN码。每部手机的IMEI码和ESN码就像手机的名字一样，这样就避免了交接时的差错。

8）掌握待修手机的操作方法。维修手机不会使用手机，就像修汽车不会开汽车一样。有的维修人员对手机的操作很模糊，甚至不知道手机的状态指示灯的含义：红绿灯交替闪表示来电，出服务范围红灯闪，服务范围内绿灯闪。菜单操作可以调整出来的功能，是不可能从硬件的维修中解决的。

9）没有充分的把握，不要当用户的面修手机。最多只是拆机观察，以防止紧张造成操作失误。

10）仔细观察电路板。用眼睛观察到的故障无需再采用其他检测手段，如集成电路工作时，不应产生很高的温度，如果手摸上去烫手，就可以初步判定集成电路内部有短路的现象，总之通过直接观察，就可以发现一些故障线索。但是，直接判定故障是建立在以往经验的基础上，没有一定的检修经验，则不奏效。

11）通电。在上面检查之后，开机通电，观察稳压电源的电流表，看电源的输出是不是相应的待机电流数，如果不是，那么一定有故障。可检查功放、漏电、软件等。

12）检查电源通路。

13）检查接收通路。

14）检查输入/输出口，如SIM卡、振铃、键盘、显示屏等的通路。

15）检查发射通路。

16）用热风枪补焊虚焊点。

17）按正确次序拆卸。

检修故障时，往往要拆机。在拆机前，应弄清其结构和螺钉及配件的位置。拆机时弄清各种螺钉，配件连接位置，在最后装机时才不会出现错位。

18）记录维修日志。每天的维修日志都要做好记录，每天收了什么机器，机器使用多长时间，检查现象是什么，怎么修的，是否修好，都要记录下来。修好了不要兴奋，想想自已是怎样解决问题的，走了那些弯路；没有修好也不要泄气，分析一下为什么没有修好，是没有发现故障原因？还是有什么解决不了？以后碰到这样的情况怎么办？这是自我学习提高的好办法。

☆移动电话机维修注意事项

1）移动电话机是集成电路的微电子产品，集成电路是精密的，通过先进的技术进行开发和研制而成，维修人员必须懂得每个芯片、元器件的性能，了解电路的逻辑联系，进行电路分析，仔细地检查，正确地判断，快而准地操作，避免误判，造成人为故障和经济损失。仔细询问、检查送来的故障机，是快而精、高效率的维修前提。

2）按要求连接测试仪表，打开测试仪表并正确设置，初步判断手机故障类型及故障范围。移动电话机内部的印制电路板上，都有不少CMOS芯片，还有些新型的元器件，因此不要在强磁场、高电压下进行维修操作，以免遭大电流冲击而损坏。维修操作时，需在防静电的工作台上进行，仪表及维修人员、工作台应静电屏蔽，做到良好接地，以防静电。

3）工作台要保持清洁、卫生维修工具齐全，并放在手边。维修操作时，要按一定的前后顺序装卸，取放的芯片、元器件也要按一定的顺序排放，以免搞混。保持电路板的清洁，防止所有的焊料、锡珠、线料落入电路板中，从而避免造成其他方面的故障。

4）切莫使用不合格、盗版、走私的芯片、元器件，以免造成更复杂的故障。正确分析电路，正确判断故障，正确寻找故障部位很重要，避免误判。

5）维修完毕，清洁、整理工作台很有必要。使维修工具归位，把所有的附件（长螺钉、天线套、胶粒、绝缘体等）重新装上，防止修一次少一点东西。

手机维修完毕，要进行有效的检测，保证故障排除且无其他问题时方可交付用户，防止因检查不当而引起其他故障。

第三节　手机基本维修方法

一、对地电阻法

1. 对地电阻法的介绍

电阻法在手机维修中是较为常用的好方法，其特点是安全、可靠。当用电流法判断出手机存在短路故障后，此时用对地电阻法查找故障部位会十分有效。平时应注意收集一些手机某些部位的对地电阻值，如电池触点、供电滤波电容、SIM 卡座、芯片焊盘、集成电路引脚等对地电阻值。

在测量对地电阻时，数字式万用表的黑表笔接地，用红表笔接电路的测试点，测出的结果为正向电阻值；数字式万用表的红表笔接地，用黑表笔接电路的测试点，测出的结果为反向电阻值。在实际测量过程中，正向电阻值和反向电阻值都要测量。

在检查手机时，可根据某点对地电阻值的大小来判断故障。如某一点对地电阻是 10kΩ，如果故障点的电阻远大于 10kΩ 或无穷大，说明此点已断路；如果电阻值为零，说明此点已对地短路。电阻法还可用于判断电路之间有无断线以及元器件质量好坏等故障。在不通电的情况下，用万用表电阻档测量有关点的正反向电阻，测得值与参考值对照。同时列一个表格，边测量边记录数据，并注意积累经验数据。

2. 对地电阻法的应用

对地电阻法可以适用的故障很多，例如：不开机、无信号、不显示等都可以使用对地电阻法，尤其是涉及集成电路外围元件且无法准确判断故障点的问题。

以 iPhone 4 手机基带处理器焊盘对地阻值图为例来简单介绍对地电阻法的应用，如图 7-24 所示。

通过焊盘对地阻值可以看出，所有的焊盘引脚可以分为四类：空脚、接地脚、信号和控制脚与供电脚。

空脚对地的正相反阻值均为无穷大，一般不会引起电路故障；接地脚对地的正反向阻值均为 0Ω，如果开路则可能造成供电无法形成回路，而引起电路无法工作；信号和控制脚是重点关注的地方，一定要看对地阻值的大小，如果对地阻值异常，应重点检查这一条信号线和控制线外接的元件，看是否存在开路或短路问题；供电脚对地的阻值一般不会出现 0Ω，如果正反向阻值为 0Ω，则外围的供电存在短路现象。

二、电压法

1. 电压法的介绍

电压法适用的手机故障很多，尤其是功能电路不工作的故障，例如：不显示故障、无信号故障、音频故障、WIFI 电路故障等。

电压法是用万用表测量电路中的电压，再根据电压的变化情况来确定故障部位。电压法是根据电路出现故障时电压往往会发生变化的原理。电压法是通用的电子产品维修

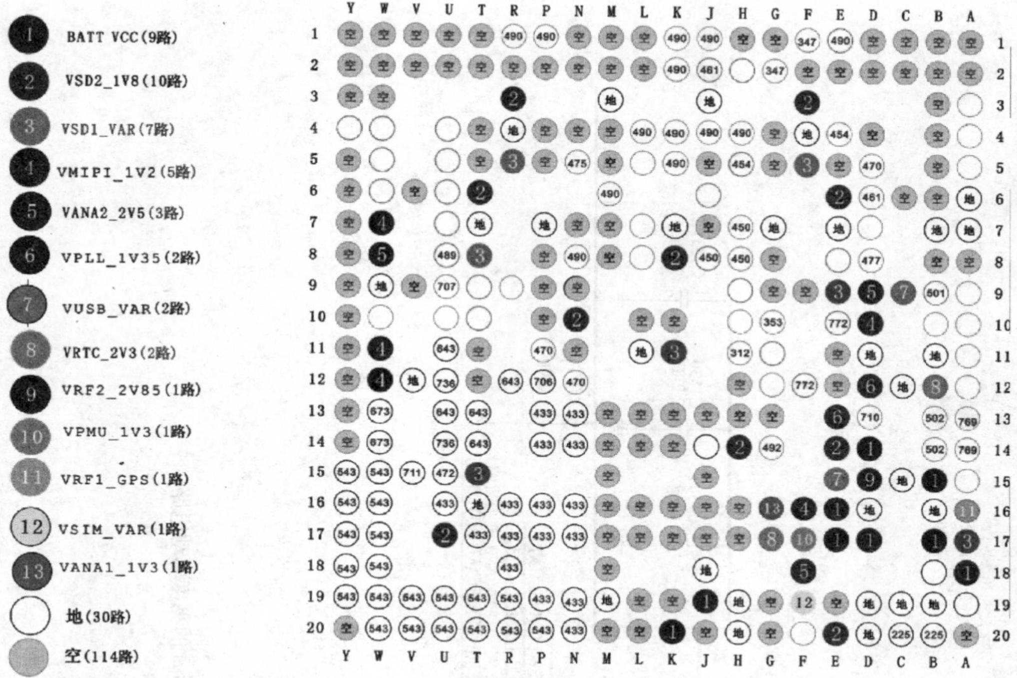

图 7-24 iPhone 4 手机基带处理器焊盘对地阻值

方法，原则上适用于任何电子产品的维修，所以电压法在 iPhone 手机维修中也是最常用的维修方法。

指针式万用表内阻较大，常用的 MF500、MF47 型指针式万用表的内阻是 20kΩ/V，而数字式万用表的内阻可视为无穷大。内阻越大的万用表对电路的影响就越小，所以在维修 iPhone 手机时，一般还是选择内阻较大的数字式万用表。

2. 电压法的应用

电压法也是要通电才能测量电路，但是不用断开电路，可直接在电路板上测量，是很方便的一种电路维修方法。

首先把万用表调节到电压档位，然后再把手机电路板通电，用红表笔接高位电压点，用黑表笔链接地线，或者低位电压点。测出电压数据，观察数据的变化是否在正常范围内。数据对参照可以从另一块正常的电路板获得。如果电压不在正常范围，则判断是否有关元器件已经损坏，若有损坏的则更换一个好的元器件。iPhone 6 Plus 的亮度驱动电路如图 7-25 所示。

手机开机以后，使用数字式万用表的电压档测量 C1597 上有 3.7V 的供电电压，测量 C1513 上没有输出的亮度驱动电压，经检测发现，L1503 开路。测量时，应先估计被测部位的电压大小来选取合适的档位，选择的档位应高于且最接近被测电压，不要用高档位测量低电压，更不能用低档位测量高电压。

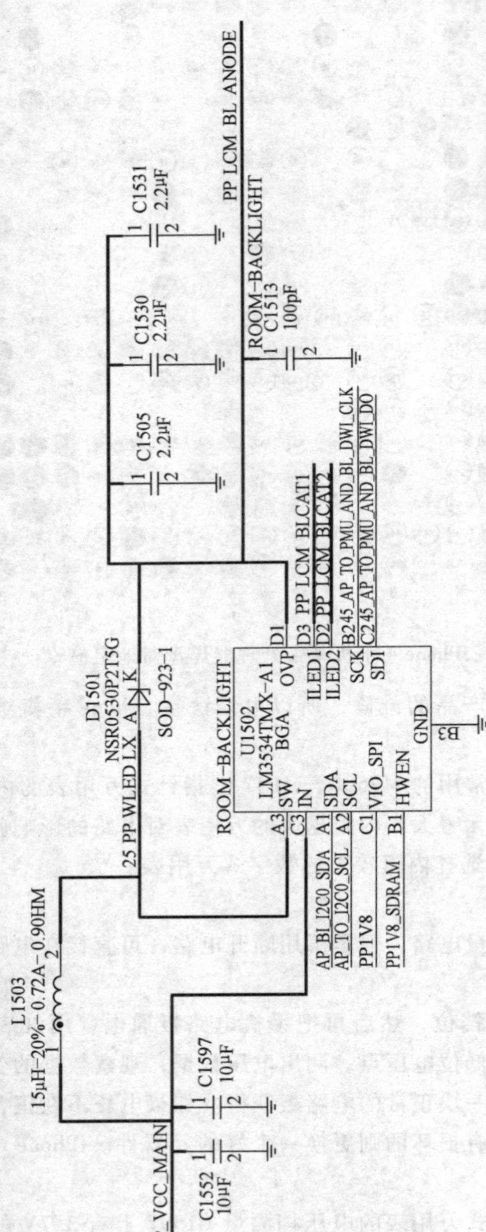

图 7-25 iPhone 6 Plus 的亮度驱动电路

使用电压法时还要注意，由于手机主板紧凑，尽量不要在测量过程中让万用表的表笔出现滑动，避免与其他元件短路而扩大手机故障。

三、电流法

1. 电流法的介绍

电流法主要适用于大电流不开机、无电流、小电流等故障，最多的是不开机故障，但是有一个共同点，就是开机电流与正常手机不一样。

电流法是在 iPhone 手机维修中最常用的方法之一，其原因为：一是手机工作电压低，目前手机的工作电压为3.7V，除了少数的升压电路之外，内部工作电压一般为1～3.5V，电压变化幅度不明显；二是手机的工作电流变化幅度大，为10～1000mA，很容易地通过电流表观察手机工作状态的变化。

在手机维修中，一线维修使用的一般是0～15V/0～2A 的直流稳压电源，这种直流稳压电源可以给手机提供电源，还可以观察手机的开机电流。

2. 电流法的应用

以不开机故障为例，介绍电流法在 iPhone 手机维修中的应用。不开机是手机维修中最常见的故障之一，维修工程师在维修一台不开机的手机时，首先要向用户了解引起故障的原因，一般存在以下几种情况：手机摔过、进过水、由于充电引起或正常使用中出现。

通过用户提供的信息，可以判断故障范围。一般摔过的手机，主要检查有没有虚焊，小元件有无摔掉；入水的手机，一般先清洗，再看看有无氧化、腐蚀的地方；因充电引起不开机的手机，主要检查元件有无击穿、烧坏；正常使用中出现不开机的，主要检查是否电池没电、接触不良引起等。

经过上述初步检查如果还不能判定故障范围，就需要通电试机，观察电流反应，根据电流反应来判定故障范围。以下是从实际维修中总结出来的几种不同的电流反应。

(1) 大电流不开机　大电流不开机分为两种：一种是通上电源就出现大电流漏电；另一种是按开机键立即有大电流。

1) 引起大电流不开机故障的原因。通电就出现大漏电电流，引起此故障的原因一般是手机上直接与电池供电相连接的元件损坏、漏电，如电源管理芯片、功放、由电池直接供电的芯片等。

按开机键有大电流反应，引起此故障的原因一般在电源的负载支路上，而损坏的元件也较多样化，大的元件如基带处理器、应用处理器、射频处理器、音频芯片、硬盘等，小的元件如 LDO 供电管、滤波电容等。

2) 维修大电流不开机的方法。该故障维修方法有多种，如感温法、分割法、对地阻值法等。一般情况下，采用感温法较多，把直流稳压电源输出调到0V，给手机供电，慢慢升高电压，电流到500mA 左右停止，然后用手触摸电路板上各元件，感觉哪个元件发烫较厉害的，多数取下就能解决问题，更换即可。如果电源管理芯片发烫，同时又有其他负载芯片烫手，则一般为负载芯片问题。

分割法一般都是在无法具体确定为哪个元件发热的情况下才使用，具体是把电源管理芯片输出的各个支路逐次切开，以判断是哪支电路出现漏电。

对地电阻法也比较实用，但要靠平时多积累一些正常机型的阻值数据，作为维修时的参考，不再赘述。

（2）按开机键无电流反应

1）引起故障的原因。引起按开机键无电流反应的原因有三种：开机线有问题，开机键损坏引起，开机键到电源的开机触发端有断线；电源管理芯片损坏，没有输出正常的开机触发信号；电源管理芯片到电池的正极有断线，没有电池供电到电源管理芯片。

2）维修按开机键无电流反应的方法。开机线出问题的比较常见，而且处理也较容易，一般飞线就可解决。如果是开机按键问题，直接更换就行了。

对于电源管理芯片损坏，则需要更换电源管理芯片，注意电源管理芯片虚焊也可能造成按开机按键无电流反应。对于电源管理芯片无供电问题，使用数字式万用表分别测量电源管理芯片的电池供电脚就可以判断。

（3）小电流不开机　针对小电流不开机，可以采取下面的方法进行判断，根据各集成电路工作消耗的电流多少来判断故障范围。

首先找一个正常的 iPhone 手机，先将电源管理芯片、时钟晶体、应用处理器、硬盘、基带等主要芯片拆下，然后再逐个装上。观察在拆下每一个芯片的电流变化，作为以后维修的依据。

电流法是基于有经验的维修之上的维修方法，需要相当深厚的手机理论基础，所以学习电流法不要只认为不需要学习手机的基础原理和理论，恰恰相反，而是对理论提出了更高的要求，不懂理论只能学会运用，懂理论可以做到去充实、完善、提高它，熟练地运用到各类机型上去。

第四节　手机漏电故障维修方法

一、漏电原因分析

无论什么手机，漏电从故障原因来分，可以大致分为两种：

1. VBATT 漏电

这种漏电是指一接上电源，不按开机键即有漏电。在维修时重点查找 VBATT 通路上的元件，一般多为电源芯片、功放、VBATT 滤波电容等元件漏电所引起的。

2. 负载漏电

负载漏电是指电源输出通路上有元件漏电。接上电源时，不按开机键是不会漏电的，按开机键后才会漏电，即电流比较正常手机要大。这种情况就比较复杂了，首先是因为电源输出通路上的元件比较多，电路较为复杂；其次有时漏电元件本身并不发热，而是电源芯片发热。

3. 开机线漏电

这种漏电的特点很像是 VBATT 漏电，一接电源即有漏电，拆下电源就不漏电，但换过电源仍无效，这时就肯定是开机线有漏电了，一般为开机线的电容有漏电，把它拆掉就可以了，也可能有对地漏电。

二、漏电电流分析

无论什么手机，漏电从电流大小来分，也可大致分为两种：

1. 大电流漏电

电流接近或超过 100mA，漏电元件发热明显，可以比较容易查找故障原因。

2. 小电流漏电

漏电电流数十毫安以下，无明显发热的元件。一般都采用“排除法”，即怀疑是哪个元件漏电，就把它取下，若取下后不漏了，就是它坏了。但是手机元件这么多，而且有些带胶芯片，或漏电元件不是大件，而是一些电容感等小元件，“排除法”就只好放弃了。

三、手机漏电后的处理方法

对于大电流漏电（元件发热明显），且发热元件就是漏电元件，直接更换发热元件即可。而这里着重分析大家比较难处理的两种故障：负载漏电，但发热的却是电源芯片；小电流漏电，发热极其不明显。

1. 稳压电源供负载法

针对负载漏电，但发热的却是电源芯片。电源芯片发热了，但换过数个电源芯片（无论是新的还是从好机子上搬过来的），它还是发热。这就是负载漏电所引起的。使用“稳压电源供负载法”可以迅速地解决这个问题：将稳压电源正极接到手机电源电路的输出端上，稳压电源负极接手机主板的地。然后稳压电源慢慢从 0V 调到该路供电的标准值，注意观察稳压电源的电流表，即可发现该路是否漏电。

若该路有漏电，可用“触摸法”（此发针对发热比较明显的大电流漏电，即用手或嘴唇去触碰手机元件）或“松香烟法”（此法针对发热不明显的小电流漏电），这两种方法可快速判断漏电元件。

2. 松香烟法

针对小电流漏电，发热极其不明显。这种情况下用手或嘴唇去触碰手机元件均很难感觉出来，尤其当漏电的是电容电感等小元件时，手或唇根本就很难接触到。

针对这种问题“松香烟法”就可以发挥其妙用了，用电烙铁醮些松香，这时电烙铁上会冒出一股松香烟，将松香烟靠近手机主板，松香烟即附着在手机元件上，形成一层白色薄薄的“松香霜”。

注意，熏松香烟时不能使用普通电烙铁，因为普通电烙铁发热功率太大，松香烟很快就挥发完了，来不及熏到主板上。怀疑哪里漏电，就可以在哪里熏上一层松香霜，若根本不知该怀疑哪里漏电，可以将整块手机板一起熏。熏完后，给手机通电，通电时可以从 0V 开始慢慢上升，如果电流太小，可适当将电压加得大一些，但要注意不要太大了，以防将其他元件烧坏。在通电过程中，注意观察手机主板上的元件，若哪个元件漏电了，该元件上的白色的松香霜就会熔化而“原形毕露”——它就是漏电真凶了！经实践证明相当有效。

第五节　手机进水故障维修方法

手机进水或摔过是造成手机故障的重要原因。因为手机内部元件工作比较稳定且手机工作电压、工作电流都比较低，一般不会烧坏手机内部元件。所以手机在不到维修期时，在质量上引起故障的并不多。

一、手机进水原因分析

由于手机的移动性，所以要求手机适应外界环境的要求比较高，但常会因为外力原因对手机造成故障，例：手机进水，摔过都会造成手机无法正常工作，且进水手机造成手机故障的情况很多。如冬天室内、室外温差过大，会有水蒸气附着在手机上，造成手机受潮；还有夏天，汗水、雨水淋湿手机都会使手机内部电器参数改变，而造成手机不正常工作；更严重的如手机掉进厕所，油污等腐蚀较严重的污水里。这都会造成手机较严重的故障，且很多手机由于进水后不及时清理，给维修带来很大的难度。

二、手机进水后的处理方法

手机进水后多数情况会造成不能开机，手机显示不正常及通话出现杂音等故障。有些手机进水后腐蚀电路板情况较严重，从而造成手机根本无法修复。所以，当手机进水后，无论是掉进清水或者脏水中，都应将手机电池去掉，不应再给手机通电，如继续为手机通电，会使手机内部元件短路，从而烧坏元件。这样会进一步使故障扩大，加大维修难度，所以遇到进水手机后，应不要再给手机通电，去掉电池，然后看是掉进清水中，还是掉进脏水中。如掉进清水中，只要立即停止手机工作，一般不会扩大故障，只是手机受潮后，水分会使元件引脚氧化而产生虚焊现象，所以，掉进清水中的手机拆下电池后，将手机用无水酒精清洗一遍因为酒精挥发较快，可将电路板上的水分一起挥发掉。

然用热风枪、电吹风将电路板烘干后，即可通电试机，多数手机会正常工作。如不正常工作，可将元件重新补焊一遍，因为手机进水后极易造成元件引脚氧化，导致引脚虚焊。补焊后，一般故障都会排除，手机恢复正常工作。如掉进污水中的手机，首先要拆机看一看手机电路板的腐蚀程度。因为污水中有很多酸、碱化合物，会对手机造成不同程度的腐蚀，且掉进脏水后，应立即清洗，不然时间过长，会使腐蚀残渣附着在手机电路板上，干涸后，使手机不能开机。这样修复起来难度将会很大，甚至无法修复。

所以手机掉进污水后，应迅速清洗，处理时，先将能看到的腐蚀物处理干净，用毛

刷将附着在元件引脚上的杂质处理掉（注意：不要将芯片周围小元件刷掉）。然后，用酒精棉球将电路板进行清洗。如腐蚀严重的，还需用超声波清洗仪进行清洗，因为各元件底部残渣不易清洗干净，只能靠超声波的分子振动将杂质振动出后，处理干净。

再用风枪吹干电路板，再将所有芯片都补焊一遍，因为手机进水后极易使元件引脚氧化而造成虚焊。焊完后试机，如仍不开机，或者其他故障，应按维修步骤查线路是否有元件烧坏，及元件有无短路现象，其中电源模块坏的较多，多数进水后不开机的手机更换电源模块后，手机故障排除，恢复正常工作。

第六节　手机故障维修技巧

作为一名合格的维修工程师，必须掌握电路基础知识、仪器设备的使用方法以后，才能动手维修。对于手机的不同电路，采取的维修方法也不同，在本节中，针对射频电路、逻辑电路、电源电路和功能电路，提供不同的个性化的维修方法。

一、供电电路——“三电一流”法

对于手机供电电路的故障维修，我们一般采用“三电一流”法。

所谓“三电”是指手机在不同阶段或者不同模式下产生的电压。它包括三种类型：一是手机在装上电池时就能够产生的电压，例如：备用电池供电电路、功放供电电路等；二是手机在按下开机键后就能够出现的电压，例如：系统时钟电路的供电、应用处理器电路供电、FLASH 供电等，这些电压必须是持续供电的；三是软件运行正常后才能出现的供电，例如：接收机部分供电、发射机部分供电等。

“一流”是指通过电流法观察手机工作电路再判断手机故障范围。结合“三电”，配合电流法，基本可以准确判定手机供电电路的故障点。

1. “三电”

（1）装上电池产生的电压　手机装上电池后，电池电压首先送到电源电路，手机处于待命状态，若此时按下手机开机按键，手机立即执行开机程序。

如图 7-26 所示是 iPhone 6 Plus 手机电池接口电路，电池电压从电池触点 J2523 的 1 脚、7 脚输出，送入到手机内部各部分电路。

1）电源管理芯片供电。电池输出的电压，一般是先送到电源管理芯片电路，经电源管理芯片转换成不同的电压再送到负载电路中。电源管理芯片会输出多路不同的电压，主要是因为各级负载的工作电压、电流不同和避免负载之间通过电源产生寄生振荡。

手机装上电池后，电池电压 PP_ VBATT_ VCC 经过一个控制芯片转换为 PP_ VCC_ MAIN 电压，然后再送到应用处理器电源管理芯片，为电源管理芯片工作提供电压，使手机处于待命状态。电源管理芯片供电电路如图 7-27 所示。

2）功率放大器供电。在绝大多数的手机中，功率放大器的供电也是由电池来直接提供的，手机装上电池后，电池电压 PP_ BATT_ VCC 直接加到功率放大器 U_ 2GPARF 的 4 脚，为功率放大器提供供电。功率放大器供电电路如图 7-28 所示。

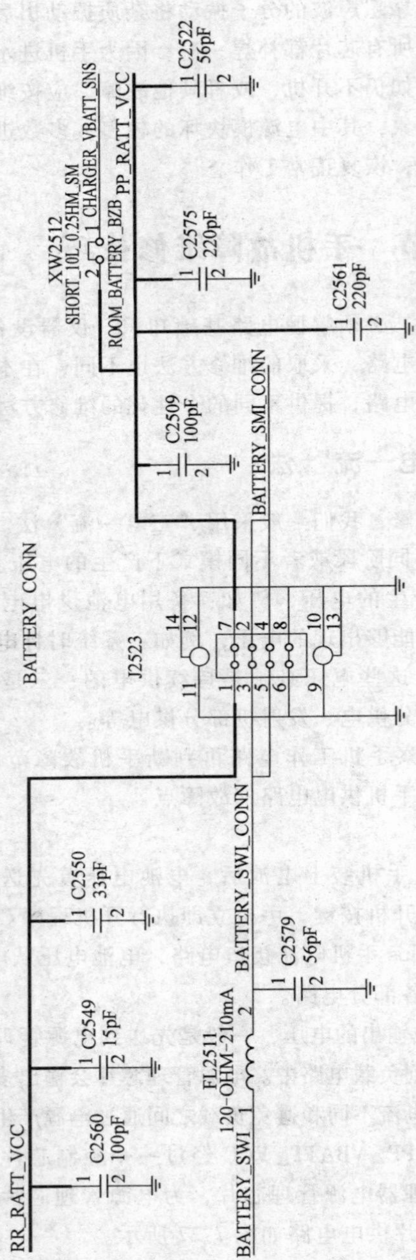
RR_RATT_VCC
C2560
100pF
C2549
15pF
C2550
33pF
BATTERY CONN
FL2511
120-OHM-210mA
BATTERY_SWI
C2579
56pF
BATTERY_SWI_CONN
J2523
BATTERY_SMI_CONN
C2509
100pF
C2561
220pF
ROOM_BATTERY_BZB
C2575
220pF
XW2512
SHORT_10L_0.25HM_SM
CHARGER_VBATT_SNS
PP_RATT_VCC
C2522
56pF

图 7-26　电池接口电路

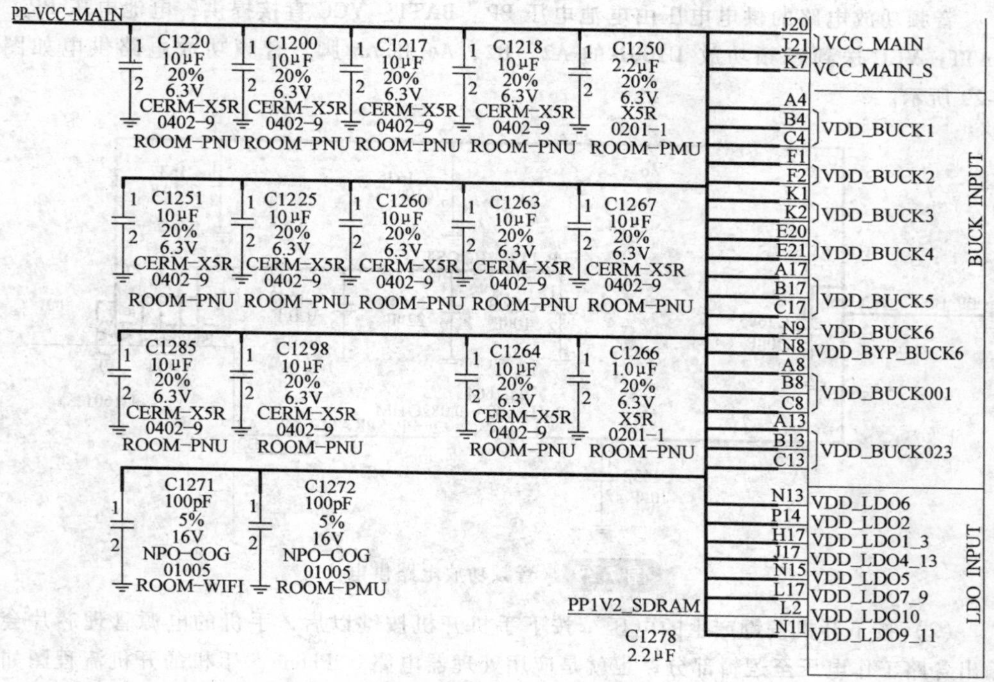

图 7-27 电源管理芯片供电电路

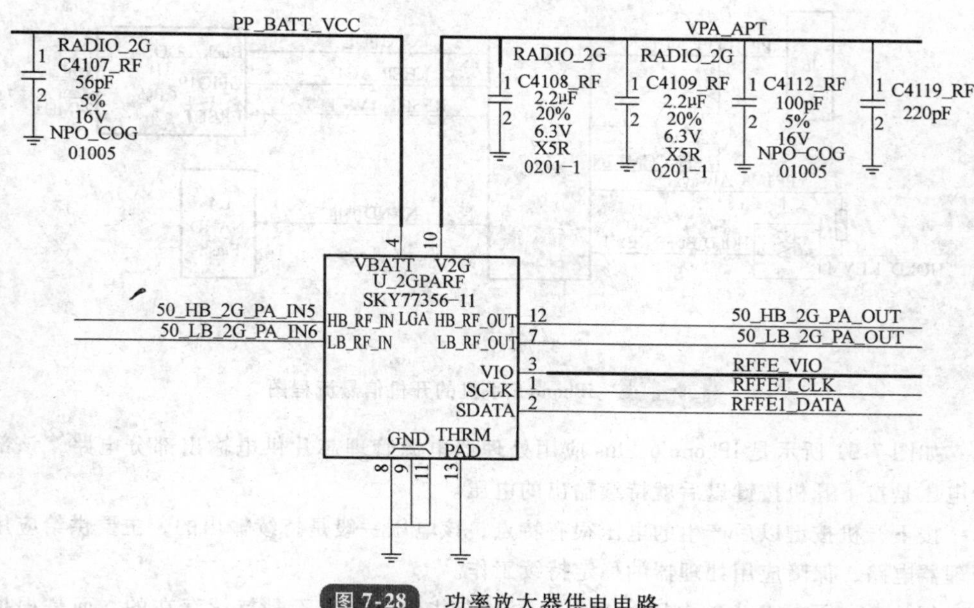

图 7-28 功率放大器供电电路

3）功能电路供电。电池电压给手机中不同的功能电路直接供电，例如音频放大电路、升压电路、射频供电电路等，下面以音频功放电路为例简要进行描述。

音频功放电路的供电电压由电池电压 PP_ BATT_ VCC 直接提供，电池电压 PP_ BATT_ VCC 送到音频功放 U1601 的 A2、B2、A4 和 A5 脚。音频功放电路供电如图 7-29 所示。

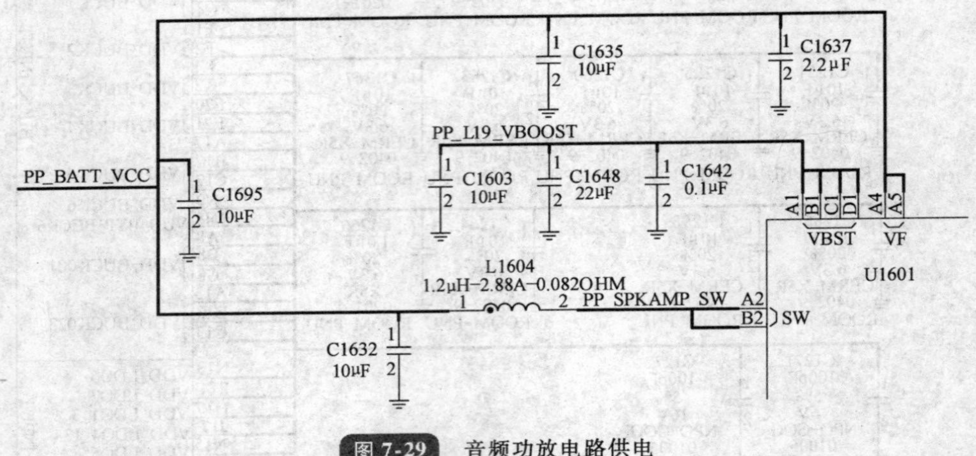

图 7-29 音频功放电路供电

（2）按下开机按键产生的电压　按下手机开机按键以后，手机的电源管理芯片会输出各路工作电压至逻辑部分，也就是应用处理器电路。iPhone 5 手机的开机流程图如图 7-30 所示。

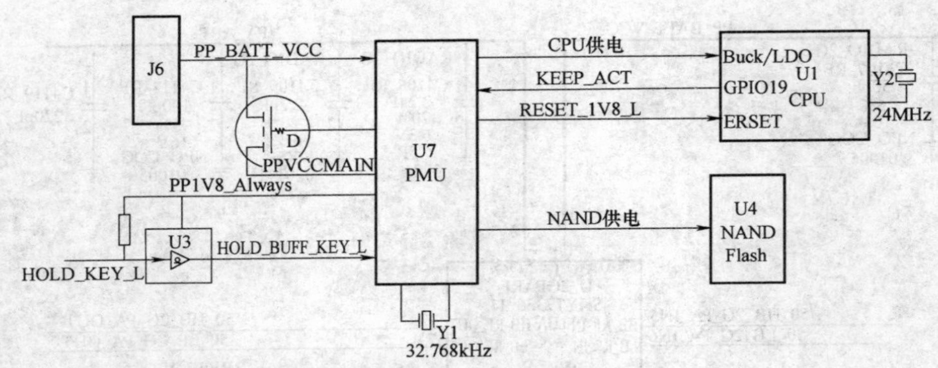

图 7-30 iPhone 5 手机的开机信号流程图

如图 7-31 所示是 iPhone 6 Plus 应用处理器电源管理芯片供电输出部分电路，该部分电压是按下开机按键以后就持续输出的电压。

按下开机按键以后产生的电压很有特点，该电压一般是持续输出的，主要供给应用处理器电路，保障应用处理器的稳定持续工作。

（3）软件运行产生的电压　在手机中，有些供电电压不是持续存在的，而是根据需要由 CPU 控制电压输出，尤其是射频部分和人机接口电路等，这样做的目的很简单，就是为了省电。

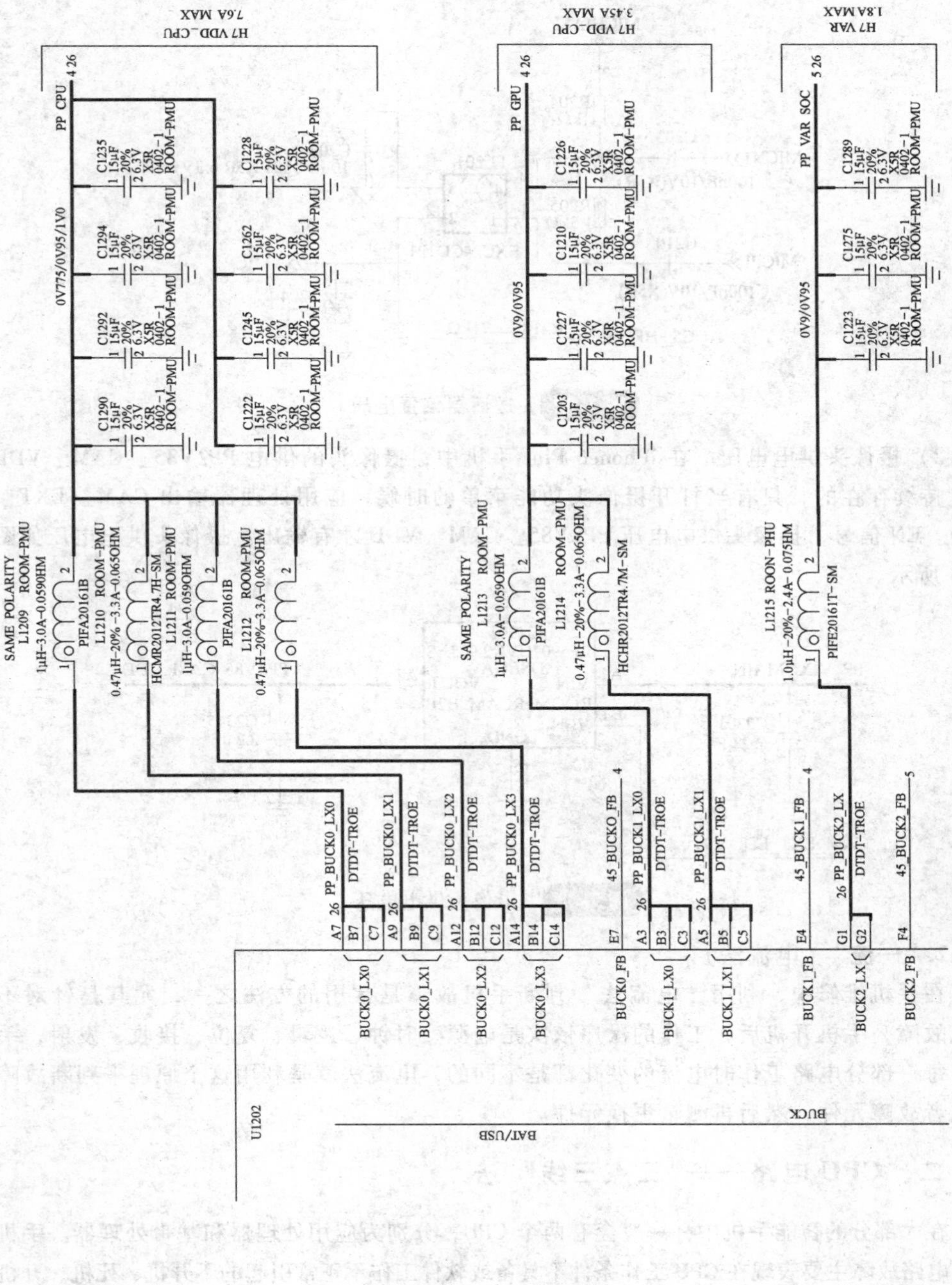

图 7-31　iPhone 6 Plus 应用处理器电源管理芯片供电输出部分电路

1）送话器偏置电压。送话器的偏置电压只有在建立通话时才能出现，也就是说只有按下发射按钮以后才能出现，它是一个1.8～2.1V的电压，加到送话器的正极。在待机状态下无法测量到这个偏置电压。送话器偏置电压如图7-32所示。

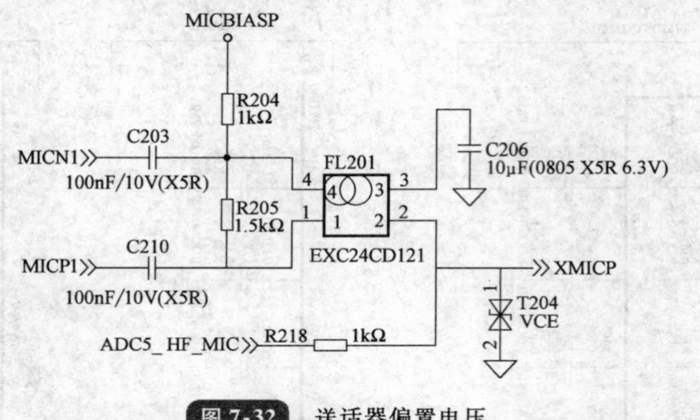

图 7-32 送话器偏置电压

2）摄像头供电电压。在iPhone6 Plus手机中，摄像头的供电PP2V85_ CAM_ VDD不是持续存在的，只有当打开摄像头功能菜单的时候，应用处理器输出CAM_ EXT_ LDO_ EN信号，摄像头供电电压PP2V85_ CAM_ VDD才有输出。摄像头供电电压如图7-33所示。

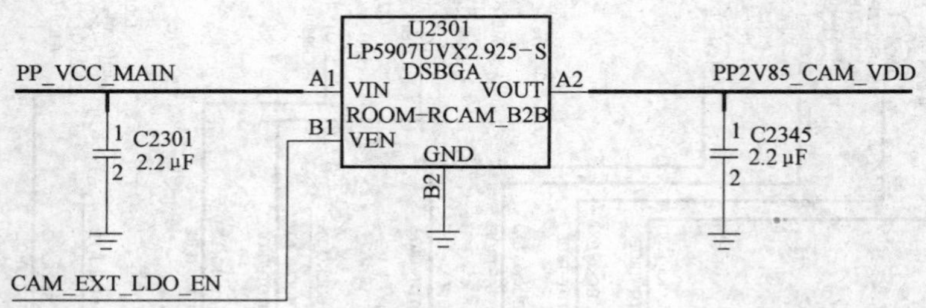

图 7-33 摄像头供电电压

2.“一流”（电流法）

在手机维修中，利用“电流法”判断手机故障是常用的方法之一，尤其是针对不开机故障，手机开机后，工作的次序依次是电源、时钟、逻辑、复位、接收、发射，手机在每一部分电路工作时电流的变化都是不同的，电流法就是利用这个原理来判断故障点或者故障元件，然后再测量更换元件。

二、CPU电路——“三点三线”法

在大部分的智能手机中，一般会有两个CPU，分别为应用处理器和基带处理器。手机CPU电路故障主要表现在CPU工作条件不具备或软件工作不正常引起的不开机、死机、开机不维持、无基带等问题。维修手机CPU部分故障的基本方法是“三点三线”法。

1.“三点”

“三点”指 CPU 工作的三个最基本条件，是 CPU 部分电路故障检修的三个关键点，分别是供电、时钟和复位。

（1）供电 iPhone 6 Plus 手机应用处理器的供电电压来自电源管理芯片，是由电源管理芯片持续供给的，只要按下开机按键后，这个电压就持续存在。

应用处理器供电电压如图 7-34 所示。应用处理器有多路供电电压输入，这里只给出了 PP_ GPU 和 PP_ CPU 两路电压。

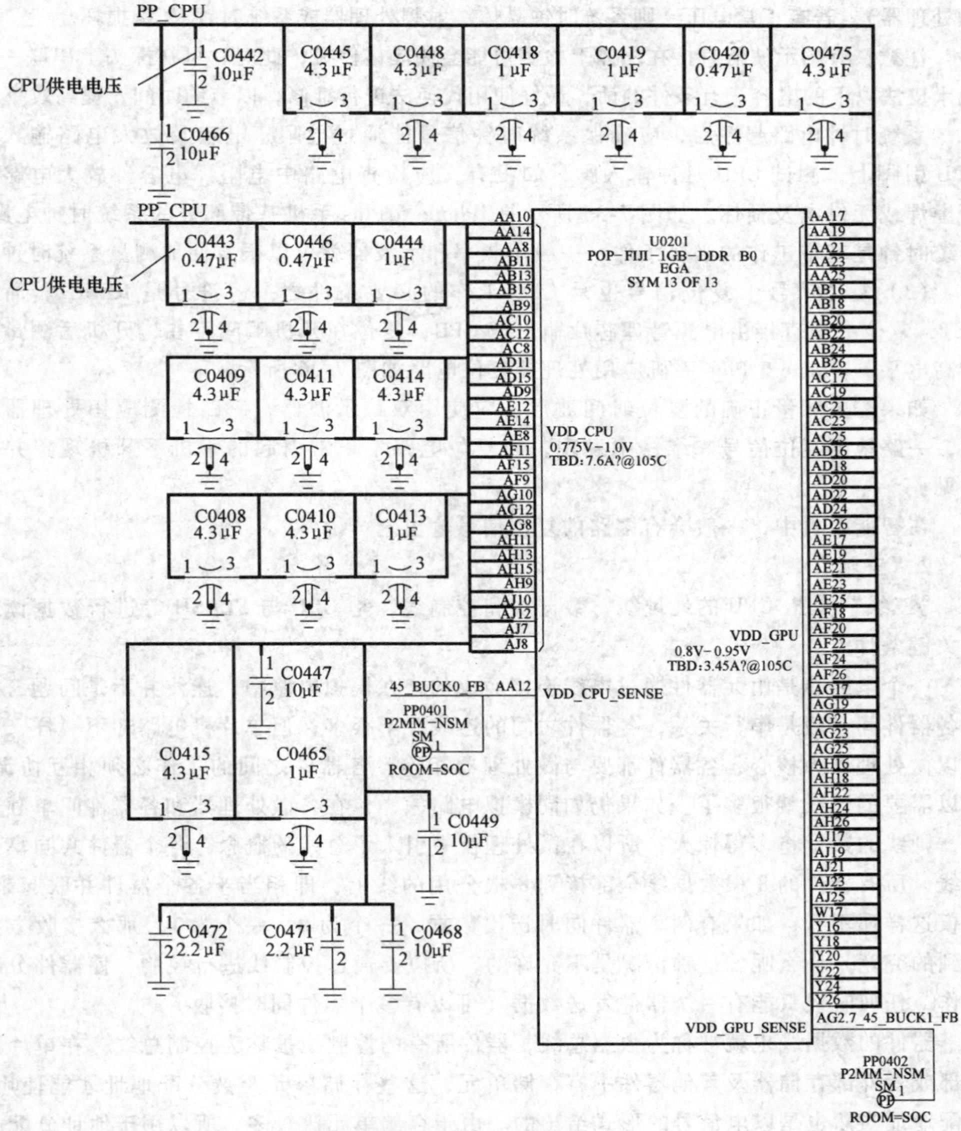

图 7-34 应用处理器供电电压

（2）时钟　系统时钟是CPU正常工作的必要条件之一，功能手机的系统时钟一般采用13MHz或26MHz。在iPhone 6 Plus手机中，应用处理器时钟为24MHz，基带处理器时钟为19.2MHz。若系统时钟不正常，应用处理器电路不工作表现为手机不开机；基带处理器电路不工作则表现为无信号或无基带。

系统时钟信号应能达到一定的幅度并稳定。用示波器测系统时钟输出端上的波形，如果无波形则检测系统时钟振荡电路的电源电压（对于系统时钟VCO，供电电压加到系统时钟VCO的一个引脚上；对于系统时钟晶振组成的振荡电路，这个供电电压一般供给射频处理器），若有正常电压，则系统时钟晶体、射频处理器或系统时钟VCO损坏。

注意，有的示波器直接在晶体上检测可能会使晶体停振，此时，可在探头上串联一个几十皮法以下的电容。有条件的话，最好使用代换法进行维修，以节约时间，提高效率。

系统时钟电路起振后，应确保系统时钟信号能通过电阻、电容及放大电路输入到CPU引脚上，测试CPU时钟输入脚，如没有，应检查电路中电阻、电容、放大电路是否虚焊或无供电及损坏。如图7-35所示是iPhone 6 Plus手机基带部分的系统时钟电路，系统时钟是基带工作的必要条件，一般用频率和示波器就可以很方便地测量系统时钟。

（3）复位信号　复位信号也是CPU工作的必要条件之一，符号是RESET，简写RST，复位一般直接由电源管理芯片输出至CPU，复位在开机瞬间存在，开机后测量时为高电平。iPhone 6 Plus手机应用处理器复位电路如图7-36所示。

如果需要测量正确的复位时间波形，应使用双踪示波器，一路检测应用处理器电源，一路检测复位信号。维修中发现，因复位电路不正常引起的手机不开机现象并不多见。

在智能手机中，一般会有多路的复位信号输出。

2.“三线”

“三线”是指CPU的地址线、数据线和控制线，是CPU与FLASH等进行数据读写的关键条件。

一个电路总是由元器件通过电线连接而成的，在模拟电路中，连线并不是问题，因为各器件间一般是串行关系，各器件之间的连线并不很多；但单片机电路却不一样，它是以微处理器为核心，各器件都要与微处理器相连，各器件之间的工作必须相互协调，所以需要的连线就很多了。如果仍如同模拟电路一样，在各微处理器和各器件间单独连线，则线的数量将多得惊人，所以在微处理机中引入了总线的概念，各个器件共同享用连线，所有器件的8根数据线全部接到8根公用的线上，即相当于各个器件并联起来，但仅这样还不行，如果有两个器件同时送出数据，一个为0，一个为1，那么接收方接收到的究竟是什么呢？这种情况是不允许的，所以要通过控制线进行控制，使器件分时工作，任何时候只能有一个器件发送数据（可以有多个器件同时接收）。

器件的数据线也就被称为数据总线，器件所有的控制线被称为控制总线。在单片机内部或者外部存储器及其他器件中有存储单元，这些存储单元要被分配地址才能使用，分配地址当然也是以电信号的形式给出的。由于存储单元比较多，所以用于地址分配的线也较多，这些线被称为地址总线。

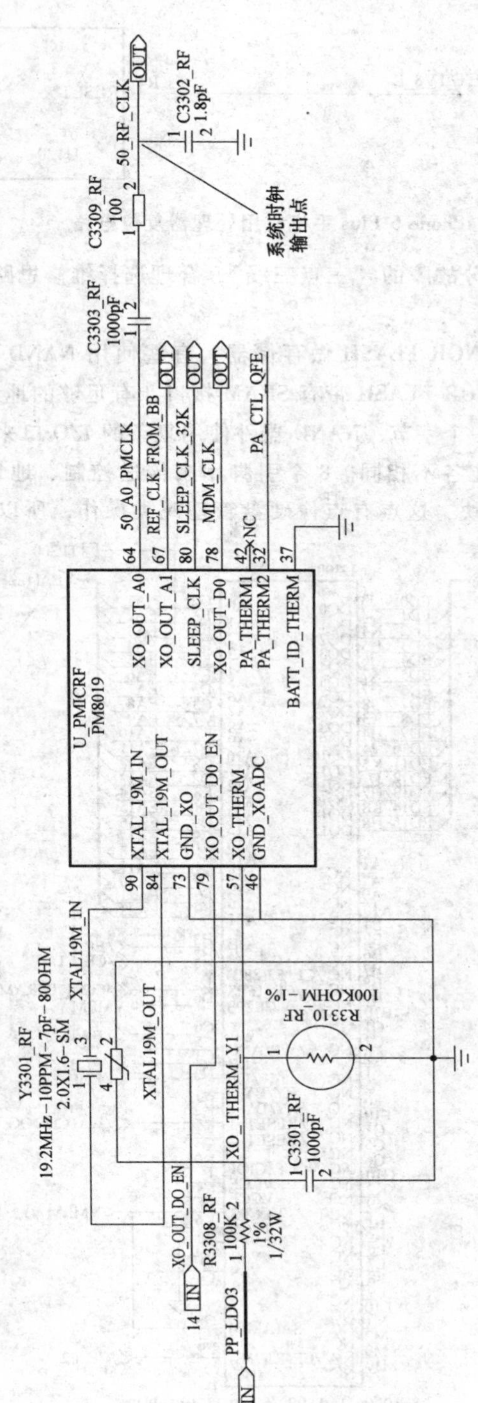

图7-35　iPhone 6 Plus 手机基带部分的系统时钟电路

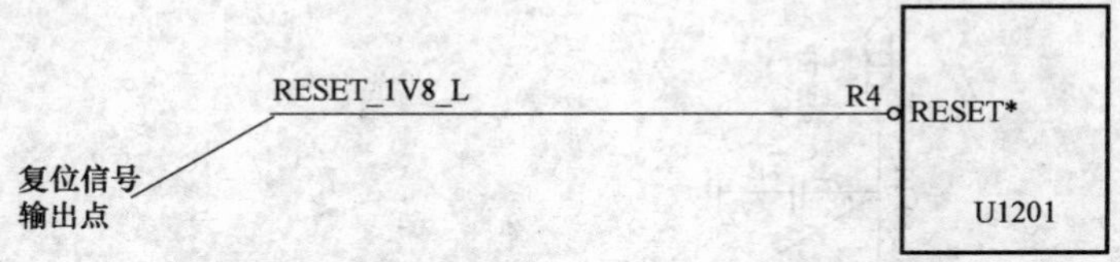

图 7-36 iPhone 6 Plus 手机应用处理器复位电路

只要能够把握维修 CPU 部分故障的“三点三线”，合理选择维修思路和方法，问题都会迎刃而解。

在手机中，有些手机使用 NOR FLASH 做存储器，有些使用 NAND FLASH 做存储器，它们之间还是有区别的。NOR FLASH 带有 SRAM 接口，有足够的地址引脚来寻址，可以很容易地存取其内部的每一个字节；NAND 器件使用复杂的 I/O 口来串行地存取数据，各个产品或厂商的方法可能各不相同。8 个引脚用来传送控制、地址和数据信息。NAND 读和写操作采用 512B 的块，这点有点像硬盘管理此类操作，所以基于 NAND 的存储器就可以取代硬盘或其他块设备。

下面我们以 NOR FLASH 为例对“三线”进行说明。图 7-37 是 NOR FLASH 电路的数据线、地址线和控制线。

NAND FLASH 电路结构与 NOR FLASH 电路结构还是有些区别的，NAND FLASH 的引脚定义如下：

1）CLE：Command Latch Enable，命令锁存使能。CLE 输入信号控制操作模式命令进入内部命令寄存器的加载过程，当 CLE

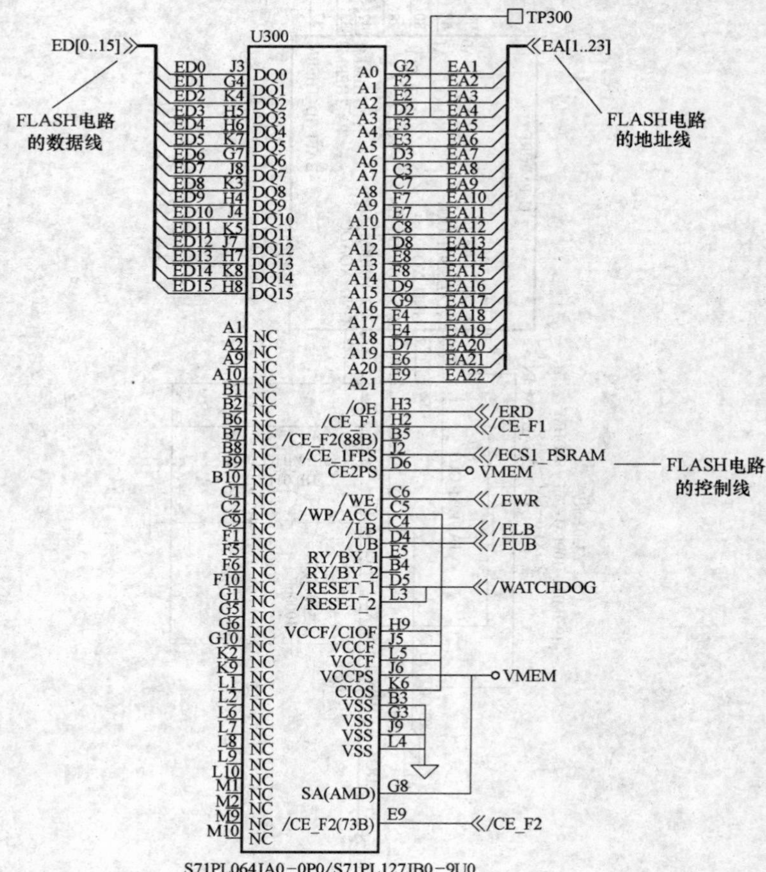

图 7-37 NOR FLASH 电路的数据线、地址线和控制线

高电平有效时，从IO端口输入的命令在/WE上升沿时被锁存进命令寄存器中。

2）ALE：Address Latch Enable，地址锁存使能。ALE信号被用于控制地址信息或输入数据进入内部地址/数据寄存器内。ALE高电平时，地址信息在/WE上升沿时被锁存到寄存器内；ALE低电平时，输入数据在/WE上升沿时被锁存到寄存器内。

3）CE：Chip Enable，芯片启动。如果没有检测到CE信号，那么NAND器件就保持待机模式，不对任何控制信号做出响应。

4）WE：Write Enable，写使能。WE负责将数据、地址或指令写入NAND之中。

5）RE：Read Enable，读使能。RE允许输出数据缓冲器。

6）R/B：Ready/Busy，就绪/忙。如果NAND器件忙，R/B信号将变低。该信号是漏极开路，需要采用上拉电阻。

7）IO0～7：作为设备传输地址信息、数据和指令的端口。

通过以上引脚定义可以看出，NAND FLASH电路例如IO0～7来传输地址信息和数据信息，在维修时要注意。

iPhone 6 Plus手机的NAND FLASH电路如图7-38所示。

三、射频电路——“一信三环”法

射频电路的故障一般表现为信号弱、无信号、无发射等现象，对于射频电路故障，我们总结了“一信三环”法。

1. “一信”

“一信”是指手机的I/Q信号。在手机维修中，I/Q信号是手机射频和逻辑部分的分水岭，通过利用示波器测量四路I/Q信号的方法来判定故障范围。

通过测量I/Q信号可进一步缩小手机的故障范围，确定故障是射频部分引起还是基带部分引起的。

使用数字示波器实测的I/Q信号波形如图7-39所示。

2. “三环”

“三环”是指射频部分工作三个环路，分别是系统时钟环路、锁相环（PLL）环路和功放电路的功率控制环路。

（1）系统时钟环路　手机中的系统基准时钟晶体是手机中一个非常重要的器件，它产生的系统时钟信号一方面作为逻辑电路提供时钟信号，另一方面为频率合成器电路提供基准信号。

手机中的系统基准时钟晶体振荡电路受逻辑电路提供的AFC（自动频率控制）信号控制。由于GSM手机采用时分多址（TDMA）技术，以不同的时间段（Slot，时隙）来区分用户，所以手机与系统保持时间同步就显得非常重要。若手机时钟与系统时钟不同步，则会导致手机不能与系统进行正常的通信。

在GSM系统中，有一个公共的广播控制信道（BCCH），它包含频率校正信息与同步信息等。手机一开机，就会在逻辑电路的控制下扫描这个信道，从中获取同步与频率校正信息，如手机系统检测到手机的时钟与系统不同步，手机逻辑电路就会输出AFC

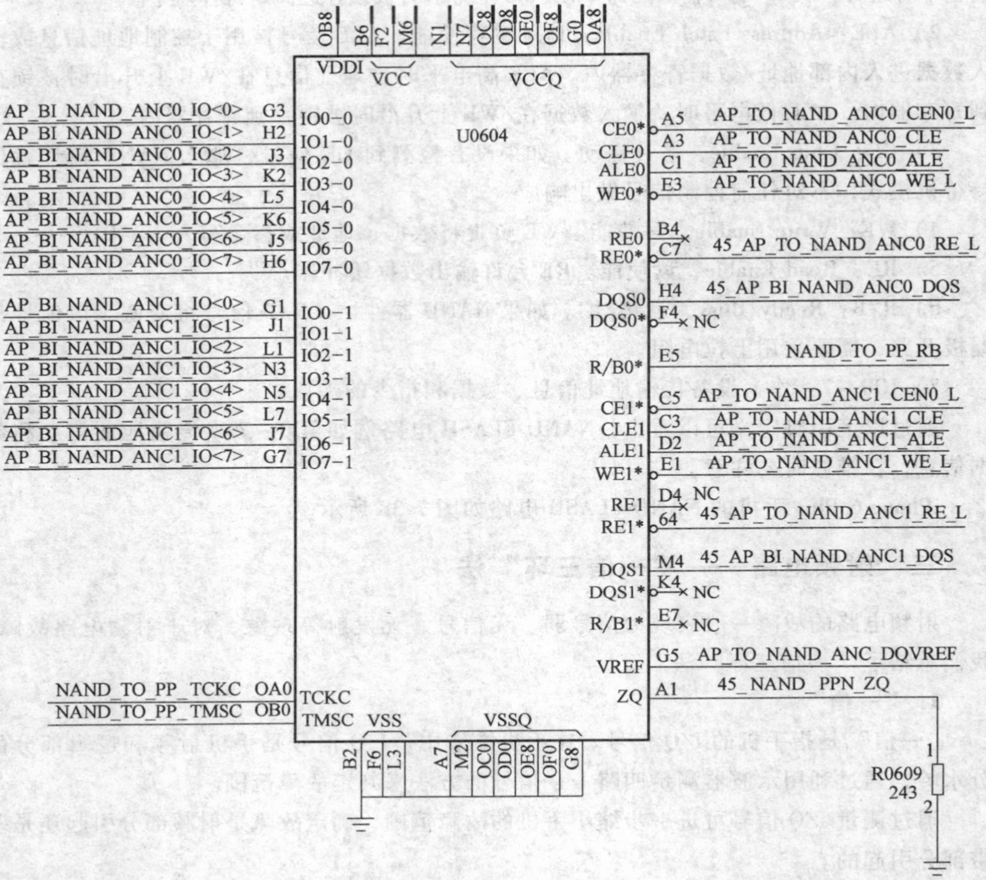

图 7-38　iPhone 6 Plus 手机的 NAND FLASH 电路

信号。AFC 信号改变手机中的系统基准时钟晶体电路中 VCO 两端的反偏电压，从而使该 VCO 电路的输出频率发生变化，进而保证手机与系统同步。

系统时钟环路的测试方法很简单，可以用示波器可以测量系统时钟信号波形，或者用频率计测量系统时钟频率，也可用万用表来测试 AFC 电压，通过这三种测量手段可以判断系统时钟环路是否正常。如图 7-40 所示是 MTK 芯片组手机系统时钟工作电路。

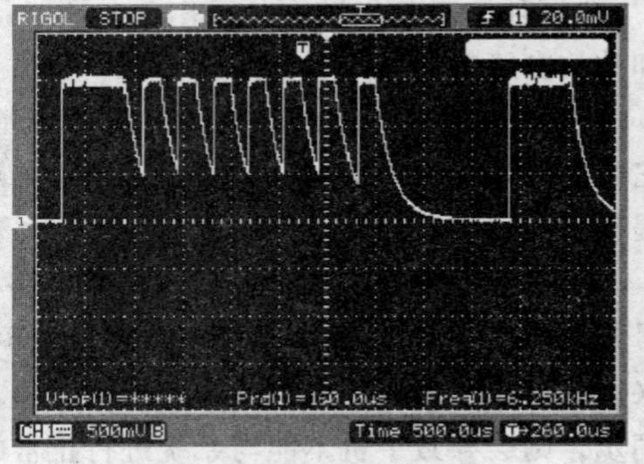

图 7-39　实测的 I/Q 信号波形

（2）锁相环（PLL）环路　在移动通信中，要求系统能够提供足够的信道，移动台也必须在系统的控制下随时改变自己的工作

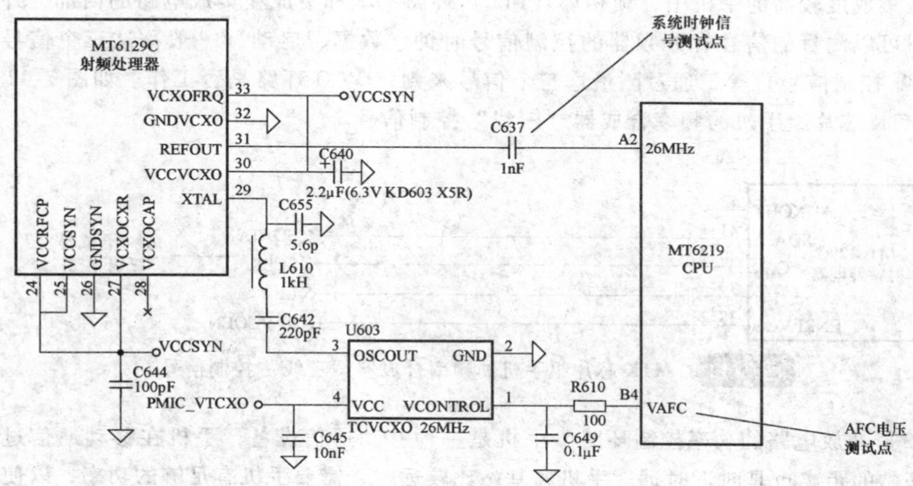

图 7-40 MTK 芯片组手机系统时钟工作电路

频率，提供多个信道的频率信号。但是在移动通信设备中使用多个振荡器是不现实的，通常使用频率合成器来提供有足够精度、稳定性好的工作频率。

利用一块或少量晶体采用综合或合成手段，可获得大量不同的工作频率，而这些频率的稳定度和准确度或接近石英晶体的稳定度和准确度的技术称为频率合成技术。在手机中通常使用带有锁相环的频率合成器，利用锁相环路（PLL）的特性，使压控振荡器（VCO）的输出频率与基准频率保持严格的比例关系，并得到相同的频率稳定度。

锁相环路是一种以消除频率误差为目的的反馈控制电路。锁相环的作用是使压控振荡输出振荡频率与规定基准信号的频率和相位都相同（同步）。锁相环由参考晶体振荡器、鉴相器、低通滤波器、压控振荡器和分频器 5 部分组成，如图 7-41 所示。

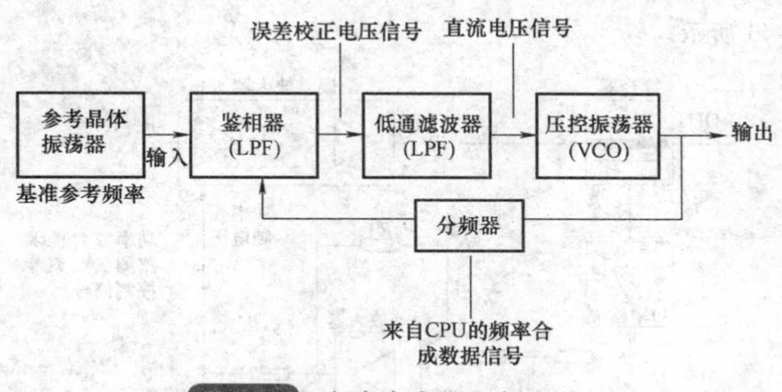

图 7-41 频率合成器电路原理图

锁相环（PLL）环路的工作频率受 VCO 调谐电压的控制，如果通过测量工作频率和波形非常困难，在维修中实际应用的方法是通过测试 VC 调谐电压来判定整个环路工作是否正常。

在集成度较高的手机中，锁相环（PLL）环路基本都集成在集成电路的内部，外部环路中可以测量的信号有分频器的控制信号时钟、数据、启动（一般称这三个信号为“三线”控制信号）等，通过测量这三个信号来判定 VCO 环路是否工作。如图 7-42 所示是 MTK 芯片组手机的频率合成器“三线”控制信号。

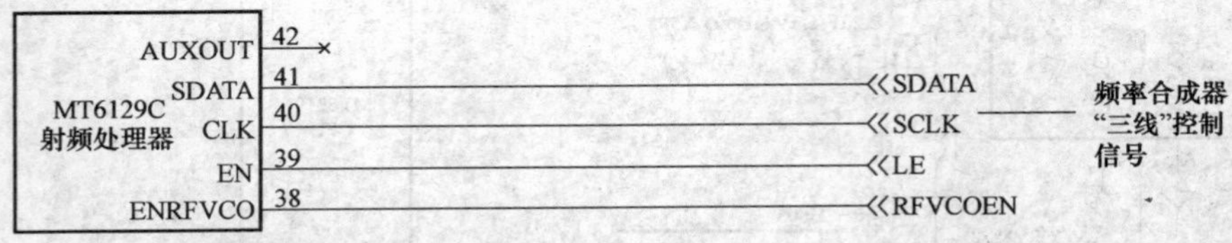

图 7-42 MTK 芯片组手机的频率合成器“三线”控制信号

（3）功放电路的功率控制环路　手机是一种移动通信设备，手机在移动通信过程中离基站的距离也是时近时远。手机离基站比较远时，需要手机有足够的功率，以使手机传出的信息能传输到基站；当手机离基站比较近时，若手机的功率过大，可能会带来各种干扰，导致手机不能正常工作。此外，电磁波的传播不仅受通信距离的影响，电磁波在不同的环境中受到地形、地物的影响很大；多径传播造成的衰落、建筑物阻挡造成的阴影效应和运动造成的多普勒频移，也可导致接收信号极不稳定，接收场强的瞬间变化往往可达十倍以上，故手机电路中的功率放大器具有它自己的特点，即功率放大器的放大倍数应能随不同的情况而变化，使到达基站的信号大小基本稳定，故手机功放最突出的特点是带有自动功率控制电路。

一个完整的功率放大电路通常包括驱动放大、功率放大、功率检测及控制、电源电路等。在功放的输出端，通过一个取样电路取一部分发射信号，经高频整流得到一个反映发射功率大小的直流电平，这个电平在比较电路中与来自逻辑电路的功率控制参考电平进行比较，输出功率放大器的偏压，以控制功率放大器的输出功率。功率控制环路电路框图如图 7-43 所示。

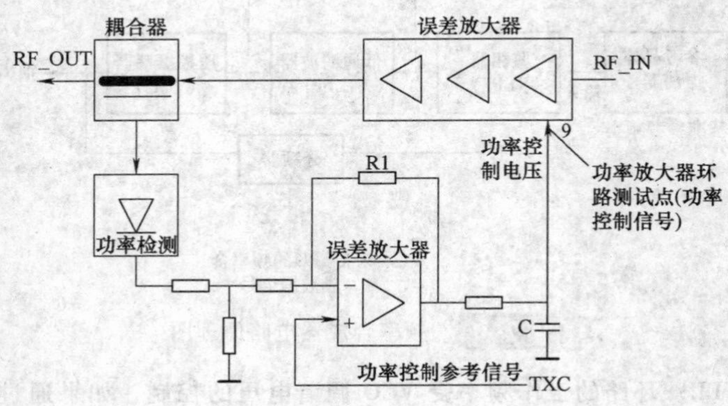

图 7-43 功率控制环路电路框图

功放电路的功率控制环路受功率控制信号 APC 电压的控制，对于这部分电路的维修，一般使用示波器测量功率控制电压（APC）信号，通过测量这个电压信号，看整个功率控制环路工作是否正常，这也是功率放大电路的一个关键测试点。如图 7-44 所示是 MTK 芯片组手机的功率控制信号（APC）测试点。

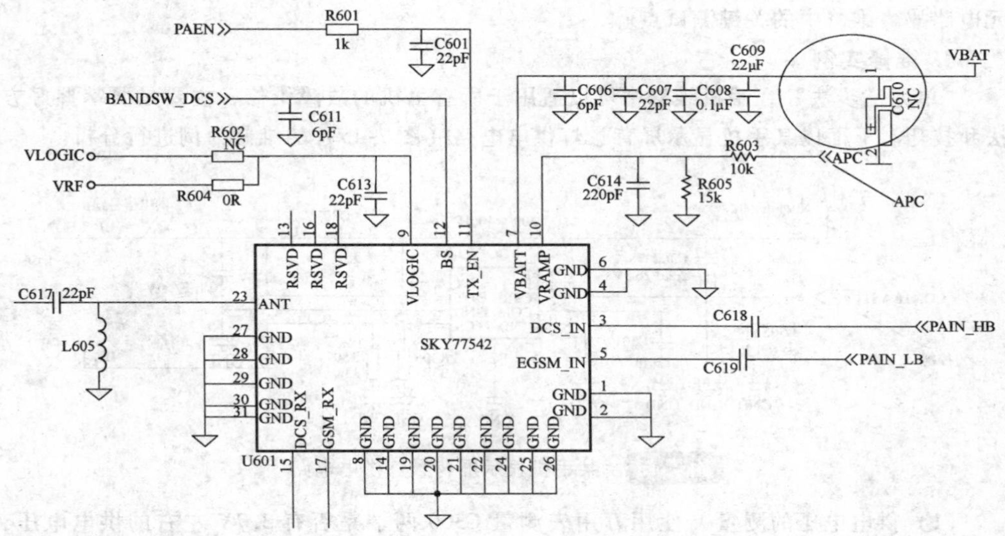

图 7-44 MTK 芯片组手机的功率控制信号（APC）测试点

四、单元电路故障——“单元三步”法

在功能手机或智能手机中，键盘背景灯电路、振动器电路、摄像头电路、GPS 电路等，都可以采用“单元三步”法维修。

“单元三步”法就是在维修中针对供电、控制、信号三个要素进行判定，通过对供电、控制、信号三个要素进行测量，来判定手机的故障范围，“单元三步”法可以总结为“电、信、控”。

1. 供电

对于手机单元电路故障，首先要检查供电电压是否正常，是否能够输送到单元电路，如果供电不正常首先检查供电电压。

2. 信号

信号分为模拟信号和数字信号。模拟信号是指电信号的参量是连续取值的，其特点是幅度连续。常见的模拟信号有射频接收信号、语音信号等。数字信号是离散的，从一个值到另一个值的改变是瞬时的，就像开启和关闭电源一样。数字信号的特点是幅度被限制在有限个数值之内。常见的数字信号有通过各种总线传输的数据等。

在实际维修工作中，主要检查单元电路中信号的处理过程，尤其是关键的测试点信号。

3. 控制

手机大部分电路的工作是受控的，受谁控制呢？CPU。翻盖手机如果合上翻盖 LCD 会不显示，这就是控制信号的作用。

在单元电路中，控制信号的工作与否关系着单元电路是否能够正常工作，这也是单元电路故障维修中的关键测试点。

4. 维修实例

“单元三步法”在手机维修中可以适用于所有手机的故障维修，主要是要掌握好方法和技巧。下面以某手机显示屏背景灯供电电路（图 7-45）的维修为例进行分析。

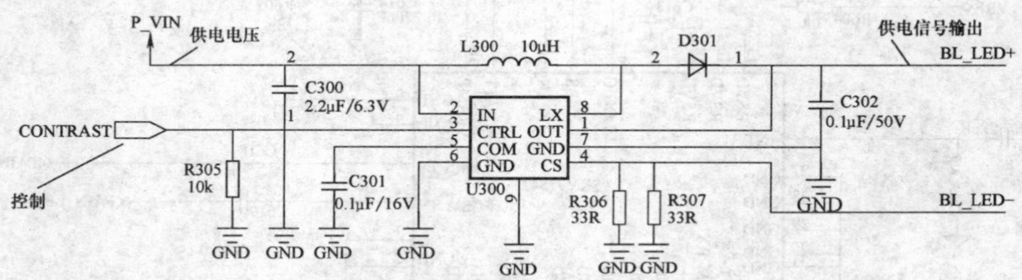

图 7-45　某手机显示屏背景灯供电电路

（1）供电电压的测量　使用万用表测量 C300 两端是否有 3.7V 左右的供电电压，如果有电压，说明供电部分是正常的，就需要再检查控制、信号两个测试点。如果供电这个测试点不正常，那就要检查供电部分是否有故障，负载是否存在短路问题等。

（2）控制电平的测量　显示屏背景灯供电电路的工作受 CPU 的控制，显示屏背景灯芯片 U300 的 3 脚为控制引脚，该控制电平的测试点为 R305 两端。如果该电平为低电平，显示屏背景灯芯片不工作；如果该电平为高电平，显示屏背景灯芯片开始工作。

（3）信号的测量　当单元电路具备了供电电压、控制电平两个基本工作条件以后，电路开始工作，电压信号从 U300 的 1 脚、7 脚输出，信号的测试点就是 BL_ LED +、BL_LED -。如果该输出点没有输出信号，说明电路没有工作，测量单元电路的输出点，是把握整个电路是否工作的关键。

以上是简析“单元三步”法在手机单元电路故障维修中的应用，同样，“单元三步”法也可以应用在手机其他单元电路的维修中。

五、集成电路——黑箱子维修法

1. 黑箱及黑箱理论

（1）黑箱　在控制论中，通常把所不知的区域或系统称为黑箱，而把全知的系统和区域称为白箱，介于黑箱和白箱之间或部分可察黑箱称为灰箱。一般来讲，在社会生活中广泛存在着不能观测却可以控制的黑箱问题。比如，我们每天都看电视，但并不了解电视机的内部构造和成像原理，对我们而言，电视机的内部构造和成像原理就是

黑箱。

（2）黑箱理论 黑箱是我们未知的世界，也是我们要探知的世界。如何了解未知的黑箱呢？只能在不直接影响原有客体黑箱内部结构、要素和机制的前提下通过观察黑箱中“输入”、“输出”的变量，得出关于黑箱内部情况的推理，寻找、发现其内部规律，实现对黑箱的控制。这种研究方法叫作黑箱理论。

2. 黑箱子维修法在集成电路维修中应用

（1）电子基础黑箱 有一只电阻和一只二极管串联，装在盒子里。盒子外面只露出三个接线柱 A、B、C，如图 7-46 所示，使用指针式用万用表的欧姆档进行测量，测量的阻值见表 7-1，试在点画线框中画出盒内元件的符号和电路。

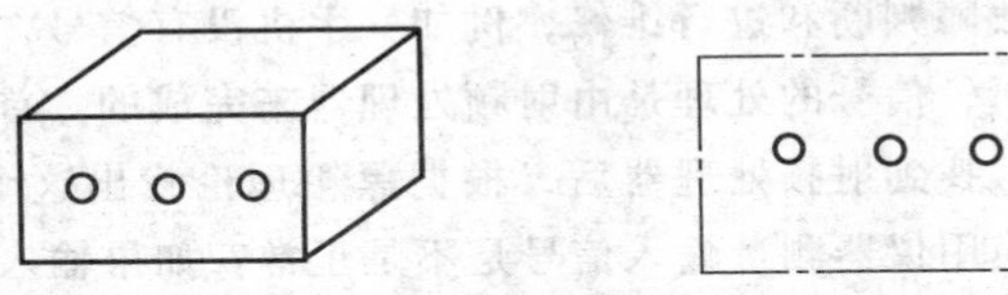

图 7-46 电子基础黑箱

表 7-1 电子基础黑箱测试结果

红表笔	A	C	C	B	A	B
黑表笔	C	A	B	C	B	A
阻值	有阻值	阻值同 AC 间测量值	很大	很小	很大	接近 AC 间电阻

从上面电子基础黑箱来看，我们只能看到一个黑箱子和外面的三个接线柱，如果手里只有一块万用表，根据黑箱理论，如何能够判断电子基础黑箱内到底有什么元件呢？

首先我们知道这个黑箱内接的是一只电阻和一只二极管，电阻的正反向阻值是一样的，二极管的正反向电阻却差别很大。AC 和 CA 之间的阻值是相同的，符合电阻的特性。首先假设 AC 间连接的是一个电阻，CB 间阻值和 BC 间阻值复合二极管特性，假设 BC 间接一只二极管，再看 AB 和 BA 间阻值，符合一只电阻串一只二极管的可能，如图 7-47 所示。

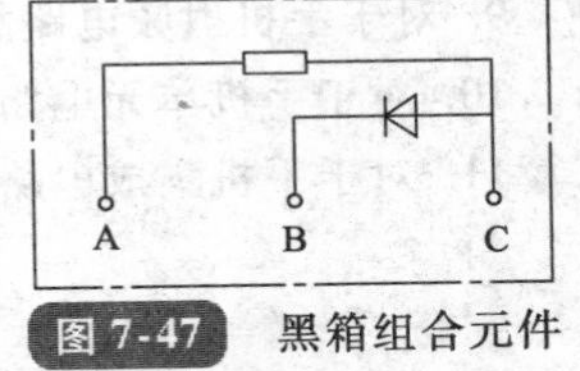

图 7-47 黑箱组合元件

我们利用一块万用表、掌握的已知的电子知识和黑箱理论，可判断出黑箱内电子元件的接法和结构，看似简单，却对我们的实际维修有非常现实的意义。

（2）用黑箱理论判断集成电路故障 在手机维修中，不是每一部手机都能找到原理图样，即使有原理图样，也不一定人人会看，即使你会看图样，客户也不一定等你，半小时修不好，客户就会再去别的地方，现实就是这样的，而新机型层出不穷，也不可能每一部手机的图样都熟练地牢记在心里，那到底应该怎么维修手机呢？怎么才能修炼成高手？黑箱理论就是我们的制胜法宝，也就是高手的最后一招。

首先，手机的结构框架是不变的，一般是 GSM、CDMA、WCDMA、CDMA2000、

TD-SCDMA、LTE 等架构。既然架构基本固定了，那么不同的制式的网络系统只要记住常见的几种架构就行了，这样是不是就简单多了呢？

其次，不同手机主板上的电路采用的集成块也不同，但是电路功能基本相同，现在我们就用黑箱理论来判断各个集成块的功能。手机主板的集成块有些我们认识，有些拿不准，有些不认识，把手机的集成块当成一个个的箱子，认识的集成块当成白箱子，拿不准的当成灰箱子，不认识的当成黑箱子。根据掌握的电子知识和手机结构框架，来推理这个集成块的功能，在推理时，要系统地了解这个黑箱子输入、输出信号，得出关于黑箱内部情况的推理，寻找、发现其内部规律，实现对黑箱的控制。这样黑箱内完成了什么功能、和周围集成块的从属关系、谁来控制这个集成块等信息就都了解了。

最后，就可以开始故障判断和进行维修，例如：手机没有信号，根据手机维修基本方法和手机结构框架分析，信号的处理是由射频处理器来完成的。首先我们应该找到射频处理器在主板的位置，找到射频处理器后，根据黑箱理论找出这个黑箱的输入信号、输出信号、控制信号。使用仪器测量输入信号是不是正常？如果输入信号不正常，说明故障和射频处理器没有关系；如果输入信号、控制信号都正常，没有输出信号，可能就是射频处理器坏了。我们就用黑箱理论来判断出射频处理器损坏了，不是很难吧？

复习思考题

1. 拆装智能手机需要哪些工具？并简要描述其使用方法。
2. 请简要描述拆装 iPhone 5S 手机的操作步骤以及拆装过程应该注意的问题。
3. 引起手机常见故障的原因有哪些？常见手机器件的损坏特点有哪些？
4. 手机故障的维修一般流程有哪些？
5. 常见的手机基本维修方法有哪些？
6. 手机漏电故障如何进行维修？手机进水如何进行维修？
7. 对于手机供电电路故障，如何判断故障部位？如何进行维修？
8. 对于手机 CPU 电路故障，如何判断故障部位？如何进行维修？
9. 对于手机射频电路故障，如何判断故障部位？如何进行维修？
10. 对于手机单元电路故障，如何判断故障部位？如何进行维修？
11. 对于手机集成电路故障，如何判断故障部位？如何进行维修？

第八章　智能手机电路分析与维修

☺知识目标

1. 重点掌握智能手机的射频电路、基带电路、应用处理器电路的工作原理和电路分析，掌握智能手机维修的基本方法。

2. 熟练分析智能手机的2G信号通道、3G信号通道、4G信号通道，看懂完整的智能手机射频电路原理图。

3. 熟练分析智能手机应用处理器电路，分析智能手机的开机流程，各功能电路的工作原理。

4. 熟练分析智能手机基带处理器电路，分析智能手机基带电路工作流程，信号处理过程。

☺技能目标

1. 能够维修智能手机的常见故障。

2. 能够利用理论知识对客户反映的不开机、不显示、无网络、无声音等故障进行解答。

3. 能够熟练更换电源、功率放大器、射频处理器、基带处理器等常见芯片。

4. 能够使用数字万用表、数字示波器等仪器综合判断手机故障。

第一节　三星 i9505 手机整机电路结构

三星 i9505 是三星 i9500 的 4G 版本。该机搭载的是高通骁龙 Snapdragon 600 四核处理器。屏幕采用的是 4.99in 的 Super AMOLED，分辨率为 1920 像素 ×1080 像素。摄像头采用是 1300 万像素。

网络模式支持 GSM、WCDMA、LTE，数据业务支持 GPRS、EDGE、HSPA +，支持频段：2G：GSM 850/900/1800/1900MHz；3G：WCDMA 850/900/1900/2100MHz，；4G：LTE：800/850/1800/1900/2100/2600MHz。

三星 i9505 手机电路结构框图如图 8-1 所示。

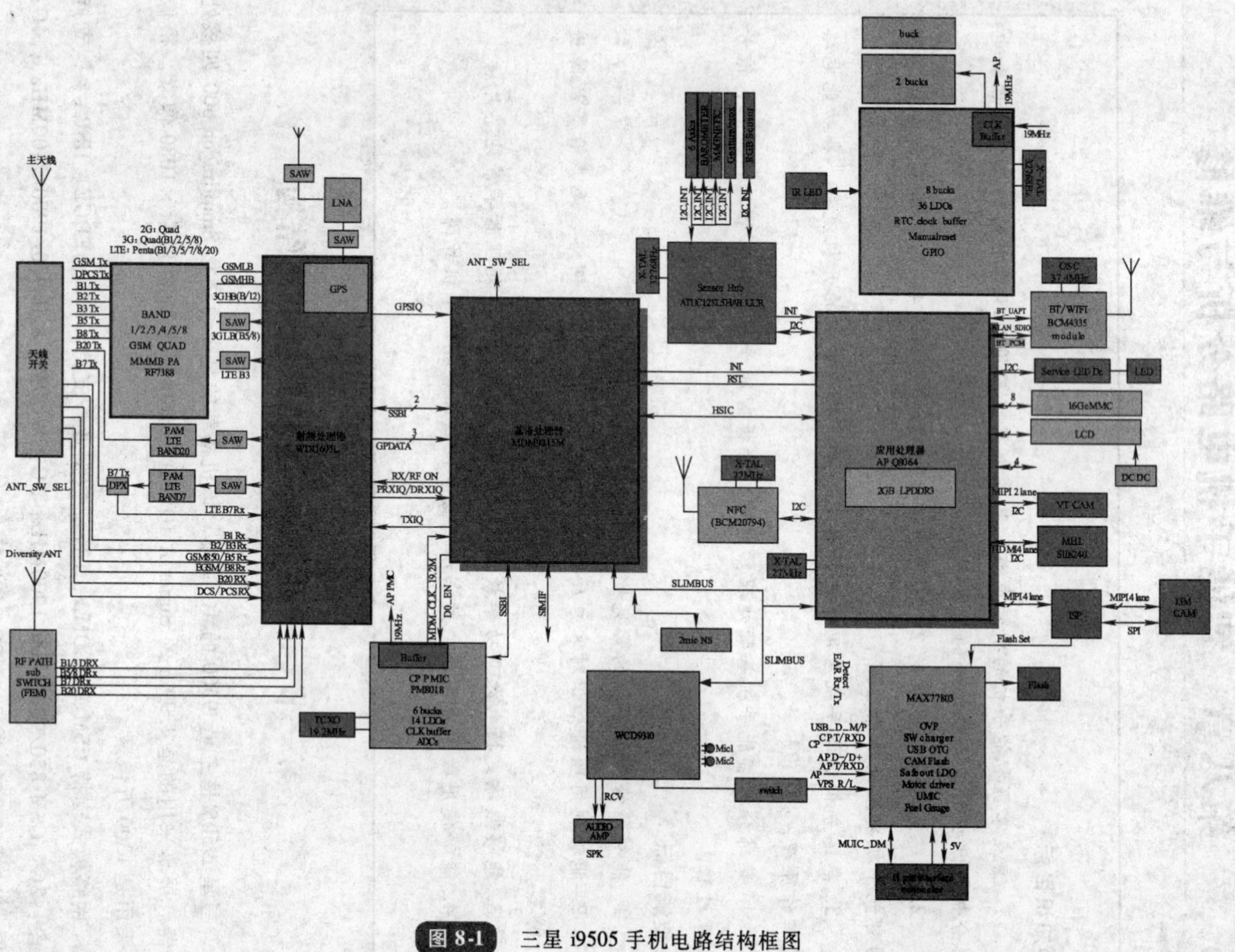

图 8-1 三星 i9505 手机电路结构框图

第二节　射频电路的工作原理

三星 i9505 手机是 i9500 的 4G 版本，支持 FDD-LTE 4G 制式，下面以 i9505 为例介绍智能手机射频电路的工作原理。

一、射频电路简介

1. 射频电路结构框图

三星 i9505 手机的射频电路主要由天线开关 F101、DRX 天线开关、多模多频功率放大器 U101、射频处理器 U300、基带处理器 MDM9215M 等组成。射频电路结构框图如图 8-2 所示。

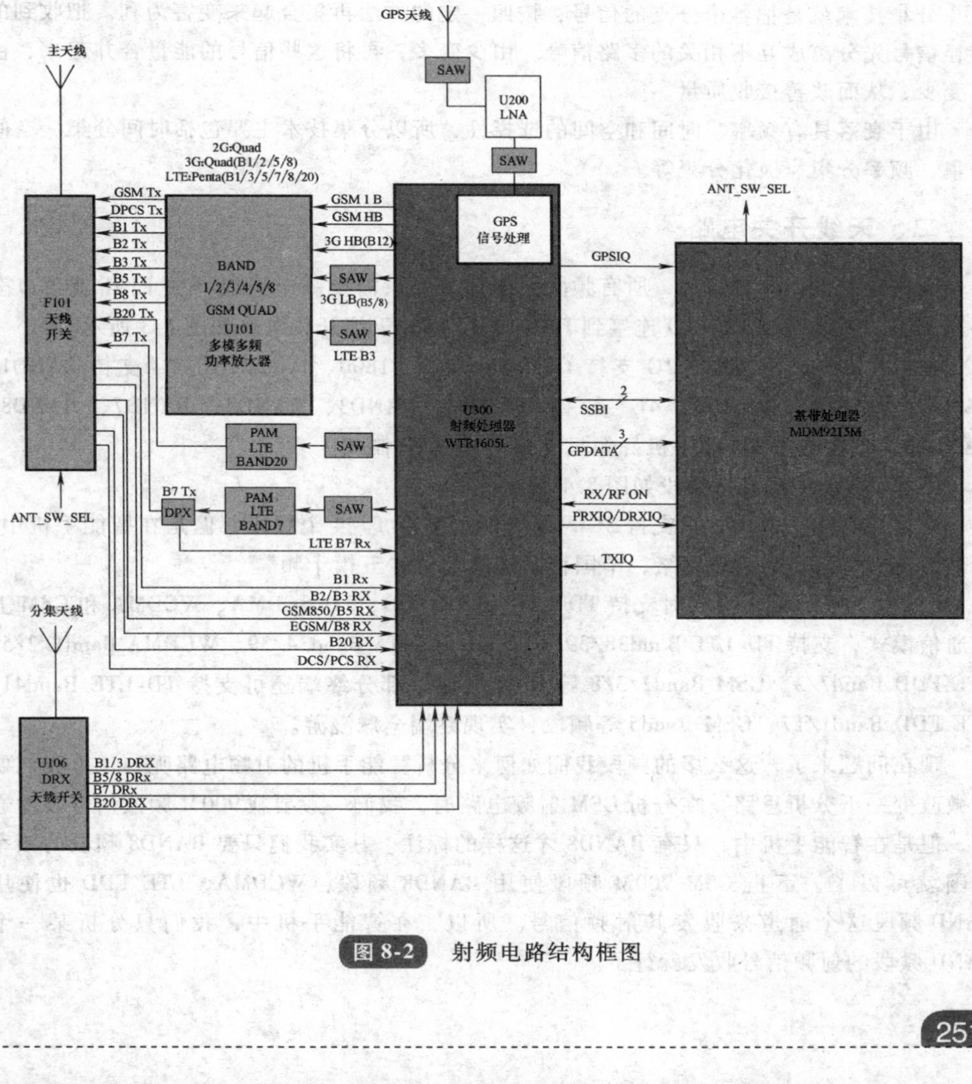

图 8-2　射频电路结构框图

2. HSPA +

简单地说，HSPA + 就是 3G 向 4G 网络演化过程中的一种技术，有人把 HSPA + 俗称为 3.75G。理论网速，HSPA + 网络下行峰值速度可达到 21.6Mbit/s、上行峰值速度可达到 5.76Mbit/s，相比当下 3G 网络速度要快很多哦。

HSPA + （High-Speed Packet Access +，增强型高速分组接入技术），是 HSPA 的强化版本，最高的下行速度为 21Mbit/s，大部分 HSPA + 手机基本都是支持 5.76Mbit/s 的最高上行速度和 21Mbit/s 或者 28Mbit/s 的最高下行速度，相比较 HSPA 的速度更快。总的来说，HSPA + 比 HSPA 的速度更快，性能更好，技术更先进，同时网络也更稳定，是目前 LTE 技术运用之前的最快的网络！

3. 分集接收技术

为了减少由多径引起的系统性能降低，基站系统 BTS 在无线接口采用分集接收技术，即接收处理部分有两套，接收两路不同的信号。

分集技术就是把各个分支的信号，按照一定的方法再集合起来变害为利。把收到的多径信号先分离成互不相关的多路信号，由少变多，再将这些信号的能量合并起来，由多变少，从而改善接收质量。

由于衰落具有频率、时间和空间的选择性，所以分集技术主要包括时间分集、空间分集、频率分集、极化分集等。

二、天线开关电路

天线开关电路非常简单，所有频段天线信号，只需要一个天线开关 F101 就可以全部完成了，天线经过 RFS100 连接到 F101 的 16 脚。天线开关电路如图 8-3 所示。

在三星 i9505 手机中，2G 支持 GSM850、900、1800、1900MHz，3G 支持 BAND1、BAND2、BAND5、BAND8，4G 支持 BAND1、BAND3、BAND5、BAND7、BAND8、BAND20，现在看来 i9505 手机好像只支持 FDD-LTE 制式。

三星 i9505 手机支持频段如图 8-4 所示。

在传统功能手机中，只支持 2G 网络，所以只有 1 ~ 4 个频段，但是在智能手机中，一般会支持 2G、3G、4G 网络，中国移动还推动了“五模十频”。

“五模十频”终端可同时支持 TD-LTE、LTE FDD、TD-SCDMA、WCDMA 和 GSM 五种通信模式，支持 TD-LTE Band38/39/40、TD-SCDMA Band34/39、WCDMA Band1/2/5、LTE FDD Band7/3、GSM Band2/3/8 等 10 个频段，部分终端还可支持 TD-LTE Band41、LTE FDD Band1/17、GSM Band5 等频段，实现终端全球漫游。

现在问题来了，这么多的频段我们如何来分析智能手机的射频电路呢？这里我们要稍微改变一下分析思路，在分析 GSM 射频电路时，我们一般要找 900M 频段信号收发通道，但是在智能手机中，只有 BAND8 才这样的标注。其实我们只要 BAND8 频段的频率范围就可以了，不止 GSM 900M 频段使用 BAND8 频段，WCDMA、LTE FDD 也使用 BAND 频段这个通道来收发其射频信号。所以，在智能手机中，我们只分析某一个 BAND 频段的射频信号收发就行了。

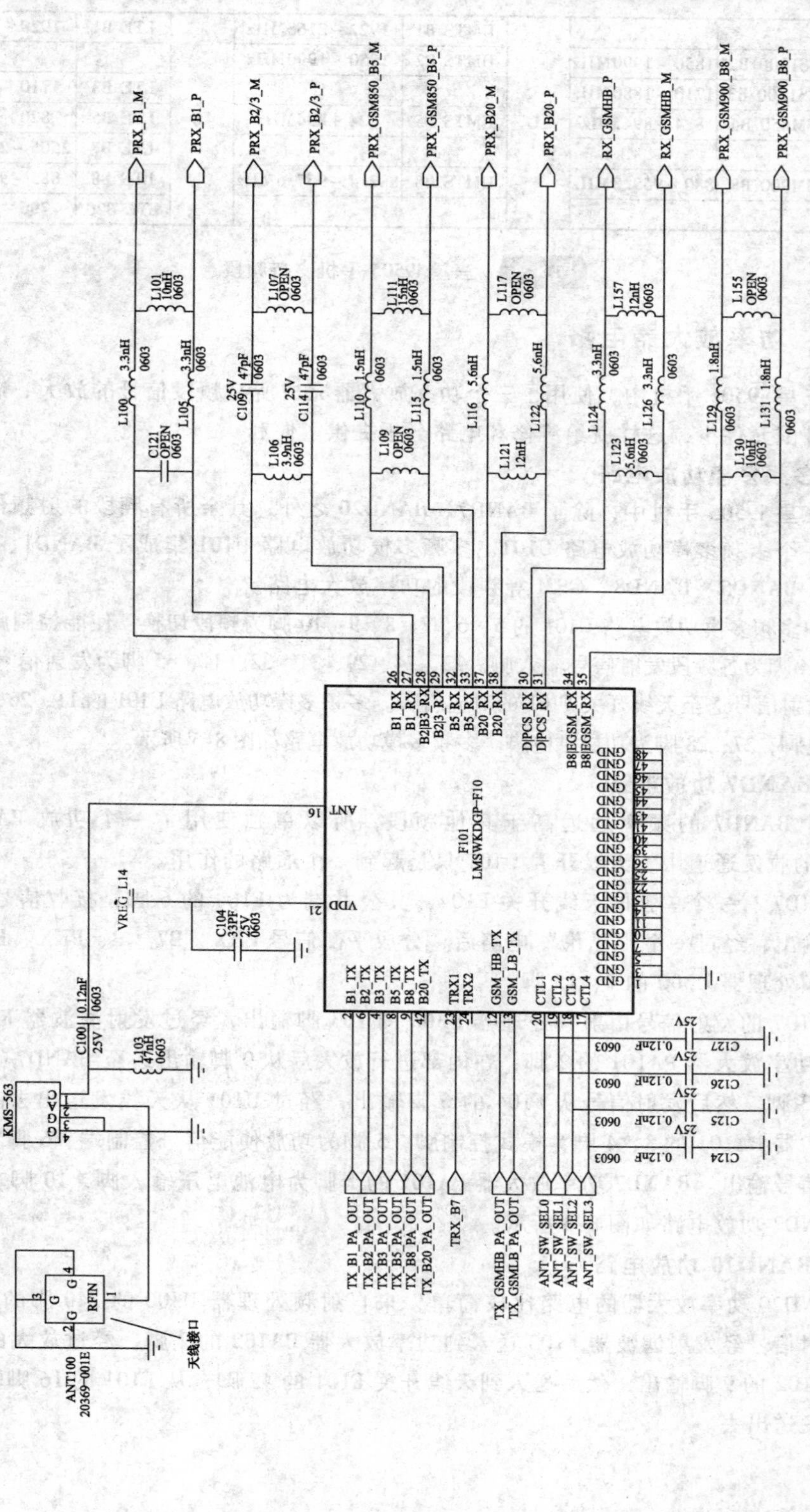
PRX_B1_M
PRX_B1_P
PRX_B2/3_M
PRX_B2/3_P
PRX_GSM850_B5_M
PRX_GSM850_B5_P
PRX_B20_M
PRX_B20_P
RX_GSMHB_P
RX_GSMHB_M
PRX_GSM900_B8_M
PRX_GSM900_B8_P
F101
LMSWKDGP-F10
ANT
VDD
VREG_L14
C104 33PF 25V 0603
C100 0.12nF 25V 0603
L103 47nH 0603
RFS100 KMS-563
ANT100 20369-001E
天线接口
RFIN
TX_B1_PA_OUT
TX_B2_PA_OUT
TX_B3_PA_OUT
TX_B5_PA_OUT
TX_B8_PA_OUT
TX_B20_PA_OUT
TRX_B7
TX_GSMHB_PA_OUT
TX_GSMLB_PA_OUT
ANT_SW_SEL0
ANT_SW_SEL1
ANT_SW_SEL2
ANT_SW_SEL3
C124 0.12nF 25V 0603
C125 0.12nF 25V 0603
C126 0.12nF 25V 0603
C127 0.12nF 25V 0603

图 8-3　天线开关电路

				UMTS B1	1922 ~ 2168MHz		LTE B1	1920 ~ 2170MHz
	PCS1900 B2	1850 ~ 1990MHz		UMTS B2	1850 ~ 1990MHz			
	DCS1800 B3	1710 ~ 1880MHz					LTE B3	1710 ~ 1880MHz
2G	GSM850 B5	824 ~ 894MHz	3G	UMTS B5	824 ~ 894MHz	4G	LTE B5	820 ~ 870MHz
							LTE B7	2505 ~ 2684.9MHz
	GSM900 B8	880 ~ 959.8MHz		UMTS B8	882.4 ~ 957.6MHz		LTE B8	885 ~ 954.9MHz
							LTE B20	796 ~ 857MHz

图 8-4 三星 i9505 手机支持频段

三、功率放大器电路

在三星 i9505 手机中，使用了三个功率放大器完成所有频段信号的放大，芯片集成度高，外围元件少，这样就给维修和电路分析提供了便利。

1. 多频多模功放电路

在三星 i9505 手机中，除了 BAND7、BAND20 之外，其余所有频段的射频信号放大使用了一个多频多模功放电路 U101。多频多模功放电路 U101 集成了 BAND1、BAND2、BAND3、BAND5、BAND8、GSM 等频段的功率放大电路。

其中多频多模功放电路 U101 的 5、6、7、8、9、10 脚为频段切换、使能控制脚，1、2、4、13、14 脚为各频段发射信号输入脚。22、24、29、31、32、34、35 脚为发射信号输出脚，输出的发射信号送至天线开关 F101 的对应引脚。多频多模功放电路 U101 的 11、26 脚为电池电压供电脚，27、28 脚为功放供电脚。多频多模功放电路如图 8-5 所示。

2. BAND7 功放电路

由于 BAND7 的频率远远高于其他频段，所以单独使用了一个功放 PA101，在 BAND7 的收发通道中，天线开关 U101 只是起到一个通路的作用。

BAND7 有一个单独的天线开关 F104，其公共端为 F104 的 6 脚，接收信号从 F104 的 1 脚输出，经过一个“巴伦”电路后，分成平衡信号 PRX_ B7_ P、PRX_ B7_ N 送入到射频处理器 U300 的 7、15 脚。

BAND7 的发射信号由射频处理器 U300 的 103 脚输出，经过发射滤波器 F105 送入 BAND7 功率放大器 PA101 的 2 脚，在内部进行放大后从 9 脚输出送至 BAND7 天线开关 F104 的 3 脚。然后发射信号从 F104 的 6 脚输出，经过 U101 从天线发送出去。BAND7 功率放大器 PA101 的 3、4 脚为模式控制脚，5 脚为功放使能信号控制端，6 脚为功率控制检测信号输出。BAND7 功率放大器 PA101 的 1 脚为电池电压输入脚，10 脚功放供电脚。BAND7 功放电路如图 8-6 所示。

3. BAND20 功放电路

BAND20 功率放大器的电路比较简单，来自射频处理器 U300 的 140 脚的 BAND20 射频发射信号经发射滤波器 F103 送入到功率放大器 PA102 的 2 脚，经过放大的发射信号从 PA102 的 9 脚输出，然后送入到天线开关 F101 的 42 脚，从 F101 的 16 脚输出，经过天线发送出去。

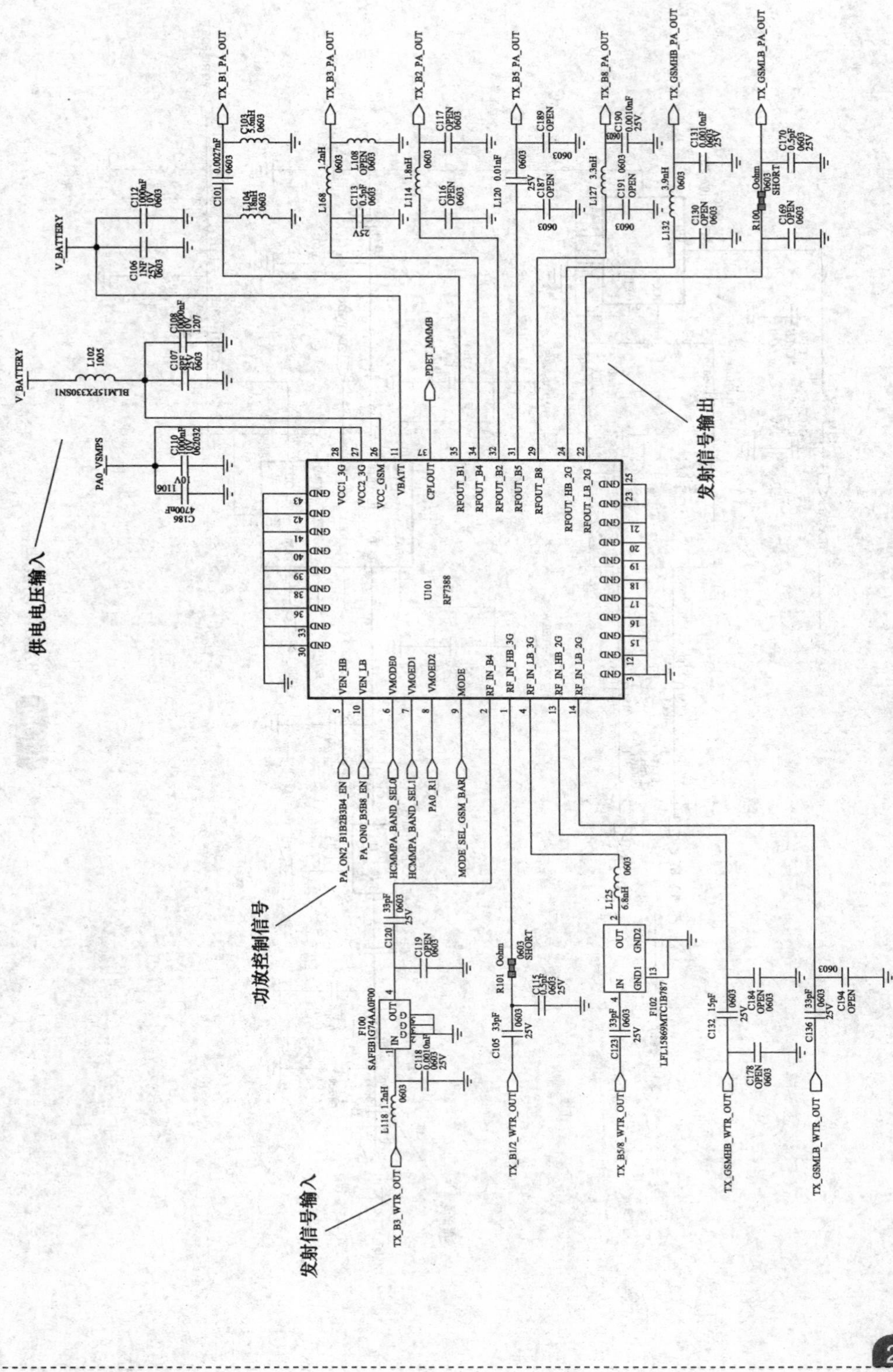

供电电压输入

发射信号输出

功放控制信号

发射信号输入

图 8-5　多频多模功放电路

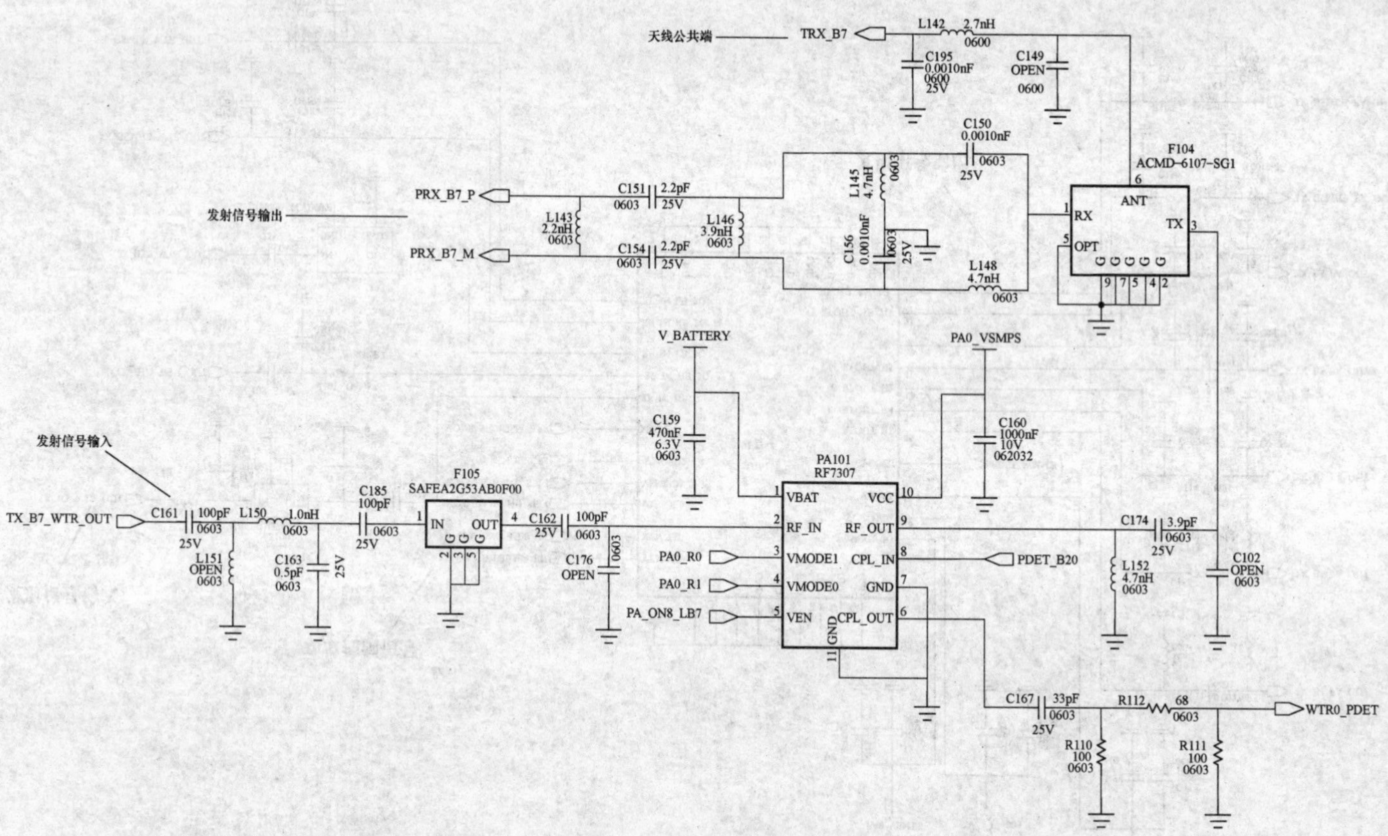

图 8-6 BAND7 功放电路

功率放大器 PA102 的 1 脚为电池供电脚，10 脚为功放供电脚。3、4 脚为模式控制脚，5 脚为功放使能信号控制端，6 脚为功率控制检测信号输出，8 脚为功率检测输入脚。BAND20 功率放大器电路如图 8-7 所示。

4. 功放供电电路

在三星 i9505 射频电路中，使用了一个单独的芯片 U301 为功放电路供电。电池电压经过电感 L330 送到 U301 的 C3 脚。

使能信号 APT_ EN 送到 U301 的 B1 脚，控制信号 APT_ VCON 送到 U301 的 A1 脚，U301 及其外围 L301、C325 共同组成 DC/DC 电路。功放供电电路如图 8-8 所示。

5. 分集接收电路

分集的基本原理是通过多个信道（时间、频率或者空间）接收到承载相同信息的多个副本，由于多个信道的传输特性不同，信号多个副本的衰落也不相同。接收机使用多个副本包含的信息能比较正确地恢复原发送信号。

分集接收电路在网络信号较弱时，可进一步搜索网络增加信号强度，实现手机实时通话和数据传输不断线的功能。三星 i9505 手机的分集接收电路比较简单，天线接收的信号经过天线测试接口 RFS101，送入到 DRX 天线开关 U106 的 24 脚，DRX 接收信号分别从 9、10、14、15、16、17、18、19 脚输出，送到射频处理器进行处理。控制信号送到分集天线开关 U106 的 4、5、6、7 脚。分集接收电路如图 8-9 所示。

四、射频处理器电路

1. 供电电路

射频处理器 U300 有 28 路供电，是由基带电源管理芯片 U400 提供，其中 VWTR0_ RF2_ 2.0V 供电分成 9 路输出送到射频处理器 U300，VWTR0_ RF1_ 1.3V 供电分成 18 路输出送到射频处理器 U300，VWTR0_ IO_ 1.8V 输出 1 路供电送到射频处理器 U300。射频处理器 U300 供电电路如图 8-10 所示。

2. 信号处理及控制电路

时钟信号来自基带电源管理芯片 U400 的 19 脚，送入到射频处理器 U300 的 120 脚，U300 外围不再有时钟晶体。

接收信号送到射频处理器 U300 内部进行处理后，其中 PRX 接收基带 I/Q 信号从 82、84、91、92 脚输出，后再送入基带处理器 U501；DRX 接收基带 I/Q 信号从 50、57、63、72 脚输出，送入 U501；GNSS（Global Navigation Satellite System，伽利略卫星定位系统）接收基带 I/Q 信号从 56、62、70、71 脚输出，送入 U501。发射的基带 I/Q 信号，从基带处理器 U501 输出后，送到射频处理器 U300 的 130、131、138、139 脚，在 U300 内部处理器经功率放大器放大，从天线发送出去。基带处理器 U501 通过 WTR0_ GPDATA0、WTR0_ GPDATA1、WTR0_ GPDATA2、WTR0_ SSBI1、WTR0_ SSBI2、WTR0_ RX_ ON、WTR0_ RF_ ON 信号控制射频处理器 U300 的工作。信号处理及控制电路如图 8-11 所示。

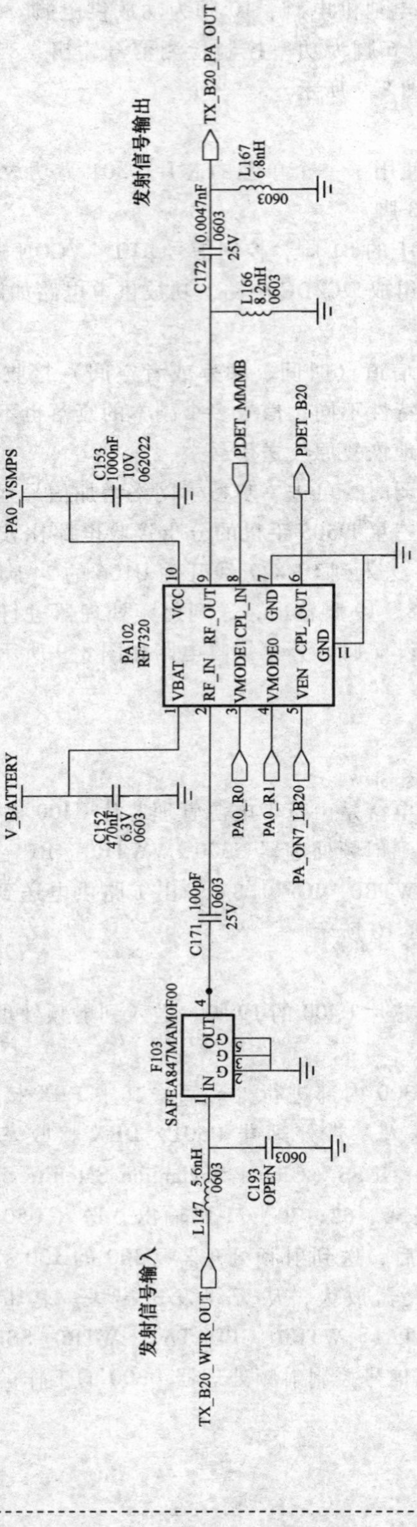

图 8-7 BAND20 功率放大器电路

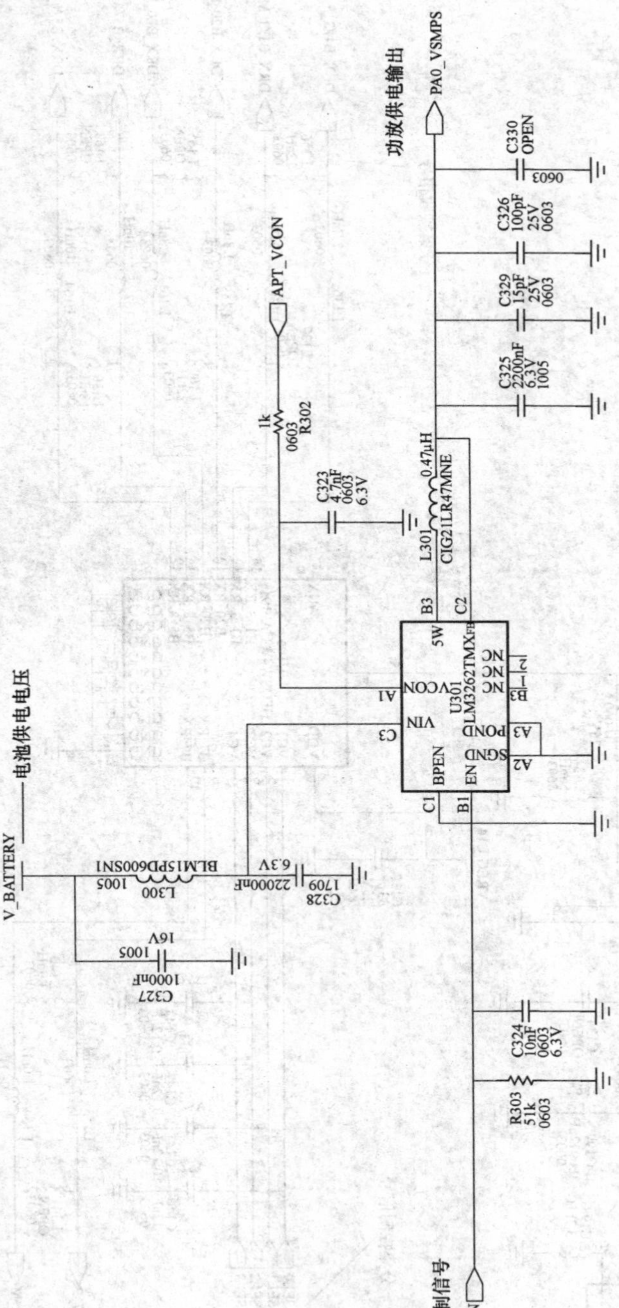

V_BATTERY
电池供电电压
C327
1000nF
1005
16V
L300
1005
BLM15PD600SN1
C328
1709
22000nF
6.3V
APT_VCON
1k
R302
0603
C323
4.7nF
0603
6.3V
U301
LM3262TMX
VIN
VCON
5W
BPEN
EN
SGND
POND
NC
C3
A1
B3
C2
C1
B1
A2
A3
L301
CIG21LR47MNE
0.47μH
C325
2200nF
6.3V
1005
C329
15pF
25V
0603
C326
100pF
25V
0603
C330
OPEN
0603
PA0_VSMPS
功放供电输出
C324
10nF
0603
6.3V
R303
51k
0603
APT_EN
控制信号

图 8-8　功放供电电路

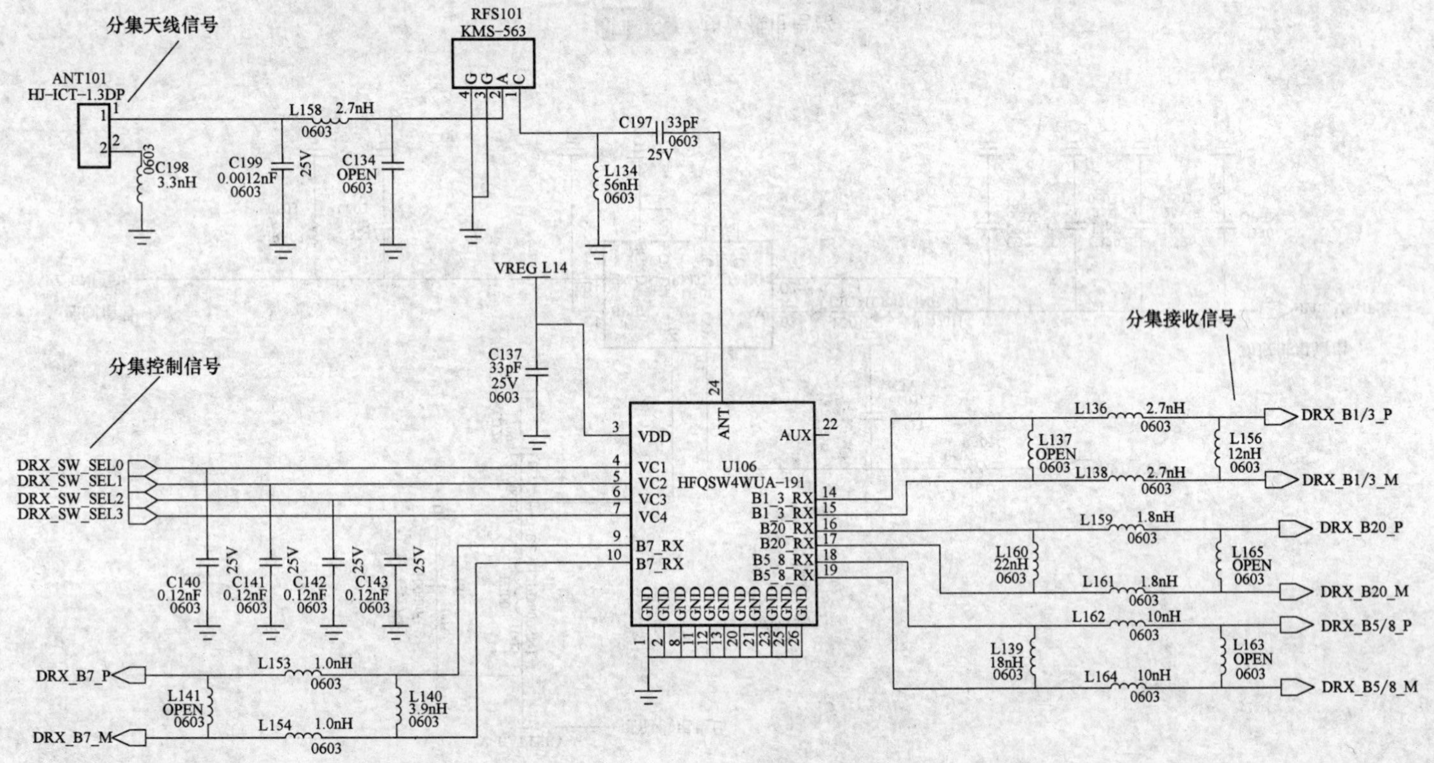
分集天线信号
ANT101
HJ-ICT-1.3DP
C198
3.3nH
0603
L158
2.7nH
0603
C199
0.0012nF
0603
25V
C134
OPEN
0603
RFS101
KMS-563
C197
33pF
0603
25V
L134
56nH
0603
VREG L14
C137
33pF
25V
0603
分集控制信号
DRX_SW_SEL0
DRX_SW_SEL1
DRX_SW_SEL2
DRX_SW_SEL3
VDD
VC1
VC2
VC3
VC4
B7_RX
B7_RX
ANT
U106
HFQSW4WUA-191
AUX
B1_3_RX
B1_3_RX
B20_RX
B20_RX
B5_8_RX
B5_8_RX
GND
C140
0.12nF
0603
25V
C141
0.12nF
0603
25V
C142
0.12nF
0603
25V
C143
0.12nF
0603
25V
DRX_B7_P
L153
1.0nH
0603
L141
OPEN
0603
L140
3.9nH
0603
DRX_B7_M
L154
1.0nH
0603
分集接收信号
L136
2.7nH
0603
L137
OPEN
0603
L156
12nH
0603
L138
2.7nH
0603
DRX_B1/3_P
DRX_B1/3_M
L159
1.8nH
0603
DRX_B20_P
L160
22nH
0603
L165
OPEN
0603
L161
1.8nH
0603
DRX_B20_M
L162
10nH
0603
DRX_B5/8_P
L139
18nH
0603
L163
OPEN
0603
L164
10nH
0603
DRX_B5/8_M

图 8-9 分集接收电路

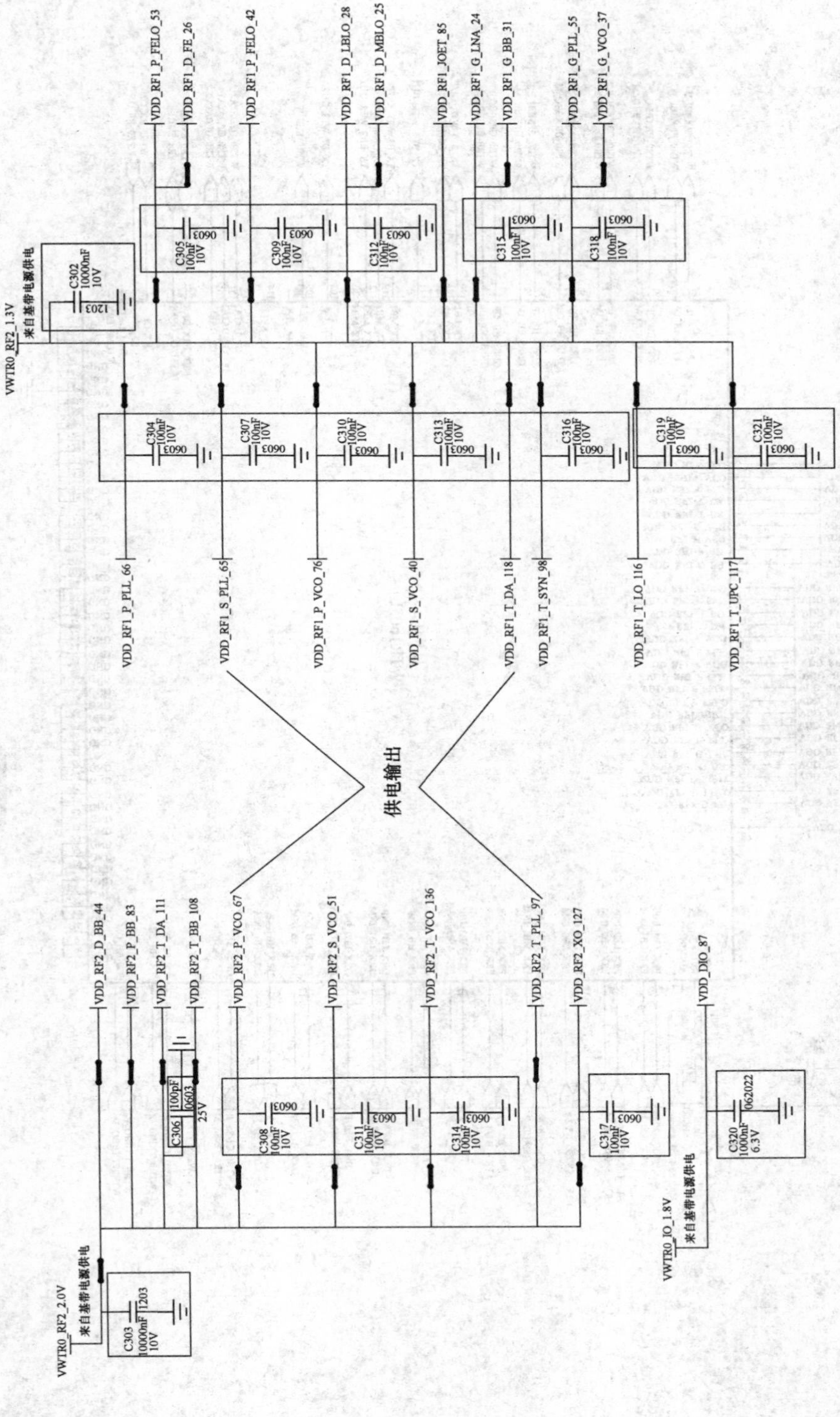

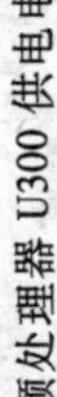

图 8-10 射频处理器 U300 供电电路

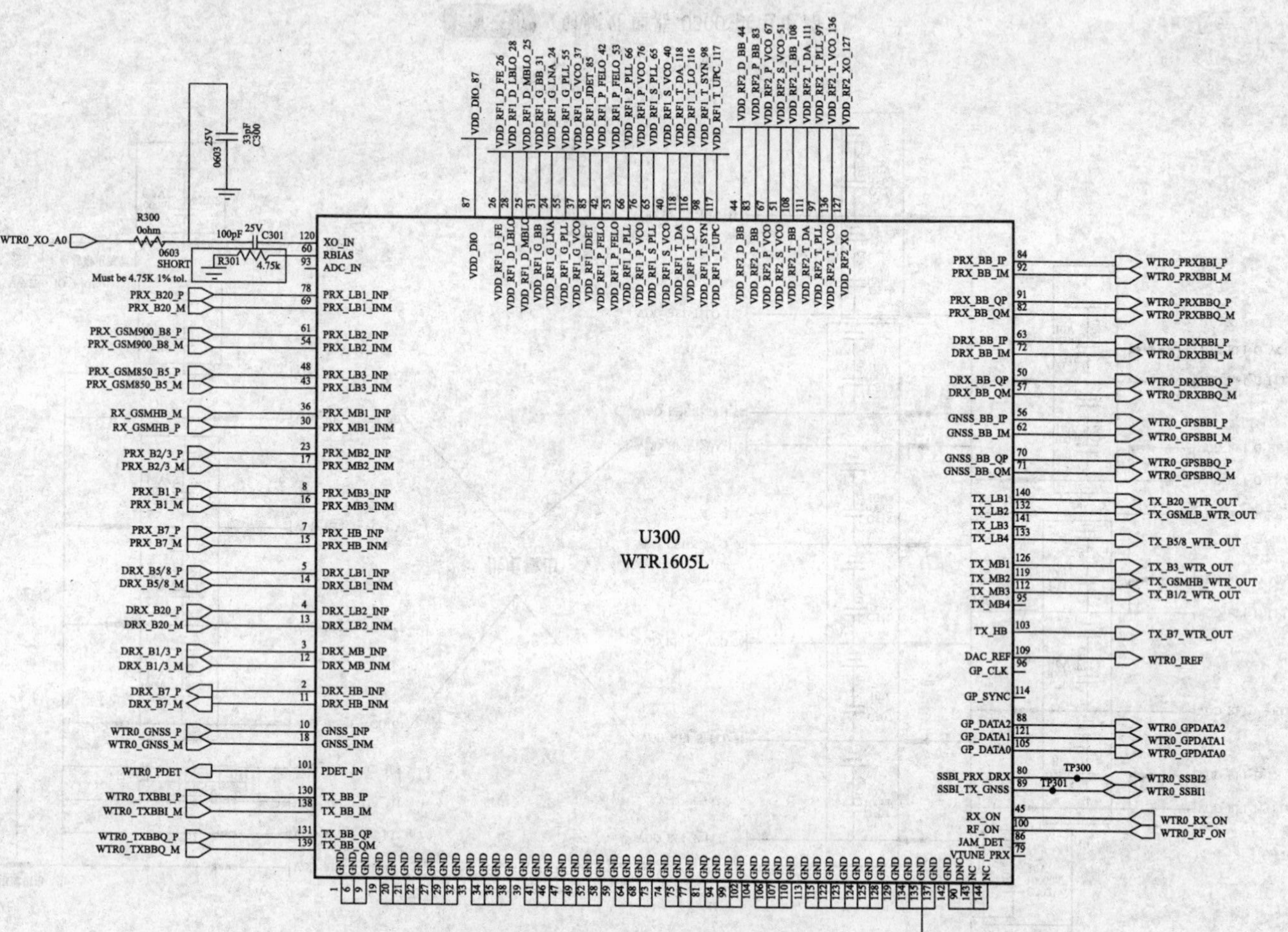

图 8-11 信号处理及控制电路

五、GPS 电路

射频处理器 U300 内部集成了 GPS 信号的处理部分，所以外围主要是 GPS 射频信号的接收处理电路。GPS 信号从 GPS 天线接收后，经过 GPS 射频测试接口 F200，送到低噪声放大器 U200 内部进行放大，放大后的 GPS 信号经过“巴伦”电路 F201 平衡输出 WTR0_GNSS_M、WTR0_GNSS_P 信号送至射频处理器 U300 的 10、18 脚，在 U300 内部进行解调处理。GPS 电路如图 8-12 所示。

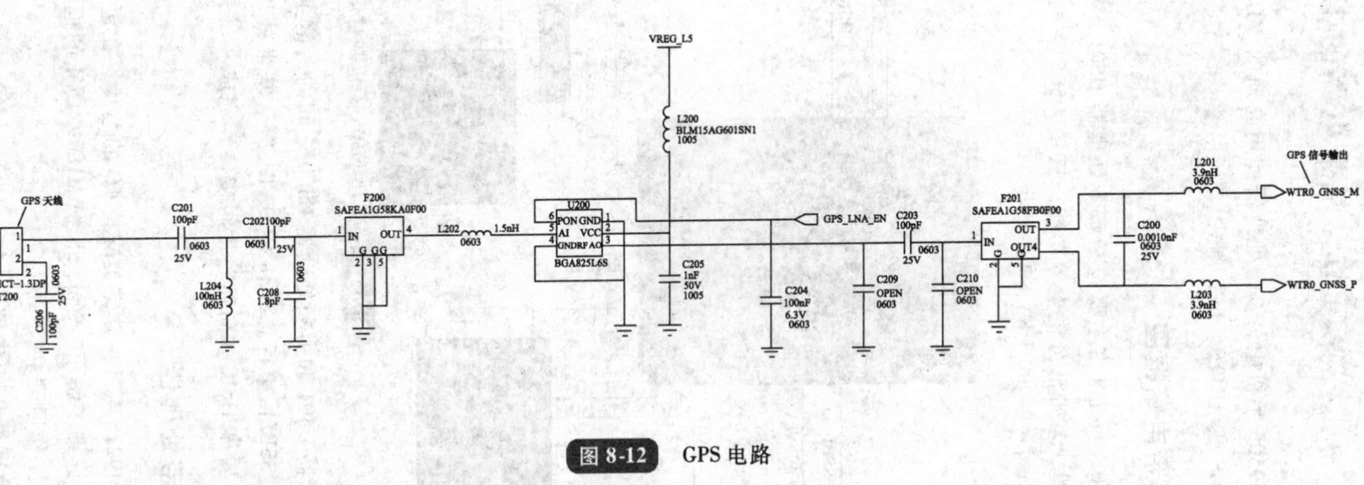

图 8-12 GPS 电路

第三节　基带电路的工作原理

在三星 i9505 手机中，基带处理器使用高通的 MDM9215M 芯片，该芯片是一个 4G 芯片，支持 GSM、UMTS、LTE 制式。

一、基带电路框图

三星 i9505 手机基带主要包括基带处理器 U501、基带电源管理芯片 U400，完成了基带信号处理、基带部分供电等功能。三星 i9505 手机基带电路框图如图 8-13 所示。

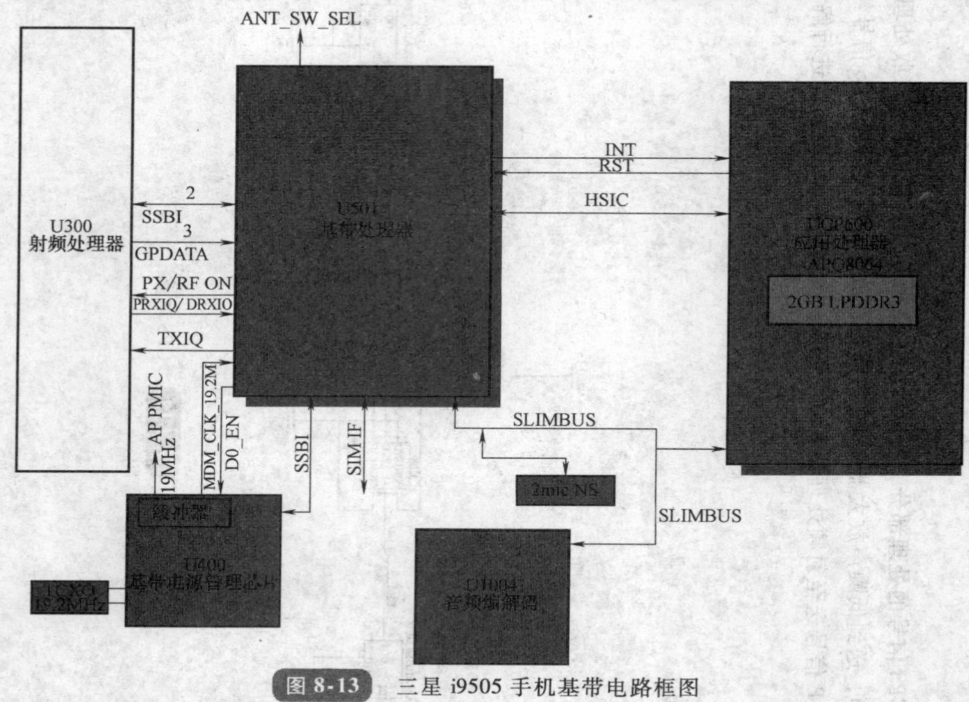

图 8-13　三星 i9505 手机基带电路框图

基带处理器 U501 和射频处理器 U300 之间的通信主要通过 SSBI（Single-Wire Serial Bus Interface，SSBI）串行总线和 GPDATA 等。基带处理器 U501 和应用处理器 UCP600 之间的通信主要靠 HSIC（高速芯片间接口）完成。

二、基带处理器

高通 MDM9215M 是一款完美支持 4G 的芯片，在包括 iPhone 5S 的众多 4G 手机中采用，我们已经详细了解了 iPhone 5S 中 MDM9215M 的框图，下面以三星 i9505 手机为例简单描述电路工作原理。

1. 基带处理器供电电路

基带处理器部分供电电路，如图 8-14 所示。

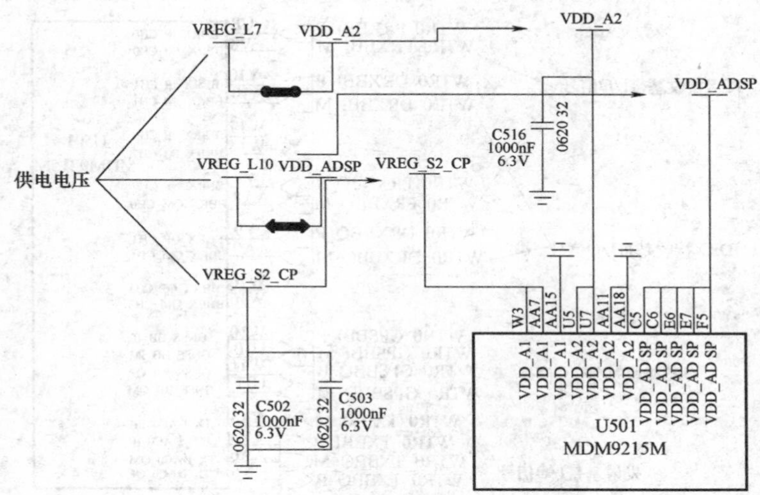

图 8-14　基带处理器部分供电电路

基带电源管理芯片 U400 输出 VREG_ L7、VREG_ L10 供电电压，其中 VREG_ L7 和 VDD_ A2 连接，将 VREG_ L7 电压转换成 VDD_ A2 电压，VDD_ A2 电压再送到基带处理器 U501 的 U6、U7 脚；VREG_ L10 和 VDD_ ADSP 连接，将 VREG_ L10 电压转换成 VDD_ ADSP 电压，VDD_ ADSP 电压再送到基带处理器 U501 的 W9、AA7 脚。在整个过程中，电压信号没有产生任何变化，只是在不同的地方，名字叫法不同而已。

2. 基带 I/Q 信号电路

当前的数字射频芯片都用到了 I/Q 信号，即使是 RFID 芯片，内部也用到了 I/Q 信号。I/Q 信号一般是模拟的，也有数字的，比如方波。基带内处理的一般是数字信号，在出口处都要进行 D/A（数-模）转换。

在基带处理器 U501 内部处理的基带 I/Q 信号包括：PRX 接收基带 I/Q 信号、DRX 接收基带 I/Q 信号、GPS 接收基带 I/Q 信号、发射基带 I/Q 信号等，如图 8-15 所示。

3. 基带控制信号

基带处理器的休眠时钟信号 SLEEP_ CLK 来自基带电源管理芯片 U400 的 26 脚，基带基准时钟 MDM_ CLK 来自 U400 的 25 脚，基带复位信号 PMIC_ RESOUT_ N 来自 U400 的 4 脚。

基带处理器 U501 的 Y2、Y4、Y3、AA2、AA3、W4、AA4 脚是 JTAG 接口，主要用于芯片内部测试和在线编程功能。基带控制信号如图 8-16 所示。

4. 串行媒体总线（SLIM bus）

低功耗芯片间串行媒体总线（SLIMbus）是基带或移动终端应用处理器与外设部件间的标准接口。SLIMbus 支持高质量音频多信道的传输，支持音频、数据、总线和单条总线上的设备控制，SLIMbus 包括两个终端以及连接多个 SLIMbus 总线设备的数据线（DATA）和时钟线（CLK）。

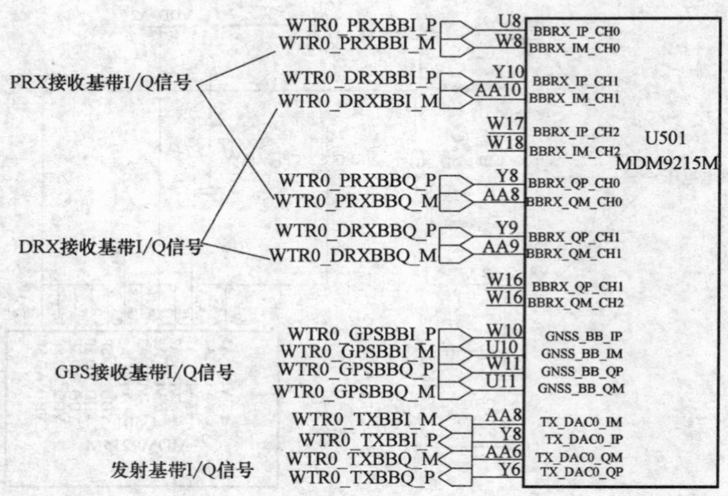

图 8-15 基带 I/Q 信号电路

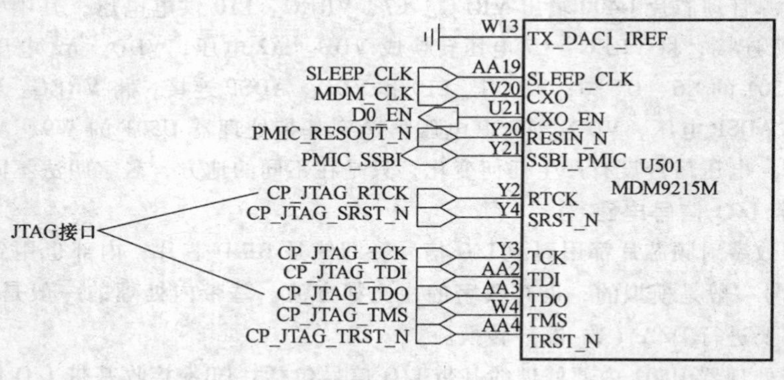

图 8-16 基带控制信号

SLIMbus 总线在三星 i9505 手机中，主要用于基带处理器和应用处理器之间的数据传输，它比 I^2C、SPI 总线的优点是使用更少的引脚能够完成更多的功能。

在三星 i9505 手机中，还是用了一个单刀双掷开关（SPDT Switch）来完成基带处理器 U501 和应用处理器 UCP600 之间的信号传输，如图 8-17 所示。

5. 射频控制信号接口

基带处理器 U501 对射频处理器的控制信号主要包括：对射频部分功率放大器的控制信号、对射频处理器的控制信号、对射频功放供电电路的控制信号、对射频部分天线开关的控制信号等。这些控制信号在介绍射频电路时已经讲过了，在此不再赘述。

基带处理和射频处理器之间还使用了 WTR0_ SSBI1、WTR0_ SSBI2 串行总线接口实现芯片功能的控制。基带处理器 U501 通过 WTR0_ RX_ ON、WTR0_ RF_ ON 对射频处理器 U300 射频部分进行控制。射频控制信号接口如图 8-18 所示。

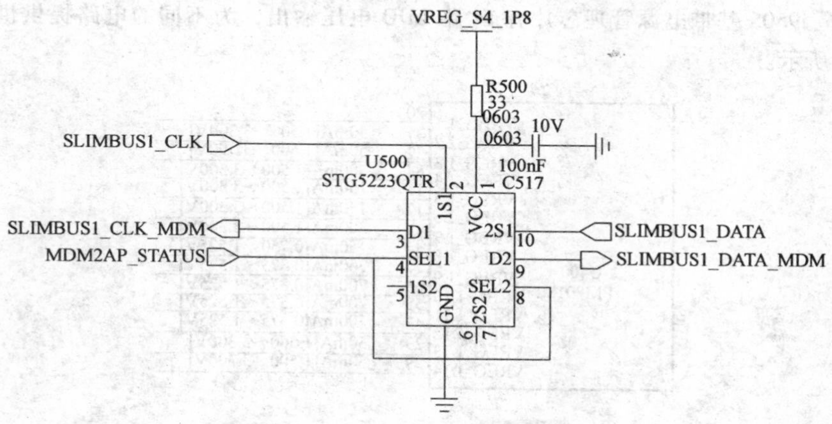

图 8-17 SLIMbus 总线单刀双掷开关

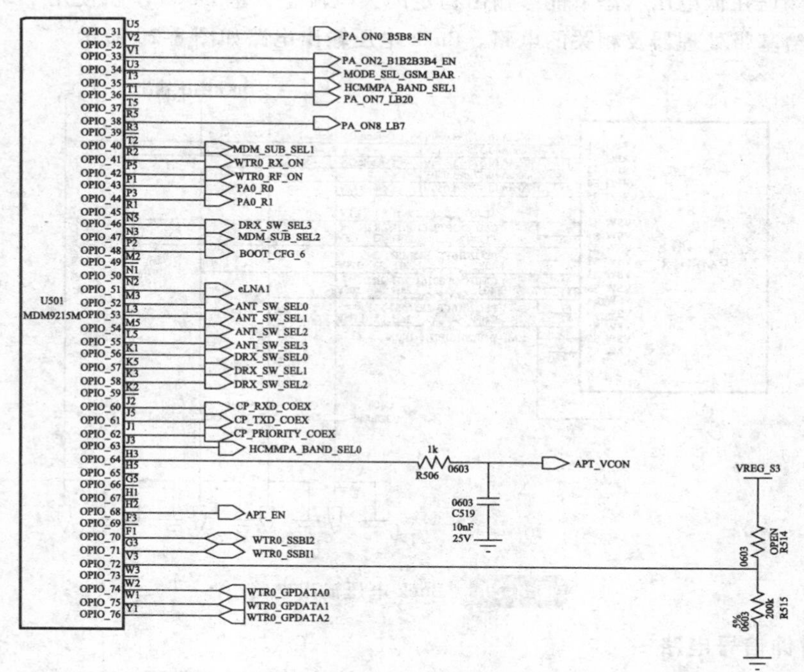

图 8-18 射频控制信号接口

三、基带电源管理电路

在三星 i9505 手机中使用了高通的 PM8018 电源管理芯片。

1. LDO 电压输出电路

三星 i9505 基带电源管理芯片有 14 路 LDO 电压输出，为不同的电路提供供电，如图 8-19 所示。

U400
PM8018
VREG_L1
VREG_L2
VREG_L3
VREG_L4
VREG_L5
VREG_L6
VREG_L7
VREG_L8
VREG_L9
VREG_L10
VREG_L11
VREG_L12
VREG_L13
VREG_L14
20
31 50mA[1.500～3.300V]
32 50mA[1.500～3.300V]
84 300mA[1.500～3.300V]
11 150mA[1.500～3.300V]
17 150mA[1.500～3.300V]
63 300mA[1.500～3.300V]
54 150mA[0.750～1.525V]
77 700mA[0.375～1.525V]
65 700mA[0.375～1.525V]
55 700mA[0.375～1.525V]
43 700mA[0.375～1.525V]
23 50mA[1.500～3.300V]
29 50mA[1.500～3.300V]

图 8-19 LDO 电压输出电路

2. Buck 电压输出电路

为了保证在低电压状态下能够输出稳定的大电流，三星 i9505 手机使用了 5 路 Buck 电路，供给基带处理器及相关的电路。Buck 电压输出电路如图 8-20 所示。

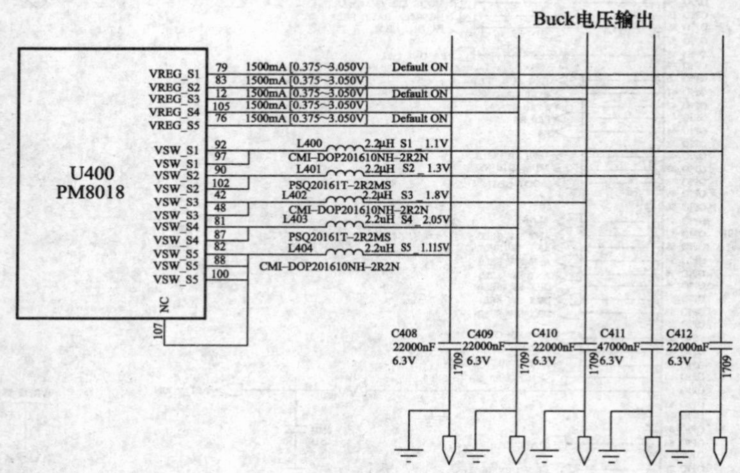

图 8-20 Buck 电压输出电路

3. 时钟信号电路

基带电源管理芯片 U400 除了提供供电电压输出外，还提供了 32kHz、19.2MHz 时钟信号时钟信号的输出。电源管理芯片 U400 的 1、2 脚外接 19.2MHz 时钟晶体，10 脚外接时钟晶体的温度检测，其中 19 脚输出的 WTR0_ XO_ A0 时钟信号送到射频处理器，25 脚输出的 MDM_ CLK 时钟信号送到基带处理器。32kHz 时钟信号由应用处理器电源管理芯片 U800 产生后送到基带电源管理芯片 U400 的 3 脚，在 U400 内部进行处理后从 26 脚输出，再送到基带处理器电路。时钟信号电路如图 8-21 所示。

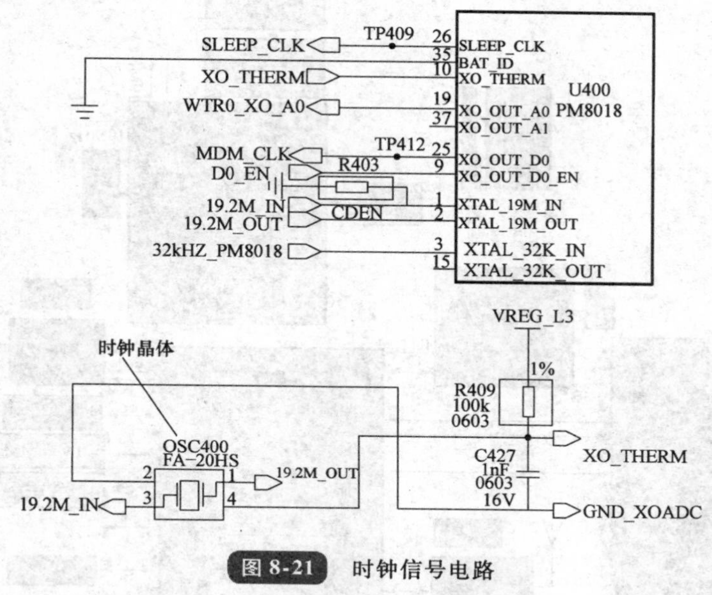

图 8-21 时钟信号电路

第四节 应用处理器电路的工作原理

三星 i9505 手机使用了高通的骁龙 600 系列处理器，与号称“八核处理器”的三星 i9500 相对，除了应用处理器、支持制式有区别外，其余大部分功能基本相同。

下面我们来看一下三星 i9505 手机应用处理器电路。

一、应用处理器电路

骁龙 600 系列处理器采用单核速度最高达 1.9GHz 的四核 Krait 300 CPU、速度增强的 Adreno320 GPU 和 HexagonQDSP6 V4DSP，并支持 LPDDR3 内存，能够提供用户需要的高级用户体验。

三星 i9505 手机应用处理器电路主要由应用处理器 UCP600、应用处理器电源管理芯片 U800、编解码芯片 U1004、微控制器 U803、NFC 芯片 U203、传感器 HUB U203、蓝牙/WIFI 芯片 U201 等组成。应用处理器电路框图如图 8-22 所示。

二、应用处理器供电电路

应用处理器芯片 UCP600 的供电来自应用处理器电源管理芯片 U800，21 路供电电压由应用处理器电源管理芯片 U800 输出，送至应用处理器芯片 UCP600 的各部分电路。

1. 应用处理器内核供电芯片

应用处理器芯片 UCP600 的内核供电使用了 U802（PM88210 芯片），供电电压

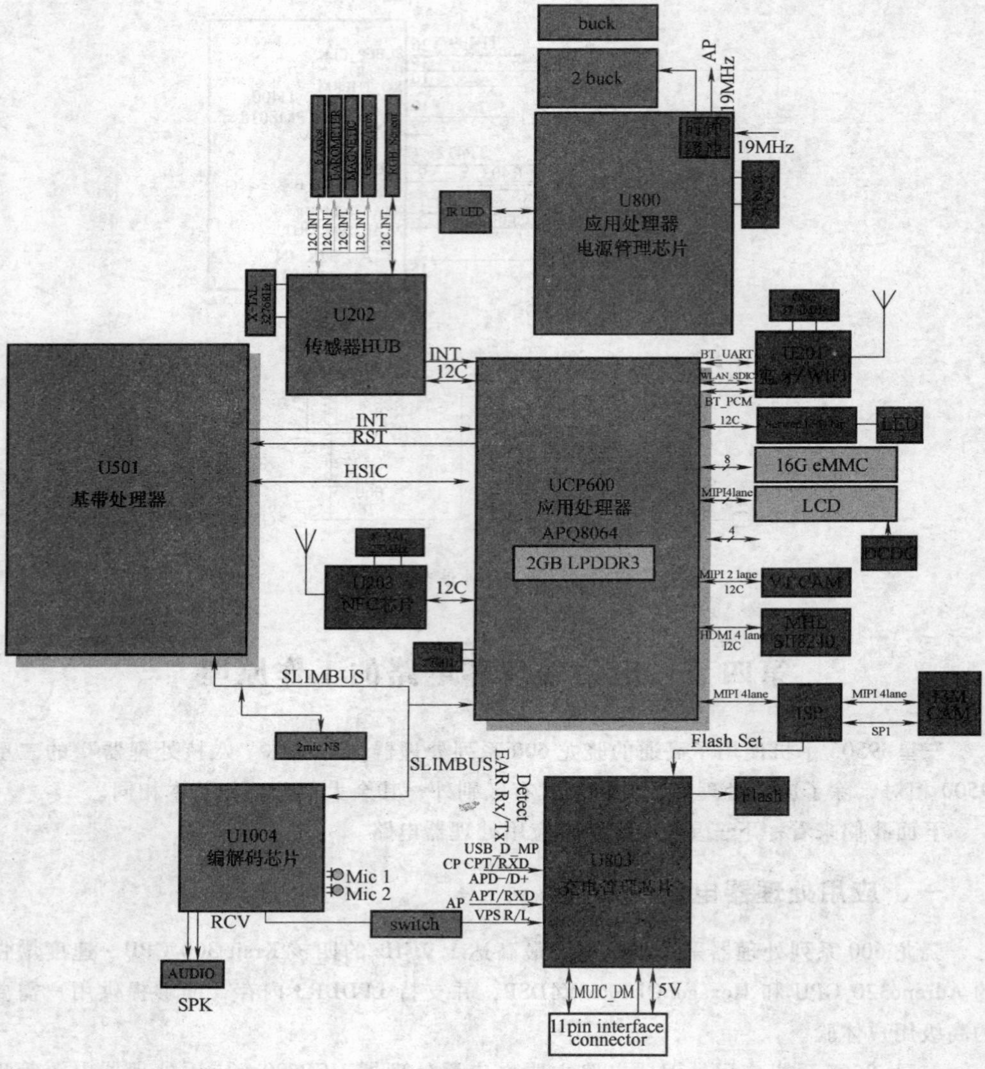

图 8-22　应用处理器电路框图

VPH_ PWR 送到 U802 的 3、9、19、33、39 脚。供电电压 VREG_ S1B_ 1P05_ KP2、VREG_ S2B_ 1P05_ KP3、VREG_ S4_ 1P8 分别从 U802 的 4、10、34、40、31 脚输出。其中，U802 的 14、28 脚输入的是过流检测信号。

U802 的 2 脚输入的是复位信号，8 脚输入的是 HOLD 信号，18 脚输入的是中断请求信号，17、32、38 脚是 SSBI 总线信号接口。

内核供电电路如图 8-23 所示。

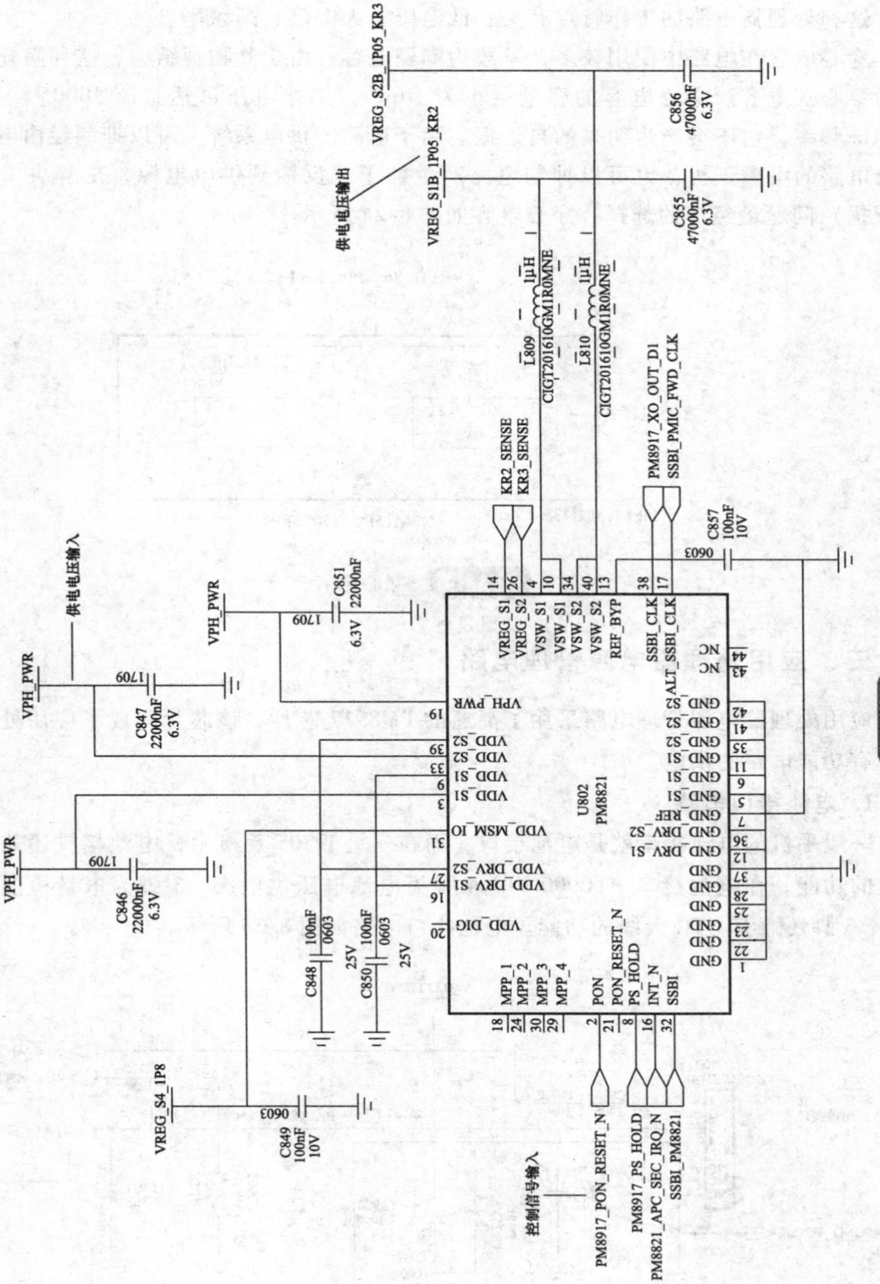
VREG_S2B_1P05_KR3
VREG_S1B_1P05_KR2
供电电压输出
C856
47000nF
6.3V
C855
47000nF
6.3V
L809
1μH
CIGT201610GM1R0MNE
L810
1μH
CIGT201610GM1R0MNE
KR2_SENSE
KR3_SENSE
PM8917_XO_OUT_D1
SSBI_PMIC_FWD_CLK
C857
100nF
10V
0603
VPH_PWR
C851
22000nF
6.3V
1709
供电电压输入
C847
22000nF
6.3V
C846
22000nF
6.3V
U802
PM8821
VREG_S1
VREG_S2
VSW_S1
VSW_S2
REF_BYP
SSBI_CLK
ALT_SSBI_CLK
NC
VPH_PWR
VDD_S2
VDD_S1
VDD_MSM_IO
VDD_DRV_S2
VDD_DRV_S1
VDD_DIG
GND_S2
GND_S1
GND_REF
GND_DRV_S2
GND_DRV_S1
GND
MPP_1
MPP_2
MPP_3
MPP_4
PON
PON_RESET_N
PS_HOLD
INT_N
SSBI
C848
100nF
0603
25V
C850
100nF
0603
25V
VREG_S4_1P8
C849
100nF
10V
0603
控制信号输入
PM8917_PON_RESET_N
PM8917_PS_HOLD
PM8821_APC_SEC_IRQ_N
SSBI_PM8821

图 8-23 内核供电电路

2. 穿心电容

穿心电容在基带处理器、应用处理器供电电路使用得比较多，而且大都离芯片非常近，这和处理器电路的工作特点有关：低电压、大电流、高频率。

穿心电容在电路中使用较多，一般为陶瓷电容。由于其物理结构，这种陶瓷电容又称为穿心式电容。穿心电容的容量最小为 10pF，工作电压可达直流 2000V，即使在 10GHz 频率，也不会产生明显的自谐振。用于电路的供电系统，可以抑制经由电源线传导给电路的电磁干扰，也可以抑制电路产生的干扰反馈到供电电源，是解决 EMI（电磁干扰）问题最经济的选择。穿心电容如图 8-24 所示。

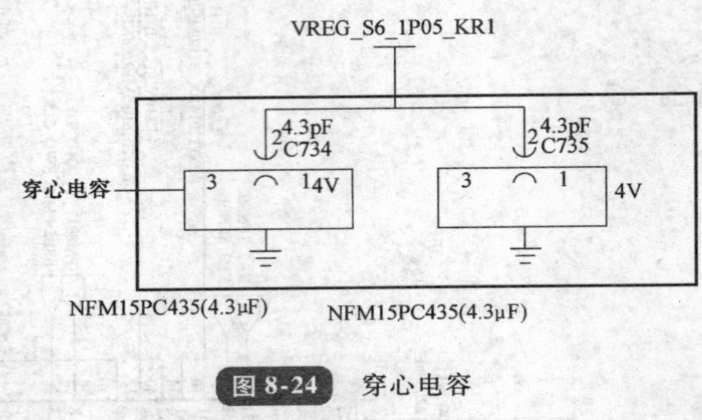

图 8-24 穿心电容

三、应用处理器电源管理电路

应用处理器电源管理电路采用了高通的 PM8917 芯片，该芯片完成了应用处理器部分所有功能电路的供电。

1. 电池接口电路

一般手机的电池接口就是电池接口，而在三星 i9505 手机中，电池接口还兼有 NFC 天线的功能。在电池接口 BTC900 中，4 脚为电池电压供电脚，3 脚为电量检测脚；其中 1、3 脚还兼有 NTC 天线的功能。电池接口电路如图 8-25 所示。

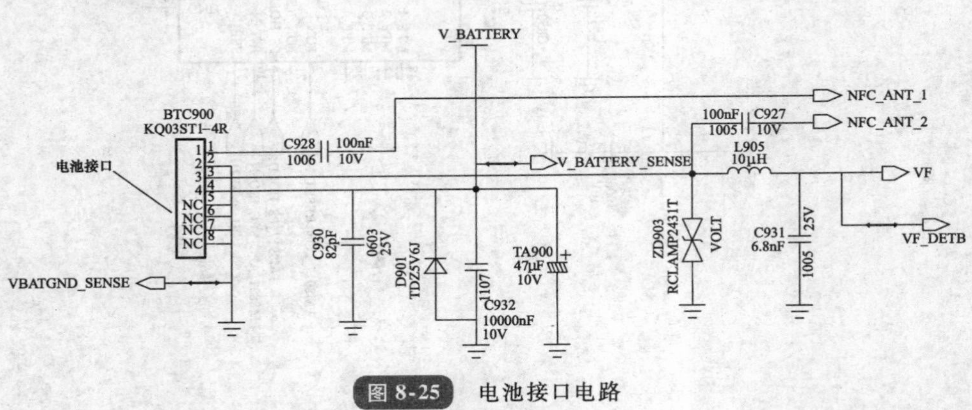

图 8-25 电池接口电路

2. 电源按键电路

三星 i9505 电源按键电路由一个按键开关 TAC900 和隔离电阻 R910 组成，当按下开机按键 TAC900 超过一定时间后，输出一个低电平至电源管理芯片 U800 内部，启动 U800 内部电路开始工作，输出各路工作电压。

在开机状态下，轻按电源按键则进入待机状态或锁定状态；在待机状态下，轻按电源按键则会点亮屏幕或解锁。如果手机出现死机、定屏、严重错误时，按住电源按键 7s 以上，则手机会进入复位模式。

电源按键电路如图 8-26 所示。

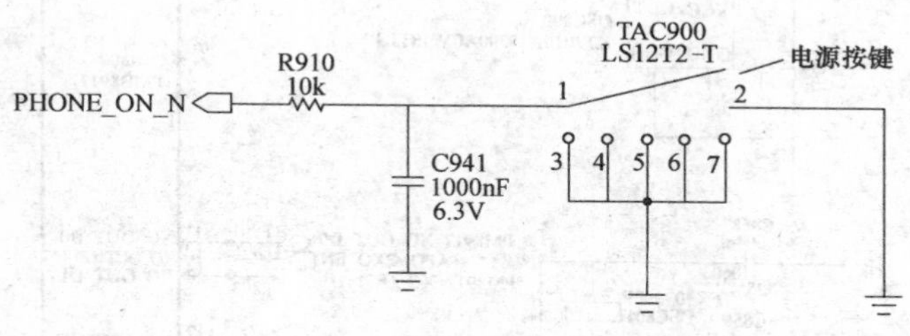

图 8-26 电源按键电路

3. 电源供电输出电路

高通的 PM8917 芯片可完成 45 路供电的输出，输出电流最大的一路达 1200mA。输出的这些电压主要供给应用处理器及附属电路。电源输出电路如图 8-27 所示（见书后插页）。

4. 温度检测电路

三星 i9505 手机分别在应用处理器（AP）和基带处理器（CP）部分设置了温度检测电路，防止主板温度过高而引起其他问题。

在温度检测电路中使用了 NTC（Negative Temperature CoeffiCient）负温度系数热敏电阻。在温度检测电路中还使用了两个误差为 1% 的 100kΩ 精密电阻，精密电阻与 NTC 电阻共同组成分压电路。当温度过高时会引起分压点电压变化，该变化的电压送到电源管理芯片 U800 内部，经 U800 处理后送给应用处理器并关闭手机部分电路，避免造成严重问题。

温度检测电路如图 8-28 所示。

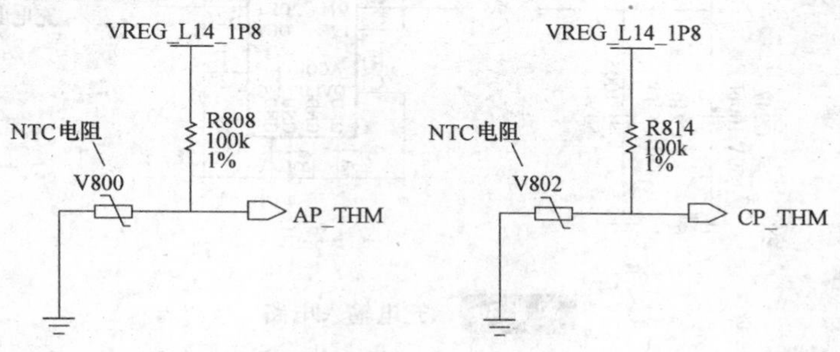

图 8-28 温度检测电路

5. 时钟产生电路

应用处理器管理芯片 U800 的 3 脚外接的是 19.2MHz 晶体，晶体与 U800 内部电路产生 19.2MHz 时钟信号，分别从 U800 的 68、84 脚输出，送至应用处理器电路及其他电路。应用处理器管理芯片 U800 的 17、33 脚外接 32kHz 时钟晶体，产生的 32kHz 时钟信号供给 U800 内部电路。时钟产生电路如图 8-29 所示。

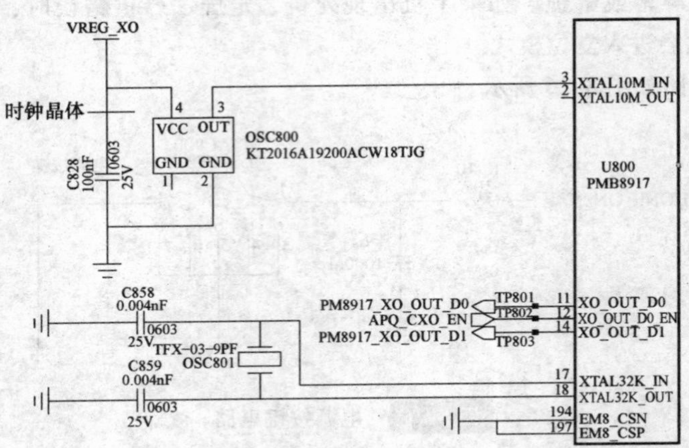

图 8-29 时钟产生电路

6. 充电电路

三星 i9505 手机充电电路使用了一个专门的芯片 U903（MAX77803）。充电电压 VBUS_ 5V 从尾插接口进来后送至保护芯片 U906（MAX14654）的 B3、C2、C3 脚，然后从 U906 的 A2、A3、B2 脚输出 CHG_ IN_ 5V 电压，送至充电管理芯片 U903。充电输入电路如图 8-30 所示。

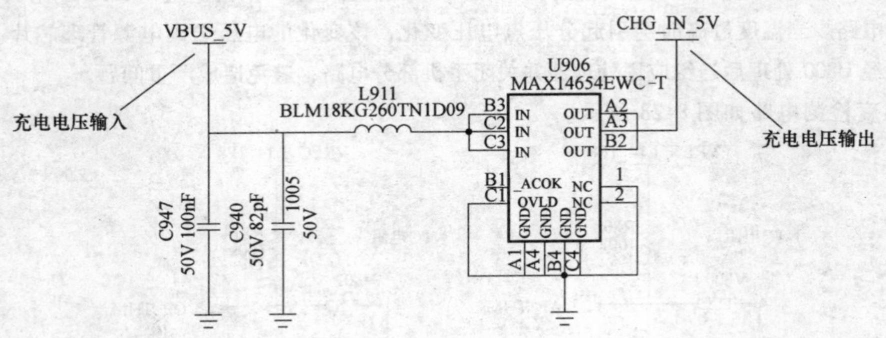

图 8-30 充电输入电路

三星 i9505 除了支持正常的充电外，还支持无线充电功能。如果要使用无线充电功能，需要配备专用的无线充电器、专用的手机后壳才行。从专用手机后壳感应线圈感应

电压经过 ANT900、电感 L901 输出 WPC_ 5V 电压，送至充电管理芯片 U903。无线充电输入电路如图 8-31 所示。

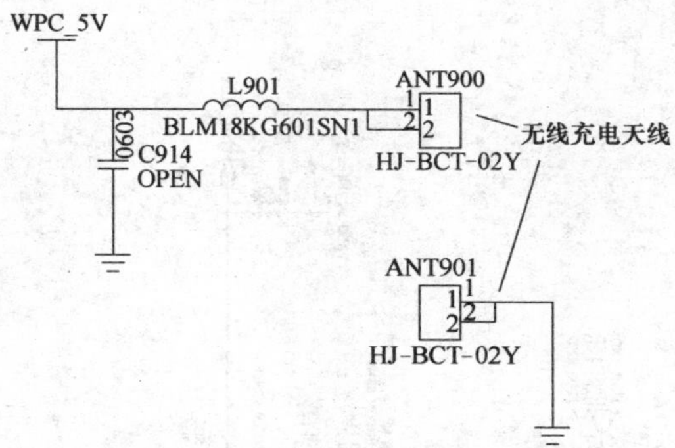

图 8-31 无线充电输入电路

其中，充电电压 CHG_ IN_ 5V 送到 U903 的 C1、D1、D2 脚，无线充电电压WPC_ 5V 送到 U903 的 B1、B2 脚。从 H5、H6、J5、J6 脚输出到电池进行充电。

U903 的 F3 脚（VF_ DETB）为充电检测脚，H8 脚（V_ BATTERY_ SENSE）为电池电压检测脚。充电管理电路如图 8-32 所示。

U903 除了充电管理功能外，还有 JTAG 接口、USB 接口、I^2C 总线等多接口切换功能，在此不再赘述。

四、音频编解码电路

在三星 i9505 手机中，使用了一个独立的音频编解码芯片——高通 WCD9310，该芯片在三星、LG、小米手机中都有使用。

1. 供电电路

编解码芯片 U1004 的供电电路有 4 路，其中 VREG_ L25_ 1P225 送到 U1004 的 26 脚，VREG_ S4_ 1P8 送到 U1004 的 33 脚，VREG_ CDC_ A 送到 U1004 的 41 脚，VPH_ PWR 送到 U1004 的 63 脚，VREG_ CDC_ RXTX 送到 U1004 的 30、64 脚。编解码芯片供电电路如图 8-33 所示。

2. MIC 信号输入电路

有 4 路 MIC 信号输入到编解码芯片 U1004 的内部，分别是耳机 MIC、主 MIC、辅助 MIC 和免提 MIC。

耳机 MIC 信号从耳机接口输入后，然后再送到 U1005 的 8 脚，耳机 MIC 信号从 U1005 的 7 脚输出后，分成两路信号 EAR_ MIC_ P、EAR_ MIC_ N 送到编解码芯片 U1004 的 54、58 脚。EAR_ ADC_ 3.5 为耳机 MIC 接入检测信号，EAR_ MICBIAS_ 2.8V 为耳机 MIC 偏压供电。U1009 为高速 CMOS 或门电路，输入信号 L_ DET_ N 或 G_ DET_ N 任意一个为高电平时，输出信号 DET_ EP_ N 为高电平，该电路为耳机接入检测电路。耳机 MIC 电路如图 8-34 所示。

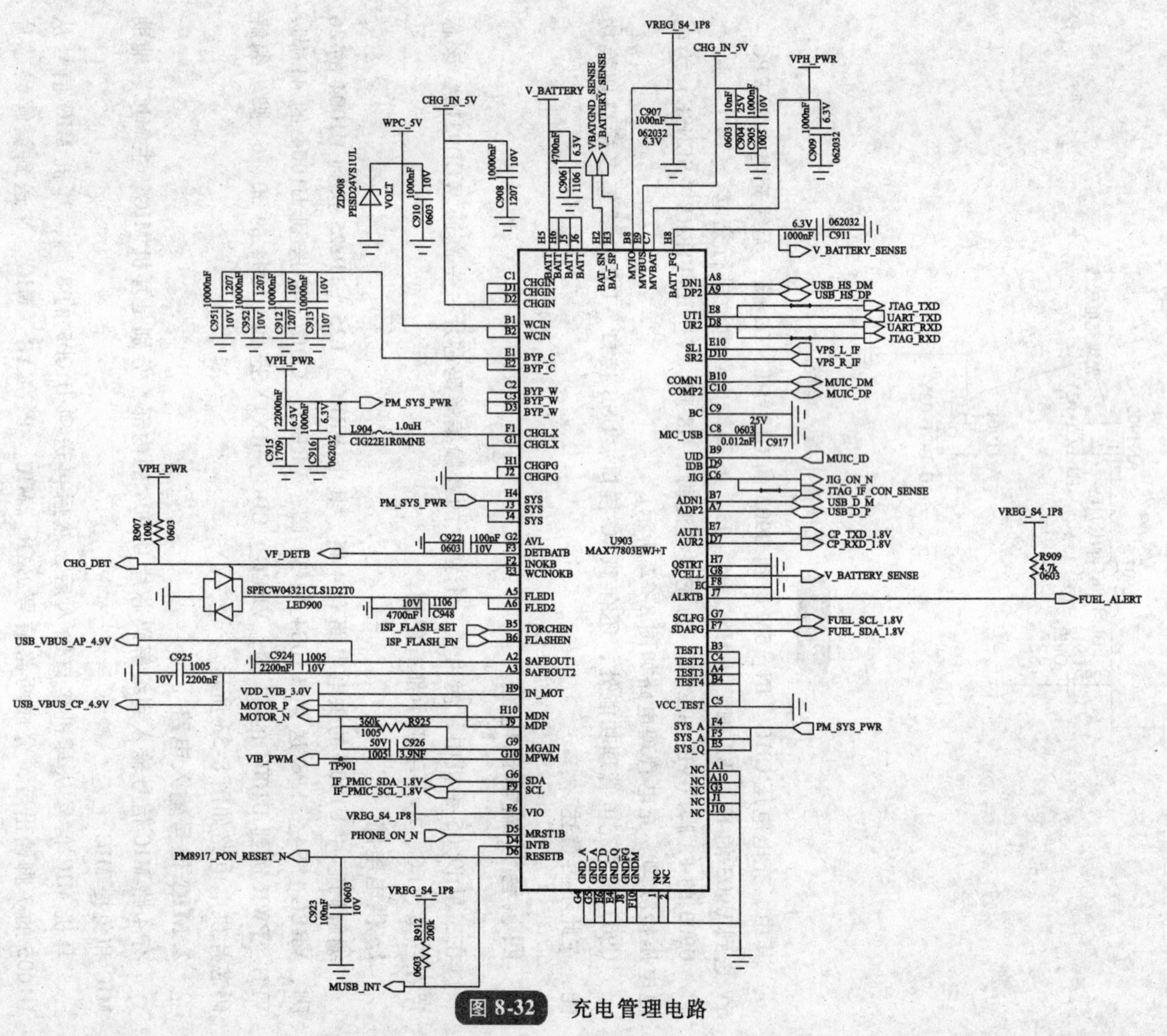
U903
MAX77803EWJ+T
VPH_PWR
VREG_S4_1P8
CHG_IN_5V
V_BATTERY
VBATGND_SENSE
V_BATTERY_SENSE
WPC_5V
ZD908
PESD24VS1UL
VOLT
USB_HS_DM
USB_HS_DP
JTAG_TXD
UART_TXD
UART_RXD
JTAG_RXD
VPS_L_IF
VPS_R_IF
MUIC_DM
MUIC_DP
MUIC_ID
JIG_ON_N
JTAG_IF_CON_SENSE
USB_D_M
USB_D_P
CP_TXD_1.8V
CP_RXD_1.8V
FUEL_ALERT
FUEL_SCL_1.8V
FUEL_SDA_1.8V
PM_SYS_PWR
L904 1.0uH
CIG22E1R0MNE
CHG_DET
VF_DETB
SPFCW04321CLS1D2T0
LED900
ISP_FLASH_SET
ISP_FLASH_EN
USB_VBUS_AP_4.9V
USB_VBUS_CP_4.9V
VDD_VIB_3.0V
MOTOR_P
MOTOR_N
VIB_PWM
TP901
IF_PMIC_SDA_1.8V
IF_PMIC_SCL_1.8V
PHONE_ON_N
PM8917_PON_RESET_N
MUSB_INT

图 8-32 充电管理电路

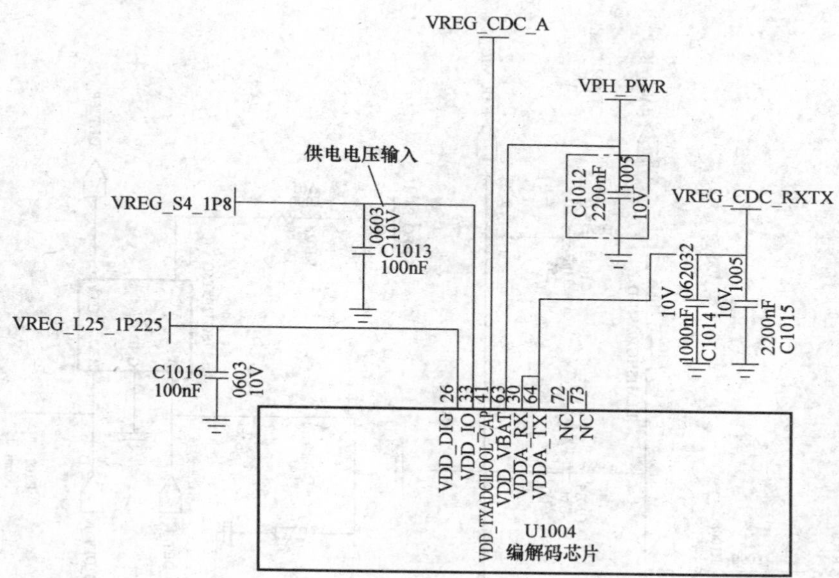

图 8-33　编解码芯片供电电路

主 MIC 部分电路比较简单，主 MIC 信号 MAIN_ MIC_ N_ CONN、MAIN_ MIC_ P_ CONN 从接口 HDC900 输入，送入到 U1004 的 48、52 脚。主 MIC 部分电路如图 8-35 所示。

辅助 MIC 部分电路看起来也不是很复杂，主要实现语音辅助程序、声控照相等功能，MIC1000 接收到的声音信号经过转换后，变为电信号 SUB_ MIC_ P、SUB_ MIC_ N，经过电感 L1000、L1002 送入到编解码芯片 U1004 的 59、53 脚。SUB_ MICBIAS_ LDO_ 1. 8V 为辅助 MIC 偏压供电。辅助 MIC 部分电路如图 8-36 所示。

免提 MIC 部分电路的工作原理与辅助 MIC 部分电路的工作原理完全相同，在这里我们就不再赘述。免提 MIC 部分电路如图 8-37 所示。

3. MIC 偏压电路

在 MIC 电路中，一般会有一个 2. 8V 的偏置电压。这个偏置电压的作用是给送话器提供一个电压，保证其有适合的静态工作点。另外，还要注意 MIC 电路的偏置电压，它只有建立通话以后才存在，待机状态下这个电压是测量不到的。MAIN_ MICBIAS_ 2. 8V、EAR_ MICBIAS_ 2. 8V 偏置电压由 U1001、U1002 产生，主 MIC、耳机 MIC 偏压电路如图 8-38 所示。

副 MIC、免提 MIC 偏压 SUB_ MICBIAS_ LDO_ 1. 8V、3RD_ MICBIAS_ LDO_ 1. 8V 由编解码芯片 U1004 产生，如图 8-39 所示。

4. 音频输出电路

耳机音频信号从编解码芯片 U1004 的 12、17 脚输出，送到接口 HDC1000 的 7、9、

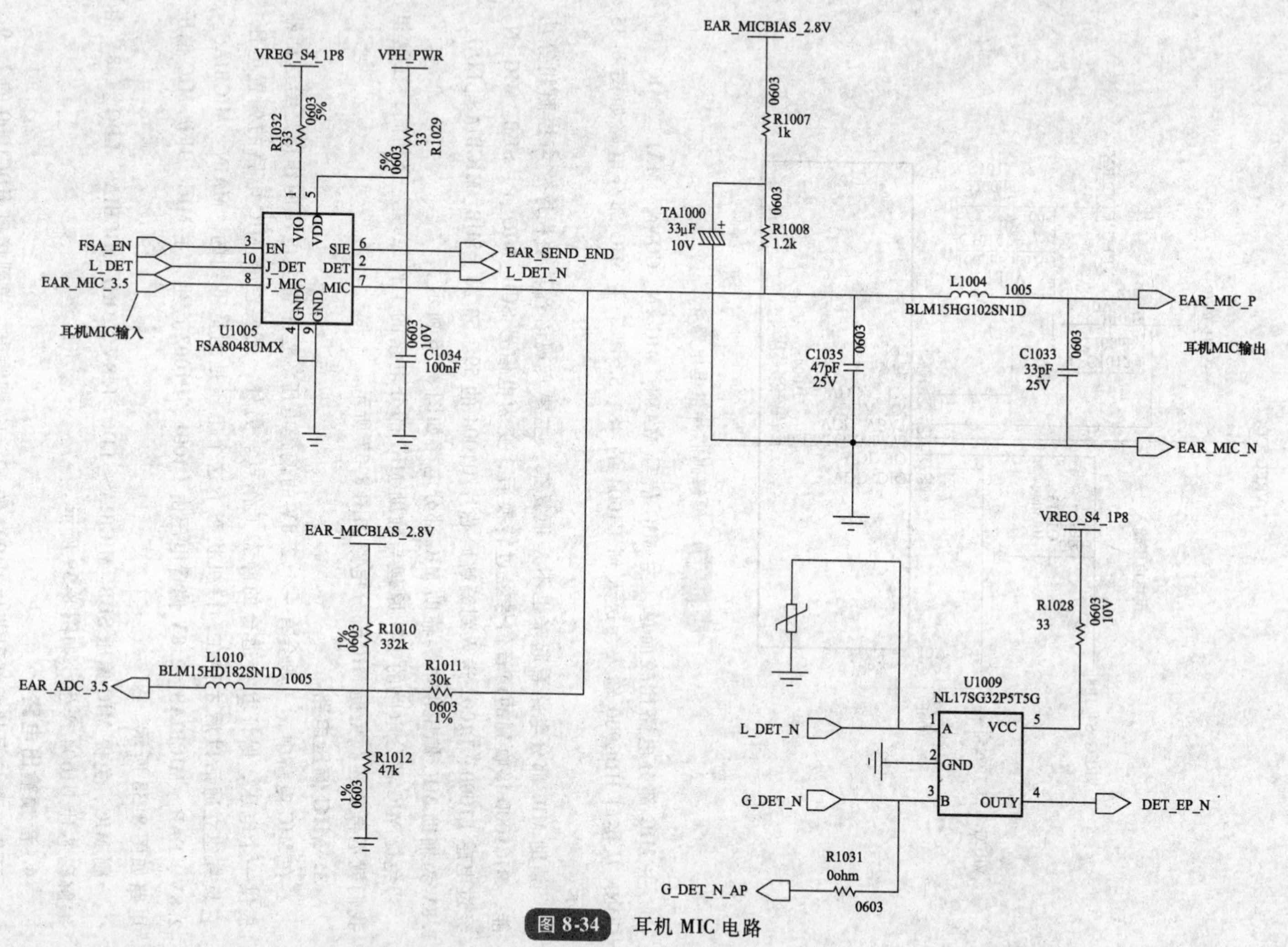

图 8-34 耳机 MIC 电路

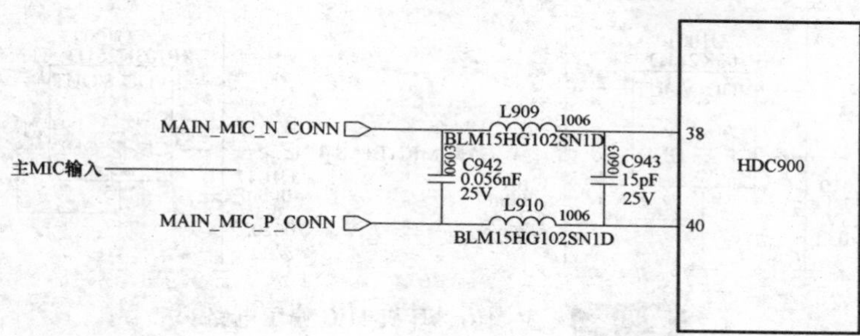

图 8-35　主 MIC 部分电路

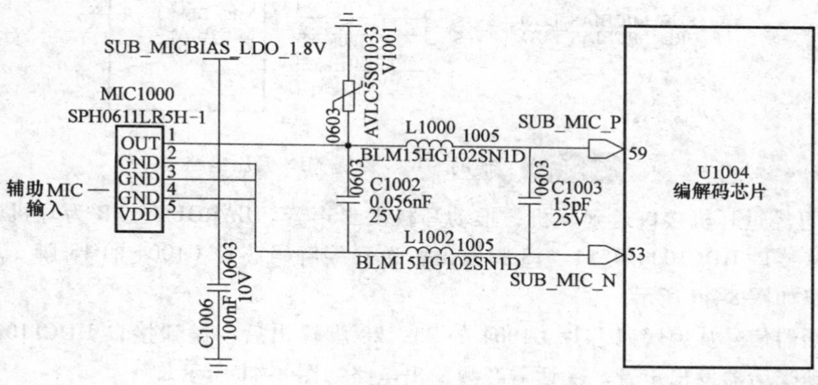

图 8-36　辅助 MIC 部分电路

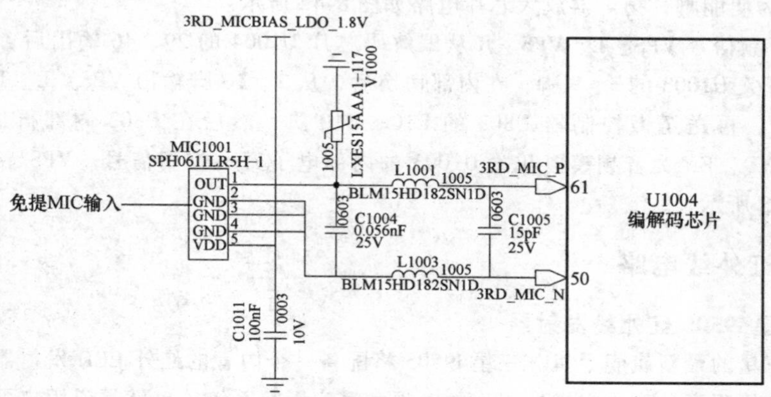

图 8-37　免提 MIC 部分电路

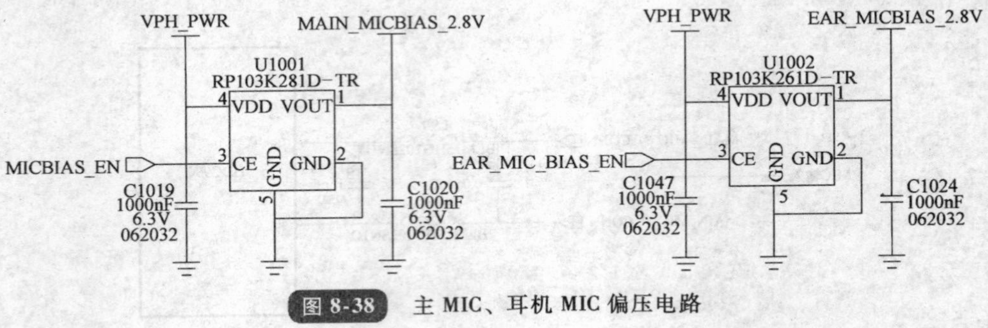

图 8-38 主 MIC、耳机 MIC 偏压电路

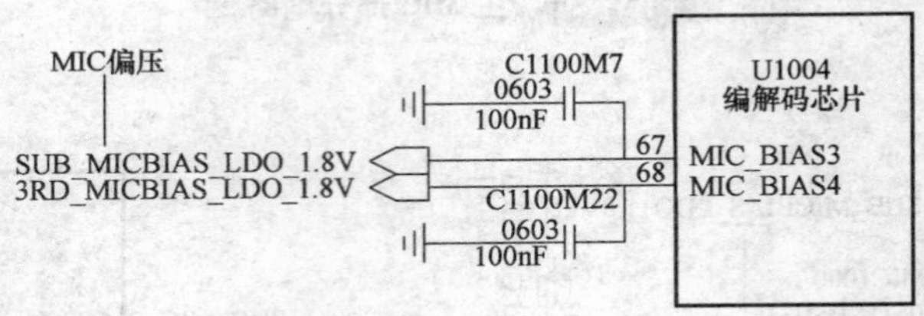

图 8-39 辅助 MIC、免提 MIC 偏压电路

15 脚，再经过耳机接口送到耳机，推动耳机发出声音。EAROUT_ FB 为耳机参考检测信号，从接口 HDC1000 的 11、13 脚输出，送到编解码芯片 U1004 的 18 脚。耳机音频输出电路如图 8-40 所示。

受话器信号从编解码芯片 U1004 的 23、28 脚输出后，送到接口 HDC1101 的 3、5 脚，推动受话器发出声音。受话器音频输出电路如图 8-41 所示。

扬声器信号从编解码芯片 U1004 的 34、39 脚输出，经过耦合电容 C1000、C1001 送到扬声器放大芯片 U1000 的 A1、C1 脚，在内部进行放大处理后从 U1000 的 A3、C3 脚输出至扬声器，推动扬声器发出声音。扬声器放大芯片 U1000 的 B1、B2 脚为供电脚，C2 脚为使能脚，扬声器放大芯片电路如图 8-42 所示。

VPS 音频信号 VPS_ L、VPS_ R 从编解码芯片 U1004 的 29、46 输出后，分别送到音频模拟开关 U1003 的 3、9 脚，在内部切换后，从 2、10 脚输出 VPS_ L_ IF、VPS_ R_ IF 信号，再送至微控制器 U803 的 E10、D10 脚，然后在 U803 内部再进行处理。VPS_ SOUND_ EN 为音频模拟开关 U1003 的内部电子开关控制信号。VPS 音频信号电路如图 8-43 所示。

五、红外线电路

1. 三星 i9505 红外线发射器

作为三星的最新旗舰手机，三星 i9505 将配备一个内置的红外 LED 发射器，同时配以相应的应用程序，允许它来控制你的电视和家庭影院系统，也就是说用户可以把三星 i9505 当作一个电视遥控器。

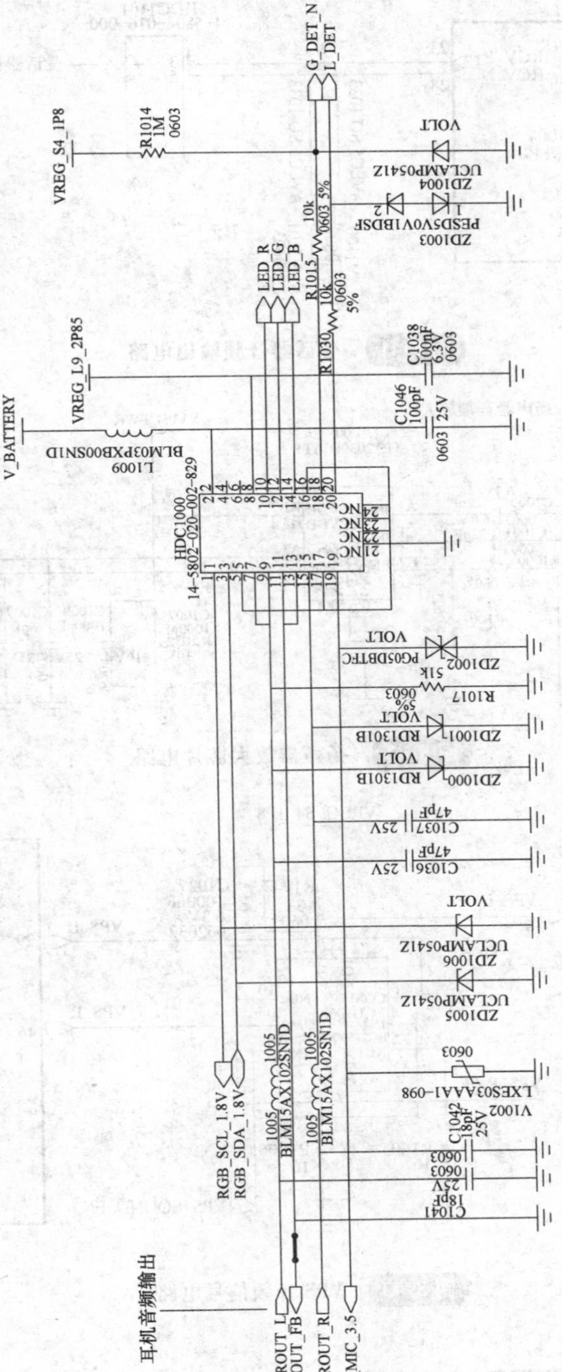

耳机音频输出

图 8-40　耳机音频输出电路

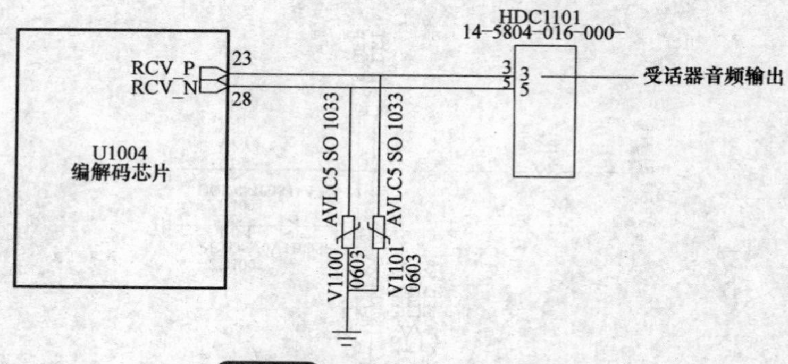

图 8-41　受话器音频输出电路

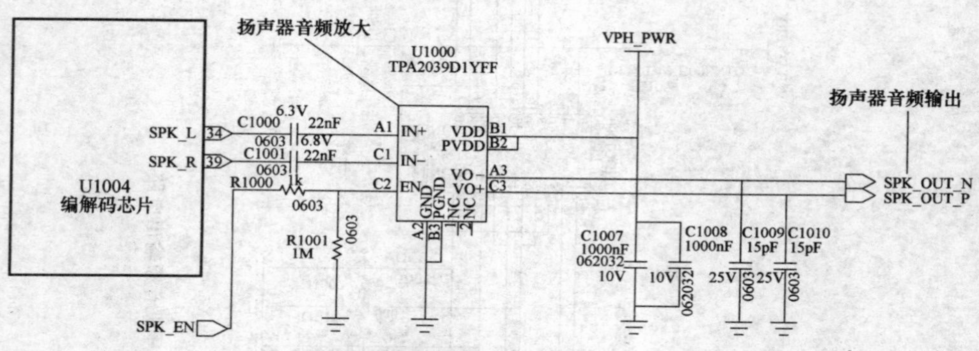

图 8-42　扬声器放大芯片电路

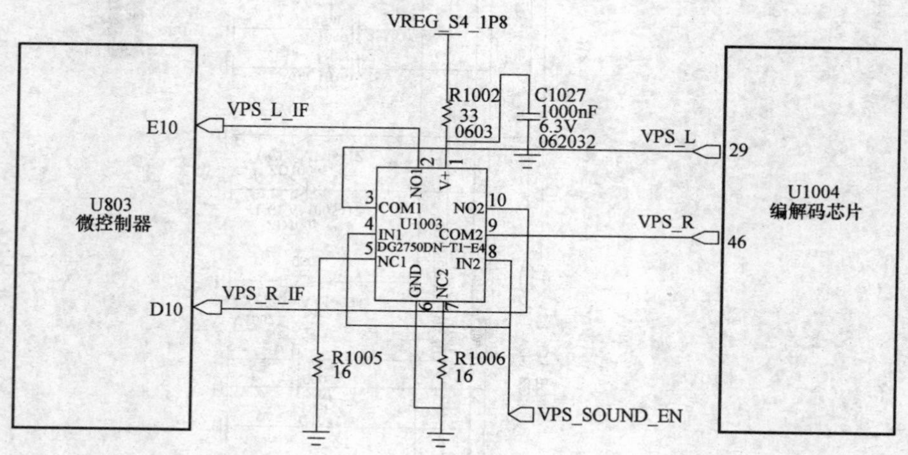

图 8-43　VPS 音频信号电路

2. 红外线电路工作原理

红外线芯片 U904 有 3 路供电，分别是 VREG_L33_1.2V、VREG_L9_2P85 和

VREG_LVS4_1.8V，这三路供电均由应用处理器电源管理芯片 U800 提供。

红外线芯片 U904 的 F2 脚 FPGA_MAIN_CLK 为主时钟信号输入，E2 脚 FPGA_RST_N 为复位信号输入。红外线芯片 U904 通过 E6 脚的 FPGA_SPI_CLK、F6 脚的 FPGA_SPI_SI、C4 脚的 CDONE、F4 脚的 CRESET_B 信号与应用处理器电源管理芯片 U800 进行通信。红外线芯片 U904 输出 WLAN_EN、BT_WAKE、BT_EN 信号至蓝牙/WIFI 模块 U201，分析认为 U904 和 U201 不能同时工作，如果红外要工作时，则给蓝牙/WIFI 模块一个使能信号，使其处于待命状态。

另外，红外线芯片 U904 还输出移动终端高清影音标准接口（MHL）复位信号 MHL_RST、VPS 使能信号 VPS_SOUND_EN。红外线芯片 U904 的 K1 脚输出 IRDA_CONTROL 信号送到红外线发射二极管，控制相应红外接收设备（彩电、空调等）的工作。红外线芯片电路如图 8-44 所示。

红外线芯片 U904 的 D1 脚输出条形码使能信号 BARCODE_EN，由距离感应器来发送光束脉冲，从而模拟黑白条形码以便扫描仪识别。

3. 红外线发射二极管电路

红外线芯片 U904 的 K1 脚输出 IRDA_CONTROL 信号送到红外发射驱动管 Q1101，然后再由 Q1101 驱动红外发射二极管发出红外信号。VREG_L10_3P3 为红外发射二极管供电电压，送到接口 HDC1101 的 13、15 脚。电阻 R1110-R1119、R1156 为红外线发射二极管的限流电阻。红外线发射二极管电路如图 8-45 所示。

红外线芯片 U904 的 D1 脚输出条形码使能信号 BARCODE_EN 送到距离传感器驱动管 Q1100，经过限流电路 R1162-R1167 驱动距离传感器发出光束脉冲。GES_LED_3.3V 为距离传感器供电电压。接口 HDC1101 的 8 脚输出 GES_SENSOR_INT 信号送到传感器 HUB U202 的 E4 脚。接口 HDC1101 的 9、11 脚为传感器 I^2C 总线信号。

六、传感器电路

三星 i9505 手机无缝整合了多个传感器，并使用了大量的识别技术以识别用户的行为，带来了方便轻松的用户体验。这已经超越了通话和应用程序运行等简单功能，而将重点放在了帮助用户与朋友、家庭成员建立真正的联系，解决生活中各种不必要的麻烦，丰富使用者的生活，关注他们的健康。

下面我们分别来看下各个传感器的工作原理。

1. 传感器 HUB

在三星 i9505 手机中，增加一个专门的传感器 HUB（集线器），所有的传感器信息先通过 I^2C 总线送到传感器 HUB 中，然后再由传感器 HUB 与应用处理器进行通信，处理所有的传感器信息。

这个传感器 HUB 其实是一个微控制器（Micro Controller Unit，MCU），传感器 HUB 会自动识别当前的系统负载，一旦需要，它会马上开启 CPU 的部分功能。此外，传感器 HUB 还能控制传感器，尽管三星 i9505 的传感器有很多，但高效的智能省电系统不会使用户的电池电量很快消耗。

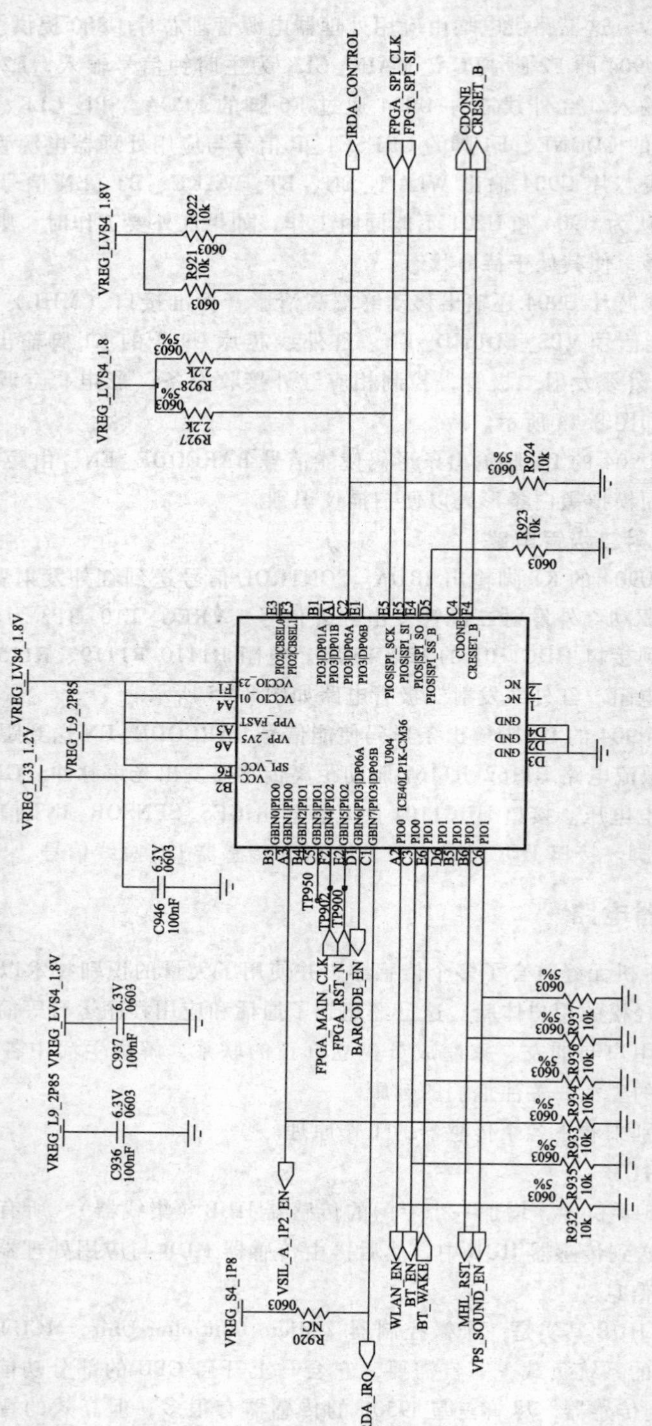

图 8-44 红外线芯片电路

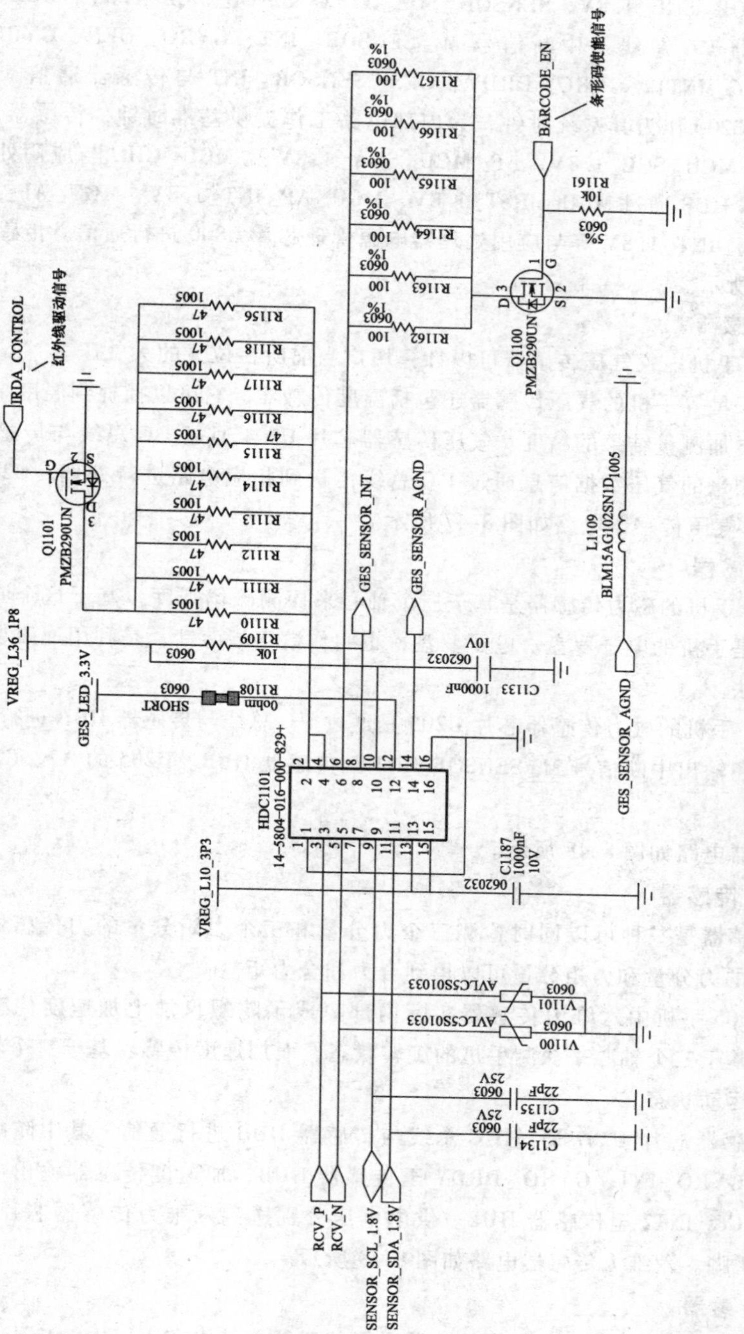

图 8-45 红外线发射二极管电路

供电 VREG_LVS4_1.8V 送到传感器 HUB U202 的 B1、E1、C7、D7 脚，传感器 HUB 通过 SENSOR_SCL_1.8V、SENSOR_SDA_1.8V 及 RGB_SCL_1.8V、RGB_SDA_1.8V 两组传感器 I^2C 总线及中断信号 M_SENSOR_INT、GYRO_DEN、GYRO_INT、ACC_INT2、ACC_INT1、GYRO_DRDY、GES_SENSOR_INT 与传感器通信。传感器 HUB 外边的 OSC200 作为其系统时钟，为内部电路工作提供基准时钟，传感器 HUB 通过 I^2C 总线 AP_MCU_SCL_1.8V、AP_MCU_SDA_1.8V 及 MCU_CHG 与应用处理器进行通信。传感器 HUB 通过 MCU_nRST_1.8V、MCU_AP_INT_1.8V、MCU_AP_INT_2_1.8V、AP_MCU_INT_1.8V 等与应用处理器电源管理芯片 U800 进行通信。传感器 HUB 电路如图 8-46 所示。

2. 气压传感器

三星 i9505 手机内置气压传感器可以计算用户当前所在位置的大气压。

另外，像三星等手机的气压传感器还包括温度传感器，它可以捕捉到温度来对结果进行修正，以增加测量结果的精度。气压传感器芯片 U204 通过 I^2C 总线与传感器 HUB 进行通信，将测量的气压数据信息通过 I^2C 总线传送到相应电路进行处理。U204 的 2、3 脚为供电脚。气压传感器电路如图 8-47 所示。

3. 磁力传感器

三星 i9505 手机的磁力传感器是基于三个轴心来探测磁场强度，基于这个原理的应用最常见的就是手机的电子罗盘。电子罗盘，也叫作数字指南针，是利用地磁场来确定北极的一种方法。

三星 i9505 手机的磁力传感器芯片 U205 是通过 I^2C 总线与传感器 HUB 进行通信的，U205 的 A1 脚还输出中断信号 M_SENSOR_INT 至传感器 HUB。U205 的 A2、C2 脚为供电脚。

磁力传感器电路如图 8-48 所示。

4. 六维力传感器

六维力传感器是一种可以同时检测三个力分量和三个力矩分量的力传感器，根据 X、Y、Z 方向的力分量和力矩分量可以得到合力和合力矩。

在三星 i9505 手机中六维力传感器实际内部集成了陀螺仪加上加速度传感器的功能。陀螺仪是基于三个轴心来探测手机的旋转状态，而加速度传感器基于三个轴心来探测手机当前的运动状态。

六维力传感器芯片 U207 通过 I^2C 总线与传感器 HUB 进行通信，其中陀螺仪输出 GYRO_DEN、GYRO_INT、GYRO_DRDY 至传感器 HUB，加速度传感器输出中断信号 ACC_INT1、ACC_INT2 至传感器 HUB。供电电压分别送到六维力传感器芯片 U207 的 1、22、23、24 脚。六维力传感器电路如图 8-49 所示。

5. 霍尔传感器

霍尔传感器是根据霍尔效应制作的一种磁场传感器，其中在手机中的应用主要是翻盖手机、滑盖手机、保护套的控制。

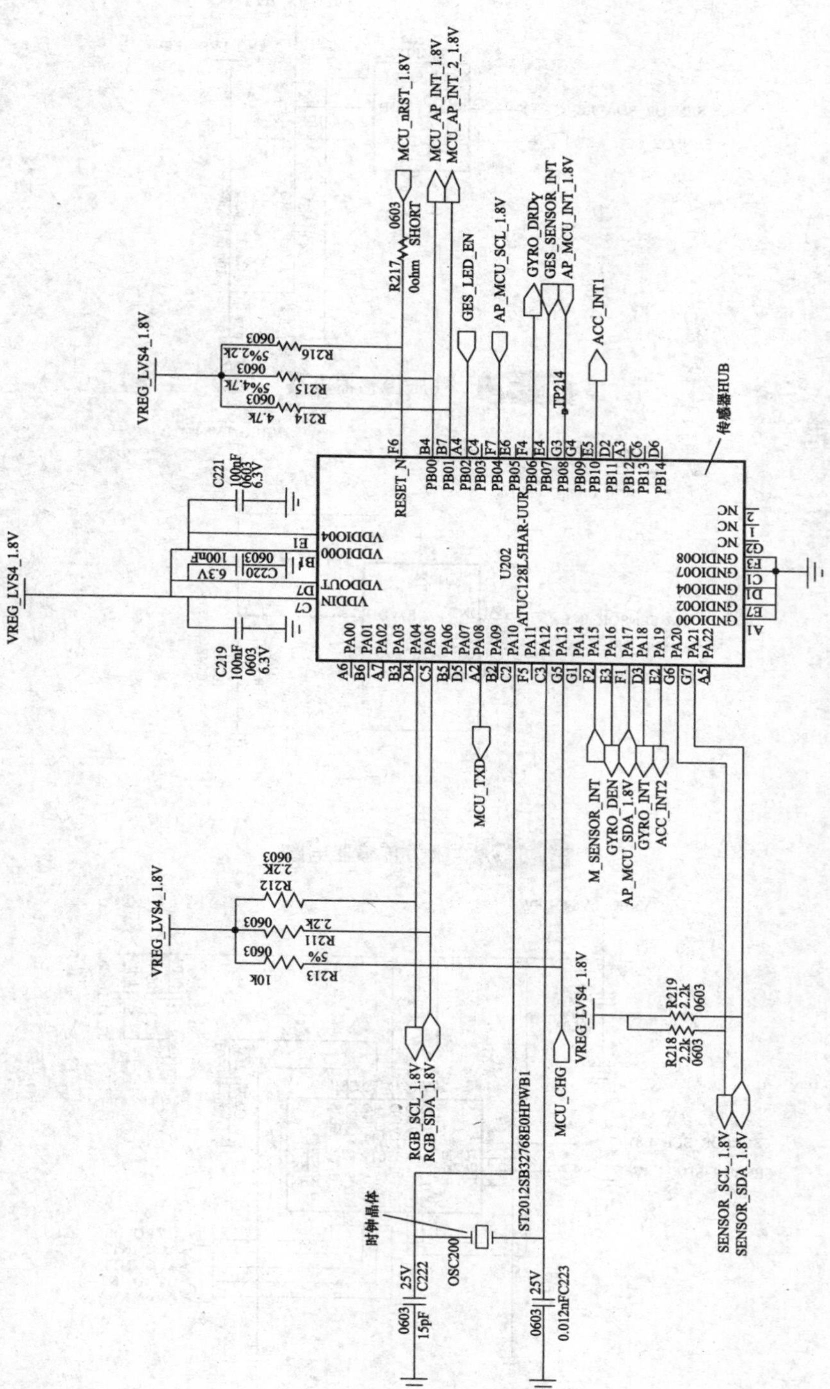

图 8-46 传感器 HUB 电路

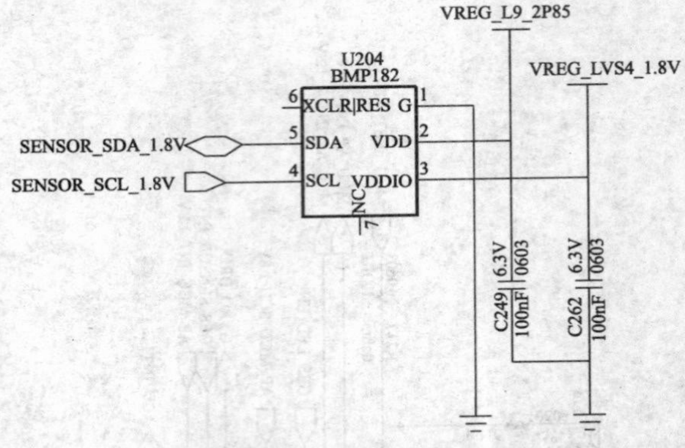

图 8-47 气压传感器电路

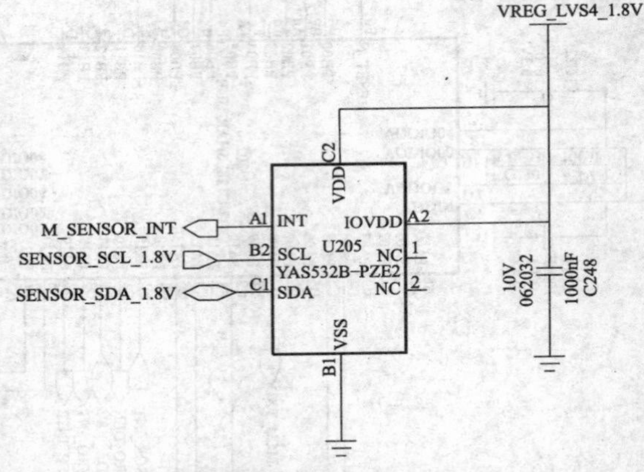

图 8-48 磁力传感器电路

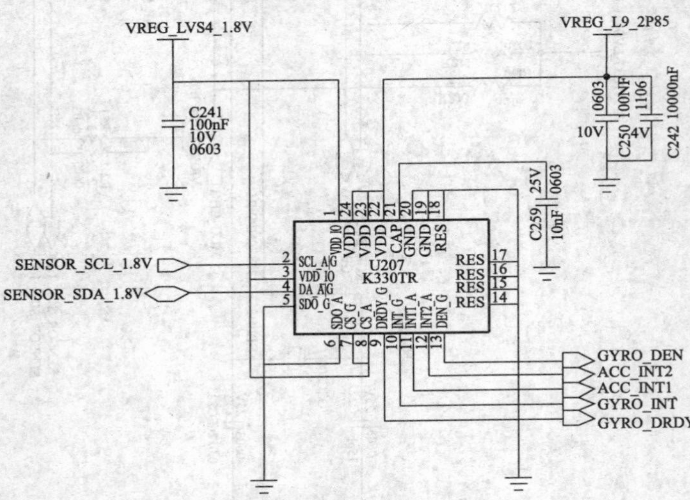

图 8-49 六维力传感器电路

霍尔传感器芯片 U1006 的工作原理比较简单，当有磁铁靠近 U1006 时，U1006 的 4 脚输出高电平信号 HALL_SENSOR_INT 至应用处理器电源管理芯片 U800 的 180 脚，启动相应电路工作。U1006 的 1 脚为供电脚。霍尔传感器电路如图 8-50 所示。

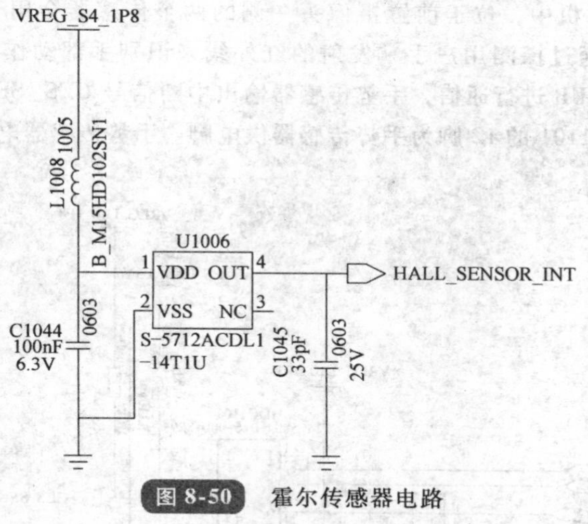

图 8-50　霍尔传感器电路

6. 颜色/色彩传感器

颜色传感器也叫作色彩识别传感器，它是在独立的光敏二极管上覆盖经过修正的红、绿、蓝滤光片，然后对输出信号进行相应的处理，就可以将颜色信号识别出来。

在三星 i9505 手机中，颜色/色彩传感器主要用于测量光源的红、绿、蓝、白光的强度。颜色/色彩传感器芯片 U1008 通过 I^2C 总线与应用处理器 UCP600 进行通信，U1008 的 A4、B4、C4 脚外接感应二极管，U1008 的 A2、C3 脚为供电脚。颜色/色彩传感器电路如图 8-51 所示。

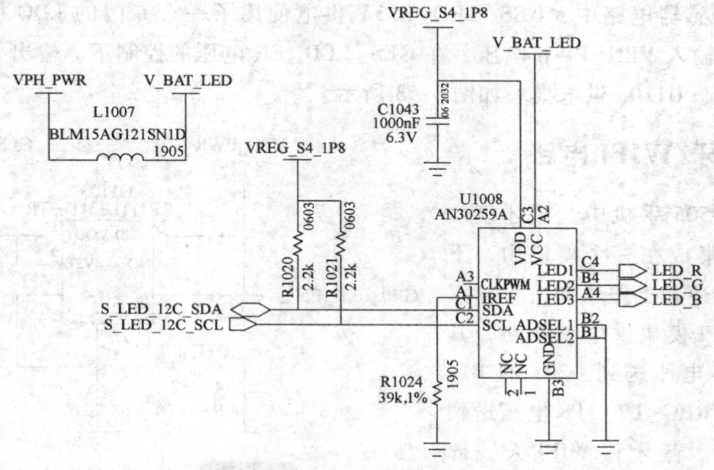

图 8-51　颜色/色彩传感器电路

7. 手势传感器

手势传感器和近距离传感器不同，不过也是根据红外线来识别用户在传感器前方的手势动作。

在三星 i9505 手机中，位于前置摄像头一侧的两个传感器会用于手势和近距离感测。手势传感器可通过探测用户手掌发射的红外线来识别手部动作，手势传感器通过 I^2C 总线和传感器 HUB 进行通信，手势传感器输出中断信号 GES_SENSOR_INT 至传感器 HUB，接口 HDC1101 的 12 脚为手势传感器供电脚。手势传感器电路如图 8-52 所示。

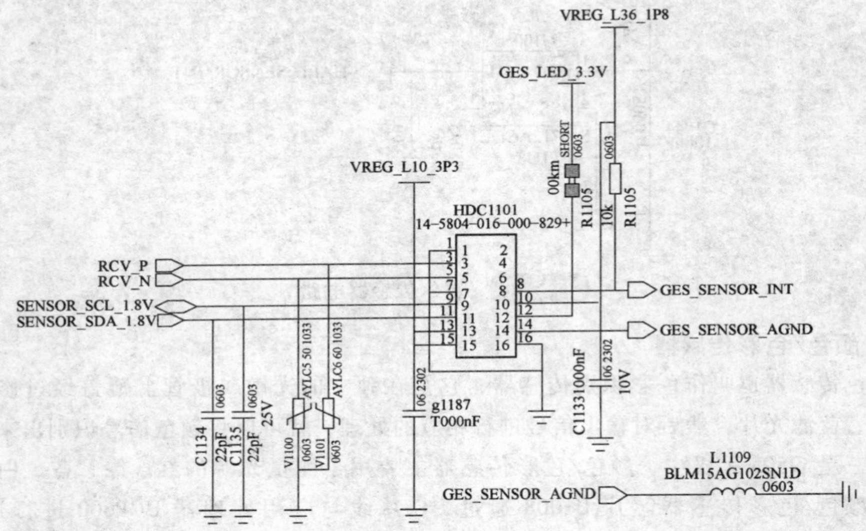

图 8-52　手势传感器电路

在手势传感器电路中，GES_LED_3.3V 供电使用了一个专门的 LDO 模块 U1105，U1105 的 6 脚输入 VPH_PWR 电压，在 GES_LED_EN 电压的控制下，输出 GES_LED_3.3V 供电电压。U1105 供电模块如图 8-53 所示。

七、蓝牙/WIFI 电路

在三星 i9505 手机中，蓝牙模块和 WIFI 模块集成在一个模块中，下面我们分别讲述其工作原理。

蓝牙/WIFI 模块供电有两路，其中 VPH_PWR 电压送到 U201 的 B1、C1、L9 脚，VREG_L7_1P8 电压送到 U201 的 P6 脚。蓝牙和 WIFI 天线部分是共用的，天线接口 ANT201 经过

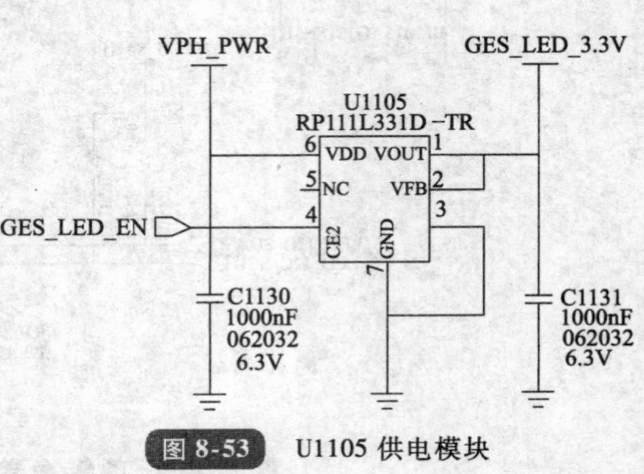

图 8-53　U1105 供电模块

L205、C213、C264 组成的滤波网络连接到 U201 的 A8 脚。

WIFI 模块通过 SDIO 接口与应用处理器 UCP600 进行通信，蓝牙模块通过 UART 接口与应用处理器 UCP600 进行通信。

蓝牙模块和 WIFI 模块都工作在 2.4G，所以必须分时工作，蓝牙模块和 WIFI 模块的分时工作依靠 WLAN_EN、BT_EN、BT_WAKE、BT_HOST_WAKE、WLAN_HOST_WAKE 实现。蓝牙的收发的射频的语音信号通过 CP_RXD_COEX、CP_TXD_COEX、CP_PRIORITY_COEX 与基带处理器进行传输。蓝牙收发的语音信号通过 PCM 接口与应用处理器进行传输。蓝牙/WIFI 模块的时钟信号 SLEEP_CLK0 由应用处理器提供。蓝牙/WIFI 电路如图 8-54 所示。

八、NFC 电路

近场通信（Near Field Communication，NFC），又称为近距离无线通信，是一种短距离的高频无线通信技术，允许电子设备之间进行非接触式点对点数据传输，在 10cm 内交换数据。

1. NFC 的应用

NFC 设备目前大家熟悉的主要是应用在手机应用中，NFC 技术在手机上应用主要有以下五类。

（1）接触通过　如门禁管理、车票和门票等，用户将存储着票证或门控密码的设备靠近读卡器即可，也可用于物流管理。

（2）接触支付　如非接触式移动支付，用户将设备靠近嵌有 NFC 模块的 POS 机可进行支付，并确认交易。

（3）接触连接　如把两个 NFC 设备相连接，进行点对点数据传输，例如下载音乐、图片互传和交换通讯录等。

（4）接触浏览　用户可将 NFC 手机接靠近街头有 NFC 功能的智能公用电话或海报，来浏览相关信息等。

（5）下载接触　用户可通过 GPRS 网络接收或下载信息，用于支付或门禁等功能，如前述，用户可发送特定格式的短信至家政服务员的手机来控制家政服务员进出住宅的权限。

2. NFC 电路分析

NTC 天线 NFC_ANT_1、NFC_ANT_2 的信号经过天线匹配网络，至 U203 的 28、29 脚。U203 的 19、20 脚外接 OSC201 时钟晶体，为 NFC 电路提供时钟信号。U203 通过 I^2C 总线 NFC_SDA_1.8V、NFC_SCL_1.8V 与应用处理器进行通信。

U203 有多路供电电压输入，分别是 V_BATTERY、VREG_S4_1P8、NFC_SIMVCC、VDD_EE、VREG_L6。NFC 电路如图 8-55 所示。

九、照相机电路

三星 i9505 手机配备的主镜头为索尼 Exmor RS 镜头，1300 万像素为目前 Android 阵

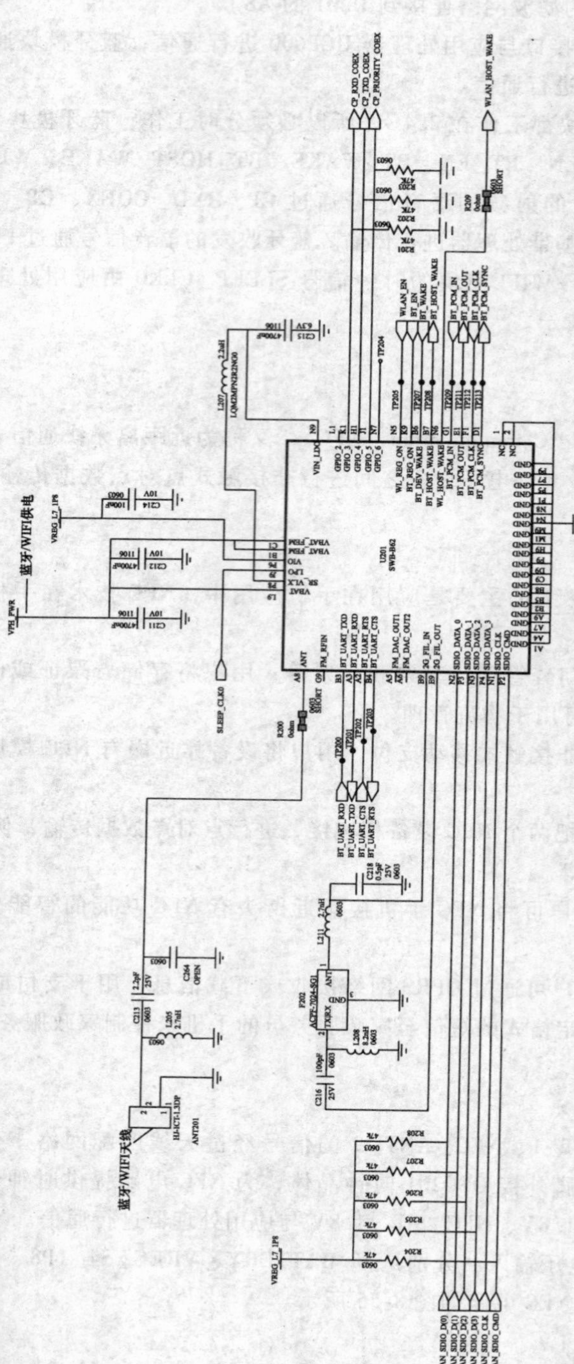

图 8-54 蓝牙/WIFI 电路

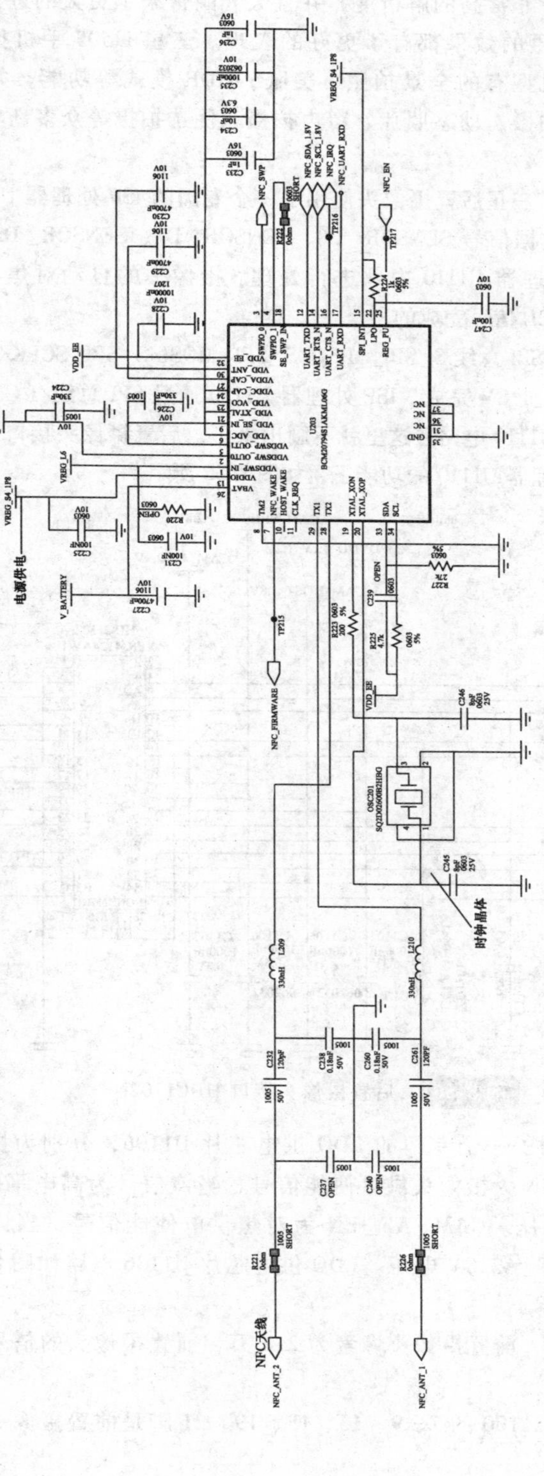

图 8-55 NFC 电路

营的顶级规格，它拥有了非常高的解析度，并且大光圈带来了更大的进光量，无论是照片背景虚化还是夜晚拍摄的效果都有了更好的表现。三星 i9505 手机拍照功能非常丰富，它具备像现在很多机型有的全景拍照、美肤、HDR 模式等功能，并且作为旗舰机型，它还加入了双镜头拍摄、动态照片、留声拍摄、优选拍摄等众多新功能。

1. 后置摄像头电路

在三星 i9505 手机中，三星后置摄像头使用了一个专门的 ISP 处理器 U1110 来处理摄像头信号，后置摄像头的数据信号 SENSOR_ D0、SENSOR_ D1、SENSOR_ D2、SENSOR_ D3、SENSOR_CLK 送到 ISP 处理器 U1110 内部进行处理。摄像头的自动对焦是由 ISP 处理器 U1110 的 AF_SDA、AF_SCL 信号完成的。

后置摄像头的工作由 SPI 总线 S_SPI_MISO/S_SPI_MOSI/S_SPI_SCLK/S_SPI_SSN、I^2C 总线 S_SCL_1.8V/S_SDA_1.8V 完成，ISP 处理器 U1110 通过 SPI 总线/I^2C 总线控制后置摄像头的工作。ISP 处理器 U1110 电路在这里就不画出来了，后置摄像头接口 HDC1102 的外围信号就完全体现了 ISP 处理器 U1110 的功能了，如图 8-56 所示。

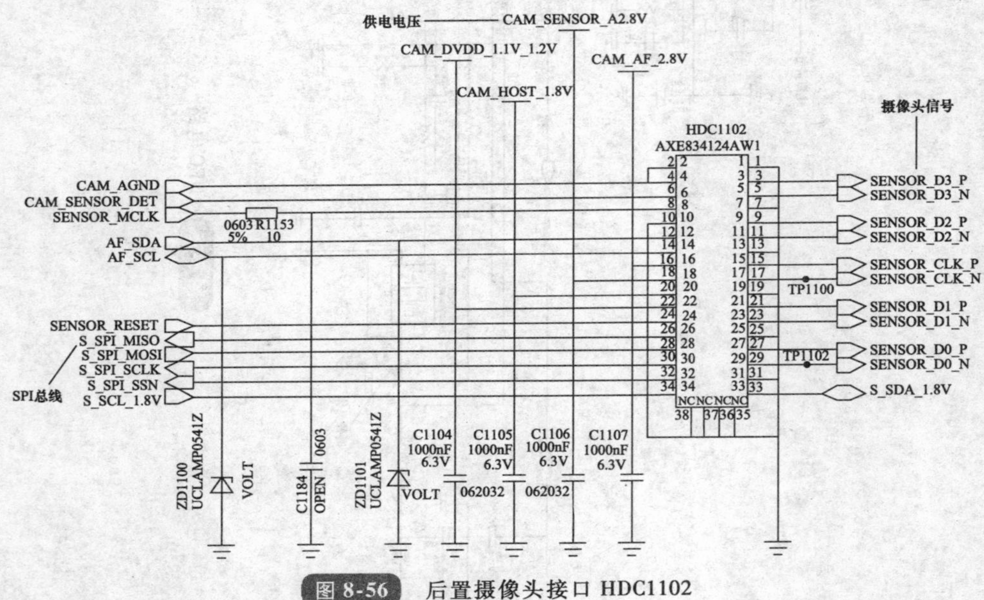

图 8-56 后置摄像头接口 HDC1102

后置摄像头电路使用了一个专门的 LDO 供电芯片 U1106，分别为摄像头和对焦电路供电。其中 CAM_ A_ EN 为摄像头供电使能信号，当该信号为高电平时，U1106 输出 CAM_ SENSOR_ A2. 8V 电压。CAM_ AF_ EN 为对焦供电使能信号，当该信号为高电平时，U1106 输出 CAM_ AF_ A2. 8V 电压。LDO 供电芯片 U1106 电路如图 8-57 所示。

2. 前置摄像头电路

在三星 i9505 手机中，前置摄像头像素为 210 万，前置摄像头的信号处理由应用处理器 UCP600 完成。

前置摄像头接口 HDC1100 的 7、9、13、15、19、21 脚是前置摄像头数据信号输出

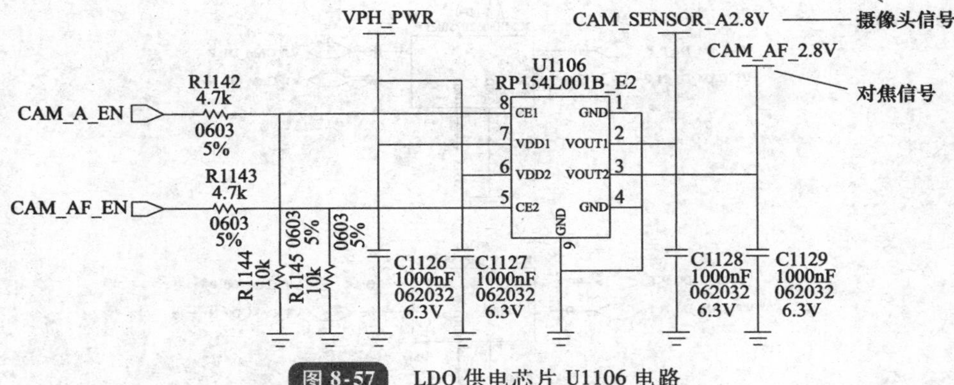

图 8-57　LDO 供电芯片 U1106 电路

端，摄像头的控制通过 I^2C 总线 VT_CAM_SCL_1.8V/VT_CAM_SDA_1.8V、CAM_VT_nRST、CAM_VT_STBY、VT_CAM_MCLK 完成。前置摄像头接口 HDC1100 的 8、10 脚为供电脚。前置摄像头接口 HDC1100 电路如图 8-58 所示。

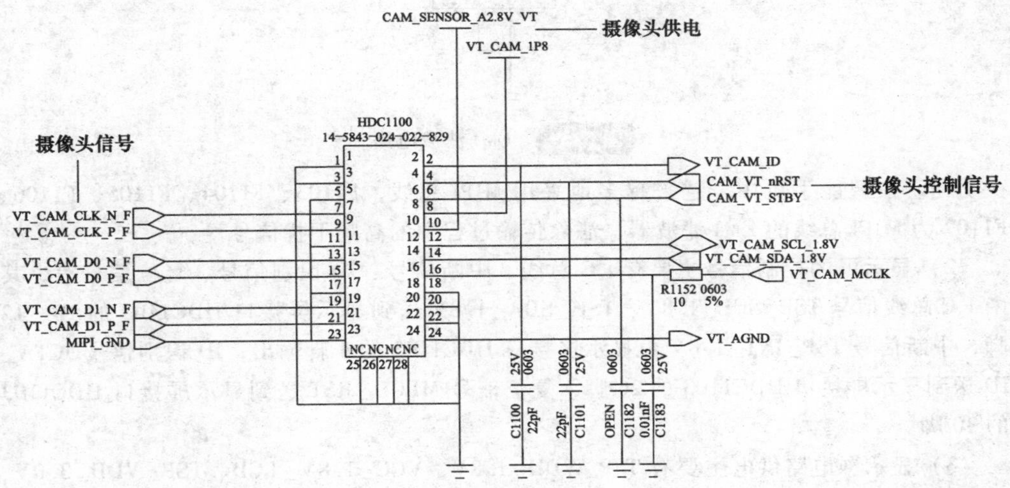

图 8-58　前置摄像头接口 HDC1100 电路

在前置摄像头电路中，数据信号的传输还使用了电磁干扰（EMI）滤波器，滤除信号传输过程中出现的高频干扰。EMI 滤波电路如图 8-59 所示。

十、显示电路

1. 显示屏电路

三星 i9505 手机显示屏电路主要由数据信号、控制信号和供电三部分组成。

1）数据信号的采用了 MIPI（Mobile Industry Processor Interface）总线，MIPI 总线在需要传输大量数据（如图像）时可以高速传输，而在不需要大数据量传输时又能够减

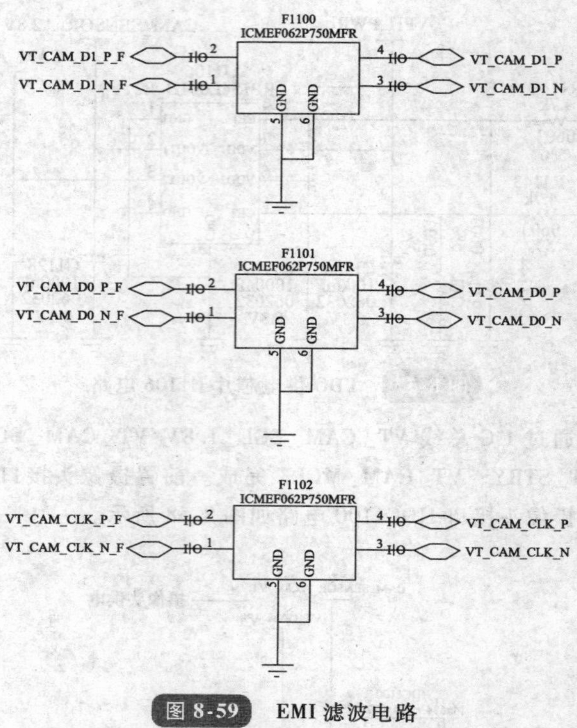

图 8-59 EMI 滤波电路

少功耗。在智能手机中，越来越多地采用 MIPI 总线，F1103、F1104、F1105、F1106、F1107 为 MIPI 总线的 EMI 滤波器，滤除传输过程中的高频干扰信号。

2）显示屏的控制信号主要有 I^2C 总线、中断信号、ID 识别信号、复位信号等，其中 I^2C 总线信号 TSP_SCL_1.8V、TSP_SDA_1.8V 送到显示屏接口 HDC1103 的 10、12 脚，中断信号 TSP_INT_1.8V 由显示屏接口 HDC1103 的 4 脚输出，ID 识别信号OCTA_ID 送到显示屏接口 HDC1103 的 26 脚，复位信号 MLCD_RST 送到显示屏接口 HDC1103 的 30 脚。

3）显示屏电路供电主要有 TSP_VDD_1.8V、VCC_1.8V_LCD、TSP_VDD_3.0V、TSP_AVDD_3.3V、VCC_3.0V_LCD。另外 ELVSS_－4.4V、ELVDD_4.6V、ELAVDD_7.0V 是显示屏背光供电。显示屏电路如图 8-60 所示。

显示屏供电 VCC_1.8V_LCD 由一个专门的 LDO 芯片完成，供电电压 VPH_PWR 送到 U1129 的 6 脚，当 LCD_1.8V_EN 为高电平的时候，U1129 的 4 脚输出 VCC_1.8V_LCD 电压。显示屏供电电路如图 8-61 所示。

2. 显示背光电路

显示屏背光电路使用了一个专门的升压芯片 U1103，完成了 ELVSS_－4.4V、ELVDD_4.6V、ELAVDD_7.0V 电压的输出。供电电压 VPH_PWR 送到升压芯片 U1103 的 1、10 脚，其中 ELVSS_－4.4V 从 U1103 的 17 脚输出，ELVDD_4.6V 从 U1103 的 7 脚输出，ELAVDD_7.0V 从 U1103 的 2 脚输出。升压芯片 U1103 的 8 脚输入的是

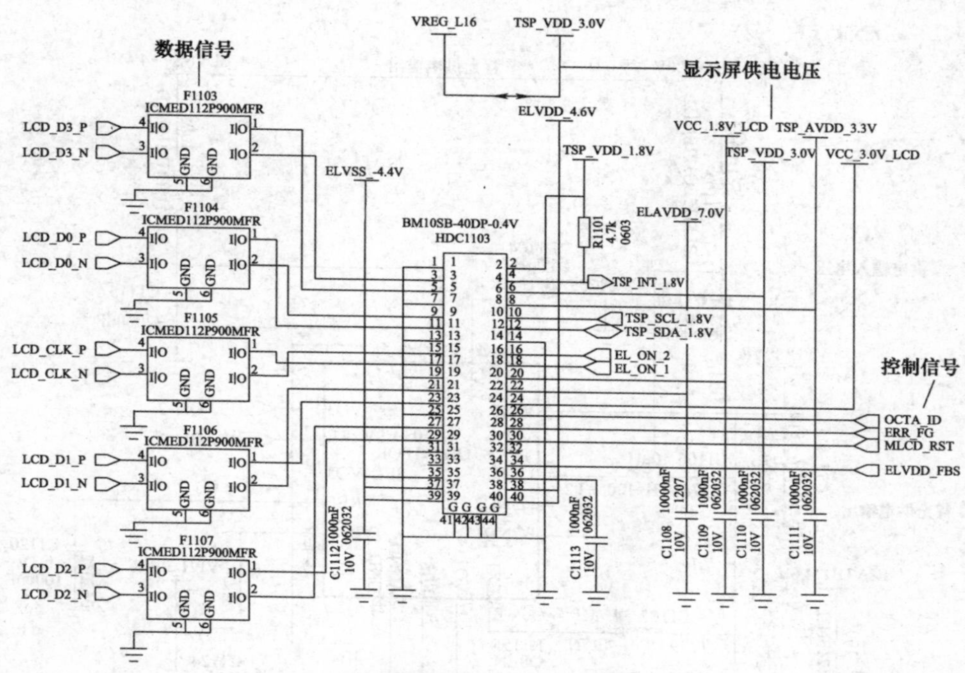

图 8-60　显示屏电路

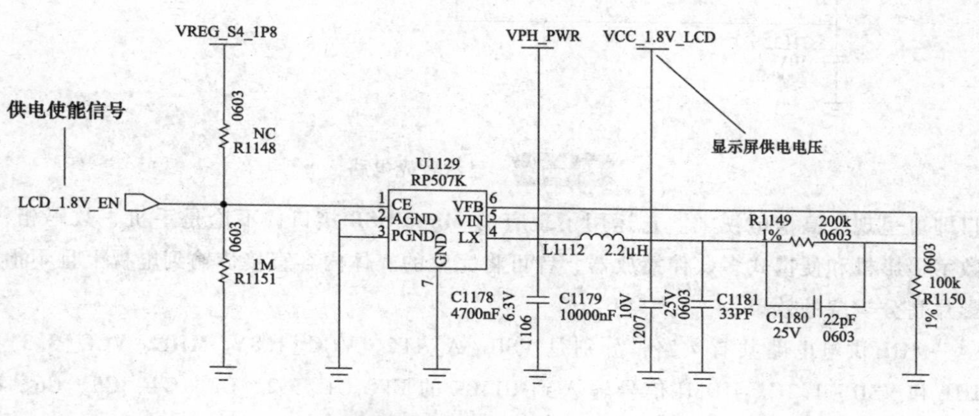

图 8-61　显示屏供电电路

ELVDD_FBS 过电流反馈信号，13、14 脚输入的 EL_ON_1 、EL_ON_2 为控制反馈信号。显示背光电路如图 8-62 所示。

十一、MHL 电路

MHL（Mobile High-Definition Link，移动终端高清影音标准接口）是一种连接便携式消费电子装置的影音标准接口，MHL 仅使用一条信号电缆，通过标准 HDMI 输入接

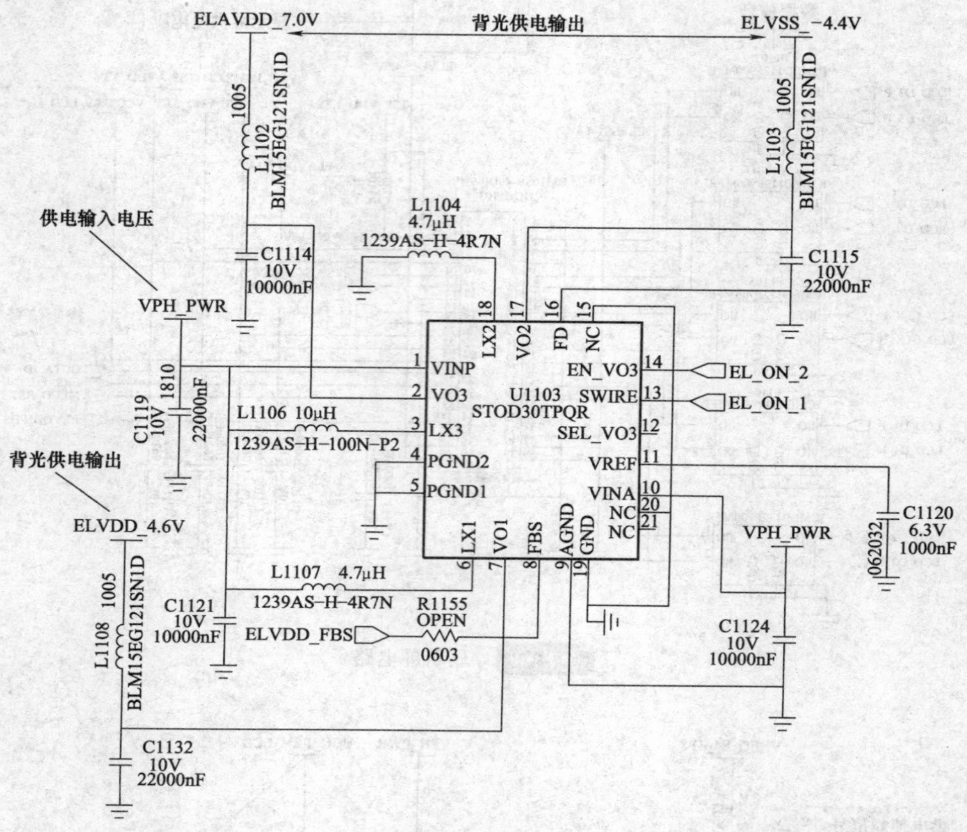

图 8-62 显示背光电路

口即可呈现于高清电视上。它运用了现有的 Micro USB 接口，不论是手机、数码相机、数字摄影机和便携式多媒体播放器，皆可将完整的媒体内容直接传输到电视上且不损伤影片高分辨率的效果。

MHL 供电电路共有 4 路，分别是 VSIL_A_1P2、VCC_1.8V_MHL、VCC_3.3V_MHL 和 VSIL_1.2C。HDMI 信号输入到 U1109 的 F1、G1、G2、G3、G4、G5、G6、G7 脚。MHL 信号从 U1109 的 A3、A4、A7、F7 脚输出。MHL 信号一共有 5 个，分别是 MHL_DP、MHL_DM、MHL_ID、HDMI_HPD 和 GND。

中断信号 MHL_INT 送到 U1109 的 C7 脚，复位信号 MHL_RST 送到 U1109 的 D7 脚，应用处理器通过 I^2C 总线 MHL_SCL_1.8V、MHL_SDA_1.8V 对 U1109 进行控制和数据传输。

MHL 电路如图 8-63 所示。

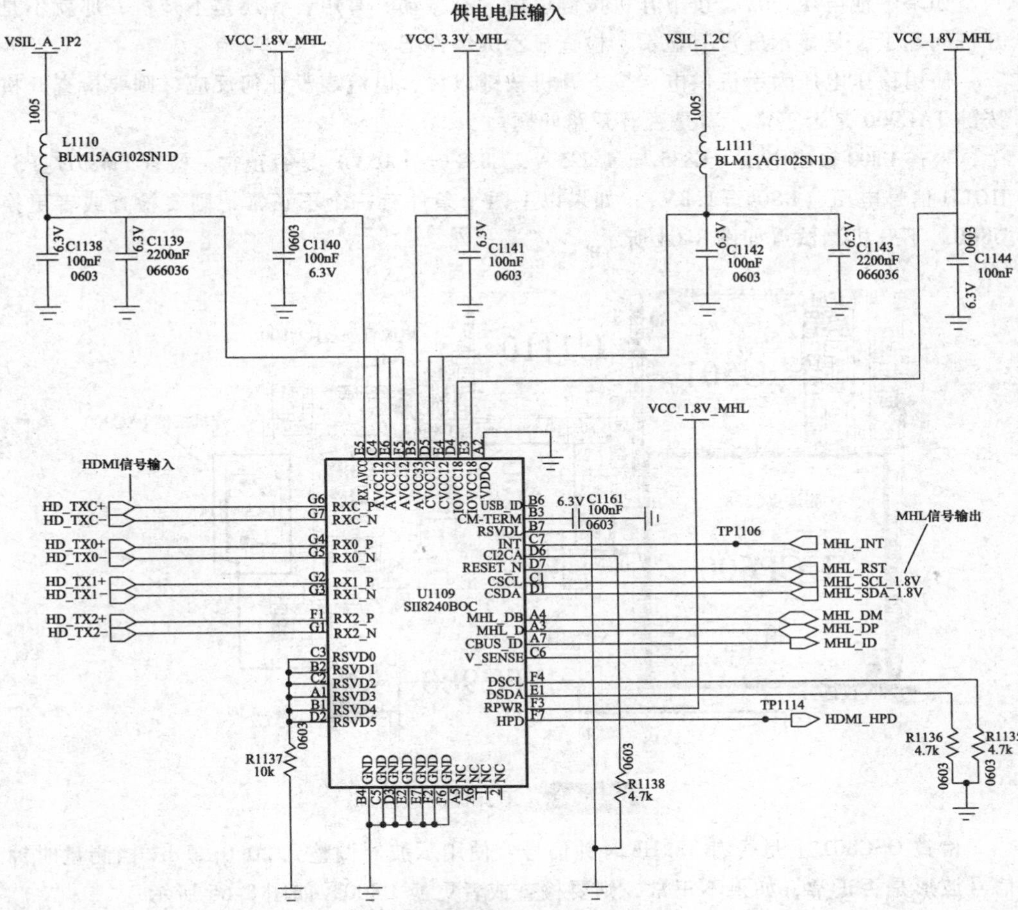

图 8-63 MHL 电路

第五节 电路故障维修

以三星 i9505 手机为例介绍智能手机的电路故障维修，从前面介绍的原理来看，虽然智能手机电路比功能手机电路复杂很多，但是基本维修方法和处理步骤是完全相同的。无论手机如何变，基本原理还是不变的。

一、电源电路故障维修

三星 i9505 手机如果出现不开机故障，可以按照以下思路进行维修。

1. 不开机故障维修

按下开机按键不能开机，如果此时手机没有任何反应，则首先要检查电池电压是否大于 3.4V，如果电池电压低于 3.4V 则要对电池进行充电。

如果电池电压正常，按下开机按键以后，有振动、有声音，还是不开机，那就不是开机问题了，是显示屏没有显示，检查显示屏组件吧。

使用稳压电压为手机供电，按下开机按键以后，电流表没任何反应，则要检查开机按键 TAC900 是否正常，看是否有开路问题。

检查 U800 输出电压（C835 = 1.225 V，C838 = 1.05V）是否正常；检查 PM8917_PS_HOLD 信号电压（R804 = 1.8V）；如果以上两个条件有一个不正常，则要检查或者更换 U800。不开机测试点如图 8-64 所示。

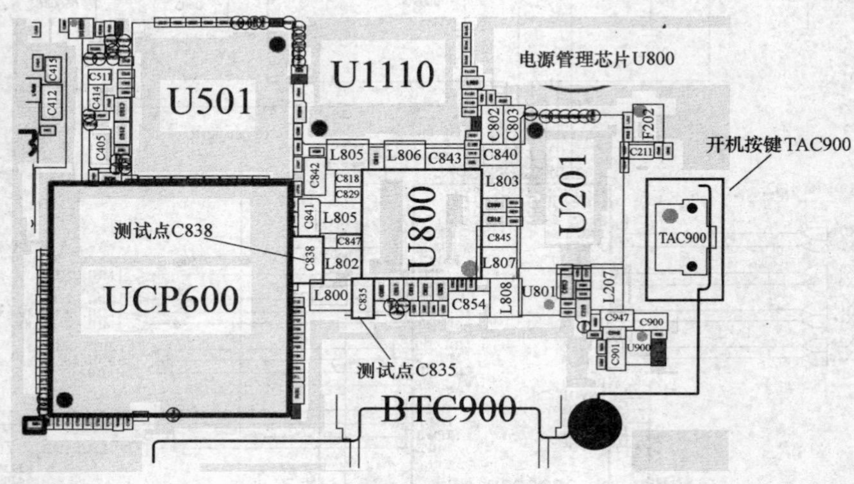

图 8-64 不开机测试点

检查 OSC801 上是否有 32kHz 时钟信号？使用示波器调整到 20.0μs. div 档测量时钟信号波形是否正常，如果不正常，则要检查或者更换 U800，如图 8-65 所示。

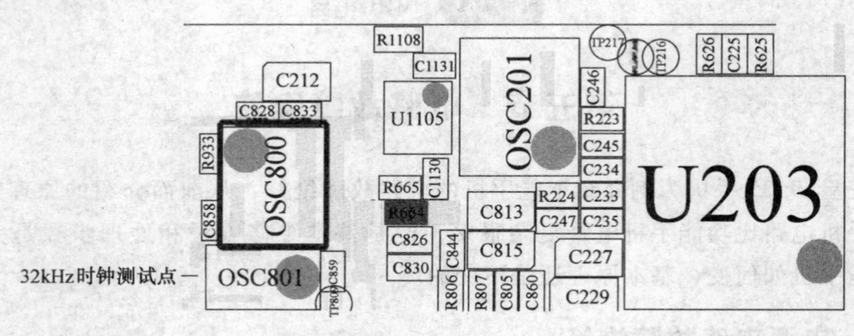

图 8-65 32kHz 时钟测试点

2. 初始化故障维修

三星 i9505 手机不能初始化，无法正常开机进入系统，这种问题可以先下载软件，如果能正常则说明软件问题引起不能初始化。如果仍然不正常，则需要按下面步骤进行维修。

首先检测应用处理器复位信号 PM8917_PON_RESET_N（TP807）是否正常，是否有 1.8V 复位电压，如果不正常则要检查或更换电源管理芯片 U800。检查或者测试 OSC800 上是否有 19.2MHz 信号，使用 20.0μs. div 档位测量，如果不正常检查或更换 OSC800、UCP600 芯片。初始化测试点如图 8-66 所示。

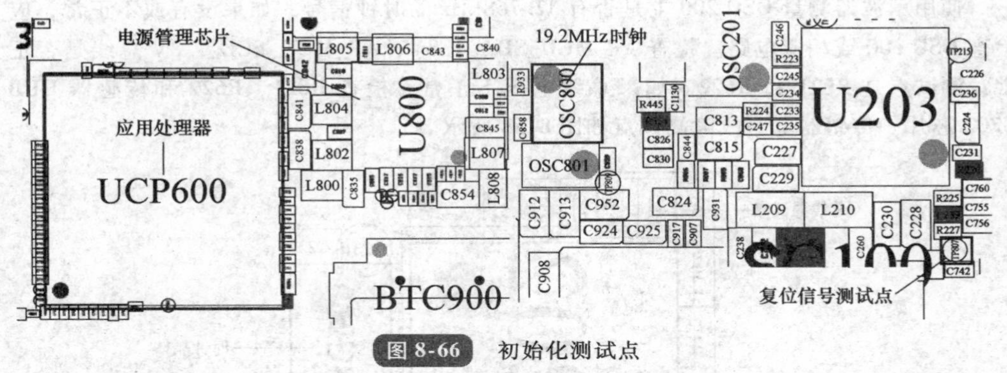

图 8-66　初始化测试点

3. 充电故障维修

充电电路故障涉及的方面比较多，除了要检查手机本身外还要主要检查充电器、数据线、电池。

测量 VBUS_5V 是否有 5V 电压，测试点在 L911 上，如果该测试点没有 5V 电压，则要检查充电器、数据线是否正常。测量 CHG_IN_5V（C908）是否有 5V 电压，如果没有 5V 电压，则要检查或者更换 U906 芯片，应急维修时可以将 U906 的 A2、A3、B2 脚和 C2、C3、B3 脚短接。

如果手机仍然无法充电，则要检查或者更换充电管理芯片 U903。充电故障测试点如图 8-67 所示。

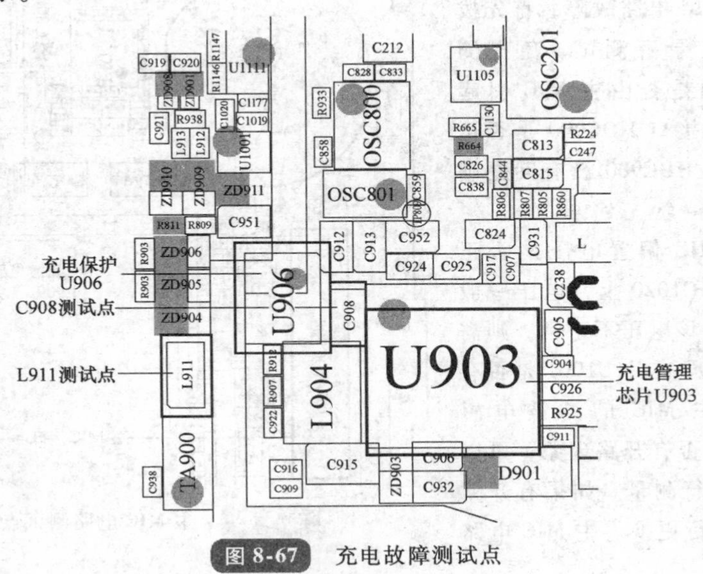

图 8-67　充电故障测试点

二、传感器电路故障维修

在三星 i9505 手机中，使用了一个传感器 HUB，所以如果所有传感器都失效了，首先要检查传感器 HUB U202 芯片。

使用示波器测量 OSC 200 上是否有 32.768kHz 的时钟信号，如果没有或不正常，应检查 OSC 200 或相应电路。检查 AP_MCU_SDA_1.8V、AP_MCU_SCL_1.8V 总线是否正常？测试点是 R621 和 R622。如果总线电压不正常，检查 R621、R622 和传感器 HUB U202 芯片。传感器电路故障测试点如图 8-68 所示。

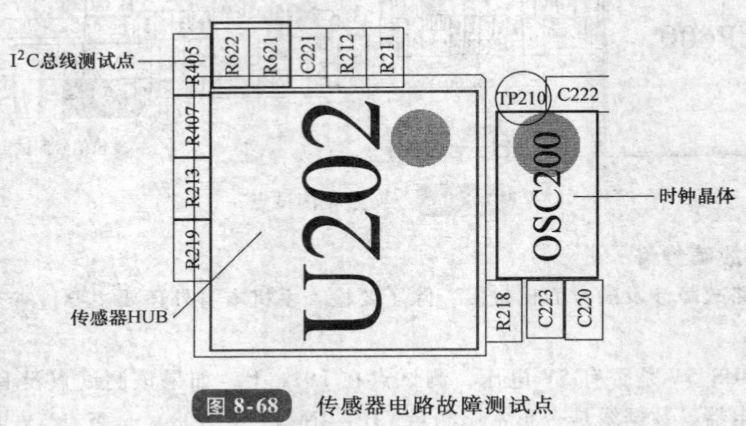

图 8-68 传感器电路故障测试点

三、音频电路故障维修

1. 主 MIC 电路故障维修

对于主 MIC 电路故障，首先拨打电话测试、录音测试、免提测试，确定问题是否由主 MIC 引起的，然后检查接口 HDC900 是否正常。如果接口 HDC900 没有问题则应进入下一步检查。

测量主 MIC 偏置电压是否正常？测试点在 C1020 上，电压一般为 2.8V。如果该电压不正常，则需要检测偏压 LDO 芯片 U1001 是否有问题。检查主 MIC 的滤波电感 L909、L910 是否有开路现象，可以使用万用表进行测量。如果有开路现象则需要进行更换。主 MIC 电路

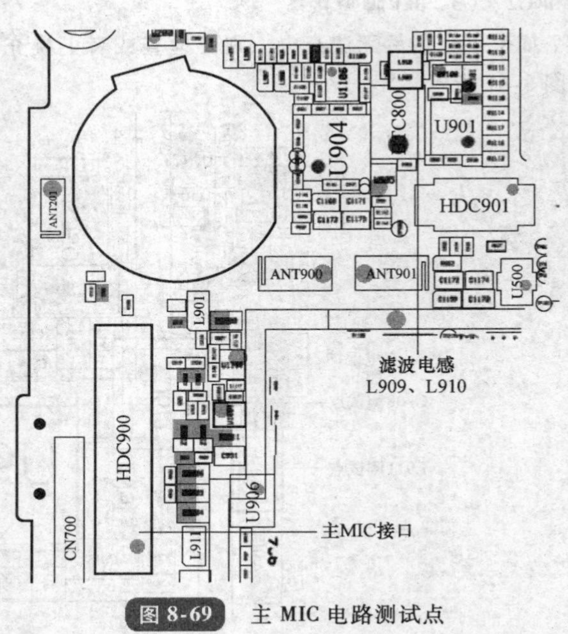

图 8-69 主 MIC 电路测试点

测试点如图 8-69 所示。

2. 辅助 MIC 电路故障维修

对于辅助 MIC 电路故障，首先使用语音辅助程序、声控照相等功能测试，确定问题是否由辅助 MIC 电路引起的，然后检查辅助 MIC MIC1000 是否有问题。测试 C1006 或 C1017 上是否有 1.8V 电压，如果电压不正常，补焊或者替换 U1004；如果电压正常，检查滤波电感 L1000、L1002 是否有问题。辅助 MIC 电路测试点如图 8-70 所示。

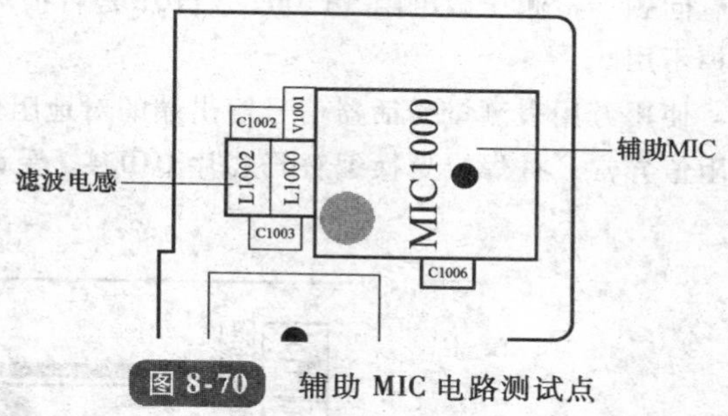

图 8-70 辅助 MIC 电路测试点

3. 免提 MIC 电路故障维修

对于免提 MIC 电路故障，使用免提模式测试，确定问题是否出在免提 MIC 电路。

测试 C1011 或 C1022 上是否有 1.8V 电压，如果电压不正常，补焊或者替换 U1004；如果电压正常，检查滤波电感 L1001、L1003 是否有问题。免提 MIC 电路测试点如图 8-71所示。

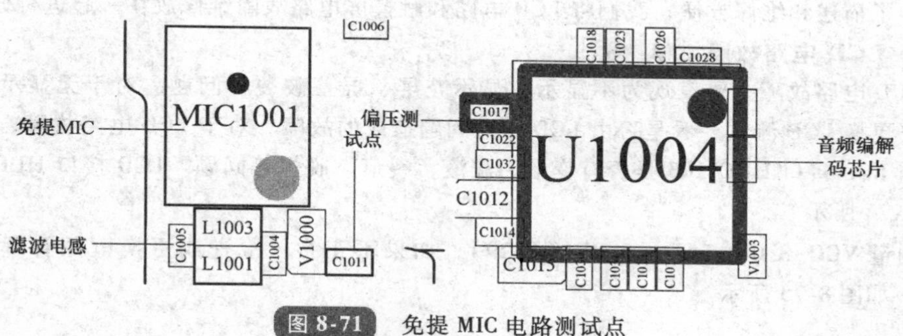

图 8-71 免提 MIC 电路测试点

4. 扬声器电路故障维修

对于扬声器电路故障，使能免提及音乐播放功能测试，看问题是否在扬声器电路。如果确认问题在扬声器电路，首先检测扬声器是否损坏，接口 HDC900 是否有问题。

扬声器放大电路使用了一个专门的音频放大芯片 U1000，检查 U1000 电路工作状态是否正常，供电电压 VPH_PWR 是否正常，输入信号是否正常，使能控制信号是否正常。扬声器电路测试点如图 8-72 所示。

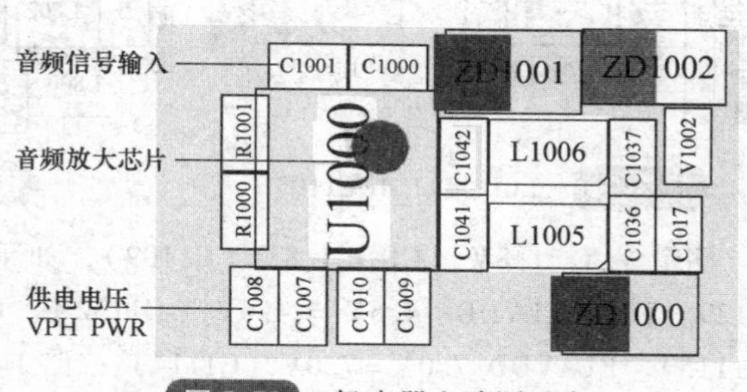

图 8-72 扬声器电路测试点

5. 受话器电路故障维修

拨打或接听一个电话，看问题是否在受话器电路，如果确认受话器电路故障，使用万用表测量受话器是否正常，检测接口 HDC1101 是否有问题。检测压敏电阻 V1100、V1101 是否损坏，应急维修时，可以将两个压敏电阻去掉不用。

使用万用表测量受话器信号输出端的对地阻值，并与正常的机器进行比较，如果发现阻值异常，补焊或更换编解码芯片 U1004。受话器电路测试点如图 8-73 所示。

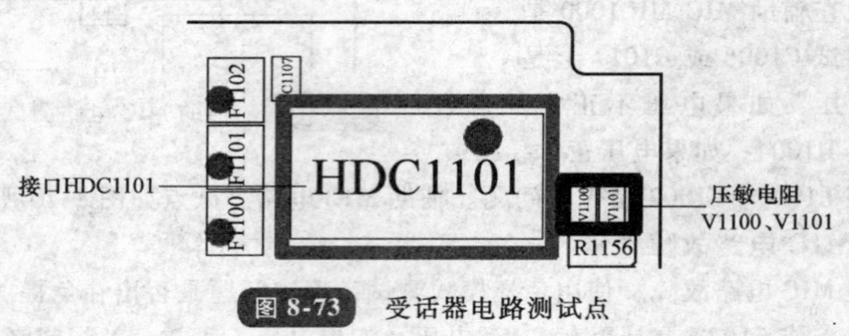

图 8-73 受话器电路测试点

四、显示及触摸电路故障维修

为了描述和维修方便，我们将 LCD 电路和触摸屏电路故障维修放在一起进行分析。

1. LCD 电路故障维修

LCD 电路故障主要表现为不显示、显示花屏、屏幕破裂等问题。对于无显示故障首先要更换 LCD 测试，看是否由 LCD 本身问题造成的故障。对于 LCD 电路故障，首先要检查 LCD 接口 HDC1103 是否有变形、浸液、裂痕、脱焊等问题。LCD 接口 HDC1103 如图 8-74 所示。

测量 VCC_3.0V_LCD = 3.0V（C829），如果不正常，检查或更换电源管理芯片 U800，如图 8-75 所示。

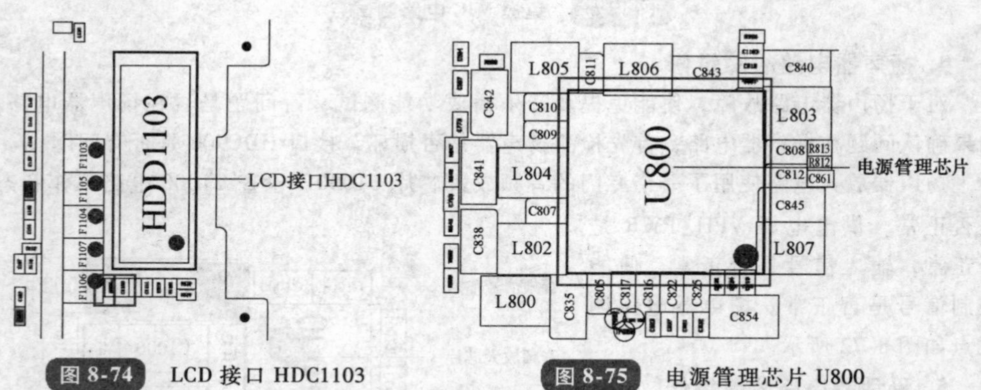

图 8-74 LCD 接口 HDC1103

图 8-75 电源管理芯片 U800

测量 VCC_1.8V_LCD = 1.8V（C1109），如果不正常，检查或更换 LDO 供电管 U1129。测量 ELVDD_4.6V = 4.6V（C1132）、ELVSS_ - 4.0V = - 1.4 ~ - 4.4V（C1115）、ELAVDD_7.0V = 7.0V（C1114）三路工作电压是否正常？如果不正常，补焊或更换升压芯片 U1103。LCD 电路测试点如图 8-76 所示。

2. 触摸屏电路故障维修

针对触摸电路故障，一般维修首先要代换触摸屏组件进行测试，待排除触摸屏本身问题以后再动手进行维修。

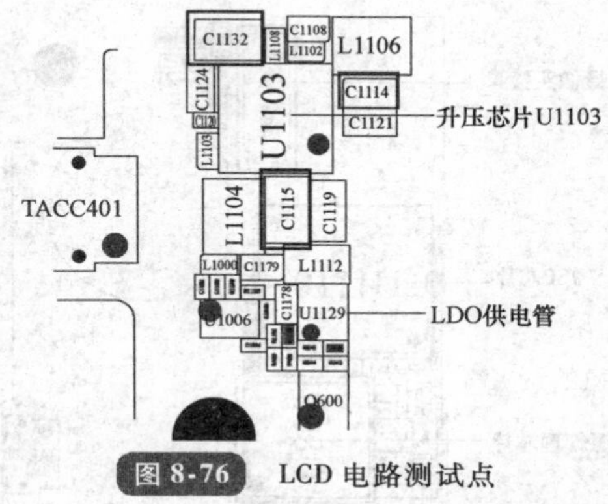

图 8-76 LCD 电路测试点

测量 TSP_VDD_1.8V（C819）及 TSP_AVDD_3.3V（C1111）电压是否正常？如果不正常则需要对电源管理芯片 U800 进行检查。检查 EMI 滤波元件 F1103、F1104、F1105、F1106、F1107 是否正常？如果怀疑有问题，应急维修时可以将输入、输出端短接。测量 I^2C 总线（测试点 R629、R630）是否正常，中断信号 TSP_INT_1.8V（R1101）是否正常。如果不正常补焊或替换应用处理器 UCP600。触摸屏电路测试点如图 8-77 所示。

五、摄像头电路故障维修

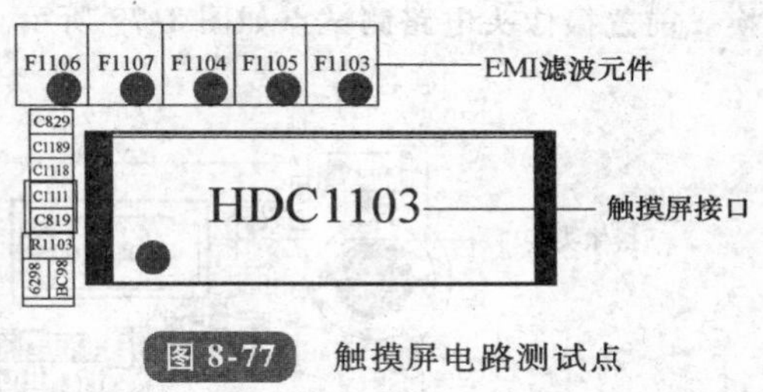

图 8-77 触摸屏电路测试点

1. 后置摄像头电路故障维修

对于后置摄像头故障维修，我们一般先用代换法，找个好的摄像头进行替换，如果故障排除了，说明是摄像头问题引起的。这种方法简单、安全。如果使用代换法仍然无法排除故障，则需要按照下面的步骤进行维修。

测量后置摄像头的各路供电电压 C1106 = 2.8V、C1104 = 1.05V、C1107 = 2.8V、C1105 = 1.8V 等是否正常？如果不正常，则要检查 LDO 供电管 U1106 工作是否正常，输出的 2 路电压是否正常；检查电源管理芯片 U800 输出的 CAM_DVDD_1.1V_1.2V、CAM_HOST_1.8V 电压是否正常。补焊或者替换有问题的元件。

测量 R1153 上是否有 24MHz 时钟信号？该信号由照相机 ISP 芯片 U1110 输出，如果该时钟信号没有或不正常，则需要补焊和更换 ISP 芯片 U1110。检查电感 L1100 是否正常？如果开路或阻值变大则需要进行更换。后置摄像头电路测试点如图 8-78 所示。

2. 前置摄像头电路故障维修

前置摄像头电路故障维修，首先要使用代换法进行代换，确认是电路故障引起的故障时再动手进行维修。

测量前置摄像头供电 C1176 = 2.8V、C820 = 1.8V 电压是否正常，其中 C1176 上的供电由 LDO 芯片 U1111 提供，如果该电压不正常，检查 U1111 的工作状态是否正常。C820 上的电压由电源管理芯片 U800 提供，如果该电压不正常，则需要补焊或更换 U800 芯片。测量 R1153 上是否有 24MHz 时钟信号？该信号由照相机 ISP 芯片 U1110 输出，如果该时钟信号没有或不正常，则需要补焊和更换 ISP 芯片 U1110。补焊或代换 EMI 滤波元件 F1100、F1101、F1102，如果三个元件其中一个损坏，应急维修时可以直

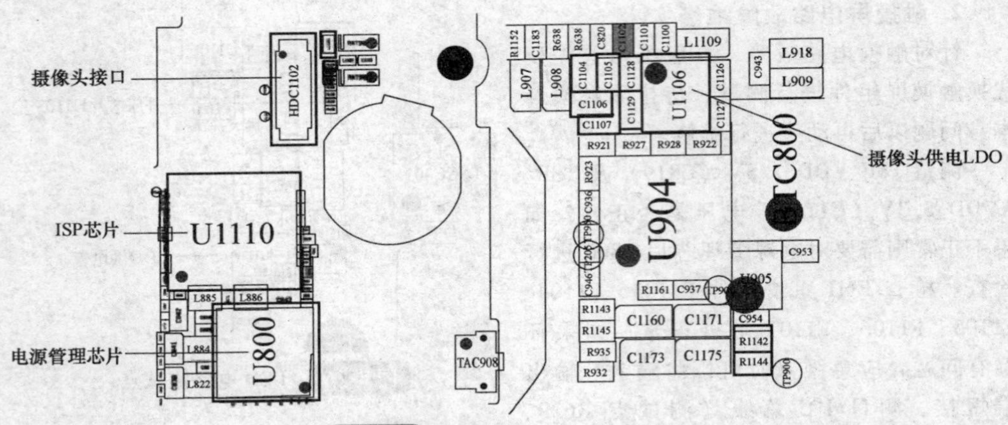

图 8-78　后置摄像头电路测试点

接输入和输出端进行短接。检查电感 L1100 是否正常？如果开路或阻值变大则需要进行更换。前置摄像头电路测试点如图 8-79 所示。

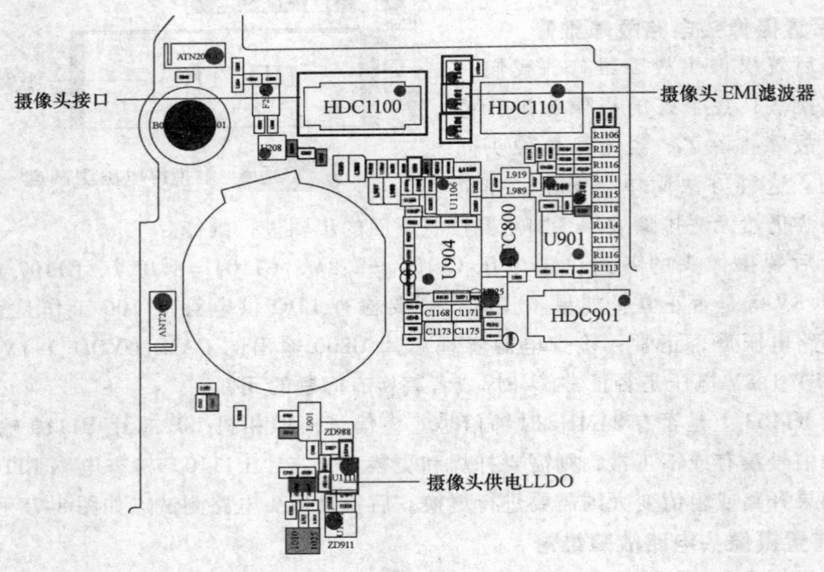

图 8-79　前置摄像头电路测试点

六、SIM 卡电路故障维修

SIM 卡故障维修相对比较简单，首先要检查 SIM 卡接口 HDC901 是否正常，可以用正常的小板进行代换。测量 SIM 卡供电 C934 上是否有 1.8V 或者 3V 的电压，一般用示波器测量比较准确，如果电压不正常，就要对供电电路进行检查。基带处理器 U501 问题也会引起 SIM 卡故障。SIM 卡故障测试点如图 8-80 所示。

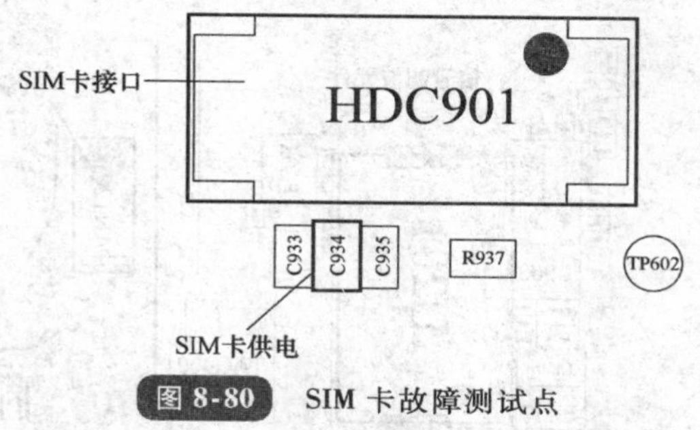

图 8-80 SIM 卡故障测试点

七、OTG 电路故障维修

OTG 电路故障维修相对比较简单，检查 CHG_IN_5V（C908）上是否有 5V 电压，如果没有，检查或更换 U903 芯片。注意，U903 不仅有充电功能，而且还支持 OTG 功能。检查 VBUS_5V（L911）上是否有 5V 电压，如果没有，检查或更换 U906 芯片。OTG 电路故障测试点如图 8-81 所示。

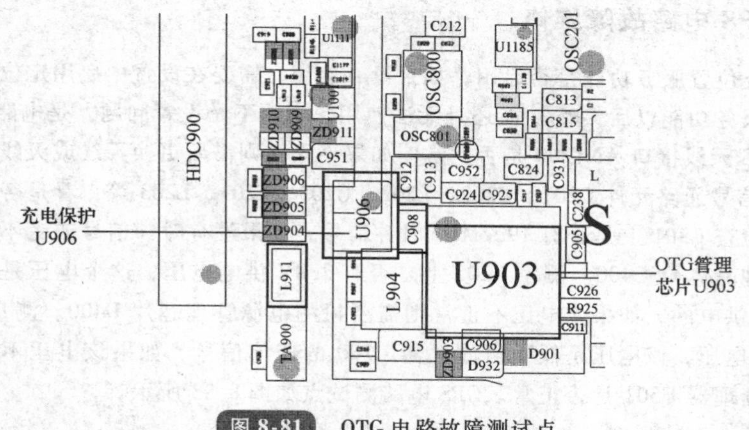

图 8-81 OTG 电路故障测试点

八、蓝牙/WIFI 电路故障维修

蓝牙/WIFI 电路外围元件较少，芯片集成度高，维修难度低。但是对芯片的焊接工艺要求高，因为芯片对温度和焊接时间要求严格。

对于供电问题，使用万用表测量 VREG_L7_1P8（C214）是否有 1.8V 电压。如果电压不正常，则要检查电源管理芯片 U800 是否有问题。测量电感 L207 上是否有 1.5V 电压，如果没有或不正常，检查或更换 L207。

对于信号问题，检查 C216、L211 是否正常，补焊或更换。检查天线 ANT 201、耦合电容 C213 是否正常。

如果以上检查都没有问题，则要更换蓝牙/WIFI 模块 U201。

蓝牙/WIFI 电路测试点如图 8-82 所示。

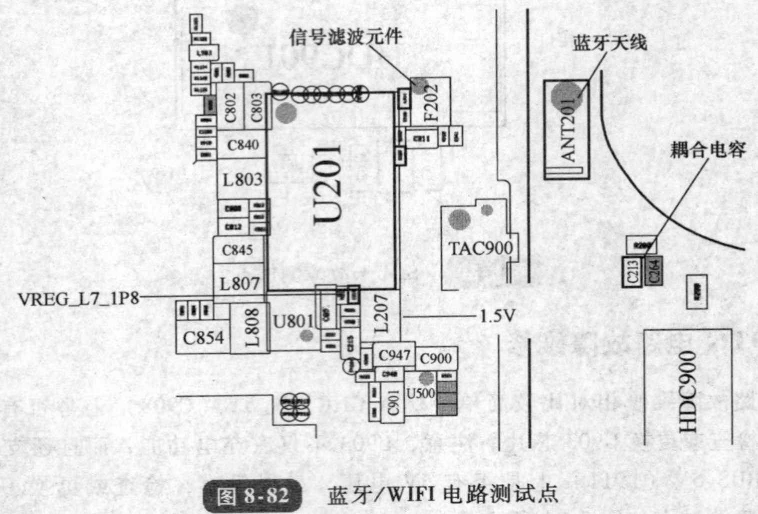

图 8-82　蓝牙/WIFI 电路测试点

九、GPS 电路故障维修

首先检查位置服务功能是否启用，如果没有启用，需要在设置中启用定位服务。如果启用定位服务功能以后 GPS 功能还是无法使用，说明不是设置问题，是电路故障。

检测 GPS 天线接口 ANT200 是否正常？如果不正常则需要更换天线或天线接口，检查 GPS 接收信号通路元件 C201、C202、L202、C203、L201、L203 等，看是否有开路或损坏问题。检查 C301 上是否有 19.2MHz 时钟信号，如果没有时钟信号或者不正常，检查或更换时钟晶体 OSC400。测量 C205 上是否有 2.8V 供电电压，这个电压是给低噪声放大器 U200 供电的，如果该电压不正常则需要检测电源管理芯片 U400。测量 C204 上是否有 1.8V 电压，该电压是低噪声放大器 U200 的使能信号，如果该电压不正常则需要检测基带处理器 U501 是否正常。GPS 电路测试点如图 8-83 所示。

十、NFC 电路故障维修

针对 NFC 电路故障，首先要检查 NFC 功能是否已经启用，如果已经启用仍然无法使用，就需要对电路进行维修了。

检查电池是否有问题？有人会问，NFC 电路故障和电池有什么关系？NFC 的天线是在电池里面的，只有支持 NFC 天线的电池才可以的。测量 C225 上是否有 1.8V 电压？测量 C231 上是否有 1.8V 或 3V 的电压？如果电压没有或者不正常，则要检查或更换电源管理芯片 U800。检查时钟晶体 OSC201 外围接的电容 C245、C246，如果不正常则需要进行更换。检查天线回路元件 L209、L210、C232、C261、C238、C260、R221、R226，补焊或者更换有问题的元件。以上检查没有问题，最后就需要更换 NFC 芯片 U203。NFC 电路测试点如图 8-84 所示。

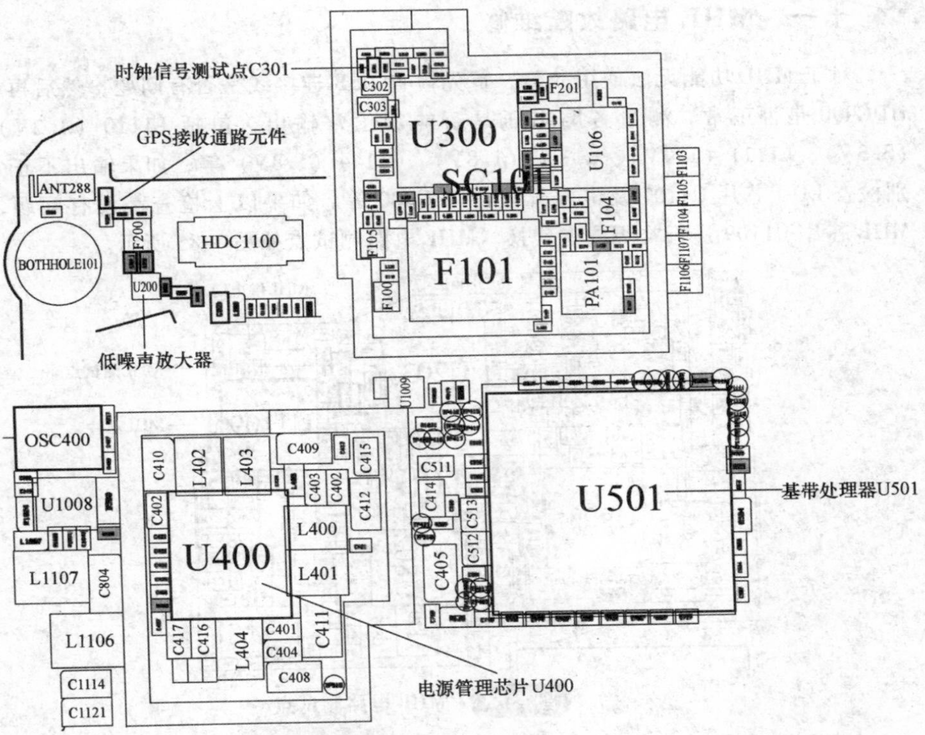

时钟信号测试点C301

GPS接收通路元件

低噪声放大器

时钟晶体

基带处理器U501

电源管理芯片U400

图 8-83　GPS 电路测试点

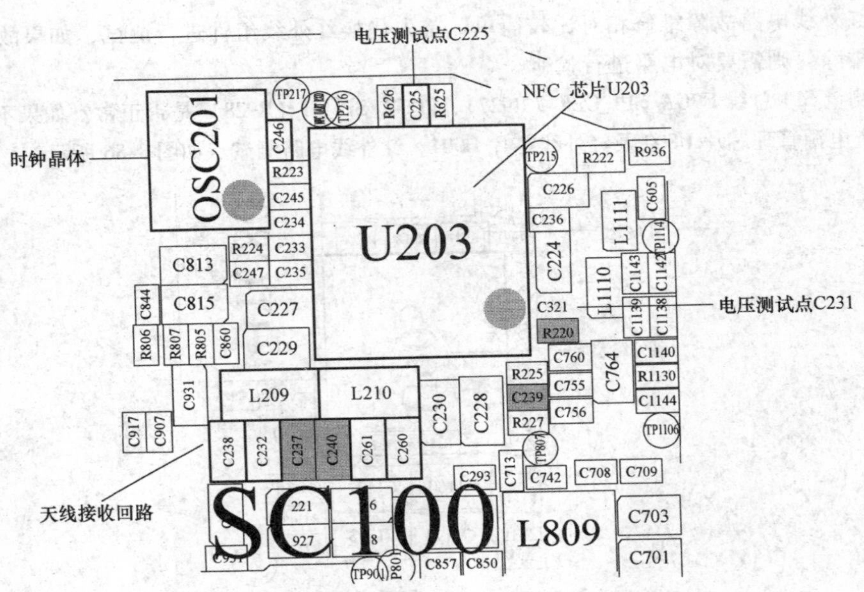

图 8-84　NFC 电路测试点

十一、MHL 电路故障维修

对于 MHL 功能无法使用故障，首先检查 USB 连接线是否有问题，然后再检查接口 HDC900 是否正常。测量各路电压是否能够正常输出，包括 L1110（1.2V）、C1141（3.3V）、L1111（1.2V）、C1140（1.8V）、C1144（1.8V）等，如果输出不正常，要分别检查 LDO 芯片 U1107 及电源管理芯片 U800 等。如果以上检查都没有问题，则要对 MHL 芯片 U1109 进行补焊或者代换。MHL 电路测试点如图 8-85 所示。

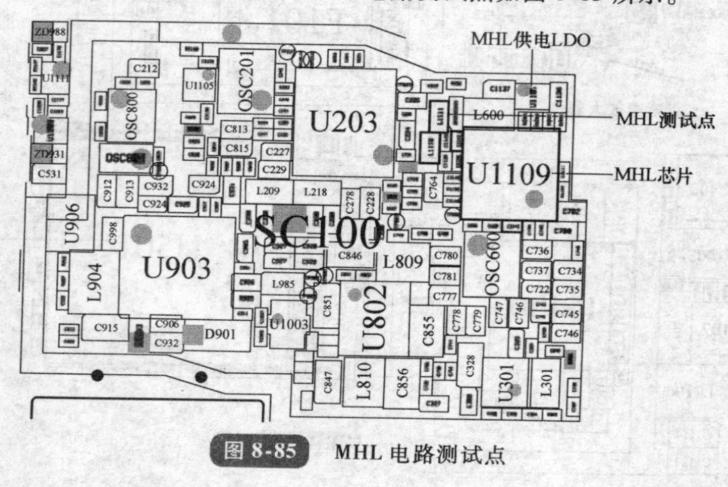

图 8-85　MHL 电路测试点

十二、红外线电路故障维修

红外线电路故障维修相对比较简单，首先代换红外线组件进行测试，如果故障仍然无法排除，则需要对电路进行检修。

测量 SPI 总线 FPGA_SPI_CLK（R927）、FPGA_SPI_SI（R928）是否正常？如果不正常则要检查电源管理芯片 U800 及红外线芯片 U904。红外线电路测试点如图 8-86 所示。

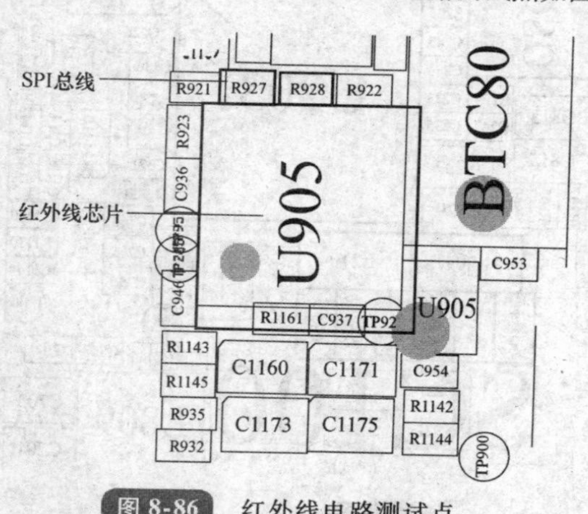

图 8-86　红外线电路测试点

复习思考题

1. 三星 i9505 手机网络模式支持哪几种？数据模式支持哪几种？都支持哪些频段？
2. 什么是 HAPA + 技术？什么是分集接收技术？
3. 中国移动要求的“五模十频”手机，具体是指什么？
4. 三星 i9505 手机 4G 部分是如何工作的？
5. 串行媒体总线 SLIMbus 是如何工作的？
6. 在智能手机中使用了很多穿心电容，穿心电容是如何工作的？
7. 智能手机的电源开机按键有几个功能？
8. 在智能手机中，为何要使用温度检测电路？
9. 在三星 i9505 手机中，使用了几种传感器？是如何工作的？
10. NFC 技术在手机上应用主要有哪些方面？
11. 显示电路使用了 MIPI 总线，并简要描述其工作原理。
12. 请简要描述 MHL 电路的工作原理。
13. 三星 i9505 手机不开机故障如何进行维修？
14. 三星 i9505 手机显示电路故障如何进行维修？

第九章　智能手机系统与刷机

☺知识目标

1. 了解智能手机的常见操作系统：苹果的 iOS 系统、谷歌的 Android 系统、微软的 Windows Phone 8 系统及其软件升级、刷机方法。

2. 熟练掌握和了解智能手机刷机的步骤和方法，掌握解决刷机过程中出现的各种问题方法，解决客户提出的各种问题方法。

3. 熟练掌握苹果手机、三星手机、小米手机等手机的具体刷机操作步骤。

☺技能目标

1. 能够对智能手机进行格式化操作。

2. 能够对安卓系统手机进行刷机操作。

3. 能够对苹果手机进行刷机操作。

4. 能够对苹果手机进行越狱操作。

第一节　智能手机操作系统

一、苹果的 iOS 系统

iOS 系统是由苹果公司为 iPhone 开发的操作系统，它主要是给 iPhone、iPod Touch、iPad 及 Apple TV 使用。就像其基于的 Mac OS X 操作系统一样，也是以 Darwin 为基础的。原本这个系统名为 iPhone OS，直到 2010 年 6 月 7 日 WWDC 大会上宣布改名为 iOS。其本身的系统架构分为四个层次，即核心操作系统层、核心服务层、媒体层和可轻触层。iOS 系统 LOGO 如图 9-1 所示。

iPhone OS 由两部分组成，即操作系统和能在 iPhone 等设备上运行原生程序的技术。由于 iPhone 是为移动终端而开发，所以要解决的用户需求就与 Mac OS X 有些不同，尽管在底层的实现上 iPhone 与 Mac OS X 共享了一些底层技术。系统操作占用大概 240MB 的存储器空间。而其最主要的用户体验和操作性都是依赖于能够使用多点触控直接操作。用户通过与系统交互包括滑动、轻按、挤压及旋转等方式完成所有操作，而这些设计的核心都来源于乔布斯的一句话，我所需要的手机只有一个按键。iOS 操作系统界面如图 9-2 所示。

图 9-1　iOS 系统 LOGO

二、谷歌的 Android 系统

Android 一词的原意是“仿真机器人”，中文有时译为“安卓”或“安致”。Android 是谷歌旗下的智能平台。

图 9-2 iOS 操作系统界面

1. Android 系统简介

Android 基于 Linux 技术，由操作系统、中间件、用户界面和应用软件组成，允许开发人员自由获取、修改源代码，是一套具有开源性质的手机终端解决方案。2008 年 9 月 22 日，美国移动运营商 T-Mobile USA 在纽约正式发布第一款 Google 手机——T-Mobile G1。该款手机由中国台湾宏达电代工制造，是世界上第一部使用 Android 操作系统的手机，支持 WCDMA/HSPA 网络，理论下载速率为 7.2Mbit/s，并支持 Wi-Fi 功能。Android 系统 LOGO 如图 9-3 所示。

在操作与整体界面的感觉上其很像 iPhone 和 BlackBerry 的混合体。它绝大部分功能依靠触摸屏即可轻松搞定，但依旧保留了轨迹球和菜单，此外还沿袭了手机惯用的 Home 及 Back 按钮。当然更为重要的是 Android 秉承了谷歌的一贯作风选择开源模式，这也是其如此受欢迎最主要的原因，同时其也与 Google 的相关服务进行了紧密的集成，如 Gmail 和 Google Calendar。Android 操作系统界面如图 9-4 所示。

图 9-3 Android 系统 LOGO

图 9-4 Android 操作系统界面

2. Android 系统的优势

（1）开放性手机平台 Android 是 Google 开发的基于 Linux 平台的开源手机操作系统。Google 通过与运营商、设备制造商、手机公司和其他有关各方结成深层次的合作伙伴关系，希望借助建立标准化、开放式的智能手机操作系统，在移动产业内形成一个开放式的生态系统。

（2）网络集成性很高 Android 内部集成了大量的 Google 应用，如 Gmail、Reader、

Map、Docs、YouTube等，涵盖了生活中各个方面的网络应用，对长期使用网络、信息依赖度比较高的人群很合适。

（3）Android具备创新性　自从Google开发出Android后，许多人认为其技术可信度要比其他操作系统略胜一筹，但这并不是用户购买Android智能手机的唯一原因。人们认为Android是一种相对较新的又较为成熟的技术，在达到巅峰之前还有很大的发展空间。

（4）Android平台在数量上逐渐主宰市场　Google CEO埃里克·施密特2010年8月初曾表示每天出售20万部Android手机，第三方调查也显示该平台发展势头正稳步增长。据市场分析机构NPD发布的数据显示，今年4～6月发售的智能手机中，33%为Android手机，而RIM手机发售比例为28%，iPhone为22%。

（5）Android在其他领域的拓展　Android不仅促进了手机产业的发展，它的全面计算服务和丰富的功能支持，已将应用拓展到手机以外的其他领域。Android平台的通用性可以适用于不同的屏幕、有线和无线设备。Android的系统和应用程序开发人员将更多地涉足多媒体、移动互联网设备、数字视频和家庭娱乐设备、汽车、医药、网络、监测仪器和工业管理、机顶盒等新领域。

三、微软的Windows Phone 8系统

Windows Phone 8是微软公司2012年6月21日最新发布的一款手机操作系统，是Windows Phone系统的最新版本，也是Windows Phone的第三个大型版本，该系统旗舰手机为nokia Lumia 1520。Windows Phone 8采用和Windows 8相同的针对移动平台精简优化NT内核并内置诺基亚地图。诺基亚与微软的合作正在逐步加深。Windows Phone 8系统LOGO如图9-5所示。

图9-5　Windows Phone 8系统LOGO

Windows Phone 8具有如下特点：

（1）采用与Win8相同的内核　Windows Phone 8将采用与Windows 8相同的内核，这就意味着WP8将可能兼容Win8应用，开发者仅需很少改动就能让应用在两个平台上运行。

（2）支持多核　WP8支持多核心芯片组，双核甚至更多核处理器，硬件制造商可以为用户提供更丰富更多配置的WP8设备。

（3）支持三种分辨率　除WVGA屏幕分辨率外，还增加了对WXGA（1280×768）和720p（1280×720）现有的WP7应用可以不经任何改变就在上述三种分辨率中正常运行。开发者可以根据新平台进行优化。

（4）支持Micro SD扩展卡　新增了Micro SD扩展卡的支持。现场显示MicroSD卡支持包括图片、音乐、视频和安装应用。

（5）应用向下兼容 WP7　所有 Windows Phone 7.5 的应用将全部兼容 Windows Phone 8，现有 WP7.5 应用可在 WP8 运行。

（6）内置 IE10 移动浏览器　WP8 内置 IE10 移动浏览器，相比 Windows Phone 7.5 JavaScript 性能提升 4 倍，HTML 5 性能提升 2 倍。微软官方提供的测试结果称，WP8 超越了目前市售搭载其他系统的 GALAXY S Ⅲ、HTC One S 以及 iPhone 4S。

（7）移动电子钱包　WP8 系统支持 NFC，并可由此进行更多的数据交换。微软与移动运营商合作，推出针对移动支付的 SIM 卡改进。而不是设备改进，像谷歌那样把 NFC 植入系统，不让运营商插手。

（8）内置诺基亚地图　WP8 将包含诺基亚的地图技术，使用 NAVTEQ 数据，支持离线地图、Turn By Turn 导航。

（9）企业功能　针对企业用户，WP8 将支持加密、安全引导、LOB 应用部署以及设别管理。可以用同一套工具管理 PC 和手机，因为 WP8 与 Win8 内核一致。

（10）全新的 WP8 界面　将拥有大中小三种尺寸动态瓷片，用户看到的不再是一成不变的方格子界面，可以将不同尺寸的瓷片组合到一起，按住瓷片可调整瓷片大小。微软 Windows Phone 的合作伙伴分别是诺基亚、三星、LG、HTC、宏基、富士通和中兴。Windows Phone 8 操作系统界面如图 9-6 所示。

图 9-6　Windows Phone 8 操作系统界面

目前国内手机市场上，iOS 或 Android 操作系统是使用量最多的，Windows Phone 目前主要在微软的手机上使用，其他手机使用的很少了。

第二节　Android 系统手机刷机方法

Android 系统只有一个，但手机厂商却有很多，各厂家的手机即使都采用了 Android 系统，不同品牌之间、同品牌不同型号之间，也可能因为硬件的不同或者厂商的原因，导致没有一个所谓的通用破解和固定模式的刷机流程，都应针对性地来操作。

拿到客户送修的手机后需要知道，手机里面运行的是哪个版本的系统，这对用户来说很重要，后续操作都要基于这个，不同版本的系统对应不同的处理方法。

一、Android 系统刷机简介

刷机，手机方面的专业术语，是指通过一定的方法更改或替换手机中原本存在的一些语言、图片、铃声、软件或者操作系统。通俗来讲，刷机就是给手机重装系统。刷机

可以使手机的功能更加完善，并且也能使手机还原到原始状态。一般情况下 Android 手机出现系统被损坏，造成功能失效或无法开机的情况，也通常用刷机的方法恢复。刷机可以是官方的，也可以是非官方的。

1. 刷机的原因

通过刷机可以提升权限，可以得到更新版的操作系统，或者是改良后的系统驱动等，这样可以使手机运行在更好的一个状态下。

通过官方提供的升级包，自己手动来给手机升级的，也是一种刷机，只不过这是在官方授权允许的情况下进行的。

后面即将要讲到的 Rooting，也是一种简单的刷机，这里往手机里面放进了两个程序，然后就取得了系统的最高权限。

再后面要讲到的是怎么去替换系统程序，怎样把第三方、甚至是自己修改的刷机包刷进手机等，同样都是刷机。

2. 是否需要刷机

对于手机用户来讲，如果只是用手机打电话、收发短信，那么一个稳定的官方系统就够用了，也许到换手机的那天，都不用对它做任何的升级。因为不需要这么去做。但手机要是频繁死机，运行不稳定呢？也许会送去维修，没错，这也是一个办法。但对于痴迷电子产品的爱好者来说，刷机恰恰是其乐趣所在，通过刷机可以学到很多相关的知识，把自己的手机弄成自己想要的样子，会很有成就感。大家都知道，计算机可以完成很多任务，工作、学习、读书、看报、听歌、看碟、上网、聊天等，现代人的生活几乎离不开计算机，离不开网络。

假如有一台计算机，却没有给管理员账号，也就是说，装好了操作系统，但是只给用户设置了一个普通用户账号，只能用它运行装机时设定的一些程序，如只能用系统自带的播放器看碟听歌，一些在网上下载的电影有可能会因为系统没有相应的解码包而无法播放，而没有系统管理员的权限，是没有办法自己去安装其他解码包的，类似的例子太多了，碰到这种问题，怎么办？不过在计算机世界里，这种情况是不可想象的，通常软件厂商都会给用户最高的操作系统管理权限，因为这是用户的权利。同样的，在没有智能手机之前，手机就是手机，也只能打电话、发短信，系统也都是固化的，并不允许做修改。

当智能手机出现后，这一状况改变了，可以用手机来完成很多以前只能在计算机上才能完成的工作了。但是，这不像自己组装的计算机，手机出厂时，都是已经装好了系统的，并且也不像计算机，允许随意格式化系统再重新安装，有人可能会想这是为什么，这要问手机厂商了。也许它们会说，为了安全，折腾坏了，还不是要维修。既然买的是智能手机，就应该让它尽可能地提供服务。

虽然手机厂商给我们装好的系统对于一般用户来说已经够了，它们并不需要刷机，但是，为什么官方还要提供升级程序呢（也是刷机）？主要还是想让用户更好地使用手机。但对于玩家用户，需要更高级别的管理权限修改自己的系统，添加、删除一些程序，有些特别的程序，也需要在管理员权限下才能够运行，怎么办？通过刷机，提升权限，把官方拿走的东西再拿回来。

官方的系统好不好？官方系统的稳定性还是有所保证的，但厂商有时为了这种稳定，却把系统调试得很保守，有时候甚至可以说是浪费硬件资源。

二、Android 操作系统的分区

简单来说，计算机分为硬件和软件两大块，软件安装在硬盘上，比如操作系统 Windows，使用者通过 Windows 来控制机器硬件，达到使用计算机的目的。

手机也分为硬件和软件两块，软件则是安装在闪存（即 flash memory，一种存储器）上的，闪存有大小的区别，就像硬盘有大小一样，看手机硬件配置时，通常会看到如下介绍：ROM 512M，RAM 512M。ROM 是指闪存，相当于计算机上的硬盘，用来存放操作系统和用户数据等信息。相应的 RAM 是指内存。

手机出厂时都是装好系统的，这点类似于计算机中的品牌电脑，通过分析手机闪存上的内容可以知道，Android 操作系统主要有以下几个重要的分区（包括但不限于）。

1）hboot 分区：负责启动。

2）radio 分区：负责驱动。

3）recovery 分区：负责恢复。

4）boot 分区：系统内核。

5）system 分区：系统文件。

6）cache 分区：系统缓存。

7）userdata 分区：用户数据。

三、Android 系统名词解释

1. 固件、刷固件

固件是指固化的软件，英文为 firmware，它是把某个系统程序写入到特定的硬件系统中的 flashROM。

手机固件相当于手机的系统，刷固件就相当于刷系统。不同的手机对应不同的固件，在刷固件前应该充分了解当前固件和所刷固件的优点、缺点和兼容性，并做好充分的准备。

2. 固件版本

固件版本是指官方发布的固件的版本号，里面包含了应用部分的更新和基带部分的更新，官方新固件推出的主要目的是为了修复已往固件中存在的 bug 及优化相关性能。

3. APK

APK 是 Android Package 的缩写，是一种文件格式，类似于 Windows 系统里的 EXE 可执行文件。在 Android 上，各种程序软件都是通过打包成 APK 形式来发布的。它其实就是 ZIP 格式的文件包，可以用 WinRAR 之类的压缩软件来打开。

通过将 APK 文件直接传到 Android 模拟器或 Android 手机中运行即可安装相应软件。从网上还有电子市场下载的 Android 系统的程序文件，都是 APK 格式的。

4. OTA

OTA 是英文 Over The Air 的缩写，中文含义是空中升级。当手机系统有更新出现时，通常会收到官方发送的一条信息，告诉用户手机系统有更新了，是否需要下载。其优点是点对面，属于广播的形式，有需求时可以自由下载。

5. Recovery

Recovery 的中文含义是恢复，手机上的一个功能分区，有点类似于笔记本电脑上的恢复分区。一般大厂生产的笔记本，都会自带一个特殊分区，里面保存着系统的镜像文件，当系统出问题时，可以通过它来一键恢复系统，与 Recovery 功能有些类似。

其实，它更像是计算机上的小型 WinPE 系统，可以允许通过启动到 WinPE 系统上，做一些备份、恢复的工作。当然，系统自带的 Recovery 基本没用，所以通常会刷入一个第三方的 Recovery，以便实现更多的功能，例如：备份系统、恢复系统、刷新系统等。但官方自带的 Recovery 也不是一无是处，在使用 OTA 方式升级系统时，会检查此分区内容，如果不是原厂自带的，OTA 升级就会失败。

6. Root

Root 权限与在 Windows 系统下的 Administrator 权限可以理解成一个概念。Root 是 Android 系统中的超级管理员用户账户，该账户拥有整个系统最高权利，所有对象它都可以操作。只有拥有了这个权限才可以将原版系统刷新为改版的各种系统，比如简体中文系统。

7. Radio

Radio 是无线通信模块的驱动程序。ROM 是系统程序，Radio 负责网络通信，ROM 和 Radio 可以分开刷，互不影响。如果手机刷新了 ROM 后有通信方面的问题可以刷新 Radio 试一试。

手机上的通信模块又叫作基带。负责手机的无线信号、蓝牙、Wi-Fi 等设备的管理，也就是说，相当于计算机系统里面的硬件驱动部分，其实这样说或许也不是特别的准确。通常所说的刷 Radio、刷基带，就是指的刷写这一部分，以便解决通话质量、网络连接质量、蓝牙连接等问题。

8. ROM

ROM 是英文 Read Only Memory 简写，通俗的来讲 ROM 就是 Android 手机的操作系统，类似于计算机的操作系统 Windows 7/8 等。平时说给计算机重装系统，拿个系统光盘或镜像文件重新安装一下就好了。而在 Android 手机上刷机也是这个道理，将 ROM 包通过刷机重新写入到手机中，ROM 就是 Android 手机上的系统包。

ROM 一般分为两大类，一种是手机制造商官方的原版 ROM，特点是稳定，功能上随厂商定制而各有不同；另一种是程序开发爱好者利用官方发布的源代码自主编译的原生 ROM，特点是根据用户具体需求进行调整，使 ROM 更符合不同地区用户的使用习惯。

9. Wipe

Wipe 的中文含义是抹去、擦除等，在 Recovery 模式下有个 Wipe 选项，它的功能是清除手机中的各种数据，这和恢复出厂值差不多。最常用到 Wipe 是在刷机之前，大家可能会看到需要 Wipe 的提示，是指刷机前清空数据。注意，Wipe 前备份一下手机中重要的东西。

10. 桌面 Widget

Widget 直译就是构件、小部件、小工具的意思。在安卓手机中，当在桌面空白处长按几秒钟，就会弹出一个对话框，其中就有添加桌面小工具的选项，这个就是添加的桌面 Widget。用过 Windows Vista 或是 Windows 7 的用户对桌面小工具应该都不陌生，在计算机上也有在桌面添加一些小部件的功能，安卓系统中的桌面 Widget 也和它们类似，通过在桌面上添加 Widget，能很方便快捷地进行一些查阅和操作。

四、三星 i9500 手机刷机方法

Galaxy S4 在国内有 4 种版本，分别是标准版 GT-i9500、移动版单卡 i9508、联通版双卡双待 i9502 和电信版双卡双待版 i959。其中，移动版将采用 1.9GHz 高通骁龙 600 四核处理器，而其他三个版本的产品均搭载三星的 Exynos 5410 八核处理器。

1. 三星手机刷机简介

三星手机刷机方法主要分为两种，即线刷法和卡刷法。

（1）线刷法　三星手机上主流的刷机方法是通过手机连接计算机，在计算机上进行操作完成刷机，ROM 包通常为 TAR 格式。这种方法因为简单可靠，所以广受欢迎。

（2）卡刷法　这种方法是直接通过手机进行刷机的，可以刷入 ROM、美化包、基带和内核。通常的 ROM 包格式为 ZIP。

2. 三星手机刷机前准备

（1）选择线刷法的准备工作

1）三星手机驱动。为了使计算机可识别手机，可以通过三星官网下载适合手机型号的驱动，下载后解压缩到计算机中安装即可。

2）刷机软件。三星手机线刷的刷机软件为 ODIN，通过这个软件可以方便地进行自动化刷机。

3）ROM 包。ROM 包即为“只读型存储器”，通俗来说就是已经由 ROM 开发者做好写入的手机硬盘，用户可以进行刷入读取，好多的手机网站都提供了大量的 ROM 下载。

（2）选择卡刷法的准备工作

1）CWM Recovery。三星手机通常使用的是 CWM Recovery。

2）刷机软件。ODIN 刷机软件，它主要是为了通过刷机软件将 CWM Recovery 刷入手机。

3. 挖煤模式

（1）挖煤模式概述　挖煤模式只是个名字，其实应该叫作刷机模式或 Download 模式。挖煤是给三星专用的 ODIN 工具用的，其他品牌的手机也有类似的模式，但叫法都不一样，HTC 有 HBOOT，摩托罗拉有 RSD 模式。

i9500 手机挖煤模式：同时按住音量下键 + HOME 键 + 开机按键就能进入挖煤模式，如图 9-7 所示。

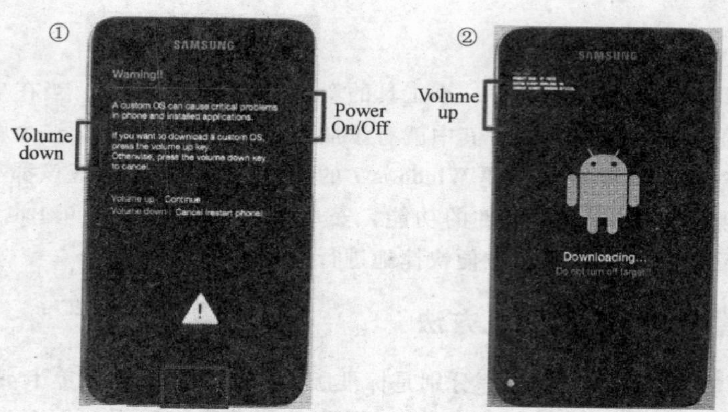

图 9-7 挖煤模式

（2）挖煤神器　顾名思义就是挖煤的神器，是用于三星（其他品牌手机不适用）Android 手机刷机的一种工具。本质上是一个 301kΩ 的电阻，可以使手机进入挖煤模式（Download），在该模式下可以使用 ODIN 进行刷机操作。适用于刷机失败，开机不能进系统，不能进入挖煤模式的手机。用此工具插入尾插接口，即可进入挖煤状态，然后再连接 USB 数据线进行刷机即可。

（3）进入挖煤模式的方法　如果手机能开机，可以用方法 1、2、3、4 进入挖煤模式。

方法 1：

1）关机（要拔掉充电器，多等一会，例如 15s）。

2）按音量下键 + 开机键。

3）进入挖煤模式。

方法 2：

1）关机。

2）USB 数据线连接计算机（先不连手机）。

3）同时按音量上下键。

4）再插入 USB 数据线到手机，则直接进入挖煤模式。

方法 3：如果利用方法 1 和 2 不能进入挖煤模式，下载 ADB 进入挖煤工具包。

1）下载 ADB 挖煤工具包。

2）解压到任意文件夹，如图 9-8 所示。

3）用 USB 数据线连接计算机和手机。

4）在手机开机情况下，双击 Down-

图 9-8　下载的 ADB 挖煤工具包

load. bat，如图 9-9 所示。

5）手机进入挖煤模式。

方法 4：在“Li 大”的 ROM（Li 大，三星 i9000 手机 ROM 团队）中有一个应用程序：重启设置。有进入刷机模式的选项。

如果手机不能开机，就必须用方法 5 和 6 进入挖煤模式。

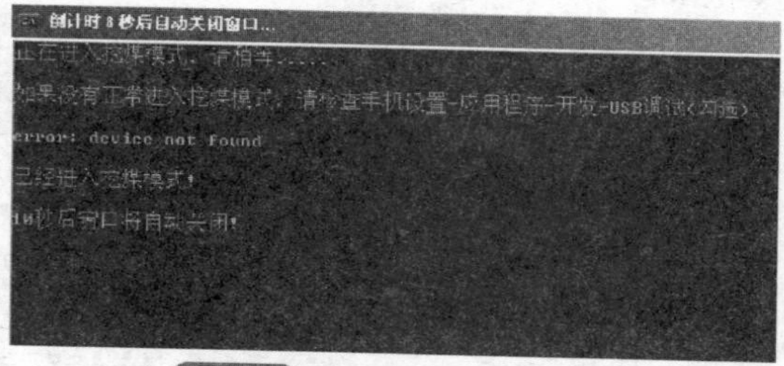

图 9-9　手机进入挖煤模式

方法 5：如果无法开机，屏幕出现手机 + 感叹号 + 计算机三个图标，用方法 1 ~ 4 是无法进入挖煤模式的。在这种情况下只有用以下方法进入挖煤状态。

1）手机关机。

2）拔掉电池和 USB 数据线。

3）插上 USB 数据线到手机。

4）同时按音量上下键。

5）插上电池。

6）进入挖煤状态。

方法 6：301Ω 电阻法（挖煤神器），如果屏幕上不能出现“手机 + 感叹号 + 计算机”这三个图标了，所有按键都失灵，只能用此方法挖煤。这是刷机者必备之物。此方法需要改造数据线，加上 301Ω 附近的电阻，即可强行进入挖煤模式。在国内可以花几块钱买到挖煤神器。如果常刷机，就备一个在手边，应急之用。注意：此方法在任何时候都能用，无论是能开机，或不能开机的情况下。

在“挖煤”状态下，同时按“音量上键 + 下键”和“电源键”，大约 6s 手机就会自动退出“挖煤”状态，重启进入正常状态。

4. 刷机工具 Odin

Odin 是一款用于手机刷机的软件。在手机关机的状态下通过组合键（不同机型组合键不同）使手机进入刷机模式，然后用 Odin 软件选择对应机型的 ops 文件，再选择固件包（one package 或者单包）即可开始刷机，如图 9-10 所示。

1）Odin3：计算机端刷 ROM 工具。

2）PIT 文件：刷 ROM 时需要的一个分区文件，目前只有一个 JA3G_F. pit。

3）PDA：系统核心部分。

4）CSC：是 Country Specific Code 简称，电信运营商的相关信息。

5. CWM Recovery

CWM Recovery 是 Clock WorkMod Recovery 的简称，提供了一种非常方便的备份和还原 ROM 的方法，可以直接从 SD 卡上还原 ROM，所以在很多原生 Android 手机上被用作刷 ROM 的重要方法，同时对于制作 ROM 者来说也更加方便，可以直接在 Windows 下把 ROM 打包成 zip 格式，无需打包成 img 格式，进入 CWM Recovery 的方式：按住音量上键 + Home 键 + 电源键开机。

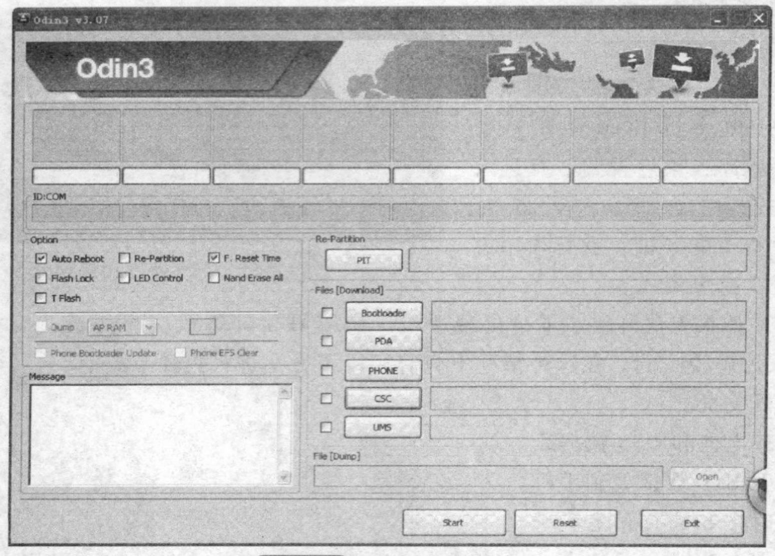

图 9-10　刷机工具 Odin

(1) CWM Recovery 主界面　CWM Recovery 主界面如图 9-11 所示。

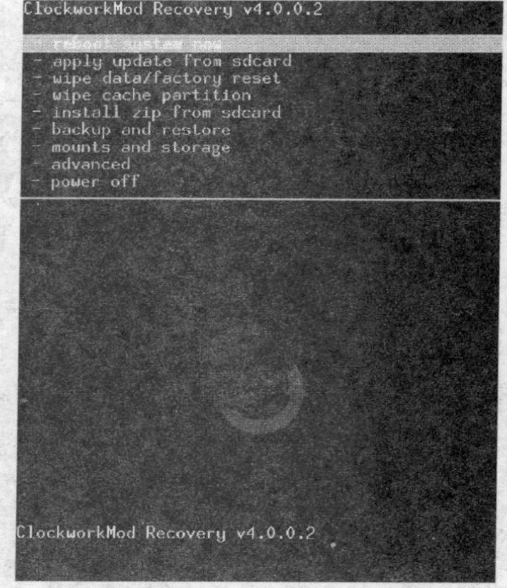

图 9-11　CWM Recovery 主界面

1) reboot system now：重启手机（刷机完毕选择此项就能重新启动系统）。

2) apply update from sdcard：update from 安装存储卡中的 update. zip 升级包（可以把刷机包命名为 update. zip，然后用这个选项直接升级）。

3) wipe data/factory reset：清除用户数据并恢复出厂设置（刷机前必须执行的选项）。

4) wipe cache partition：清除系统缓存（刷机前执行；系统出问题也可尝试此选项，一般能够解决）。

5) install zip from sdcard：在 sdcard 上安装 zip 升级包（可以执行任意名称的 zip 升级包，不限制升级包名称）。

6) backup and restore：备份和还原系统（作用和原理如同计算机上的 Ghost 一键备份和还原）。

7) mounts and storage：挂载和存储选项。

8) advanced：高级设置。

(2) Backup And Restore 功能详解

1） Backup：备份当前系统。

2） Restore：还原上一个系统。

3） Advanced Restore：高级还原选项（用户可以自选之前备份的系统，然后进行恢复）。

（3） Mounts And Storage 功能详解

1） Mount/system：挂载 system 文件夹（基本用不到）。

2） Mount/data：挂载 data 文件夹（基本用不到）。

3） Unmount/cache：取消 cache 文件夹挂载（基本用不到）。

4） Unmount/sdcard：取消内存卡挂载（基本用不到）。

5） Mount/sd-ext：挂载内存卡 Ext 分区（基本用不到）。

6） Format boot：格式化 boot（刷机前最好执行一下）（ROM 中没有含 boot. img 的，不能格式化）。

7） Format system：格式化 system（刷机前最好执行一下）。

8） Format data：格式化 data（刷机前最好执行一下）（要想保住原来的软件，这个就不要格式化，不过可能会有一些软件在格式化后无法使用）。

9） Format cache：格式化 cache（刷机前最好执行一下）。

10） Format sdcard：格式化内储卡（执行此项会后悔的）。

11） Format sd-ext：格式化内存卡 Ext 分区（执行此项会后悔的）。

12） Mount USB storage：开启 Recovery 模式下的 USB 大容量存储功能（也就是说可以在 Recovery 下对内存卡进行读写操作）。

（4） Advance 功能详解

1） Reboot Recovery：重启 Recovery（重启手机并再次进入 Recovery）。

2） Wipe Dalvik Cache：清空虚拟机缓存（可以解决一些程序 FC 的问题）。

3） Wipe Battery Stats：清空电池调试记录数据（刷机前运行下会比较好，感觉电量有问题的也可以试试）。

4） Report Error：错误报告（配合固件管家用的，不是开发者请不要轻意尝试）。

5） Key Test：按键测试（基本没用的功能）。

6） Partition SD Card：对内存卡分区。

7） Fix Permissions：修复 Root 权限（如果手机 Root 权限出问题了，可以用这个功能）。

（5） 备份还原

1） Android 系统备份步骤如下：

① 进入 Recovery。

② 单击 Backup and Restore 备份与还原。

③ 单击 Backup 备份，Recovery 自动开始备份系统至 SD 卡。

④ 备份完成后，选择 Reboot 重新启动手机。

⑤ 查看手机 SD 卡上 Recovery/backup/目录里面的备份文件，可以把它重命名，方

便以后读取。

2）Android 系统还原步骤如下：

① 进入 Recovery。

② 单击 Backup and Restore 备份与恢复。

③ 单击 Restore 还原，系统会自动恢复最新的备份文件。

④ 还原完成后会提示 Restore complete!。

用这种方法备份还原系统速度也非常快，一般不会超过 3min，而且恢复得非常完整，系统设置、软件设置等内容都可以完美还原。

6. 刷机操作步骤

（1）线刷法　以上准备工作完成后，就可以开始刷机了。

1）ROM 包里只有单一 PDA. tar 文件的刷机步骤如下：

① 运行 Odin3_v3. 07. exe 刷机平台，Re-Partition 不选中，不选 PIT。

② 单击 PDA，并选择 AP_i9500XXXXX. tar 文件。

③ 除默认的 Auto Reboot 和 F. Reset Time 选中外，其他地方均不选中。

④ 手机关机，按音量下键 + HOME 键 + 开机按键（无 HOME 键可直接按音量下键 + 开机键），出现第一界面后，再按下音量上键进入刷机模式。

⑤ 通过数据线连接计算机，确认刷机平台认出 COM 口，COM 口处会变为黄色。

⑥ 按下 Start 开始刷机，刷机过程中平台上方会有进度条。

⑦ 刷机平台出现绿色 PASS 字样后，刷机完成，手机会自动重启，如图 9-12 所示。

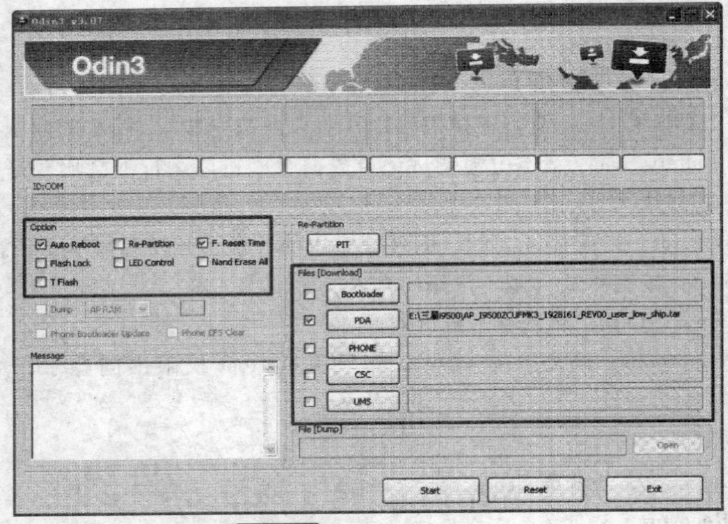

图 9-12　PDA. tar 刷机法

2）官方发布的 ROM 刷机方法。

官方发布的 ROM 里面包含 AP、BL、CP、CSC、PIT 文件其刷机步骤如下：

① 运行 Odin3_v3. 07. exe 刷机平台。

② 单击 PIT 按钮选择 JA3G_F. pit。

③ 单击 Bootloader 按钮选择 BL_i9500xxxxx. tar。

④ 单击 PDA 按钮选择 AP_i9500xxxxx. tar。

⑤ 单击 PHONE 按钮选择 CP_i9500xxxxx. tar。

⑥ 单击 CSC 按钮选择 CSC-CHN-i9500 - xxxxx. tar。

⑦ 手机关机，按音量下键 + HOME 键 + 开机按键，出现第一界面后，再按音量上键进入刷机模式。

⑧ 通过数据线连接计算机，确认刷机平台认出 COM 口，COM 口处会变为黄色。

⑨ 按 Start 键开始刷机，刷机过程中平台上方会有进度条。

⑩ 刷机平台出现绿色 PASS 字样后，刷机完成，手机会自动重启，如图 9-13 所示。

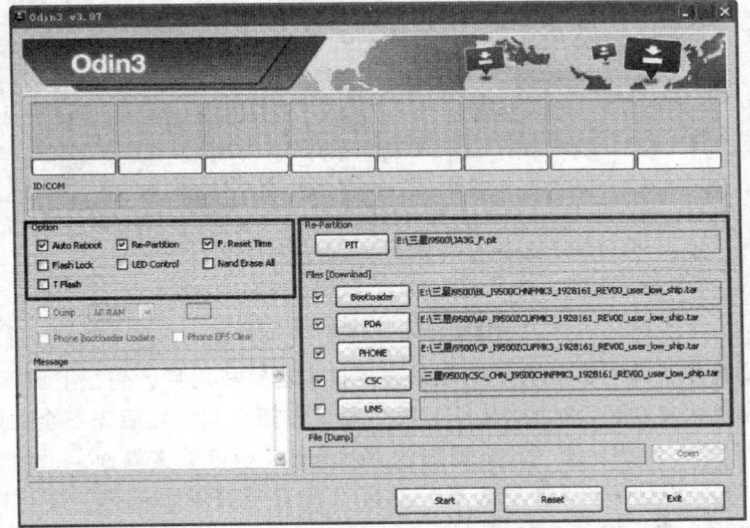

图 9-13　ROM 刷机方法

3）内核刷机方法。内核文件一般是一个单独的文件，可以单独刷机，其步骤如下：

① 运行 Odin3_v3. 07. exe 刷机平台。

② 单击 PDA 按键选择 i9500xxxxx. tar。

③ 手机关机，按音量下键 + HOME 键 + 开机按键，出现第一界面后，再按音量上键进入刷机模式。

④ 通过数据线连接计算机，确认刷机平台认出 COM 口，COM 口处会变为黄色。

⑤ 按 Start 键开始刷机，刷机过程中平台上方会有进度条。

⑥ 刷机平台出现绿色 PASS 字样后，刷机完成，手机会自动重启，如图 9-14 所示。

（2）卡刷法　手机需要进入 CWM 恢复模式（功能强大的第三方恢复模式）刷机，一般用于刷美化包或非官方 ROM。

1）准备工作。下载 ROM 刷机包，各个论坛都会有相应的 ROM 刷机包提供的，这里不再赘述了。

确保手机能用 USB 数据线正常的连接计算机，主要是为了把 ROM 包复制到手机里去。因为是卡刷，所以手机里必须先要刷入第三方的 Recovery，如果手机还没有刷入第三方的 Recovery，一定要先刷入 Recovery。

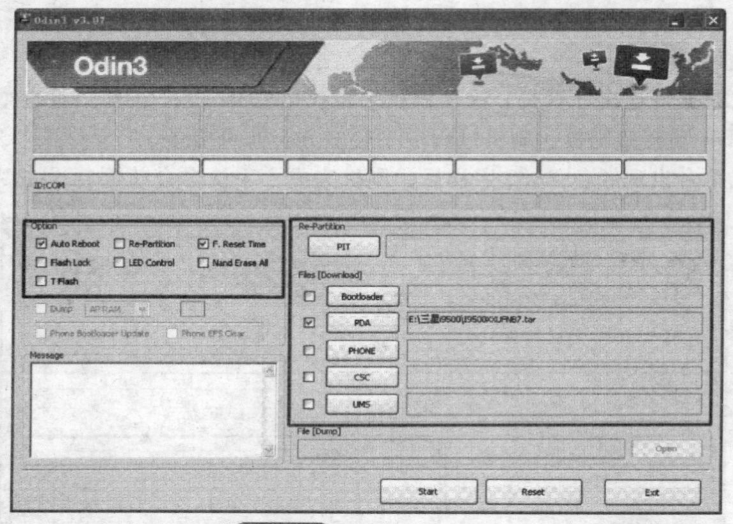

图 9-14 内核刷机方法

2）卡刷操作步骤。手机用 USB 数据线连接上计算机之后，先把上面下载的 zip 格式的 ROM 刷机包复制到手机的 SD 卡的根目录下方便找到。然后先安全关闭手机，同时按住音量上键 + HOME 键 + 开机键进入 Recovery（蓝色英文界面，也就是第三方的 Recovery）。进入 Recovery 界面后先进行双清（按音量键表示选择，按开机键表示确认），依次执行。按手机的音量键选择 wipe data/factory reset→Yes-delete all user data，如图 9-15 所示。

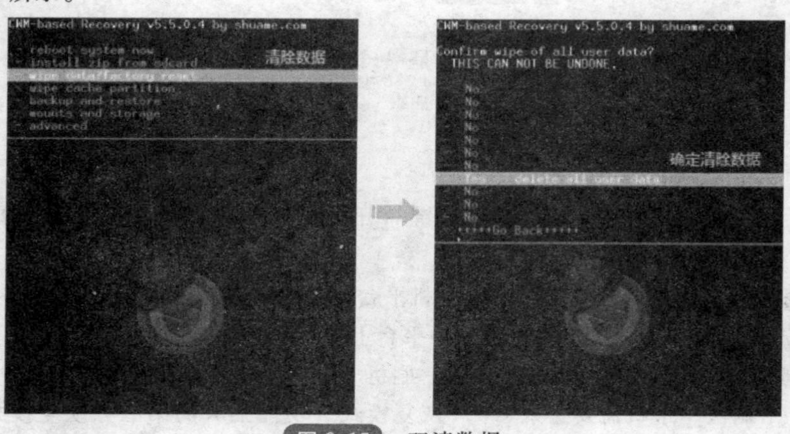

图 9-15 双清数据

按手机的音量键选择 wipe cache partition→Yes-Wipe Cache，确定清除缓存，如图9-16所示。

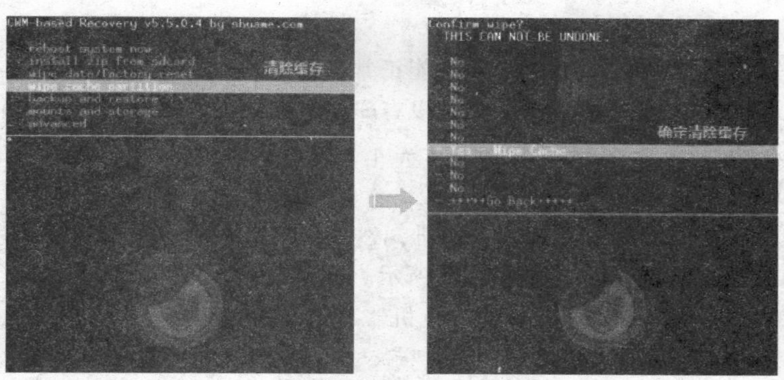

图 9-16　清除缓存

双清之后按音量键选择 install zip from sdcard，然后再选择 choose zip from sdcard，如图 9-17 所示。

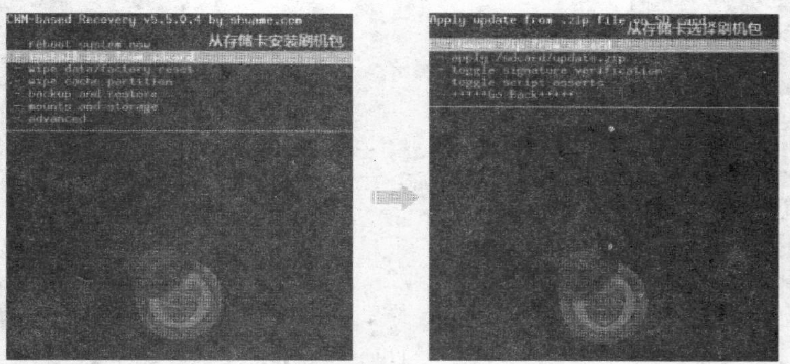

图 9-17　选择安装包

然后找到刚才放到手机 SD 卡里 zip 格式的 ROM 刷机包 XXXX. zip，然后按音量键选中，再按 HOME 键或开机键确认，接着选中 Yes-install XXXXX. zip 并确认开始刷机，如图 9-18 所示。

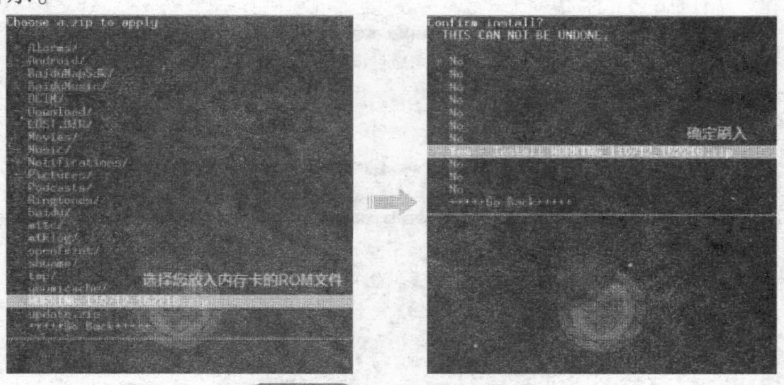

图 9-18　开始进行刷机

等待刷机完成，之后返回到 Recovery 主界面，再选择 reboot system now 重启手机就可以了。至此刷机完成。

7. 三星 i9500 手机 Recovery

（1）准备工作　确认手机和计算机能正常连接，这个是必须的。计算机上一定要安装的有三星 9500 的驱动，如果手机还没有安装驱动，可以到网站下载一个。

下载 Recovery 包，直接放到计算机上，不要解压，是 tar 格式的就可以，下载刷机工具包 Odin，下载后放到计算机上解压。

（2）刷入 Recovery　手机先完全关机，然后同时按住音量下键 + HOME 键 + 电源键，等待 3s，出现英文界面，如图 9-19 所示。

然后再按音量上键，进入界面为绿色机器人，此为刷机模式，也就是大家常说的挖煤模式，如图 9-20 所示。

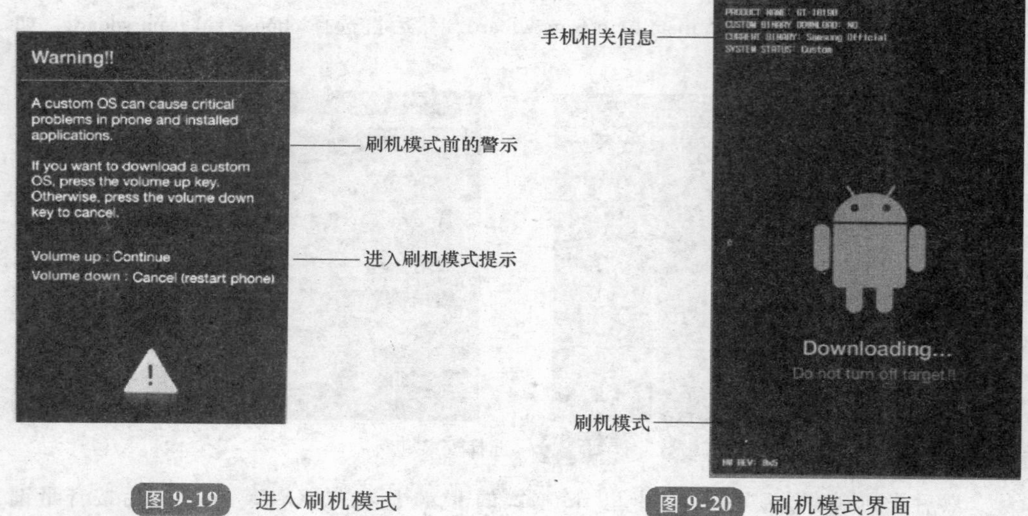

图 9-19　进入刷机模式

图 9-20　刷机模式界面

把上面下载下来的 Odin 工具包解压出来，解压出来之后有一个文件夹，选择 Odin 工具双击打开，如图 9-21 所示。

打开 Odin 软件之后软件会自动识别手机，识别成功后会在 ID：COM 处显示蓝色的（表示手机连接成功了，如果没有显示蓝色的，说明没有连接好），然后选中 PDA 命令，选择刚才下载下来的 tar 格式的 Recovery 包，如图 9-22 所示。

一切都选好之后，单击 Start 按钮开始刷机，如图 9-23 所示。

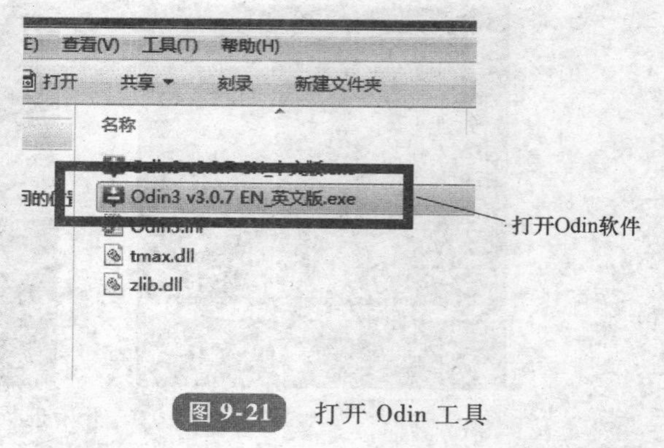

图 9-21　打开 Odin 工具

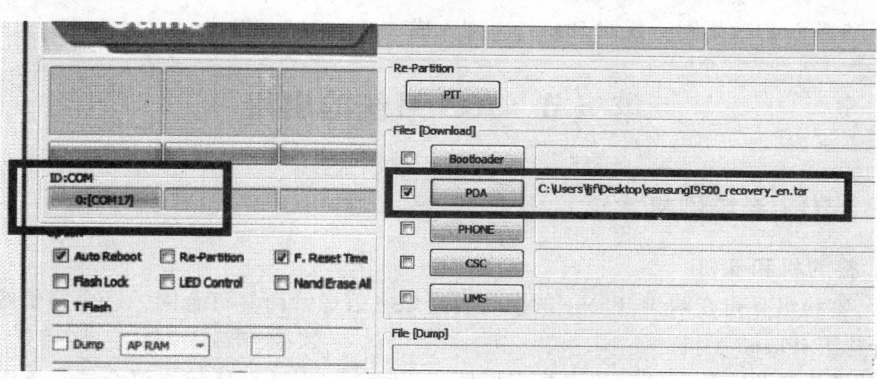

图 9-22 选择对应文件

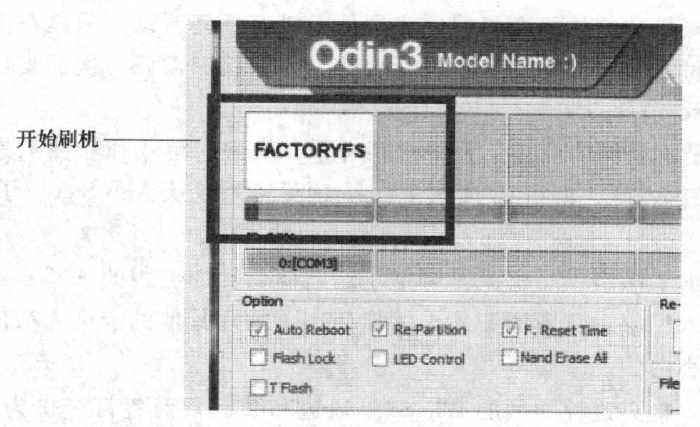

图 9-23 开始刷机

刷完之后，上面会显示 PASS 字样表示刷入成功了，如图 9-24 所示。

接下来就是测试一下手机的 Recovery 有没有刷入成功的方法，手机在关机的状态下，按住音量上键 + 电源键 + HOME 键进入 Recovery 界面，如图 9-25 所示。如果显

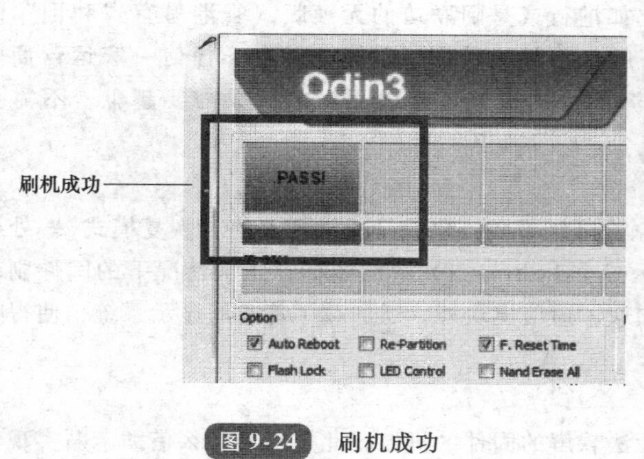

图 9-24 刷机成功

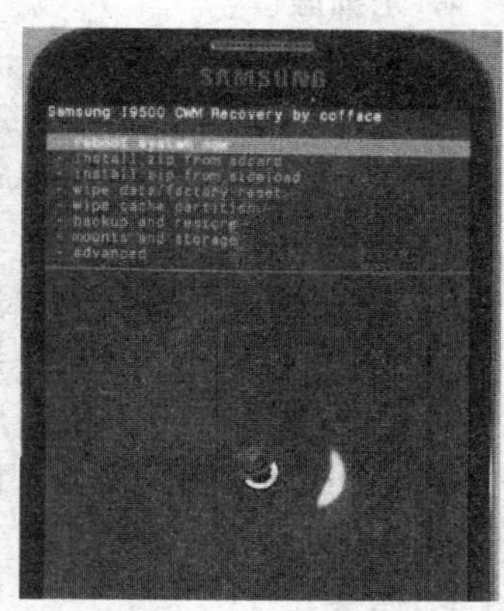

图 9-25 验证 Recovery

示图 9-25 所示的效果图，说明 Recovery 刷入成功了。

第三节　iOS 系统的刷机

一、iOS 系统刷机术语

1. 签约机和裸机

1）签约机是指在购买 iPhone 的同时和当地电信运营商签订合同，以合同价或者是签约价购买 iPhone 手机。

2）裸机是指直接在苹果店或是商城购买 iPhone，不签订任何协议合同，不绑定任何运营商相关内容。

区别：其实裸机和签约机在机器本身硬件上没有任何改动，只是在支付方式上有所区别，签约的支付方式可能是每月返还话费等，而裸机只需要一次性支付现金即可。

2. App Store

Apple Store 是苹果网络商店，其中包括音乐、视频、游戏和软件工具。注册一个免费的 App Store 账户之后，便可从 iTunes Store 购买音乐或从 App Store 购买应用软件。

3. 有锁版

有锁版就是加了网络锁，也就是绑定了运营商，比如美版的 AT&T，英国的 O2。这样的手机只能插入相应运营商的 SIM 卡才能使用，插入其他的卡则无法使用，大家通常管这种机器叫作小白。

通常情况下，购买这种类型的 iPhone 是通过和某运营商签订一份为期 1 ~ 2 年的入网协议，绑定信用账户承诺月消费达到一定额度，将获得折扣价购机或免费送机的优惠。这种方式已将购买 iPhone 的费用折算到相应运营商的话费中了。如果想使用别的卡，那么 iPhone 就需要先越狱，再解锁。只有通过这两个过程，一部有锁版的 iPhone 才可以使用别家运营商的卡。

4. 无锁版

无锁版也叫作官方解锁版，比如港行或是阿联酋的无锁版（香港另有“和记”的“3”定制版 iPhone）。这种手机一般价格都比较高，但好处就在于任何一家运营商的 SIM 卡都可以顺利地帮助 iPhone 激活，并能够正常使用。它们只需要越狱，不需要解锁。

5. DFU 模式（恢复模式）

DFU 模式即 iPhone 固件的强制升降级模式，也就是通常理解的“恢复模式”。处于此模式下的 iPhone 在屏幕上会显示一个 USB 与 iTunes 的图标，正常情况下的固件刷新在此模式下进行，恢复模式除了加载了通信模块外，还加载了基本的显示系统，使得在刷机过程中可以看到全部过程。

6. 砖头

它是指将有锁版机器误刷成无法软解的固件的机器，此类机器要么借助卡贴实现电话功能，要么只能当 iTouch 使用。虽然机器的硬件没有任何损害，但电话功能成了摆设。

7. 安装软件

安装软件可以采用 iPhone 破解后桌面的 Cydia 来安装，好处是可直接安装不用计算机，而且可以自由删除和更新，只需要添加源即可。

当然最方便的还是使用“91 助手”软件，利用“91 助手”软件，可以借助互联网络高速下载软件后再安装到 iPhone 上。还可以使用 iTunes 来进行同步 IPA 程序，但是使用 iTunes 同步的应用程序都需要购买。

8. Cydia

Cydia 简单来说就是一个平台，通过各个源可把各自的破解软件放上来给用户使用。

9. ITunes 同步

iPhone 与 iTunes 的同步范围很广，包括音乐、视频、通讯录、日程、邮件、书签、铃声、照片等。当把 iPhone 通过 USB 连接到 PC 时，PC 可以把照片部分识别为与移动硬盘类似的功能，可以直接把手机的照片复制下来，比较方便，不需要 iTunes 来导出照片。从功能上看，同步音乐是最方便的，可以建立不同的列表，然后把音乐有倾向的选取同步列表皆可。同步照片的功能相对比较糟糕，远远不如音乐那么灵活，毕竟 iTunes 前身是音乐管理器而不是图像管理器。同步铃声很简单，但制作铃声有点复杂（单击进入相关教程）。另外，提醒大家注意的是，同步通讯录使用的是 Microsoft Office Outlook，而不是 Outlook Express。

10. 固件

iPhone 固件就是指 iPhone 手机中运行的操作系统。

11. iOS

iOS 在硬件之上有一套 iPhone OS 操作系统，这个操作系统如同 Windows CE 和 Windows Mobile 一样。

12. Baseband 基带

Baseband 即俗称的 BB，Baseband 可以理解为通信模块。它包含了一个通信系统，用来控制 iPhone 通信程序，控制电话通信、Wi-Fi 无线通信，还有蓝牙通信。

iPhone 的信号是和基带直接相关联的，在“设置”里单击“通用”选项，再单击“关于本机”选项，可以查看基带版本，在关于本机界面中的调制解调器固件的内容即为基带版本号。

13. BootLoader

BootLoader 即俗称的 BL，BootLoader 是 iPhone 开机后第一个运行的程序，负责引导整个 iPhone 系统的启动。BootLoader 是很基本的、修改风险最高的程序。

14. jailbreak（越狱）

jailbreak 是 iPhone 破解的第一步，只有“越狱”过的 iPhone 才能实现后续的激活、解锁操作，“越狱”使得 iPhone 第三方管理工具可以完全访问 iPhone 的所有目录，并可安装经过破解的 iPhone 软件。

更详细地说，“越狱”是指利用 iOS 系统的某些漏洞，通过指令得到 iOS 的 root 权限，然后改变一些程序使得 iPhone 的功能得到加强，突破 iPhone 的封闭式环境。iPhone 在刚刚买来的时候是封闭式的，作为普通用户是无法取得 iPhone OS 的 root 权限的，更无法将一些软件自己安装到手机中，只能通过 iTunes 里的 iTunes Store 购买一些软件（当然也有免费的），然后通过 Apple 认可的方式（iTunes 连接 iPhone 并同步），将合法得到的软件复制到手机上。但这种方式把用户牢牢地捆绑在苹果的管辖范围内，一些好用的软件，但并不一定符合 Apple 利益，它们就无法进入 iTunes Store。比如无法在 iOS 上安装 SSH，无法复制 iOS 中的文件，更无法安装更适合的输入法。这些软件都需要用到更高级别的权限，苹果是不允许的。

15. 白苹果

“白苹果”实际是开机时候出现的那个带条裂缝的白色苹果，但是通过意义延伸后，是指机子出问题了，一直就卡在白色苹果这个画面进不到菜单了。简单地说就是机器出了故障。

16. 恢复

很多人会弄混恢复和刷机，恢复这个词取自 iTunes 里对机器进行固件恢复的这个过程，恢复其实是在 iPhone 的系统出了问题或者版本较旧后，将 iPhone 的系统升级或者重新刷机的过程，并不等同于破解和越狱（刷机）。

恢复需要用到的软件：iTunes 和某一个版本的官方固件。

此处有一个问题：通过正常的 iTunes 恢复固件一般只能是根据 Apple 自己的服务器所用的固件进行恢复，也就是说，恢复前固件可能是 6.13 版本的，但是现在正常恢复，肯定是 7.0 的最新系统，再一次体现了 Apple 的霸道。

二、iOS 官方刷机方法

1. 需要准备的软件

在正式刷机之前，首先要准备两个软件：一个是 iTunes，要升级到最新版本；另一个是 iOS 7.1.1 软件包，如图 9-26 所示。

其次要准备需要升级的 iPhone 手机，一定要查看手机信息，如果是有锁版的机器，使用卡贴的机器，不要使用本节介绍的方法进行刷机。

iTunes11.1.12

iOS7.1.1

图 9-26 需要准备的软件

2. 开始备份

连接 iPhone 手机并打开 iTunes 在顶部选择设备。

检查信息（Info）选项卡是否选中地址簿通讯录、iCalendar 日历、邮件账户等。检查应用程序（Apps）选项卡是否选中“同步应用程序”，这将保存应用设置和游戏存档。分别检查音乐（Music）、影片（Movies）和电视节目（TV Shows）选项卡，同步这些数据至计算机内防止丢失。

如果 iPhone 手机中有大量照片，别忘记在照片（Photos）选项卡将它们备份至计算

机上。最后别忘记备份 SHSH。

3. 软件更新

准备工作做好了就可以更新了，按住键盘上的 Shift 键 + 更新（为了避免不必要的麻烦，推荐先进入 DFU 模式再更新）。

（1）进入 DFU 模式　这个恢复方法是在一般的解锁教程中最常用的恢复 iPhone 固件的步骤如下：

① 将 iPhone 连上计算机，然后将 iPhone 关机。

② 同时按住开关机键和 Home 键。

③ 当看见白色的苹果 Logo 时，请松开开关机键，并继续保持按住 Home 键。

④ 开启 iTunes，等待其提示进行恢复模式后，即可按住键盘上的 Shift 键，单击“恢复”，选择相应的固件进行恢复。

（2）软件更新　这时 iTunes 会自动启动，并提示可进入恢复模式（iPhone 会一直保持黑屏状态）。进入 DFU 模式连接 iTunes 会出现这样的提示（直接按 Shift + 更新的请忽略这一步），如图 9-27 所示。

图 9-27　DFU 模式连接提示

出现如图 9-28 所示提示后，请单击确定。DFU 恢复的请按 Shift + 恢复，其余的请按 Shift + 更新，选择刚才下载的官方固件，如图 9-29 所示。

图 9-28　iTunes 检测到手机的提示

图 9-29　选择下载的官方固件

出现如图 9-30 所示提示后，单击“恢复”按钮。

图 9-30　iTunes 的提示

然后进入漫长的等待，如图 9-31 所示。

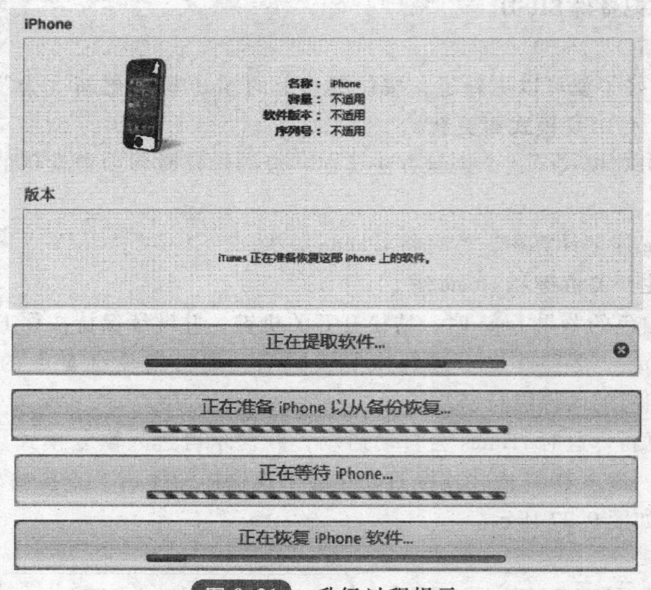

图 9-31 升级过程提示

等待时间差不多 5min，出现如图 9-32 所示提示后，单击“确定”按钮。

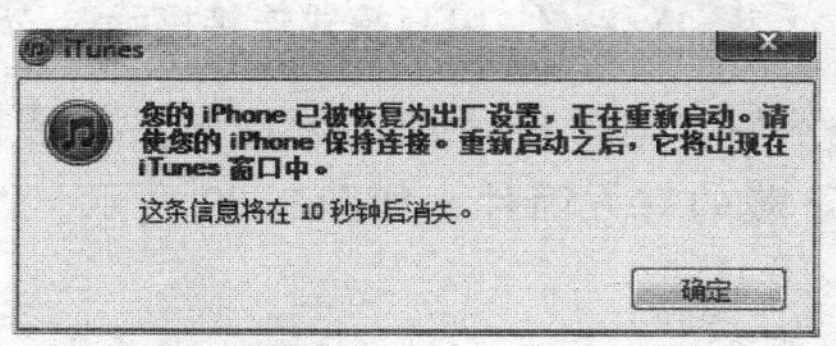

图 9-32 恢复出厂设置的提示

恢复刚才备份的资料，如图 9-33 所示。

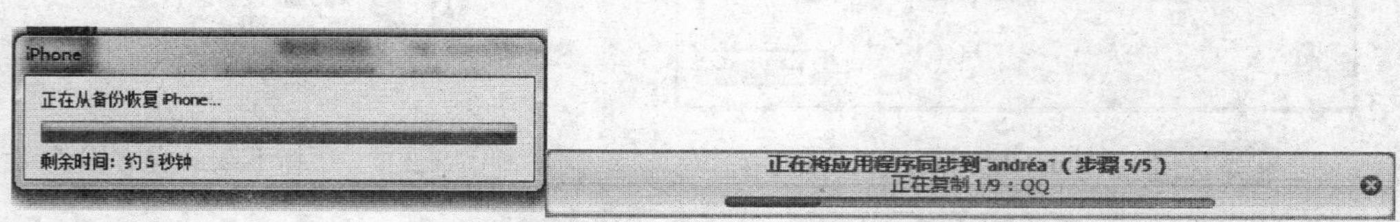

图 9-33 恢复刚才备份的资料

到此为止，iPhone 手机已经升级到最新的 iOS 系统了。

三、iPhone 手机越狱

iPhone 手机越狱的工具常见的有绿毒（greenpois0n）、红雪（redsn0w）、绿雨（limera1n）、evasi0n 等，下面将以 evasi0n 越狱工具为例进行介绍。

1. 注意事项

在使用 iOS 7 越狱工具 evasi0n 越狱之前，请遵守官方的建议，进行以下操作，以免造成损失和错误。

首先，将 iOS 设备连接到计算机上，利用 iTunes11 官方客户端执行备份操作，以免越狱过程中失败等意外情况造成数据损失。其次，越狱前，请取消 iOS 设备的锁屏密码。使用锁屏密码，可能导致越狱失败或意外中断，iPhone 5S 要取消 Touch ID 和密码。

越狱过程中，关闭一切 iTunes、Xcode 等苹果 iOS 设备管理、连接软件。最好不执行其他操作，以免出现错误。越狱过程中，保持越狱计算机的电量供应，最好使用充满电的笔记本，以免电力中断等意外情况中断越狱。

在越狱过程中会看到一个很关键的注意事项，越狱进行到这一步时（大概 80%）设备上会出现 Evasi0n 的 Logo，需要解锁屏幕并在你的设备上单击。注意只单击一次。随后设备屏幕就会变黑并回到主界面。如果该进程被卡住，可以安全地重新启动程序，重新启动设备（如果有必要，按住电源键和 Home 键 10s 以上，直到它关闭），并重新运行的过程。

关闭杀毒软件，最好把设备接到机箱后面的 USB 插口上。

2. 越狱步骤

将 iOS 设备连接计算机，打开“PP 越狱助手”软件（Windows 7 用户请以管理员的身份登录），如图 9-34 所示。

图 9-34 打开“PP 越狱助手”

“PP 越狱助手”软件识别 iOS 设备，然后单击“开始越狱”按钮。操作过程非常简单，在此过程中，根据提示操作就行了，如图 9-35 所示。

图 9-35 开始越狱主界面

“PP越狱助手”软件自动识别iOS设备与固件版本自动弹出越狱 evasi0n 工具，并显示手机的型号和版本，如图9-36所示。

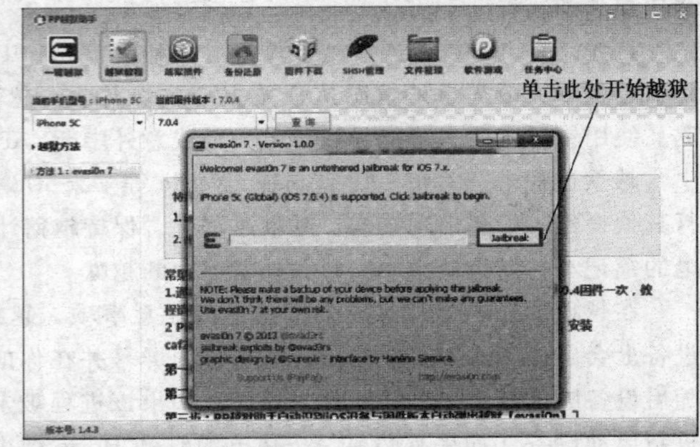

图 9-36 evasi0n 工具界面

单击 Jaibreak 按钮以后开始等待 evasi0n 工具运行。运行过程中，不要对计算机和手机进行任何操作，iOS设备会自动进行重启，如图9-37所示。

整个运行过程大约需要5min，在此过程中尽量不要操作计算机，避免计算机出现死机等意外问题而造成越狱失败，如图9-38所示。

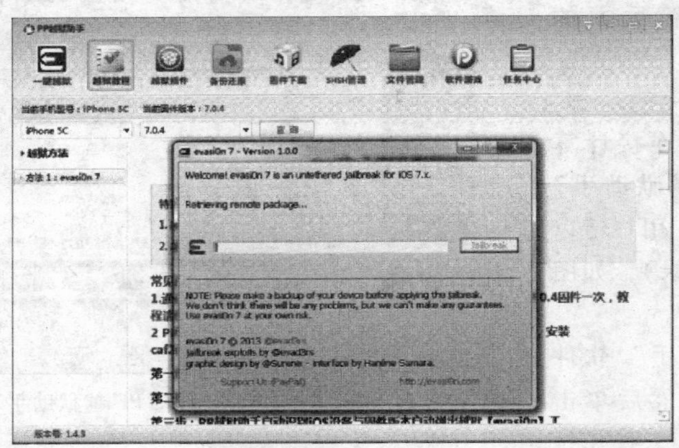

图 9-37 开始越狱

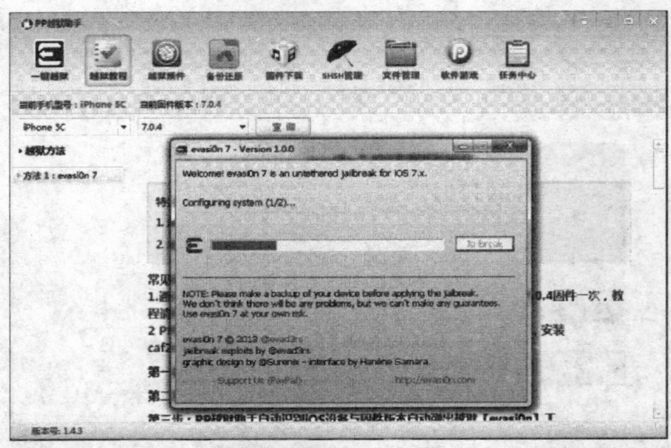

图 9-38 越狱过程

iOS 设备自动重启后，工具界面会提示：请解锁设备屏幕，并单击桌面上的 evasi0n7 图标，以继续越狱过程，如图 9-39 所示。

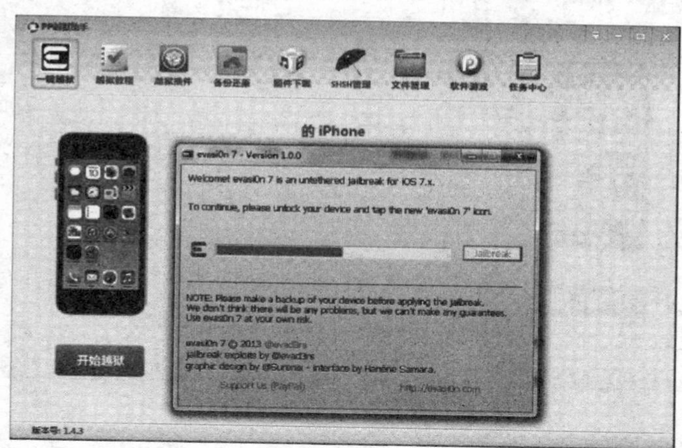

图 9-39 请解锁设备屏幕

单击 evasi0n 7 图标 iOS 设备会重启设备，如图 9-40 所示。

图 9-40 iOS 设备重启

然后等待 evasi0n 7 运行完剩下的进度条，不要在这个时候将 iOS 设备断开，否则越狱就会失败了，如图 9-41 所示。

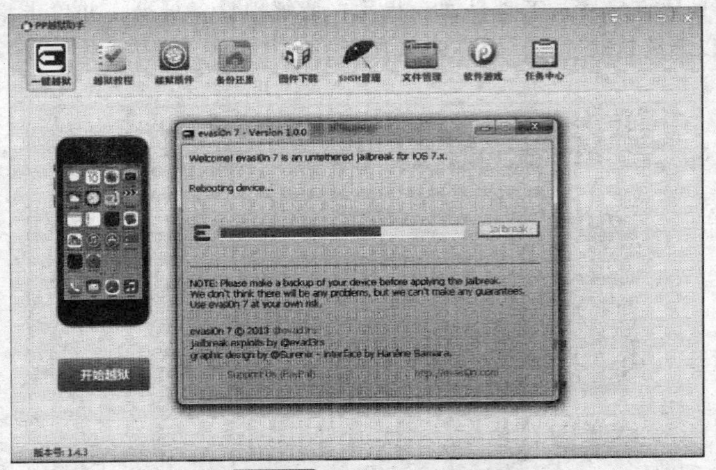

图 9-41　越狱进度条

等 evasi0n 7 越狱成功提示“完成”信息时可以将 iOS 设备断开，在此之前请不要动手机，如图 9-42 所示。

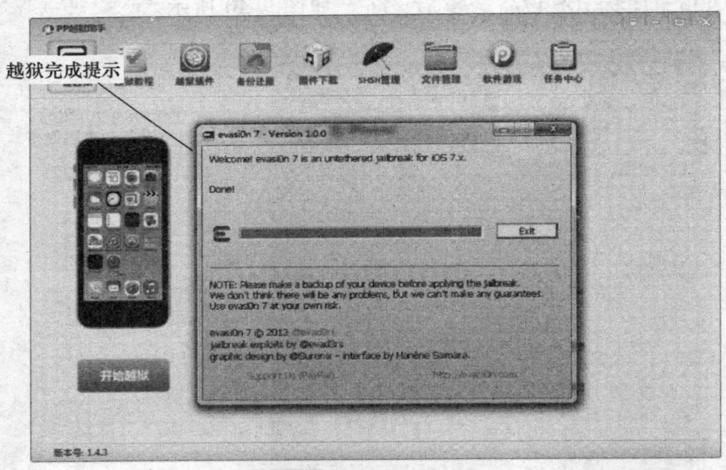

图 9-42　越狱完成提示

越狱完成以后，iOS 设备会出现 Cydia 和“PP 助手”图标，如图 9-43 所示。

到此为止越狱结束，iOS 设备会再次进行重启，重启结束后，整个越狱过程完成。如果在越狱过程中出现白苹果，那就按照前面介绍的步骤进行刷机，刷机以后再进行越狱。作为初学者，想要快速掌握一项技能，本章的内容将会是最佳选择，不需要拆机，不需要了解内部电路，不需要具备复杂的电子基础。

刷机，要掌握步骤和方法，那么就可以将手机刷出你想要的效果。盲目的刷机，则会出现白屏、死机、无信号等问题，严重者还会变“砖”，就得需要拆机维修才行，当然，这并不是我们想要的结果。

图 9-43 越狱完成后的图标

复习思考题

1. 什么是智能手机？常用的操作系统有哪些？
2. 为什么要对手机进行刷机？如何判断一个手机是否需要刷机？
3. Android 操作系统有几个重要的分区？
4. 什么是 Recovery？如何进入 Recovery？
5. 如何对智能手机进行格式化操作？
6. 如何使用 ODIN 软件对三星手机进行刷机操作？
7. 什么是挖煤模式？并如何进入挖煤模式？
8. 如何使用 iTunes 对 iPhone 手机进行刷机操作？
9. 如何使用“PP 越狱助手”对 iPhone 手机进行越狱？
10. iPhone 手机出现开机白苹果，如何进行维修？

附录　手机常用元器件符号

基本元件符号	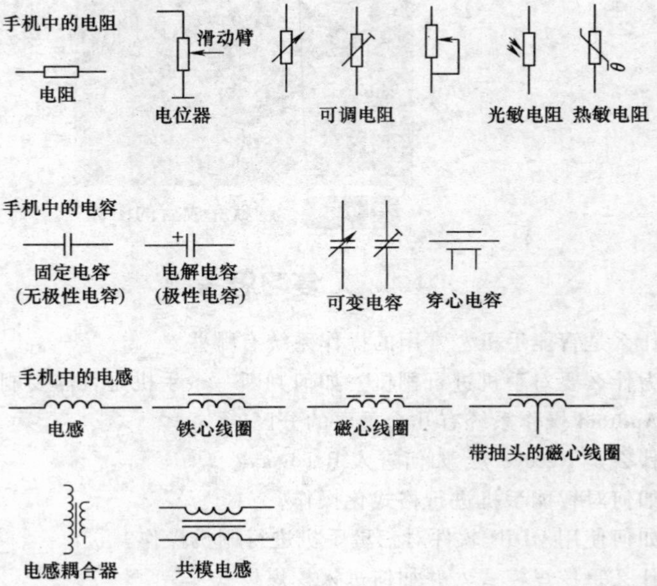 手机中的电阻 电阻　滑动臂　电位器　可调电阻　光敏电阻　热敏电阻 手机中的电容 固定电容(无极性电容)　电解电容(极性电容)　可变电容　穿心电容 手机中的电感 电感　铁心线圈　磁心线圈　带抽头的磁心线圈 电感耦合器　共模电感
二极管符号	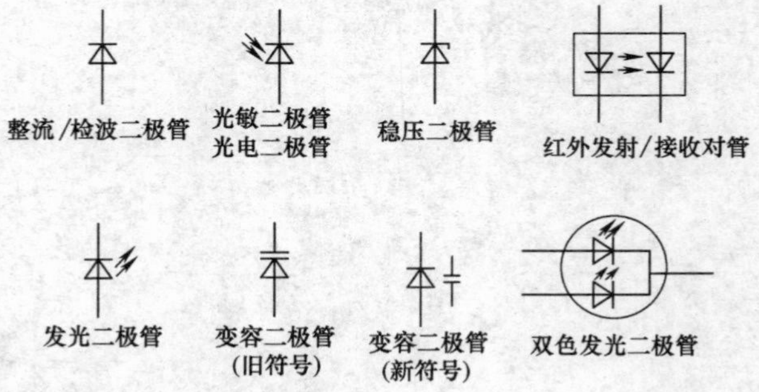 整流/检波二极管　光敏二极管 光电二极管　稳压二极管　红外发射/接收对管 发光二极管　变容二极管(旧符号)　变容二极管(新符号)　双色发光二极管

（续）

晶体管符号	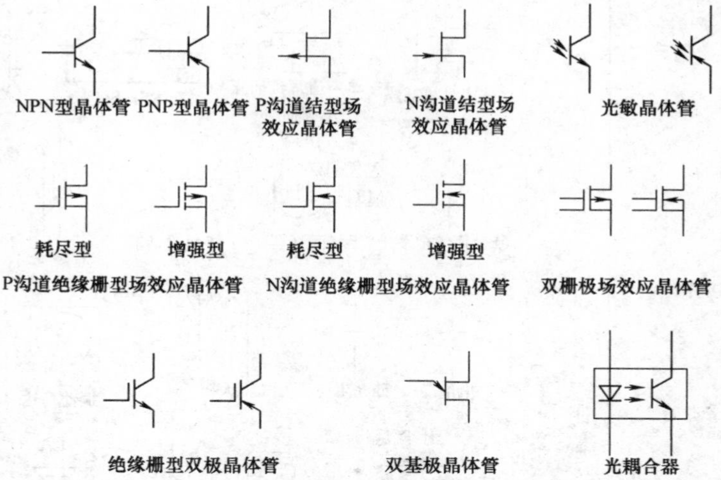 NPN型晶体管 PNP型晶体管 P沟道结型场效应晶体管 N沟道结型场效应晶体管 光敏晶体管 耗尽型 增强型 耗尽型 增强型 P沟道绝缘栅型场效应晶体管 N沟道绝缘栅型场效应晶体管 双栅极场效应晶体管 绝缘栅型双极晶体管 双基极晶体管 光耦合器
数字电路元件符号	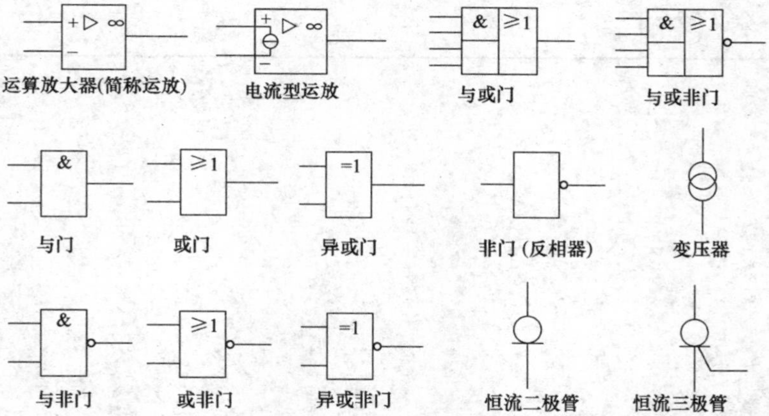 运算放大器(简称运放) 电流型运放 与或门 与或非门 与门 或门 异或门 非门 (反相器) 变压器 与非门 或非门 异或非门 恒流二极管 恒流三极管
开关符号	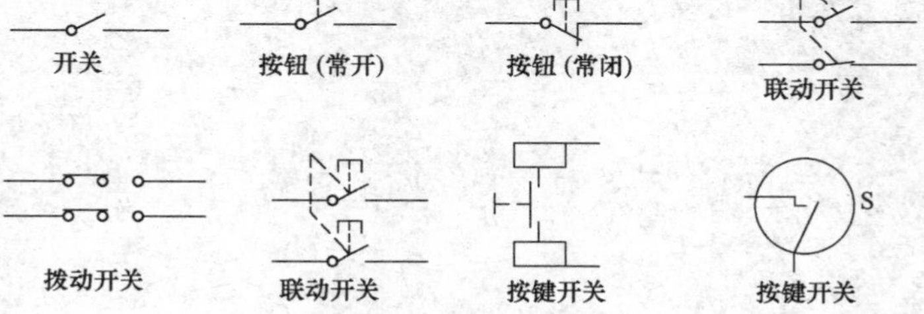 开关 按钮 (常开) 按钮 (常闭) 联动开关 拨动开关 联动开关 按键开关 按键开关

（续）

连接件符号	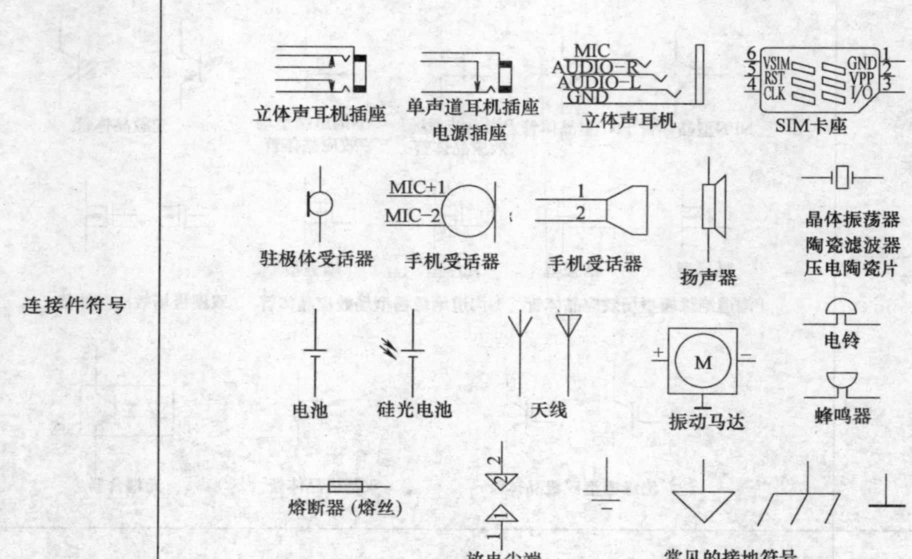立体声耳机插座　单声道耳机插座 电源插座　立体声耳机　SIM卡座　驻极体受话器　手机受话器　手机受话器　扬声器　晶体振荡器 陶瓷滤波器 压电陶瓷片　电池　硅光电池　天线　振动马达　电铃　蜂鸣器　熔断器（熔丝）　放电尖端　常见的接地符号

参考文献

[1] 侯海亭. 郭天赐，李南极. 4G手机维修从入门到精通［M］. 北京：清华大学出版社，2014.

[2] 侯海亭. 手机维修技能培训教程［M］. 北京：机械工业出版社，2010.

[3] 陈子聪. 手机原理与维修实训［M］. 北京：人民邮电出版社，2008.

[4] 李延廷. 用户通信终端维修员（初级）［M］. 北京：中国劳动社会保障出版社，2005.

[5] 李延廷. 用户通信终端维修员（中级）［M］. 北京：中国劳动社会保障出版社，2005.

[6] 李延廷. 用户通信终端维修员（高级）［M］. 北京：中国劳动社会保障出版社，2005.

[7] 严加强. 通信用户终端设备维修实训——手机［M］. 北京：人民邮电出版社，2010.

[8] 赵德勇. 移动电话机维修工（中级）［M］. 北京：中国劳动社会保障出版社，2004.

机械工业出版社

读者信息反馈表

感谢您购买《移动电话机维修员》（侯海亭　林汉钟　王平　编著）一书。为了更好地为您服务，有针对性地为您提供图书信息，方便您选购合适图书，我们希望了解您的需求和对我社教材的意见和建议，愿这小小的表格为我们架起一座沟通的桥梁。

姓　名		所在单位名称		
性　别		所从事工作（或专业）		
通信地址			邮编	
办公电话			移动电话	
E-mail				

1. 您选择图书时主要考虑的因素（在相应项前面画√）
（　）出版社　（　）内容　（　）价格　（　）封面设计　（　）其他
2. 您选择我们图书的途径（在相应项前面画√）
（　）书目　（　）书店　（　）网站　（　）朋友推介　（　）其他

希望我们与您经常保持联系的方式：
☐电子邮件信息　☐定期邮寄书目
☐通过编辑联络　☐定期电话咨询

您关注（或需要）哪些类图书和教材：

您对我社图书出版有哪些意见和建议（可从内容、质量、设计、需求等方面谈）：

您今后是否准备出版相应的教材、图书或专著（请写出出版的专业方向、准备出版的时间、出版社的选择等）：

为方便读者进行交流，我们特开设了移动电话机维修交流 QQ 群：374975613，欢迎广大朋友加入该群，也可登录该群下载读者意见反馈表。

请联系我们——

地　　址　北京市西城区百万庄大街 22 号　机械工业出版社技能教育分社

邮　　编　100037

社长电话　（010）88379080　88379083　68329397（带传真）

E - mail　414171716@ qq. com，cyztian@ 126. com

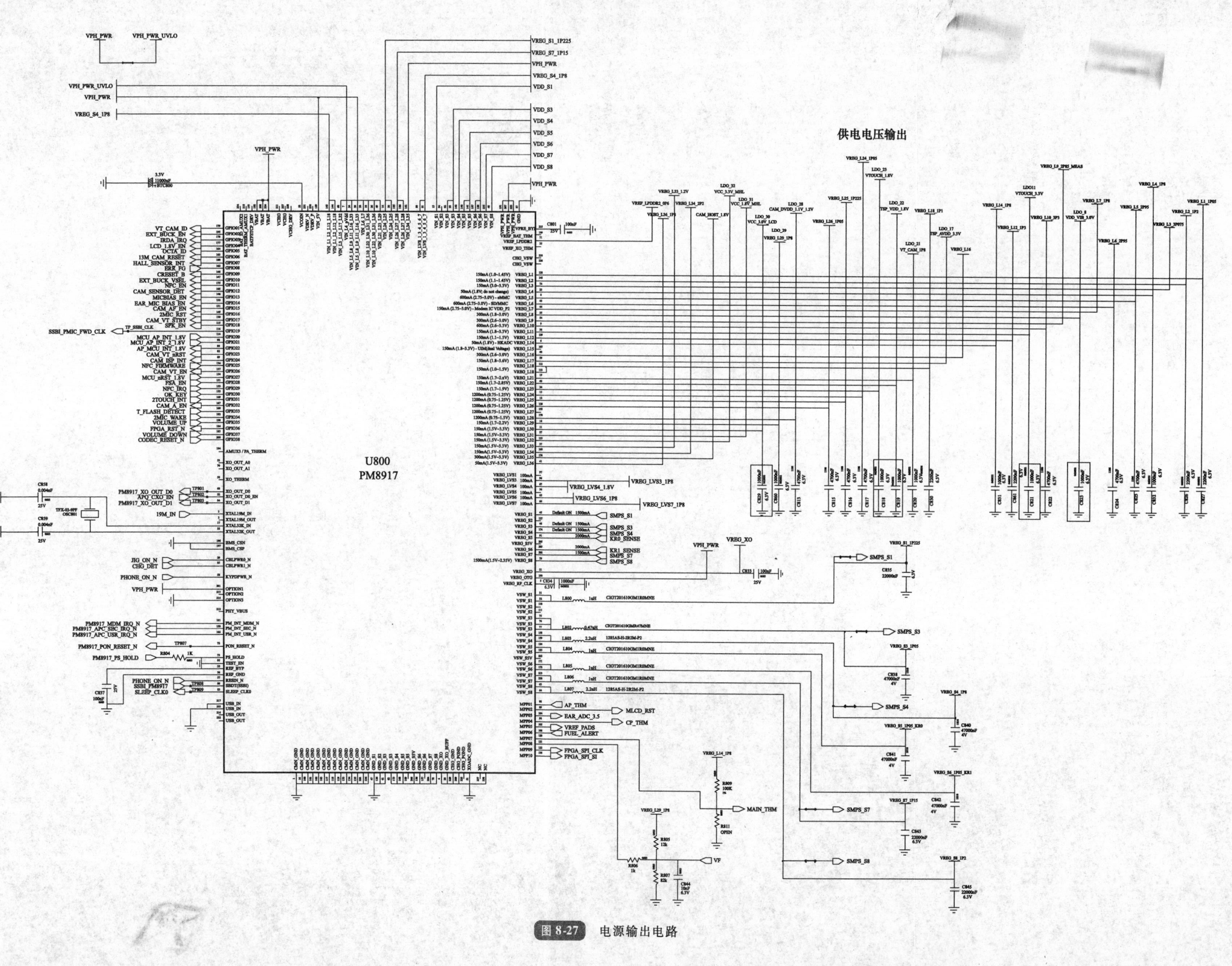
供电电压输出
U800
PM8917
VPH_PWR
VPH_PWR_UVLO
VREG_S4_1P8
VREG_S1_1P225
VREG_S7_1P15
VDD_S1
VDD_S3
VDD_S4
VDD_S5
VDD_S6
VDD_S7
VDD_S8
SSBI_PMIC_FWD_CLK
PM8917_XO_OUT_D0
APQ_CXO_EN
PM8917_XO_OUT_D1
19M_IN
JIG_ON_N
CHG_DET
PHONE_ON_N
PM8917_MDM_IRQ_N
PM8917_APC_SEC_IRQ_N
PM8917_APC_USR_IRQ_N
PM8917_PON_RESET_N
PM8917_PS_HOLD
SSBI_PM8917
SLEEP_CLK0
VREG_LVS3_1P8
VREG_LVS4_1.8V
VREG_LVS6_1P8
VREG_LVS7_1P8
SMPS_S1
SMPS_S3
SMPS_S4
SMPS_S7
SMPS_S8
KR0_SENSE
KR1_SENSE
VREG_XO
AP_THM
EAR_ADC_3.5
MLCD_RST
CP_THM
VREF_PADS
FUEL_ALERT
FPGA_SPI_CLK
FPGA_SPI_SI
MAIN_THM
VF

图 8-27 电源输出电路